特种设备安全技术丛书

锅炉水处理技术

（第3版·修订本）

张栓成　肖　晖　等编著

黄河水利出版社

·郑州·

内 容 提 要

本书是特种设备安全技术丛书，主要介绍了化学基本知识、锅炉基本知识、节能基础知识、锅炉用水概述、锅炉的腐蚀与保护、锅炉水处理节能减排、锅内水处理、锅外离子交换水处理、水的膜处理、水质分析基本知识、水质分析方法、工业锅炉能效测试等方面的内容。

本书可作为工业锅炉水处理人员培训教材，也可供司炉人员及锅炉安全监督、检验、安装、使用管理的工程技术人员阅读参考。

图书在版编目(CIP)数据

锅炉水处理技术/张栓成等编著．—3版．—郑州：黄河水利出版社，2019.10 （2024.11 修订本重印）
（特种设备安全技术丛书）
ISBN 978-7-5509-2535-9

Ⅰ.①锅… Ⅱ.①张… Ⅲ.①锅炉用水-水处理 Ⅳ.①TK223.5

中国版本图书馆 CIP 数据核字(2019)第236347号

组稿编辑：王路平　电话：0371-66022212　E-mail：hhslwlp@126.com

出 版 社：黄河水利出版社　网址：www.yrcp.com
地址：河南省郑州市顺河路黄委会综合楼14层　邮政编码：450003
发行单位：黄河水利出版社
发行部电话：0371-66026940、66020550、66028024、66022620（传真）
E-mail：hhslcbs@126.com
承印单位：河南承创印务有限公司
开本：787 mm×1 092 mm　1/16
印张：18
字数：420千字
版次：2003年7月第1版　印次：2024年11月第2次印刷
2010年5月第2版
2019年10月第3版
2024年11月修订本

定价：50.00元

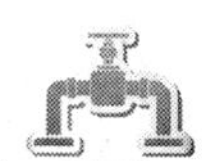

第3版前言

为了适应我国国民经济的可持续发展、节能减排和环境保护的需要,近年来,相关人员编写了不少关于锅炉水处理方面的书籍,这些书籍对于锅炉水质处理和节能减排起到了重要的作用。随着《中华人民共和国特种设备安全法》的颁布、《特种设备安全监察条例》的修订、《工业锅炉水质》(GB/T 1576—2018)的颁布,以及《特种设备作业人员考核规则》(TSG Z6001—2019)、《锅炉水(介)质处理监督管理规则》(TSG G5001—2010)、《锅炉水(介)质处理检验规则》(TSG G5002—2010)、《锅炉化学清洗规则》(TSG G5003—2008)等新规则的颁布实施,对锅炉水处理工作提出了更高的要求。为此,我们结合新的法规、条例、标准和规则,对 2010 年 5 月出版的《锅炉水处理技术(第 2 版)》一书进行了全面修订、完善,编写了《锅炉水处理技术(第 3 版)》。

为了不断提高图书质量,作者于 2024 年 11 月根据近年来国家及行业颁布的最新规范、标准、规定等,以及在使用过程中发现的问题和错误,对全书进行了修订完善。

本书共分十二章,编写人员及编写分工如下:第一~四章由张栓成、娄旭耀编写,第五章由肖晖编写,第六~七章由李贝贝编写,第八、九章由李贝贝、肖晖编写,第十章、附录由郑颖峰编写,第十一、十二章由李君喜编写。张栓成、肖晖是本书的主要编著者,由张栓成统稿,由肖晖审核。

由于编写人员水平有限,书中难免存在不当之处,敬请读者批评指正。

作　者

2024 年 11 月

目 录

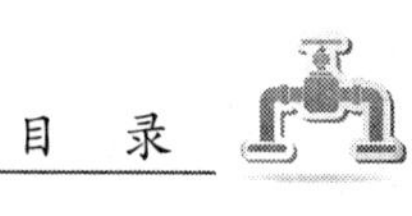

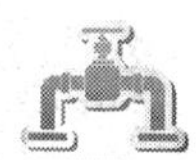

第一章　化学基本知识

第一节　化学基本概念

一、物质的组成

自然界是由物质构成的,我们常见的水、煤、空气、食盐等都是物质。这些物质处在不断的运动状态中,而且其运动形式是多种多样的。

例如,水在锅炉中受热变成水蒸气,水蒸气经冷凝后变成水,水在0 ℃以下变成冰,在这一系列的变化当中,虽然水的状态(固态、液态、气态)发生了变化,但还是同一种物质,即没有生成新的物质,这种变化叫作物理变化。通过物理变化所表现出来的性质叫作物理性质,如物质的形态、颜色、气味、密度、溶解性等都是物理性质。

而煤在锅炉内燃烧,是煤和空气中的氧气发生反应,生成了一种新的物质——二氧化碳,这种有新物质生成的变化叫作化学变化。物质在化学变化中所表现出来的性质叫作化学性质。

物理变化和化学变化虽有本质的区别,但它们也不是相互孤立的。物质在发生化学变化的同时,常常也伴随有物理变化。例如,蜡烛燃烧时,首先是固体蜡烛受热熔化(物理变化),然后燃烧生成二氧化碳和水蒸气(化学变化)。

二、分子、原子、离子

(一)分子

不同的物质具有不同的性质,相同的物质具有相同的性质。人们经过长期的实践,证明了物质是由分子构成的。分子是能够独立存在并保持物质化学性质的最小微粒。例如,水是由水分子组成的,氧气是由氧分子组成的,等等。分子非常小,水分子的直径大约是2.8×10^{-8} cm。一滴水(按0.05 mL)中就有1.67×10^{21}个水分子。分子处在不断的运动中,例如水的蒸发,就是水分子的不断运动,克服了分子间的吸引而从液面逸出,扩散到液体上面空间的过程。

(二)原子

分子尽管很小,但它是由更小的微粒——原子构成的。原子是化学变化中的最小微粒。同一种分子中所含原子的种类和数目是一定的。如水分子中含有两个氢原子和一个氧原子。原子也处在不断的运动状态中,其运动情况与外界条件有关。

1. 原子的构成

现代科学已证实,原子是由原子核和核外电子组成的。原子核位于原子的中心,由质子和中子组成。质子和中子的质量几乎相等,质子带一个单位的正电荷,中子不带电荷,所以原子核带正电荷。原子核外的电子围绕原子核做高速运动,每个电子带一个单位的负电荷,而且其数目与质子数目相等,也就是说,原子核带正电荷数(简称核电荷数)等于原子核外电子数,故原子显示电中性。

原子的构成可概括如下:

原子—┬原子核—┬质子(带一个单位的正电荷)
　　　│　　　　└中子
　　　└核外电子(带一个单位的负电荷)

2. 原子量

原子尽管很小,但也有一定的质量。如一个碳原子的质量为 $1.992\,7 \times 10^{-26}$ kg。用克(g)作单位来表示原子的质量,数值太小,使用和计算都很不方便。所以国际上规定:把一种碳原子(核内有6个质子和6个中子)的质量定为12,以此作标准,而把其他原子的质量与它相比较,所得的数值就是该原子的原子量。可见,原子量是表示不同原子的相对质量,是没有单位的。如一个氧原子的原子量为15.999,一个氢原子的原子量为1.007 97。

(三)离子

从上面的学习我们知道,原子是由原子核和核外电子组成的。由于原子核带正电荷,电子带负电荷,所以它们之间有相互吸引力;而电子在核外做高速旋转运动,电子有离开原子核的倾向。这样就使原子核和电子处在相对稳定的状态。但是,在一定的条件下,原子也会失去或得到电子而成为带电荷的微粒。失去电子带正电荷,称为阳离子;得到电子带负电荷,称为阴离子。

三、元素和元素符号

(一)元素

我们知道,氧分子是由氧原子构成的,水分子是由氢原子和氧原子构成的,无论是氧分子中的氧原子还是水分子中的氧原子,它们的核电荷数都是8,都有8个质子,化学性质相同。在化学上,把化学性质相同的同一类原子叫作元素,换句话说,元素是具有相同核电荷数(质子数)的同一类原子的总称。例如,碳元素就是所有碳原子的总称,氧元素就是所有氧原子的总称。

在自然界里,物质的种类非常多,有600万种左右。但是,组成这些物质的元素并不多。目前,人们已经知道的元素有107种,其中还包括十几种人造元素。

(二)元素符号

在化学上,为了书写的方便,常用一定的符号来表示各种元素,这种符号叫作元素符号。在国际上,元素符号统一采用该元素的拉丁文的第一个字母表示,如果两个元素拉丁文的名称开头第一个字母相同,则用两个字母,第一个字母大写,第二个字母小写。例如氧元素用"O"表示,铁元素用"Fe"表示等。

元素符号表示的意义如下:

(1)表示一种元素。

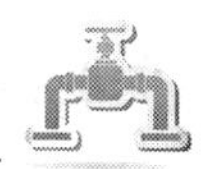

(2)表示这种元素的一个原子。

(3)表示这种原子的原子量。

例如,元素符号“H”既表示氢元素,又表示一个氢原子和氢的原子量(等于1)。

四、化学式、化学式量和化合价

(一)化学式

上面已经介绍,分子是能够独立存在的并保持物质化学性质的最小微粒。用元素符号表示物质分子组成的式子叫化学式。自然界中的每一种物质都有固定的组成,也就是说,它所包含的元素的种类和原子的个数是一定的,因此就有固定的化学式。如水的化学式为 H_2O,硫酸的化学式为 H_2SO_4。

根据组成物质分子元素的种类可以把物质分为两类:由同种元素组成的物质叫作单质,由不同种元素组成的物质叫作化合物。例如,氧气是由一种元素——氧元素组成的,化学式为 O_2,是单质;而氯化钠是由两种元素组成的,化学式为 NaCl,是化合物。

根据组成物质的分子是否相同,可将物质分为两类:由同种分子组成的物质叫作纯净物,由不同种分子组成的物质叫作混合物。例如,氧气、水、二氧化碳都是纯净物;而空气是由氧气、氮气、二氧化碳等组成的,是一种混合物。

(二)化学式量

化学式量是物质一个分子中各种原子的原子量的总和。因此,根据物质的化学式和各种原子的原子量即可得到各种分子的化学式量。因为原子量没有单位,所以化学式量也没有单位。

例如,H_2O(水)的化学式量为 $1\times2+16\times1=18$,NaCl(氯化钠)的化学式量为 $23+35.5=58.5$。

(三)化合价

我们知道,水是由一个氧原子和两个氢原子组成的,化学式为 H_2O,氧原子和氢原子的个数比为1:2;一氧化碳是由一个碳原子和一个氧原子组成的,化学式为 CO,碳原子和氧原子的个数比为1:1。从这些例子可以看出,化合物分子里各元素的原子是按一定的比结合的。也就是说,元素之间相互化合时,其原子个数比都有确定的数值。

这种由一种元素一定数目的原子和其他元素的一定数目的原子相化合的性质,叫作这种元素的化合价。通常以氢原子为标准,其化合价为1,其他元素的化合价,可根据该元素一个原子能跟几个氢原子相互化合来确定。如 HCl 中,氯元素的化合价为1价;NH_3 中,氮的化合价为3价。

化学上还常把氧原子的化合价规定为 −2 价,以此作标准来确定其他元素的化合价。例如,从氧化钙(CaO)分子式可确定钙的化合价为2价。

有些元素的化合价在不同的化合物里显示不同的数值,称为可变化合价。例如,硫原子的化合价在硫化氢(H_2S)分子里是 −2 价,在二氧化硫(SO_2)分子里是4价,在三氧化硫(SO_3)分子里是6价。

元素的化合价在所有化合物里显示相同的数值,称为不变化合价。如钾、钠等元素,在一切化合物里都是1价,钙、镁等元素在一切化合物里都是2价。

元素的化合价有正价、负价两种。通常有下列规则(个别有例外):

(1)氢在化合物里为+1价。

(2)氧在化合物里为-2价。

(3)金属元素一般为正价。

(4)非金属元素与氧化合时为正价,与氢化合时为负价。

(5)在单质的分子里,元素的化合价为零。

(6)各化合物的分子,由显正价的元素与显负价的元素组成,并且正、负化合价总数的代数和为零。

在一般情况下,H_2SO_4 中的一个硫原子和四个氧原子形成一个原子团,这个原子团在一般的化学反应中不再分解,类似化合物分子中的一个原子,这种原子叫作“根”。根在化合物中也有自己的化合价。单独写根时,通常在它的右上角标明它的价数,以表示它是带电的离子而不是中性分子。例如,氢氧根 OH^-、碳酸根 CO_3^{2-} 等。

五、常见的化学反应及有关计算

(一)质量守恒定律

科学家经过无数的试验证明,参加化学反应的各物质的质量总和,等于反应后生成的各物质的质量总和,即化学反应前后,物质的总质量保持不变。这个规律叫质量守恒定律。

为什么物质发生化学反应前后,各物质的质量总和相等呢?这是因为化学反应的过程,就是参加反应的各物质(反应物)的原子,重新组合而生成其他物质(生成物)的过程。反应前后,原子的种类没有改变,原子的数目也没有增减。所以,化学反应前后,各物质的质量总和必然相等。

(二)化学方程式

用元素符号和分子式来表示化学反应的式子,叫作化学方程式。化学方程式表示参加反应的物质和生成的物质,同时表示化学反应中反应物、生成物间的各种量(质量、体积等)的关系。如盐酸和氢氧化钠的中和反应可以写为

$$HCl + NaOH = NaCl + H_2O$$

(三)化学方程式的写法

写化学方程式前必须确切知道表示的化学反应是存在的,同时还需知道这一化学反应的反应物、生成物各是什么,反应发生的条件及现象等。

1.根据反应事实写出反应物和生成物的化学式

左边写反应物的化学式,右边写生成物的化学式。如果反应物(或生成物)不是一种就用“+”将各反应物(或生成物)的化学式联结起来,在反应物和生成物之间画一条横线。如硫酸和氢氧化钠中和反应写为

$$H_2SO_4 + NaOH — Na_2SO_4 + H_2O$$

2.根据质量守恒定律配平化学方程式

在各反应物(或生成物)的分子式前面配上适当的系数,使各种元素的原子数目在式子两边都相等。上式中钠原子和氢原子数目不相等,在氢氧化钠和水的分子式前加系数2:

$$H_2SO_4 + 2NaOH—Na_2SO_4 + 2H_2O$$

3.将横线改为等号

如果式子两边原子的数目完全相等,将横线改为等号,并注明反应条件(气体用“↑”表示,沉淀用“↓”表示),这样便写出了一个完整的化学方程式:

$$H_2SO_4 + 2NaOH = Na_2SO_4 + 2H_2O$$

(四)常见的化学反应

化学反应的种类很多,这里仅介绍在锅炉水处理工作中常遇到的几种化学反应。

1.置换反应

一种单质和一种化合物反应,生成另一种单质和另一种化合物,这种反应叫作置换反应。

$$Fe + 2HCl = FeCl_2 + H_2\uparrow$$

2.化合反应

由两种或两种以上的物质经过化学反应生成一种新物质的反应,叫作化合反应。

$$C + O_2 = CO_2\uparrow$$

3.分解反应

由一种物质生成两种或两种以上新物质的反应,叫作分解反应。

$$Ca(HCO_3)_2 = CaCO_3\downarrow + H_2O + CO_2\uparrow$$

4.复分解反应

凡是由两种化合物相互反应,彼此交换成分,生成两种化合物的反应,叫作复分解反应。

$$HCl + NaOH = NaCl + H_2O$$

复分解反应只有当生成物中至少有一种物质是呈沉淀、气体或水时,反应才能够进行得比较完全。

5.氧化还原反应

在化学反应中,如果参加反应的元素的化合价发生了改变,则这类反应称为氧化还原反应。

元素的化合价升高叫被氧化,元素的化合价降低叫被还原。所含元素化合价升高的物质叫还原剂,所含元素化合价降低的物质叫氧化剂。氧化反应和还原反应总是同时进行的。锅炉给水用亚硫酸钠除氧,其化学反应方程式为

$$2Na_2SO_3 + O_2 = 2Na_2SO_4$$

从上面的化学反应方程式里可以看出,亚硫酸钠中硫的化合价由 +4 价变成了硫酸钠中的 +6 价,硫的化合价升高,我们说亚硫酸钠中硫元素被氧化了。同时,氧由单质中的0 价变成了硫酸钠中的 -2 价,单质氧中的氧元素的化合价降低了,我们说氧单质被还原了。氧化反应和还原反应同时发生。亚硫酸钠是还原剂,氧气是氧化剂。

(五)化学方程式的有关计算

因为化学方程式不仅表示了物质的转变,而且也指出了物质之间的量的关系,所以可以根据化学方程式进行一系列的有关计算。

根据化学方程式,由已知的反应物的量计算生成物的量,或由生成物的量计算所需反应物的量。步骤如下:

(1)写出并配平化学方程式。

(2)找出与题目有关的物质 x 数,列出比例式进行计算。

【例1-1】 锅炉给水中的溶解氧可使锅炉遭到腐蚀,若有24 g的氧进入系统中,并全部反应掉,如腐蚀产物按氧化铁计算,将生成多少克的氧化铁?

解:(1) $4Fe + 3O_2 = 2Fe_2O_3$

(2)质量比 3×32 2×160

24 x

$$96:320 = 24:x$$

$$x = \frac{320 \times 24}{96} = 80(\text{g})$$

【例1-2】 200 g氢氧化钠,需用多少克36.5%的盐酸才能与它完全中和?

解:(1) $HCl + NaOH = NaCl + H_2O$

(2)质量比 36.5 40

x 200

$$36.5:40 = x:200$$

$$x = \frac{36.5 \times 200}{40} = 182.5(\text{g})$$

求得的只是纯盐酸,按题意,再求36.5% HCl的量:

$$182.5 \div 36.5\% = 500(\text{g})$$

需用500 g 36.5%的盐酸才能与它完全中和。

第二节 摩尔及物质的量

在化学方程式中,元素符号和化学式前面的系数分别表示原子或分子的数目。对于任何一种化学反应,参加的物质是亿万个原子、离子或分子,它们既有质量间的关系,又有数目间的关系。因此,相应地就需要一种既与物质的质量有关,又与物质的数量有关的单位,摩尔就是这样的一种单位。

一、摩尔

摩尔是物质的量的单位,符号为mol。其定义为:摩尔是表示物质的量的单位,某物质中所含的基本单元数与0.012 kg碳-12所含的原子数目相等,这种物质的量就为1摩尔;在使用摩尔时,必须指明基本单元,它可以是分子、原子、电子、离子及其他基本单元,或这些单元的特定组合。

定义中说明了摩尔是物质的量的单位,并给出了它的大小。

已知1个碳原子的质量是 $1.992\,7 \times 10^{-26}$ kg,所以,1 mol碳-12所含的原子数目为

$$\frac{0.012\ \text{kg/mol}}{1.992\,7 \times 10^{-26}\ \text{kg}} = 6.022 \times 10^{23}\ \text{个/mol}$$

这个数称为阿佛加德罗常数(N_B),即若某物质所含的基本单元数量等于 N_B,那么该

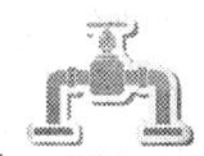

物质的量为 1 mol。

例如，1 mol 水就是指 6.022×10^{23} 个水分子，1 mol 碳就是指有 6.022×10^{23} 个碳原子。

二、摩尔质量

1 mol 物质的质量叫作摩尔质量，单位是“g/mol”，用符号“M”表示。在数值上等于相应的矢量（化学式量、原子量或离子量）。任何元素原子的摩尔质量，单位为 g/mol 时，数值上都等于其相应原子的原子量。此结论可推广到分子、离子或其他微粒。例如：

碳原子（C）的原子量为 12，其摩尔质量为 12 g/mol；

水分子（H_2O）的化学式量为 18，其摩尔质量为 18 g/mol；

铜离子（Cu^{2+}）的相对离子量为 63.5，其摩尔质量为 63.5 g/mol。

在实际应用中，有时经常采用毫摩尔和微摩尔，符号分别为 mmol 和 μmol。1 mol = 1 000 mmol，1 mmol = 1 000 μmol。

三、物质的量

物质 A 的物质的量为 n_A，是从粒子数 N_A 这一角度出发，用以表示物质多少的一个物理量，它是基于系统中单元 A 的数目 N_A 的量，即

$$n_A = \frac{N_A}{N_B} \tag{1-1}$$

式中　N_B——阿佛加德罗常数。

也就是说，物质的量 n_A 是以阿佛加德罗常数为计数单位来表示物质的指定基本单元是多少的一个物理量。

基本单元可以是分子、原子、离子、电子及其他粒子，或者是这些离子的特定组合。所谓特定组合，并非只限于那些已知的或想象存在的基本单元，或含整数原子数的组合。例如，单元可以是 O_2、HCl、$\frac{1}{2}CaCO_3$、SO_4^{2-}。

凡是说到物质 A 的物质的量 n_A 时，必须用元素符号、化学式或相应的粒子表明基本单元；否则，表示的意思将含糊不清。例如，讨论碳酸钙时，若含糊地写成碳酸钙物质的量，则是不允许的。因为碳酸钙的基本单元是 $CaCO_3$ 还是 $\frac{1}{2}CaCO_3$ 并未指明。

如用 A 泛指基本单元，则将 A 写在右下角；若基本单元有具体所指，则应将代表单元的符号写于与量的符号齐线的括号中，如 $n(CaCO_3)$。

物质的量是一个基本量，它有自己独立的量纲。因此，不要把物质 A 的物质的量 n_A 与 A 的质量 m_A 混同起来，物质的量和物质的质量是两个独立的基本量，是对物质的两种不同属性进行度量时引入的两种物理量，是完全不同的两种概念。

物质的质量（m）、摩尔质量（M）与物质的量（n）之间的关系可用下式换算：

$$n(\text{mol}) = \frac{m(\text{g})}{M(\text{g/mol})} \tag{1-2}$$

第三节　溶　液

一、溶液的概念

(一)溶液

将白糖和食盐分别放在水中观察,发现白糖和食盐固体在水中逐渐“消失”,最后变成澄清、透明的糖水和食盐水。这是因为组成白糖的白糖分子和组成食盐的氯离子和钠离子均匀地分散到水中的缘故。这种物质以分子或离子形态均匀地分散到另一种物质中的过程叫作溶解。溶解后所得到的稳定的、均匀的混合物,叫作溶液。能溶解其他物质的物质叫溶剂,溶解于溶剂中的物质叫溶质。所以

$$\text{溶液} = \text{溶质} + \text{溶剂}$$

由此可知,白糖水和食盐水的溶液,其中白糖和食盐是溶质,水是溶剂。通常不专门指明溶剂的溶液都是水溶液。

在水质分析中,所使用的药剂大多数是溶液,所以有关溶液的概念在实际工作中是非常重要的。

(二)溶解平衡

事实证明,在一定量的溶剂中,溶质是不能无限地溶解的。这是因为溶液中存在许多溶质的分子或离子和水合分子或水合离子。这些微粒在运动中碰撞未溶解的溶质时,又会重新析出在固体溶质的表面上,这个过程叫作结晶。溶液中始终存在着溶解和结晶两个相反过程,这可以用下式表示:

$$\text{未溶解的溶质} \underset{\text{结晶}}{\overset{\text{溶解}}{\rightleftharpoons}} \text{已溶解的溶质}$$

溶质刚放进溶剂中时,溶解的速度总是大于结晶的速度,所以溶质继续溶解。随着溶质的溶解,一方面,溶液浓度增加,溶解的速度会逐渐减慢;另一方面,由于溶液中溶质微粒的增加,结晶的速度会逐渐加快。这样,过了一段时间,溶解的速度就与结晶的速度相等,结果溶质溶解的量与溶质微粒结晶的量相等,这种状态叫溶解平衡。

在一定条件下,达到溶解平衡的溶液叫饱和溶液。在某物质的饱和溶液中,该溶质不能再溶解,这说明已溶解的溶质达到了允许溶解的最大值。未建立平衡的溶液叫不饱和溶液。在不饱和溶液中,溶质可以继续溶解。

(三)溶解度

在饱和溶液中,已溶解的溶质达到了允许溶解的最大值。但是相同的条件下,各种溶质在一定量的溶剂中所能溶解的最大值是不同的。例如,20 ℃时,100 g 水中能溶解硝酸钠的最大值是 90 g,而能溶解食盐的最大值是 36 g。这表明,在相同的条件下,不同溶质的溶解能力是不同的。物质的溶解能力又叫溶解性。

一般来讲,20 ℃时,在 100 g 水中能溶解 10 g 以上的物质叫作易溶物质;能溶解 1 g 以上的物质叫作可溶物质;能溶解 0.01 g 以下的物质叫作难溶物质。

物质的溶解性通常用溶解度来定量表示。在一定的温度条件下,每 100 g 溶剂中最

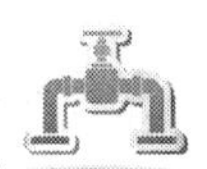

多可溶解的溶质的克数,叫作这种溶质的溶解度。例如,在 20 ℃时,食盐的溶解度(在水中)为 36 g/100 g 水。

二、溶液的浓度

溶液的浓度标志着溶液中溶质和溶剂相对量的大小。溶液中含溶质的多少,以溶液的浓度来表示。在一定量的溶液中,所含溶质的量称为溶液的浓度。对一定量的溶液来说,它里面所含溶质的量越多,溶液的浓度就越大;对一定量的溶质来说,它溶解后溶液的量越多,溶液的浓度就越小。

溶液或溶剂的量可以用质量、物质的量、体积等表示。所以,溶液的浓度有多种表示方法。在锅炉水质分析中常用的有以下几种。

(一)质量百分比浓度

溶质质量占溶液总质量的百分比,叫作质量百分比浓度。用 W 表示,即

$$W=\frac{\text{溶质的质量}}{\text{溶液的质量}}\times 100\% \tag{1-3}$$

$$\text{溶液的质量}=\text{溶质质量}+\text{溶剂质量}$$

【例 1-3】 将 20 g 食盐溶解在 180 g 水中,求此溶液的质量百分比浓度是多少?

解:该溶液的质量百分比浓度 $=\frac{20}{20+180}\times 100\% = 10\%$

(二)物质的量浓度

1 L 溶液中所含有的溶质的物质的量,叫作物质的量浓度,用 $c(\mathrm{A})$ 来表示,括号中的"A"为基本单元。

$$c(\mathrm{A})=\frac{n_{\mathrm{A}}}{V} \tag{1-4}$$

式中　n_{A}——基本单元为 A 的物质的量,mol;

V——溶液的体积,L。

【例 1-4】 200 mL 溶液中含有 16 g 氢氧化钠,求此溶液的物质的量浓度。

解:1 mol 氢氧化钠的摩尔质量为 40 g,16 g 氢氧化钠的摩尔数为

$$n_{\mathrm{NaOH}}=\frac{16}{40}=0.4(\mathrm{mol})$$

$$V=200\ \mathrm{mL}=0.2\ \mathrm{L}$$

所以

$$c(\mathrm{NaOH})=\frac{n_{\mathrm{NaOH}}}{V}=\frac{0.4}{0.2}=2(\mathrm{mol/L})$$

(三)其他几种浓度

1. 质量浓度

某种物质 B 的质量(m)除以混合物的体积(V),叫作该种物质的质量浓度,符号为 ρ_{B}。

$$\rho_{\mathrm{B}}=\frac{m}{V} \tag{1-5}$$

质量浓度的国际单位为 $\mathrm{kg/m^3}$,常用单位为 g/L、mg/L(原 ppm)。

在水质分析中,因水中杂质浓度小,如果用质量百分比浓度和物质的质量浓度表示的单位太大,数值太小,用起来很不方便。一般用 mg/L 和 μg/L 来表示。mg/L 和 μg/L 分别指 1 L 溶液中含有某物质的毫克数和微克数。例如,1 L 水样中含有 40 mg 钙离子,这时钙离子的浓度是 40 mg/L。

2. 比例浓度(X: Y)

比例浓度的表示方法只适用于溶质是液体的溶液。如硫酸溶液(4:1),是指 4 份体积的硫酸和 1 份体积的水配成的溶液,即它们的体积比是 4:1。前面的数字代表浓溶液的体积份数,后面的数字代表溶剂的体积份数。

例如,要配制 4:1 硫酸溶液 600 mL,假定混合前后体积不变,则应取浓硫酸 $600\times(4/5)=480$(mL)和水 $600\times(1/5)=120$(mL)混合而成。

(四)滴定度

滴定度是指在 1 mL(浓度一定的)标准滴定液(常称作操作溶液)中,含有物质的质量或相当于可与它反应的化合物或离子的质量(g、mg)。

例如,每毫升标准盐酸溶液中含有 0.6 mg HCl,则其滴定度可写为 $T_{HCl}=0.6$ mg/mL。又例如,测定水样中氯离子,配制的硝酸银标准溶液 1 mL 可与 1 mg Cl^- 作用,即表示硝酸银的滴定度 $T_{AgNO_3}=1$ mg/mL。若滴定时消耗了硝酸银标准溶液 15 mL,水样中含有 Cl^- 为 $1\times15=15$(mg)。

二、浓度的换算

溶液浓度的换算,用得最多的是质量百分比浓度与物质的量浓度之间的换算,两者之间是以溶液密度这个量相联系的,其换算关系式为

$$W\times\rho\times1\,000=c(\mathrm{A})\times M(\mathrm{A}) \tag{1-6}$$

式中 W——质量百分比浓度(%);

ρ——溶液的密度,g/cm³;

$c(\mathrm{A})$——基本单元为 A 的物质的量浓度,mol/L;

$M(\mathrm{A})$——基本单元为 A 的物质的摩尔质量,g/mol。

【例 1-5】 求质量百分比浓度为 98% 的 H_2SO_4 溶液($\rho=1.84$ g/cm³)的物质的量浓度。

解:因为硫酸的化学式量为 98,则由换算式得

$$c(H_2SO_4)=\frac{1\,000\times1.84\times98\%}{98}=18.4(\mathrm{mol/L})$$

【例 1-6】 已知 2 mol/L 的 NaOH 溶液的密度为 1.08 g/cm³,试换算为质量百分比浓度。

解:因为 NaOH 的摩尔质量 $M_{NaOH}=40$ g/mol。

由定义得

$$W=\frac{c\times M}{\rho\times1\,000}=\frac{2\times40}{1.08\times1\,000}\times100\%=7.4\%$$

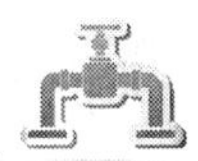

第四节　酸、碱、盐、氧化物及其络合物

在工业锅炉水处理中,我们经常接触到的很多物质都是酸、碱、盐类。例如,盐酸、硫酸、氢氧化钠、碳酸钠以及食盐等。下面分别介绍。

一、酸及其一般性质

酸是在电离时生成的阳离子全部是 H^+ 的化合物。常用的酸有盐酸(HCl)、硫酸(H_2SO_4)和硝酸(HNO_3)等,它们的水溶液能电离出氢离子和酸根阴离子。例如:

$$HCl = H^+ + Cl^-$$

$$H_2SO_4 = 2H^+ + SO_4^{2-}$$

根据酸中是否含有氧,将酸分为含氧酸和无氧酸,含氧酸中除氢、氧两种元素外,还有第三种元素,酸的名称就用第三种元素的名称来命名。例如,H_2SO_4 叫硫酸,H_3PO_4 叫磷酸。无氧酸一般由两种元素(氢和另一种非金属元素)组成。它的命名是在氢字的后面加上另一种元素的名称,叫作氢某酸。如 HF 叫氢氟酸,HCl 叫氢氯酸(俗称盐酸)。

根据酸分子中能被金属置换的氢原子的个数,把酸分为一元酸、二元酸及三元酸。例如,HNO_3 只有一个可置换氢原子,称为一元酸;H_2SO_4 有两个可置换的氢原子,称为二元酸;H_3PO_4 则为三元酸。

根据酸在水溶液中电离出 H^+ 浓度的大小,又把酸分为强酸和弱酸。H_2SO_4、HNO_3、HCl 是强酸,其他的酸多为弱酸。

因为酸在水溶液中都能电离出氢离子,所以酸类物质都有一定的共性。主要表现在以下几个方面:

(1)酸溶液能使蓝色石蕊试纸显红色(石蕊试纸是一种酸碱指示剂,它遇到酸变红色,遇到碱变蓝色),酸溶液不能使酚酞变色。

(2)酸与金属氧化物反应生成盐和水,例如:

$$CaO + 2HCl = CaCl_2 + H_2O$$

(3)酸与碱反应生成盐和水,例如:

$$HCl + NaOH = NaCl + H_2O$$

(4)酸与盐反应生成新酸和新盐,例如:

$$2HCl + CaCO_3 = CaCl_2 + H_2O + CO_2\uparrow$$

(5)酸与较活泼金属反应生成盐和氢气,例如:

$$Fe + 2HCl = FeCl_2 + H_2\uparrow$$

酸能否与金属反应生成氢气,可参看金属活动顺序,在氢前面的金属都能从酸中置换出氢气(硝酸和浓硫酸除外),排在氢后面的金属不能与酸反应置换出氢气。

金属活动顺序为:

K、Na、Ca、Mg、Al、Zn、Fe、Sn、Pb、(H)、Cu、Hg、Ag、Pt、Au

金属活动顺序从左至右逐渐减弱。

二、碱及其一般性质

电离时生成的阴离子全部是氢氧根离子的化合物叫作碱。我们常用的碱有氢氧化钠($NaOH$)、氢氧化钙[$Ca(OH)_2$]等。它们在水溶液中能电离出金属阳离子和氢氧根离子。

$$NaOH = Na^{+} + OH^{-}$$

$$Ca(OH)_2 = Ca^{2+} + 2OH^{-}$$

氢氧根的化合价总是 -1 价。因此,某金属离子的化合价必须等于和它相结合的氢氧根数。如 $NaOH$、$Ca(OH)_2$ 中的 Na 是 +1 价,Ca 是 +2 价。

碱的命名一般是在“氢氧化”三字后加上分子中金属元素的名称。例如 $Mg(OH)_2$ 叫作氢氧化镁,$Ca(OH)_2$ 叫作氢氧化钙。

因为碱的水溶液都能电离出来氢氧根离子,所以它们具有共同的性质,主要表现在以下几个方面:

(1)碱的水溶液能使酸碱指示剂变色。碱溶液能使红色石蕊试纸变为蓝色,使酚酞指示剂变为红色。

(2)碱能与酸性氧化物反应生成盐和水,例如:

$$SiO_2 + 2NaOH = Na_2SiO_3 + H_2O$$

$$CO_2 + 2NaOH = Na_2CO_3 + H_2O$$

装氢氧化钠的瓶子不能用玻璃塞,否则不易打开,这是因为玻璃中有 SiO_2。由于空气中有二氧化碳,盛装氢氧化钠的溶液应该密封保存。

(3)碱能与酸反应生成盐和水,例如:

$$HCl + NaOH = NaCl + H_2O$$

(4)碱与盐反应生成新碱和新盐,例如:

$$2NaOH + CuCl_2 = Cu(OH)_2 + 2NaCl$$

碱类的这些性质,实质上是由氢氧根离子来决定的。化学上常用碱溶液中电离出 OH^{-} 浓度的大小来表示碱性的强弱。例如,KOH、NaOH 是强碱,$Ca(OH)_2$ 是中强碱,而氨水(NH_4OH)是弱碱。大多数碱都难溶于水,只有少数碱像 KOH、NaOH、$Ba(OH)_2$ 等易溶于水,$Ca(OH)_2$ 等微溶于水。

三、盐

凡是由金属离子和酸根离子组成的化合物叫作盐。我们经常接触到的盐很多,例如氯化钠($NaCl$)、碳酸钠(Na_2CO_3)等,它们在电离时都能生成金属离子和酸根离子。例如:

$$NaCl = Na^{+} + Cl^{-}$$

$$Na_2CO_3 = 2Na^{+} + CO_3^{2-}$$

根据盐的组成不同,可将盐分为正盐、酸式盐、碱式盐和复盐等。

正盐:在盐的分子中只含有金属离子和酸根离子的盐叫正盐。正盐根据酸根的组成不同可分为含氧酸盐和无氧酸盐。正盐的命名,无氧酸盐读作“某化某金属”,如 NaCl 叫氯化钠;含氧酸盐叫“某酸某金属”,如 $CaCO_3$ 叫碳酸钙。

酸式盐:是由金属离子和带氢的酸根离子组成的盐。其化学式命名如下:

$NaHCO_3$　　Na_2HPO_4　　NaH_2PO_4

碳酸氢钠　　磷酸氢二钠　　磷酸二氢钠

碱式盐：由金属离子、酸根和氢氧根组成的盐叫碱式盐。其分子组成和命名如下：

$Mg(OH)Cl$　　$Cu_2(OH)_2CO_3$

碱式氯化镁　　碱式碳酸铜

复盐：是由两种不同金属离子和酸根组成的盐。其分子组成和命名如下：

$KAl(SO_4)_2$　　$(NH_4)_2Fe(SO_4)_2$

硫酸铝钾　　硫酸亚铁铵

由于盐在水溶液中不能电离出一种共同的离子，所以盐类没有通性，但有以下化学性质：

(1)盐与金属作用生成新盐和另一种金属，例如：

$$Fe + CuSO_4 = Cu + FeSO_4$$

(2)盐与碱反应生成新盐和新碱，例如：

$$Ca(OH)_2 + MgCl_2 = CaCl_2 + Mg(OH)_2$$

(3)盐与酸反应生成新盐和新酸，例如：

$$CaCO_3 + 2HCl = CaCl_2 + H_2CO_3$$

$$H_2CO_3 \longrightarrow H_2O + CO_2\uparrow$$

(4)盐与盐反应生成两种新盐，例如：

$$NaCl + AgNO_3 = AgCl\downarrow + NaNO_3$$

此反应通常用于检验水中是否有氯离子。

四、氧化物

氧化物是由氧和另一种元素（金属或非金属）组成的氧化物，例如 CaO、Fe_3O_4、CO_2、SiO_2 等。

氧化物的命名比较简单，如果金属与氧只能生成一种氧化物，就叫作“氧化某”，如 CaO 叫氧化钙。若某金属能够和氧生成几种化合物，一般高价叫“氧化某”，低价叫“氧化亚某”，如 Fe_2O_3 叫氧化铁，FeO 叫氧化亚铁。非金属氧化物的命名，一般是把分子里的原子个数一齐读出来，如 SO_2 叫二氧化硫，CO_2 叫二氧化碳。

根据氧化物对酸碱反应的性质，可将氧化物分为四类。

（一）酸性氧化物

凡能与碱反应生成盐和水的氧化物，称为酸性氧化物。一般非金属氧化物都是酸性氧化物。酸性氧化物能与碱反应；大多数的酸性氧化物能与水化合生成酸。例如：

$$CO_2 + H_2O = H_2CO_3$$

$$SO_3 + H_2O = H_2SO_4$$

（二）碱性氧化物

凡是能与酸反应生成盐和水的氧化物，称为碱性氧化物。一般金属的氧化物都是碱性氧化物。碱性氧化物能与酸反应，只有活泼的金属才能与水化合生成碱。例如：

$$Na_2O + H_2O = 2NaOH$$

(三)两性氧化物

凡是既能与碱反应又能与酸反应生成盐和水的化合物,称为两性氧化物。例如,氧化铝(Al_2O_3)、氧化锌(ZnO)等。

$$Al_2O_3 + 6HCl = 2AlCl_3 + 3H_2O$$

$$Al_2O_3 + 2NaOH = 2NaAlO_2 + H_2O$$

(四)惰性氧化物

凡是既不能与酸反应又不能与碱反应的氧化物叫惰性氧化物。例如,CO、NO 等。

五、络合物及其一般性质

由一个简单阳离子(中心离子)和几个中性分子或几种阴离子(配位体)结合而成的复杂离子叫络离子,它几乎失去了简单离子原有的性质。含有络离子的化合物叫络合物,是组成比较复杂的化合物。络合物的组成可分为内界和外界两部分,内界由中心离子(原子)与配位体所组成,配位体就是络合剂。中心原子与配位体之间以配位键相结合,一个中心原子结合配位体的数目,称为配位数。例如,$K_4[Fe(CN)_6]$的组成如下:

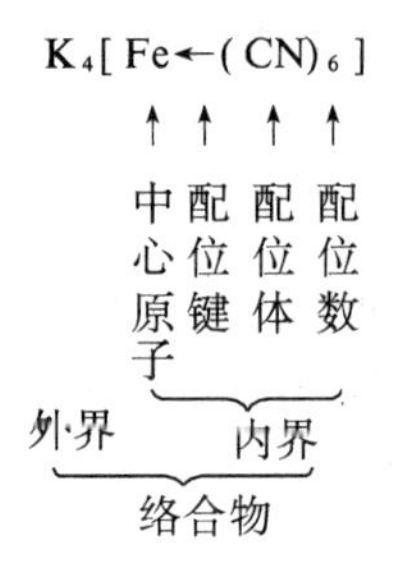

中心原子可能是金属离子,也可能是一个质子。络合物的配位体可能是有机或无机阴离子,也可能是中性分子。

(一)络合物与简单化合物的区别

(1)简单化合物是由两种元素组成的化合物。例如,H_2O、SO_2、CH_4 等。由简单化合物组成的较复杂化合物称为分子化合物。如 $K_2SO_4 \cdot Al_2(SO_4)_3 \cdot 24H_2O$(明矾)等。其特点是:它们的晶体溶解于水后完全电离为组成该盐的有关离子。如明矾可电离为 K^+、Al^{3+}、SO_4^{2-},仅从这一点看,明矾的水溶液与 K_2SO_4 和 $Al_2(SO_4)_3$ 的混合液毫无区别。

(2)络合物与简单化合物不同。如 $Cu(NH_3)_4SO_4$ 与明矾不同,$Cu(NH_3)_4SO_4$ 在水溶液中电离成复杂离子$[Cu(NH)_3]^{2+}$,即络离子。该离子的特点是:它不仅存在于晶体中,而且在水溶液中也具有相当高的稳定性。

络合物与简单化合物的重要区别在于:在络合物中存在着难以电离的复杂离子,即络离子。而简单化合物溶于水后,随机完全电离为简单离子。常见的络合物有乙二胺四乙酸二钠(EDTA)等。

(二)络合物的应用

络合物的应用非常广泛。在生产上和科学研究中常利用络合反应进行滴定分析,如用络合物 EDTA 测定水中的硬度及其他离子。为除去锅炉中的铁锈和氧化皮,可用柠檬酸和 EDTA 与铁离子生成络合物这一性质,作为锅炉化学清洗剂。

在锅炉的防垢剂中,加入少量的络合物——聚磷酸盐,可显著提高锅炉的防垢效果,防止锅炉结垢。

第五节　化学反应速度和化学平衡

一、化学反应速度

各种化学反应的快和慢,可用化学反应速度来表示。化学反应速度是用单位时间内反应物浓度的减少或生成物浓度的增加来表示的。浓度常以摩尔/升(mol/L)表示。时间可根据反应的快慢用秒、分、小时等作单位。

影响化学反应速度的因素主要有反应物的浓度、反应时的温度和催化剂等。

(一)反应物的浓度

任何化学反应,只有当参加反应的分子或离子相互碰撞时才能发生。当其他条件一定时,碰撞次数越多,反应速度越快。而碰撞次数与反应物的浓度有关,浓度越大,反应速度越快。大量试验证明,在温度恒定时,化学反应速度与反应物的浓度的乘积成正比。这就是质量作用定律。

设在某一温度下,A、B 两种物质进行下列反应:

$$A + B \rightarrow C + D$$

如果用[A]、[B]分别表示两种反应物的浓度,用 v 表示反应速度,则由质量作用定律得出下列关系:

$$v \propto [A][B]$$

即

$$v = k[A][B] \tag{1-7}$$

式中　k——比例系数,即速度常数。

(二)反应时的温度

温度对化学反应速度的影响是十分明显的。一般情况下,温度升高,反应速度加快。通常温度每升高 10 ℃,反应速度增加 2 ~ 3 倍。当反应物浓度一定时,温度改变,反应速度 v 随着改变。根据质量作用定律,速度常数 k 随温度而改变。

(三)催化剂

催化剂是一种能增加反应速度而本身的化学组成、质量和化学性质在反应前后保持不变的物质。

催化剂对化学反应速度的影响远远超过了增加浓度和升高温度的影响。有时加入微量的催化剂,就能使化学反应速度增加几千倍以上。

催化剂分正催化剂与负催化剂,正催化剂能加快反应速度,负催化剂能减慢反应速度。另外,催化剂具有选择性,在选用时,必须根据具体反应来确定。

二、化学平衡

(一)可逆反应

化学反应过程中,有的几乎全部由反应物变为生成物,如在溶液中的 Ag^+ 与 Cl^- 反应生成 AgCl 沉淀;而有的反应在同样条件下,能同时向两个相反的方向进行,如在一定条件(温度、压力、催化剂)下,N_2 与 H_2 在密闭容器中可以化合成为 NH_3;同时,NH_3 也可以分解为 N_2 和 H_2,这样的反应称为可逆反应。在可逆反应中,由反应物向生成物方向进行的反应称为正反应;由生成物向反应物方向进行的反应称为逆反应。在化学方程式中用符号$\rightleftharpoons$表示可逆反应。

(二)化学平衡

在可逆反应中,正反应和逆反应都以一定的速度进行着。随着反应的进行,反应物浓度逐渐减小,生成物浓度逐渐增大。这时,正反应速度趋于减小,而逆反应速度趋于增大。如果外界条件不发生变化,经过一定时间后,正反应速度和逆反应速度相等,反应物浓度和生成物浓度不再改变,这种状态叫化学平衡。

处于化学平衡状态的化学反应仍在继续进行。反应物、生成物浓度保持不变,是指单位时间内反应物的减少量与生成物的增加量相等。化学平衡实质上是一种动态平衡,它有以下几个特征:

(1)正、逆反应不是停止了,而是以相等的速度进行。

(2)体系中反应物和生成物的浓度保持不变。

(3)平衡是在一定条件下的相对平衡,只要反应条件(如温度、浓度、催化剂)改变,这种平衡就会被破坏,而建立新的条件下的新平衡。

(三)化学平衡常数

化学平衡建立时,各物质浓度间的关系,可以根据质量作用定律导出。例如,下列化学反应:

$$mA + nB \rightleftharpoons pC + qD$$

正反应速度($v_{正}$) $v_{正} = k_{正}[A]^m[B]^n$

逆反应速度($v_{逆}$) $v_{逆} = k_{逆}[C]^p[D]^q$

式中,$k_{正}$、$k_{逆}$ 分别代表正、逆反应的速度常数。

当平衡建立时,$v_{正} = v_{逆}$,故

$$k_{正}[A]^m[B]^n = k_{逆}[C]^p[D]^q$$

$$\frac{k_{正}}{k_{逆}} = \frac{[C]^p[D]^q}{[A]^m[B]^n}$$

由于 $k_{正}$、$k_{逆}$ 在一定温度下都是常数,故 $k_{正}/k_{逆}$ 也是常数,用 K 来表示,则得

$$K = \frac{[C]^p[D]^q}{[A]^m[B]^n} \tag{1-8}$$

常数 K 称为化学平衡常数,即在一定温度下,可逆反应达到平衡时,生成物浓度相应幂次的乘积和反应物浓度相应幂次的乘积的比值。此常数与反应物的最初浓度无关。但当温度改变时,平衡常数也随之改变。应用化学平衡常数时必须注意:化学平衡常数中的反应物和生成物的浓度都是平衡状态时的浓度。

对于有固体参加的多相可逆反应,由于化学上规定纯固体的浓度等于1,因此在平衡常数的表达式中,纯固体物质可以不列入。例如:

$$CO_2(g) + C(s) \rightleftharpoons 2CO(g)$$

平衡常数为

$$K = \frac{[CO]^2}{[CO_2]}$$

第六节　电离平衡

一、电解质及其电离

（一）电解质与非电解质

凡溶解于水后或在熔化状态下能导电的物质叫电解质。如氯化钠溶液、氢氧化钠溶液等。

凡在干燥和熔化状态或水溶液中都不能导电的物质叫作非电解质。例如，糖、酒精等。

（二）强电解质和弱电解质

根据电解质在水溶液中的电离程度，又把电解质分为两类：

（1）凡在水溶液中，全部电离成离子的电解质叫强电解质。如强酸（H_2SO_4、HCl、HNO_3）、强碱（NaOH）和大部分盐类。

（2）凡在水溶液中，只有部分电离成离子的电解质叫弱电解质。如弱酸（HAc、H_2CO_3）、弱碱（氨水）和水都是弱电解质。

（三）电离过程

电解质溶解于水或受热熔化而离解成自由移动的离子的过程叫作电离。每种电解质都能电离成一种带正电荷的正离子（阳离子）和一种带负电荷的负离子（阴离子）。正、负离子所带电荷数相等，所以整个溶液仍然保持电中性。

如氯化钠溶于水，发生如下反应：

$$NaCl = Na^+ + Cl^-$$

式中，“+”表示带正电荷，一个“+”表示一个单位的正电荷；“-”表示带负电荷，一个“-”表示一个单位的负电荷。

二、弱电解质及其电离

（一）电离平衡和电离常数

从上面我们知道，弱电解质在水溶液中存在着未电离的分子和已电离生成的离子之间的平衡。如醋酸（HAc）溶液中存在下列平衡：

$$HAc \underset{化合}{\overset{电离}{\rightleftharpoons}} H^+ + Ac^-$$

在一定温度下，当醋酸分子电离成为 H^+ 和 Ac^- 的速度等于 H^+ 和 Ac^- 结合成 HAc 分子的速度时，HAc 的分子和离子之间就建立了一个动态平衡。此时，正、逆两个反应过程仍不断进行，但溶液中 H^+、Ac^- 与 HAc 分子的浓度不变，这种平衡叫电离平衡。

电离平衡是一种化学平衡，可利用质量作用定律得出电离平衡常数（K）为

$$K=\frac{[H^+][Ac^-]}{[HAc]}$$

平衡常数表达式有以下几个特征：

(1)各物质浓度均为平衡时的浓度，常以 mol/L 表示。

(2)对于弱电解质，平衡常数 K 不因浓度的改变而改变，但随温度改变而改变。

(3)不同弱电解质的电离常数 K 不同。K 值越大，电解质越易电离。K 值的大小反映了电解质的相对强弱。

(二)电离度

弱电解质的电离度就是当达到电离平衡时，已电离的溶质分子数占原有溶质分子数的百分数，用 α 表示，即

$$\text{电离度 } \alpha=\frac{\text{已电离的分子总数}}{\text{原有分子总数}}\times 100\%$$

α 值的大小与电解质的相对强弱和分子结构有关，还与电解质溶液的浓度有关。浓度增大，α 相应减小；溶液稀释，α 相应增大。通常，弱电解质的电离度 $\alpha<30\%$。

例如，碳酸(H_2CO_3)溶液中，平均 1 000 个分子中有 1.7 个分子电离成离子，则电离度为 0.001 7 或 0.17%。

不同的电解质具有不同的电离度。对同一种电解质来说，其电离度与电解质的浓度和溶剂有关。溶液的浓度越低，电离度越大。这是因为随着溶液的稀释，单位体积内离子的数目减少使离子相互碰撞结合成分子的机会减少。根据平衡移动的规律，电离平衡向生成离子的方向移动，所以 α 增大。溶剂分子的极性越强，电离平衡越容易向生成离子的方向移动，使电解质在该溶剂中的电离度越大。

(三)多元弱酸的电离

在分子中含有几个可置换的氢离子的酸叫作多元酸。多元弱酸的电离是分步进行的，每步都有其电离常数，并且其电离常数是逐步减小的。如 H_2CO_3 是二元弱酸，它在溶液中是分步电离的。

在 25 ℃时

$$H_2CO_3 \rightleftharpoons H^+ + HCO_3^-$$

$$K_1=\frac{[H^+][HCO_3^-]}{[H_2CO_3]}=4.45\times 10^{-7}$$

$$HCO_3^- \rightleftharpoons H^+ + CO_3^{2-}$$

$$K_2=\frac{[H^+][CO_3^{2-}]}{[HCO_3^-]}=4.68\times 10^{-11}$$

式中 K_1、K_2——碳酸第一级和第二级电离常数；

[ ]——相应分子或离子的浓度，mol/L。

从上面的两个电离平衡常数的大小可以看出：$K_1 \gg K_2$。说明碳酸 H_2CO_3 的第二步电离比第一步电离困难得多。这是由于在第一步电离时，H^+ 只需克服带一个负电荷的 HCO_3^- 的吸引力；而在第二步电离时，H^+ 要克服带有两个负电荷的 CO_3^{2-} 的吸引力。在计算 H^+ 浓度时，可忽略第二步电离，用第一步电离的 K_1 值进行计算。

三、水的电离和 pH 值

（一）水的电离平衡和水的离子积

1. 水的电离平衡

纯水不是绝对不导电的，只是其导电率微弱得难以测出而已。如果用精密仪器测定水的导电率，就会发现它具有极其微弱的导电能力。这说明水是一种极微弱的电解质，它能微弱地电离出氢离子和氢氧根离子。由于氢失去它唯一的一个电子，实质上氢离子就是氢的原子核（质子）。但自由质子寿命很短，不可能单独稳定存在于水中，而是与未电离的水分子形成水合离子 $H^+ \cdot H_2O$ 或写成 H_3O^+：

$$H_2O + H_2O \rightleftharpoons H_3O^+ + OH^-$$

为了表示方便，通常写成

$$H_2O \rightleftharpoons H^+ + OH^-$$

当水的电离达到平衡时，其平衡常数为

$$K_{电离} = \frac{[H^+][OH^-]}{[H_2O]}$$

2. 水的离子积

整理水的电离平衡常数表达式得

$$[H^+] \cdot [OH^-] = K_{电离} \cdot [H_2O]$$

试验测得，25 ℃时，纯水的 H^+ 和 OH^- 的浓度都等于 1×10^{-7} mol/L。由于 1 L 水（55.6 mol分子 H_2O）中仅有 10^{-7} mol 水分子发生电离，所以电离前后水分子的摩尔数几乎不变，可以看作是个常数。而 $K_{电离}$ 是个常数，因此它们的乘积也是个常数。所以，$[H^+]$与$[OH^-]$的乘积 K_W 是常数，即

$$[H^+] \cdot [OH^-] = K_W$$

K_W 等于水中$[H^+]$和$[OH^-]$的乘积，因此叫作水的离子积常数，简称水的离子积。测得 25 ℃时，水的离子积等于 10^{-14}，即

$$K_W = 10^{-7} \times 10^{-7} = 10^{-14}$$

不同的温度下水的离子积 K_W 值是不同的。

（二）溶液的酸碱性

在纯水中$[H^+] = [OH^-]$，二者的乘积是一个常数 K_W。如果在纯水中加入少量的酸（增加 H^+浓度）或少量的碱（增加 OH^- 浓度）形成稀溶液时，则可使水的电离平衡发生移动，从而改变$[H^+]$和$[OH^-]$的相对大小，$[H^+]$与$[OH^-]$不再相等。但根据平衡移动的原理，水的离子积仍保持不变，这就是说，在稀溶液中，$[H^+]$与$[OH^-]$的乘积仍为常数 K_W。

由于在任何水溶液中，都存在着水的电离平衡，所以溶液中总是存在$[H^+]$和$[OH^-]$。我们已经知道，溶液的酸碱性取决于溶液中$[H^+]$和$[OH^-]$的相对大小，即对于稀溶液：

中性溶液　　$[H^+] = 10^{-7}$ mol/L

酸性溶液　　$[H^+] > 10^{-7}$ mol/L

碱性溶液　　　　　　　　　$[H^+] < 10^{-7}$ mol/L

(三)溶液的 pH 值

$[H^+]$的大小虽然可以表示溶液的酸碱性,但在实际应用中有其不方便之处,例如,0.1 mol/L HAc 溶液,$[H^+] = 1.34 \times 10^{-3}$ mol/L,0.1 mol/L $NH_3 \cdot H_2O$ 溶液,$[H^+] = 7.64 \times 10^{-12}$ mol/L,表示起来不方便。

为了使用方便,在化学上常采用 H^+ 浓度的负对数来表示溶液的酸碱性,叫作溶液 pH 值,即

$$pH = -\lg[H^+]$$

例如　$[H^+] = 10^{-7}$ mol/L, $pH = -\lg 10^{-7} = 7$

$[H^+] = 1.34 \times 10^{-3}$ mol/L, $pH = -\lg 1.34 \times 10^{-3} = 2.87$

$[H^+] = 10^{-11}$ mol/L, $pH = -\lg 10^{-11} = 11$

显然,在中性溶液中,pH = 7;在酸性溶液中,pH < 7;在碱性溶液中,pH > 7。

pH 值和溶液的酸碱性的关系可用图 1-1 表示。

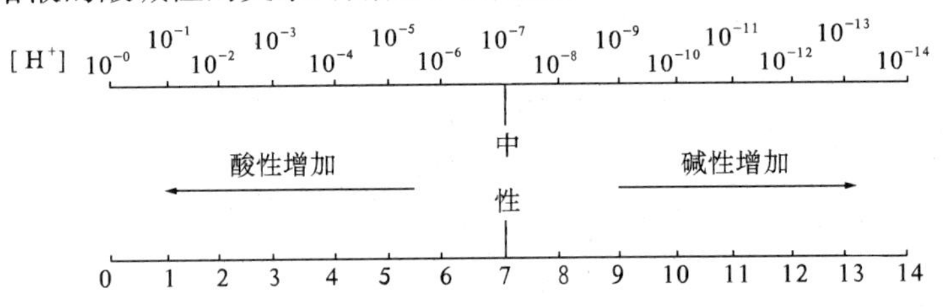

图 1-1　pH 值和溶液酸碱性的关系

由此可见,溶液的酸性越强,pH 值越小;碱性越强,pH 值越大。在更强的酸性溶液中,pH 值可以小于零(例如 10 mol/L HCl 溶液的 pH 值等于 -1);更强的碱性溶液 pH 值也可以大于 14,但在这些情况下,通常不再用溶液的 pH 值表示溶液的酸碱性,因为它反而不如用$[H^+]$或$[OH^-]$(以 mol/L 为单位)表示方便。

同样,溶液中的$[OH^-]$也可以用 pOH 值来表示

$$pOH = -\lg[OH^-]$$

溶液中 pH 值与 pOH 值的关系是

$$pH + pOH = 14$$

(四)pH 值的测定方法

pH 值的测定常用酸碱指示剂法和 pH 试纸法。

酸碱指示剂是一些有机的弱酸或弱碱,它们在不同的 pH 值范围内能显示不同的颜色,因此可以用来判断溶液的 pH 值。肉眼能观察到颜色变化的 pH 值范围,叫作该酸碱指示剂的变色范围。常见酸、碱指示剂的变色范围及配制方法可查阅有关分析化学书籍。

pH 试纸法是由浸有酸碱指示剂和指示剂混合物的滤纸制成的,将其浸入待测溶液后,根据颜色的色调和颜色的深浅,通过与标准色板进行比较来判断该溶液的 pH 值。

溶液的 pH 值还可以利用 pH 计(酸度计)来测定。pH 计的使用方法可以参考其说明书。

四、同离子效应和缓冲溶液

电离平衡是一定条件下的动态平衡,当外界条件改变时,就会引起平衡的移动。例如,

温度升高，电离度增大；溶液稀释，电离度增大。这里主要讨论浓度对电离平衡的影响。

（一）同离子效应

在醋酸溶液中存在下列平衡：

$$HAc \rightleftharpoons H^+ + Ac^-$$

如果向溶液中加入少量醋酸铵 NH_4Ac（或其他的醋酸盐），由于 Ac^- 浓度的增大，会使平衡向生成 HAc 分子的方向移动，结果是醋酸的电离度降低，溶液中$[H^+]$减小。

向氨水中加入铵盐（NH_4Cl），也会破坏氨水的电离平衡：

$$NH_3 \cdot H_2O \rightleftharpoons NH_4^+ + OH^-$$

使平衡向左移动，直到达到新的平衡。这时溶液中 OH^- 浓度相应减少，氨水的电离度降低。

在弱电解质溶液中，加入同弱电解质溶液具有相同离子的强电解质，从而使弱电解质的电离度降低的现象，叫作同离子效应。

（二）缓冲溶液

1. 缓冲溶液

我们知道，纯水的$[H^+]=[OH^-]=1\times10^{-7}$ mol/L，pH＝7。如果在 1 L 纯水中加入 0.01 mol/L HCl，假如忽略体积的变化，溶液中的$[H^+]$由 1×10^{-7} mol/L 增加到 1×10^{-2} mol/L，pH 值由 7 下降为 2。如果在 1 L 纯水中加入 0.01 mol/L NaOH，则溶液中的$[OH^-]$由 1×10^{-7} mol/L 增加到 1×10^{-2} mol/L，pH 值由 7 上升到 12。但是，在含有 HAc 和 NaAc 或 $NH_3 \cdot H_2O$ 和 NH_4Cl 组成的溶液中，同样加入 0.01 mol/L HCl 或 0.01 mol/L NaOH，发现溶液的 pH 值与原来相比几乎没有变化。这说明，由 HAc 和 NaAc 或 $NH_3 \cdot H_2O$ 和 NH_4Cl 组成的溶液，在少量的酸、碱的作用下，pH 值仍能保持相对稳定。

这种在一定程度上能够抵御外来酸、碱或稀释的影响，使溶液的 pH 值不发生显著改变的作用称为缓冲作用，具有缓冲作用的溶液叫作缓冲溶液。

缓冲溶液的种类很多，常用的有两种：

（1）弱酸－弱酸盐混合溶液，如 HAc－NaAc；

（2）弱碱－弱碱盐混合溶液，如 $NH_3 \cdot H_2O - NH_4Cl$。

2. 缓冲原理

现在以氨－氯化铵缓冲溶液为例说明缓冲原理。

在讲述同离子效应时已经知道，在氨－氯化铵的混合溶液里，存在着：

$$NH_3 \cdot H_2O \rightleftharpoons NH_4^+ + OH^-$$

$$NH_4Cl = NH_4^+ + Cl^-$$

由于同离子效应，使氨水的电离平衡向左移动，抑制了 $NH_3 \cdot H_2O$ 分子的电离，因此溶液中存在着大量的 $NH_3 \cdot H_2O$ 和 NH_4^+，$[NH_3 \cdot H_2O]$和$[NH_4^+]$都很高，而$[OH^-]$相对比较小。

在该溶液中加入少量酸时，酸电离产生的 H^+ 便与溶液中的 OH^- 结合成 H_2O，使 OH^- 浓度降低。这时平衡向右移动，溶液中的 $NH_3 \cdot H_2O$ 分子继续电离生成 OH^-，以补充消耗掉的 OH^-，使溶液中的 OH^- 浓度不会显著减少。

如果在氨－氯化铵缓冲溶液中加入少量碱，由于溶液中存在大量的 NH_4^+，NH_4^+ 与碱

电离产生的 OH^- 结合成 $NH_3 \cdot H_2O$。这时,平衡向左移动,使溶液中的 OH^- 浓度不会显著增大。

因此,氨－氯化铵缓冲溶液能抵御外加酸或碱的影响,而保持溶液的 pH 值基本不变。这就是缓冲溶液具有缓冲能力的原理。

缓冲溶液不仅能抵御酸碱而且还能抵御稀释,稀释时缓冲溶液的 pH 值仍然能保持不变。我们测定硬度时,在 100 mL 水样中加入 5 mL pH 值为 10.0 ±0.1 的氨－氯化铵缓冲溶液,就能把水样的 pH 值调整为 10.0 ±0.1,说明缓冲溶液具有抵御酸碱(10.0 ±0.1 水样中有时含有少量酸或碱)和抵御稀释的能力。

但是,缓冲溶液的缓冲能力并不是无限的,当组成缓冲溶液的弱酸及其盐(弱碱及其盐)被大量外来的酸碱作用后,就会降低或完全失去缓冲能力,而使溶液的 pH 值发生较大的变化。

五、离子反应和离子方程式

(一)离子反应

我们已经知道,电解质溶于水后就电离成离子,在水溶液里,电解质(特别是强电解质)并不以分子状态存在,而主要以离子状态存在。因此,电解质在水溶液中的相互反应,并不是电解质的分子,而是由它电离生成的离子参加反应;反应结果也不取决于电解质分子的种类,而是取决于溶液里存在的离子的种类。电解质在溶液里的反应是在离子间进行的,这种反应叫离子反应。

(二)离子方程式

电解质在溶液里所起的反应,主要是它们离子间的相互反应。以实际参加反应的离子的符号来表示离子反应的式子,叫作离子方程式。离子方程式不仅表示一定物质间的某个反应,而且表示了所有同一类型的离子反应。

下面以盐酸和氢氧化钠的反应为例,说明书写离子方程式的步骤。

(1)写出反应的化学方程式:

$$HCl + NaOH = NaCl + H_2O$$

(2)把在溶液中电离的物质写成离子形式,难溶物质、难电离物质(例如水)和气体仍以分子式表示。

$$H^+ + Cl^- + Na^+ + OH^- = Na^+ + Cl^- + H_2O$$

(3)消去方程式两边相同的离子,得到简化后的离子方程式。

$$H^+ + OH^- = H_2O$$

(4)检查方程式两边各元素的原子个数和电荷数是否相等。

(三)离子反应发生的条件

前面讲到,酸、碱、盐之间能发生复分解反应。复分解反应之所以能够发生和进行是有条件的,那就是生成物中必须有一种是难溶的物质、挥发性的气体或水。酸、碱、盐都是电解质,它们在溶液里的相互反应,主要是离子间的反应。因此,这类离子反应能够发生,同样必须具备上述三个条件中的一个。

(1)生成难溶物质。例如,硝酸银溶液和氯化钠溶液起反应,就是 Ag^+ 和 Cl^- 结合而

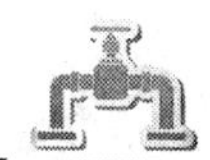

生成氯化银沉淀。

化学方程式为

$$AgNO_3 + NaCl = AgCl\downarrow + NaNO_3$$

离子方程式为

$$Ag^+ + Cl^- = AgCl\downarrow$$

(2)生成挥发性的气体。例如,碳酸钠溶液和盐酸溶液起反应时,CO_3^{2-} 和 H^+ 结合而生成 H_2CO_3,H_2CO_3 不稳定,分解成水和二氧化碳气体。

化学方程式为

$$Na_2CO_3 + 2HCl = 2NaCl + H_2O + CO_2\uparrow$$

离子方程式为

$$CO_3^{2-} + 2H^+ = H_2O + CO_2\uparrow$$

(3)生成难电离的物质(例如水)。例如硫酸和氢氧化钠溶液起反应,就是酸里的 H^+ 和碱里的 OH^- 结合生成难电离的水。

化学方程式为

$$H_2SO_4 + 2NaOH = Na_2SO_4 + 2H_2O$$

离子方程式为

$$H^+ + OH^- = H_2O$$

酸、碱溶液之间的反应属中和反应。从它们反应的离子方程式可以看到:中和反应的实质是 H^+ 和 OH^- 结合成 H_2O 的反应。

六、盐的水解

(一)盐溶液的酸碱性

前面讲到,酸碱会中和生成盐和水:酸+碱→盐+水。可以根据生成盐的酸和碱的强弱,把盐分为四类:

(1)强碱强酸盐(由强碱和强酸生成),例如 $NaCl$、Na_2SO_4 等。

(2)强碱弱酸盐(由强碱和弱酸生成),例如 Na_2CO_3、$NaAc$、$NaHCO_3$ 等。

(3)弱碱强酸盐(由弱碱和强酸生成),例如 NH_4Cl、$Al_2(SO_4)_3$ 等。

(4)弱碱弱酸盐(由弱碱和弱酸生成),例如 NH_4Ac、$(NH_4)_2CO_3$ 等。

我们知道,正盐在水溶液中只能电离生成带正电荷的金属离子和带负电荷的酸根离子,而不能电离生成 H^+ 和 OH^-,因此自然会想到,正盐溶液似乎应该呈中性($pH=7$)。

但是,事实并不完全这样。如果用 pH 试纸检验正盐溶液,会发现正盐溶液的酸碱性有如下规律:

(1)强碱强酸盐:$pH=7$,呈中性。

(2)强碱弱酸盐:$pH>7$,呈碱性。

(3)弱碱强酸盐:$pH<7$,呈酸性。

(4)弱碱弱酸盐:由酸碱性的相对强弱而定,可呈中性或碱性或酸性。

在我们接触到的盐溶液中,发现有些盐溶液显示中性,有些盐溶液显示碱性,而有些盐溶液显示酸性。例如,氯化钠($NaCl$)溶液,$pH=7$,溶液呈中性;氯化铵(NH_4Cl)溶液,

pH<7,溶液呈酸性;碳酸钠(Na_2CO_3)溶液,pH>7,溶液呈碱性,等等。

为什么会出现上述现象呢?这是由于盐类(正盐)溶解于水时,虽然它本身并不电离生成H^+或OH^-,但它电离生成的金属阳离子或酸根阴离子,可以与溶液里的OH^-和H^+发生某种反应,使溶液里的OH^-和H^+浓度变得不相等,因而溶液呈现酸性或碱性,这就是盐类的水解。

(二)盐的水解

盐类的离子与水电离出来的H^+或OH^-相结合生成弱电解质的过程叫作盐的水解。

由于生成盐的酸和碱的强弱不同,盐的水解结果也就不同。

1. 强碱弱酸盐的水解

强碱弱酸盐的水解结果,溶液呈碱性,可以用醋酸钠 NaAc 来举例说明。

水的电离平衡,纯水中$[H^+]=[OH^-]$。

$$H_2O \rightleftharpoons H^+ + OH^-$$

当水中溶解 NaAc 后,由于 NaAc 是强电解质,在水中全部电离生成Na^+和Ac^-。

$$NaAc = Na^+ + Ac^-$$

溶液中的Na^+并不与水中的OH^-结合,而Ac^-与H^+结合成弱电解质 HAc 分子。

$$Ac^- + H^+ \rightleftharpoons HAc$$

由于H^+的减少,使水的电离平衡向右移动。随着H^+继续与Ac^-相结合,$[H^+]$不断降低,$[OH^-]$不断增加,当达到平衡时,溶液中的$[OH^-]>[H^+]$,所以溶液显碱性。

NaAc 的水解反应可以写成

$$\begin{array}{l} NaAc = Na^+ + Ac^- \\ \qquad\qquad\qquad\;\; + \\ H_2O \rightleftharpoons OH^- + H^+ \\ \qquad\qquad\qquad\;\; \downarrow\uparrow \\ \qquad\qquad\qquad\; HAc \end{array}$$

Na^+未参加反应,可以从反应式两边消去,得出离子方程式为

$$Ac^- + H_2O \rightleftharpoons HAc + OH^-$$

由此可以看出,醋酸钠反应的实质是:溶液里Ac^-与水发生反应,生成了弱电解质 HAc,并使溶液里有过剩的OH^-。显然醋酸钠溶液应呈碱性。

2. 弱碱强酸盐的水解

弱碱强酸盐的水解结果,溶液呈酸性。以氯化铵为例来说明。

与上述反应类似,NH_4Cl的水解反应可以写为

$$\begin{array}{l} NH_4Cl = NH_4^+ + Cl^- \\ \qquad\qquad\quad\;\; + \\ H_2O \rightleftharpoons OH^- + H^+ \\ \qquad\qquad\quad\;\; \downarrow\uparrow \\ \qquad\quad NH_3 \cdot H_2O \end{array}$$

离子方程式为

$$NH_4^+ + H_2O \rightleftharpoons NH_3 \cdot H_2O + H^+$$

NH_4Cl 水解时，由于 NH_4^+ 和 OH^- 结合成了弱电解质 $NH_3 \cdot H_2O$，消耗了水中的 OH^-，使溶液中$[H^+] > [OH^-]$，所以溶液显酸性。

3. 弱酸弱碱盐的水解

弱酸弱碱盐水解的结果，溶液或呈酸性，或呈碱性，或呈中性，主要取决于组成这种盐的弱酸和弱碱的相对强弱。

弱酸弱碱盐水解时，盐中阴、阳离子都能与水电离出来的 H^+ 和 OH^- 结合生成弱酸和弱碱。例如醋酸铵水解时，其反应可表示如下：

$$\begin{array}{ccccc} NH_4Ac = & NH_4^+ & + & Ac^- \\ & + & & + \\ H_2O \rightleftharpoons & OH^- & + & H^+ \\ & \downarrow\uparrow & & \downarrow\uparrow \\ & NH_3 \cdot H_2O & & HAc \end{array}$$

离子方程式为

$$NH_4^+ + Ac^- + H_2O \rightleftharpoons NH_3 \cdot H_2O + HAc$$

从以上方程式可以看出，与强碱弱酸盐、弱碱强酸盐相比，弱酸弱碱盐的水解程度较为强烈。

由于醋酸铵水解后生成的氨水和醋酸的电离度相差不多，所以溶液呈中性。

强碱强酸盐中的阳离子不能与水中的 OH^- 结合成弱电解质，而盐中的阴离子也不能与水中的 H^+ 结合成弱电解质，所以强碱强酸盐不发生水解，溶液中仅存在水的电离平衡，因此$[H^+] = [OH^-]$，溶液呈中性。

从上面的例子可以看出，盐类的水解，就是盐跟水作用，生成酸和碱的反应，因此就是酸碱中和反应的逆反应。

$$酸 + 碱 \underset{水解}{\overset{中和}{\rightleftharpoons}} 盐 + 水$$

七、沉淀物的溶解平衡

（一）溶度积

实际上没有绝对不溶于水的固体物质，也没有无限可溶于水的固体物质，任何固体在水中的溶解都是有一定限度的。表达这一限度方式有溶解度和溶度积。溶解度的概念已在前面做过介绍，在这里，通过下面的例子来说明溶度积。

将氯化银固体放入水中时，尽管它是很难溶于水的，但组成 AgCl 晶体的 Ag^+ 和 Cl^- 受到水分子的吸引，不断从固体表面溶入水中。溶解的 Ag^+ 和 Cl^- 受到晶体表面带异性电荷离子的吸引，也能够不断地从溶液中沉积到固体表面上，这个过程叫作结晶。当溶液中溶解和结晶速度相等时，Ag^+ 和 Cl^- 浓度都不再变化，溶液便成为 AgCl 的饱和溶液，这时在固体和溶液之间就建立起沉淀（结晶）－溶解平衡：

$$AgCl_{(固)} \underset{结晶}{\overset{溶解}{\rightleftharpoons}} Ag^{+} + Cl^{-}$$

在难溶电解质的分子式后面标以“固”字表示多相电离平衡(难溶电解质称固相,溶液称液相),此类平衡也可写出平衡常数表达式,但固体浓度不列入式中。

$$K_{sp,AgCl} = [Ag^{+}] \cdot [Cl^{-}]$$

$K_{sp,AgCl}$叫作难溶电解质的溶度积常数,简称溶度积。在一定温度下,$K_{sp,AgCl}$是一个常数,不因固体 AgCl 的量而改变。

溶度积随温度而改变,温度升高,溶度积增大,因此 K_{sp}值与温度有关。

K_{sp}值大小能反映出难溶电解质溶解度的大小。一般说来,K_{sp}大,溶解度就大,但对于不同类型的电解质一般不能直接比较,须通过计算才能确定。

对于易溶于水的固体电解质,虽然存在溶解平衡,但一般只研究它的溶解度,不研究其溶度积。

(二)溶度积原理的应用

溶度积是饱和溶液中各离子浓度适当次方的乘积,当溶液中有关离子浓度的适当次方的乘积(简称离子积)大于溶度积时,说明溶液是过饱和的,必然有沉淀析出,直至离子积等于溶度积,此时溶液与沉淀又处于平衡状态。因此,将混合溶液的离子积与溶度积比较,可以判断有无沉淀生成,即

离子积<溶度积:溶液不饱和,无沉淀析出;

离子积=溶度积:溶液恰好饱和,仍无沉淀析出;

离子积>溶度积:溶液过饱和,有沉淀析出。

这个规律称为溶度积原理和溶度积规则。该原理在锅炉水处理工作中应用较多,它可以用来判断是否会发生难溶电解质的沉淀,或计算某种水中加入多少药量才能使某些物质产生沉淀等。

第二章　锅炉基本知识

锅炉是承受高温高压的特种设备,具有爆炸的危险性。锅炉水处理是确保锅炉安全运行的重要措施之一。根据《锅炉安全技术规程》(TSG 11—2020)和《特种设备作业人员考核规则》(TSG Z6001—2019)要求,本章扼要地介绍了锅炉的基本知识,为锅炉水处理人员学好以后各章知识打下基础。

第一节　锅炉主要技术参数

一、容量

锅炉的容量又称锅炉出力,是反映锅炉基本特性的技术参数。蒸汽锅炉用蒸发量表示,热水锅炉用供热量表示。

(一)蒸发量

蒸汽锅炉长期连续运行时,每小时所产生的蒸汽量,称为这台锅炉的蒸发量。用符号 D 表示,常用单位吨/时(t/h)。

锅炉产品铭牌和设计资料上标明的蒸发量数值是额定蒸发量。它表示锅炉受热面无积灰,使用原设计燃料,在额定给水温度和设计的工作压力并保证效率下长期连续运行,锅炉每小时能产生的蒸发量。在实际运行中,锅炉受热面一点不积灰,煤种一点不变是不可能的。因此,锅炉在实际运行中,每小时最大限度产生的蒸汽量叫最大蒸发量,这时锅炉的热效率会有所降低。

(二)供热量

热水锅炉长期连续运行,在额定回水温度、压力和规定循环水量下,每小时出水有效带热量,称为这台锅炉的额定供热量(出力)。用符号 Q 表示,单位是兆瓦(MW)。热水锅炉产生 0.7 MW(60×10^4 kcal/h)的热量,大体相当于蒸汽锅炉产生 1 t/h 蒸汽的热量。

二、压力

垂直均匀作用在单位面积上的力,称为压强,人们常把它称为压力,用符号 P 表示,单位是兆帕(MPa)。测量压力有两种标准方法:一种是以压力等于零作为测量起点,称为绝对压力,用符号 $P_{绝}$ 表示;另一种是以当时当地的大气压力作为测量起点,也就是压力表测量出来的数值,称为表压力,或称相对压力,用符号 $P_{表}$ 表示。我们在锅炉上所用的压力都是表压力。

锅炉内为什么会产生压力呢?蒸汽锅炉和热水锅炉压力产生的情况不同。蒸汽锅炉是因为锅炉内的水吸热后,由液态变成气态,其体积增大,由于锅炉是个密封的容器,限制了汽水的自由膨胀,结果就使锅炉各受压部件受到了汽水膨胀的作用力,而产生压力。热水锅炉产生的压力有两种情况:一种是自然循环采暖系统的热水锅炉,其压力来自高位水箱形成的静压力;另一种是强制循环采暖系统的热水锅炉,其压力来源于循环水泵产生的压力。

锅炉产品铭牌和设计资料上标明的压力,是这台锅炉的额定工作压力,为表压力。目前是由过去的计量单位千克力/厘米^2(kgf/cm^2)过渡到国际计量单位兆帕(MPa)的阶段。因此,司炉人员一定要注意压力表的单位和锅炉额定工作压力的单位,两种压力单位换算关系见表2-1。

表2-1 压力单位换算

千克力/厘米^2 (kgf/cm^2)	兆帕 (MPa)	千克力/厘米^2 (kgf/cm^2)	兆帕 (MPa)
1	0.098≈0.1	9	0.882≈0.9
2	0.196≈0.2	10	0.980≈1.0
3	0.294≈0.3	13	1.274≈1.3
4	0.392≈0.4	25	2.450≈2.5
5	0.490≈0.5	39	3.820≈3.8
6	0.588≈0.6	60	5.880≈5.9
7	0.686≈0.7	100	9.800≈10.0
8	0.784≈0.8		

三、温度

标志物体冷热程度的物理量,称为温度,用符号 t 表示,单位是摄氏度(℃)。温度是物体内部所拥有能量的一种体现方式,温度越高,能量越大。

锅炉铭牌上标明的温度是锅炉出口处介质的温度,又称额定温度。对于无过热器的蒸汽锅炉,其额定温度是指锅炉在额定压力下的饱和蒸汽温度;对于有过热器的蒸汽锅炉,其额定温度是指过热器出口处的蒸汽温度;对于热水锅炉,其额定温度是指锅炉出口处的热水温度。

第二节 锅炉常用术语

一、受热面

从放热介质中吸收热量并传递给受热介质的表面,称为受热面,如锅炉的炉胆、筒体、管子等。

(一)辐射受热面

辐射受热面,指主要以辐射换热方式从放热介质吸收热量的受热面,一般指炉膛内能吸收辐射热(与火焰直接接触)的受热面,如水冷壁管、炉胆等。

（二）对流受热面

对流受热面，指主要以对流换热方式从高温烟气中吸收热量的受热面，一般是烟气冲刷的受热面，如烟管、对流管束等。

二、锅炉热效率

锅炉有效利用的热量与单位时间内所耗燃料的输入热量的百分比即为锅炉热效率，用符号 η 表示，其公式为

$$\eta = \frac{\text{输出热量}}{\text{输入热量}} \times 100\%$$

蒸汽锅炉

$$\eta = \frac{\text{锅炉蒸发量} \times (\text{蒸汽焓} - \text{给水焓})}{\text{每小时燃料消耗量} \times \text{燃料低位发热量}} \times 100\%$$

热水锅炉

$$\eta = \frac{\text{循环水量} \times (\text{出口水焓} - \text{进口水焓})}{\text{每小时燃料消耗量} \times \text{燃料低位发热量}} \times 100\%$$

三、蒸汽品质

蒸汽品质是指蒸汽的纯洁程度，一般饱和蒸汽中或多或少带有微量的饱和水分，但带水量超过标准的蒸汽则认为蒸汽品质不好。

四、燃料消耗量

单位时间内锅炉所消耗的燃料量称为燃料消耗量。

五、排污量

锅炉排污时的排污水流量称为排污量。

六、水管锅炉

烟气在受热面管子的外部流动，水在管子内部流动的锅炉称为水管锅炉。

七、卧式锅壳锅炉

锅筒纵向轴线基本平行于地面的锅炉称为卧式锅壳锅炉。它包括卧式外燃锅炉和卧式内燃锅炉，所谓卧式外燃锅炉是炉膛设在锅筒的外部，而卧式内燃锅炉则是炉膛设在锅筒内部。

八、立式锅炉

锅筒纵向轴线垂直于地面的锅炉称为立式锅炉。它包括立式水管锅炉和立式火管锅炉，所谓立式水管锅炉就是烟气冲刷管子外部，热量传导给管子内部的水，而立式火管锅炉则是烟气在管子内部流动，将热量传导给管子外部的水，而管子外部的水包在锅筒里面。

九、蒸汽锅炉

将水加热成蒸汽的锅炉称为蒸汽锅炉,一般为生产用锅炉。

十、热水锅炉

将水加热到一定温度但没有达到汽化的锅炉称为热水锅炉。一般为采暖用锅炉。

十一、有机热载体锅炉

有机热载体锅炉,俗称导热油锅炉。其是以煤、油、气为燃料,以导热油为循环介质供热的新型热能设备,具有低压高温工作特性,采用高温循环泵强制导热油进行闭路循环,在将热能供用热设备后重新返回锅炉中加热的工艺流程。该炉又分为气相炉和液相炉两种。

十二、余热锅炉

利用各种工业过程中的废气、废料或废液中的显热或(和)其可燃物质燃烧后产生热量的锅炉。

十三、自然循环锅炉

依靠下降管中的水与上升管中的汽水混合物之间的温度差、高度差和重度差,使锅水进行循环的锅炉称为自然循环锅炉。

十四、强制循环锅炉

除了依靠水与汽水混合物之间重度差外,主要靠循环水泵的压头进行锅水循环的锅炉称为强制循环锅炉。

十五、常压热水锅炉

常压热水锅炉是指锅炉本体开孔或者用连通管与大气相通,在任何情况下,锅炉本体顶部表压为零的锅炉。

十六、燃气燃油锅炉

燃气燃油锅炉是指以可燃气体(简称燃气)或燃料油(简称燃油)作为燃料的锅炉。

第三节 燃料及燃烧

正确地选择燃料是锅炉经济运行的重要一环,因此必须掌握燃料的特性,了解燃烧原理,按照锅炉设计要求的燃料种类选用燃料,才能使锅炉达到设计要求和预期效果。

一、燃料的分类

锅炉用的燃料按物理状态可分为三大类,即

(1)固体燃料:煤、木柴、稻糠、甘蔗渣、油母页岩等。

(2)液体燃料:重油、渣油和柴油。

(3)气体燃料:天然气、煤气、液化石油气等。

(一)固体燃料

锅炉用固体燃料大部分以煤为主,它分为烟煤、无烟煤、贫煤、褐煤、煤矸石等,个别地区因资源情况也有选用木柴、稻糠、甘蔗渣等作燃料的。

(1)烟煤:又称长烟煤,呈灰黑色或黑色,表面无光泽或有油润的光泽。挥发分较多,可达40%,容易着火,燃烧时火焰长,结焦性较强。

(2)无烟煤:又称白煤或柴煤,呈黑色,有时也带灰色,质硬而脆,断面有光泽。挥发分少,在10%以下,不容易着火,初燃阶段发出淡蓝色的火焰,没有煤烟,燃烧速度缓慢,燃烧过程长,结焦性差,储藏时不易自燃。

(3)贫煤:贫煤性质介于烟煤和无烟煤之间,挥发分为10%~20%,较易着火。

(4)褐煤:呈褐色或黑色,外表似木质,无光泽。挥发分较高(超过40%),容易着火,燃烧时火焰长,不结焦。

(5)煤矸石:是煤层中具有可燃质的夹石,灰分较高,达到50%以上,发热量较低,不易着火,需将煤块破碎成细小颗粒,采用沸腾燃烧方式才能燃烧。

(6)油母页岩:是一种含油的矿石,灰分很高,达到50%~70%,挥发分也高达80%~90%,很容易着火。

(7)木柴:比起煤来说,灰分少,挥发分高,燃烧速度快,但发热量低。根据我国资源情况,一般在林区附近就地选择一些不能用来加工的废材作为燃料。

稻糠、甘蔗渣作为废物利用,把它们当作燃料,发热量很低。

(二)液体燃料

锅炉用液体燃料为重油,也称燃料油。它的发热量很高。内部杂质很少,不超过千分之几。在正常燃烧时,燃料油的燃烧产物只是挥发气体,而没有焦炭。燃料油含氢量较高,燃烧后产生大量水蒸气,水蒸气容易和燃料中硫的燃烧产物生成硫酸,对金属造成腐蚀,所以燃料油中的硫很有害。

(三)气体燃料

燃气(有"绿色能源"之称)就是在常温下呈气体状态的气体燃料。它与所有固体燃料以及液体燃料相比,有非常突出的优点:污染小,发热量高,易于操作调节等,是一种理想的优质锅炉燃料。

二、燃料的分析

为了掌握燃料的主要特征,对燃料要进行元素分析和工业分析,目的是在锅炉运行中,调节控制燃料燃烧过程,以达到最佳经济指标。

(一)元素分析

燃料含有碳(C)、氢(H)、硫(S)、氧(O)、氮(N)等元素及其他杂质,包括灰分(A)和水分(W)。

(1)碳(C):是燃料中的主要成分,含碳量越高,发热量越高,但碳本身要在比较高的温度下才能燃烧,纯碳是很难燃烧的。所以,含碳量越高的燃料,越不容易着火和燃烧。

(2)氢(H):是燃料中的又一种主要成分,一般与碳合成化合物存在,称碳氢化合物。这些化合物在加热时能以气体状态挥发出来,所以含氢量越多的燃料,越容易着火和燃烧。氢在燃烧时能放出大量的热量,年代越久的煤,含氢量越少。

(3)硫(S):燃料中的硫由两部分组成:一部分为不可燃烧部分,如无机硫,它不参加燃烧;一部分为可燃烧部分,如挥发硫,它可以燃烧放出热量。但硫燃烧后生成二氧化硫(SO_2)和三氧化硫(SO_3),当烟温低于露点时,二氧化硫及三氧化硫与烟气中的水分化合成亚硫酸(H_2SO_3)和硫酸(H_2SO_4),对锅炉尾部受热面起腐蚀作用。另外,含硫的烟气排入大气,对人体和动植物都有害,因此燃料中含硫量越少越好。

(4)氧(O):燃料中的氧不参加燃烧,是不可燃物质,它们量多,燃料中可燃物质相对减少,从而降低了燃料燃烧时放出的热量,煤生成的时间越长,氧的含量就越低。

(5)氮(N):是惰性气体,不参加燃烧,是不可燃物质,煤中的含氮量很少,一般为0.5%~2.0%。

(6)灰分(A):是燃料中不可燃烧的固体矿物质,它是在燃料形成时期、开采以及运输中掺入燃料中的,各类燃料的灰分含量相差很大,气体燃料几乎无灰,燃料油中含灰量也极少,相比之下,固体燃料灰分含量较多,燃料中灰分多了,可燃成分就少,燃料燃烧时放出的热量也就少,但灰分带走的热量多,使热损失增加。此外,灰分中的一部分(飞灰)在锅炉中随烟气流经各受热面和引风机时,造成磨损,排入大气又污染环境,在炉膛内由于灰分的熔化还会引起结渣。

(7)水分(W):是燃料中的有害成分,它吸收燃料燃烧时放出的热量而汽化,因而直接降低燃料放出的热量,使炉膛燃烧温度降低,造成燃料着火困难。它还增加烟气体积,使得排烟带走的热量损失增加。但固体燃料中,保持适当的水分,可有利于通风,减少固体不完全燃烧损失,在液体燃料中掺水乳化,可改善燃烧状况,节约燃料。

(二)工业分析

煤的工业分析项目有挥发分(V)、固定碳(FC)、灰分(A)、水分(W)和发热量(Q)等。

(1)挥发分(V):把煤加热,首先析出水分,继续加热到一定温度时,有碳氢化合物逸出,这种气体可以燃烧,称为挥发分。挥发分是煤分类的主要依据,对着火和燃烧有很大影响,挥发分越高,越容易着火,因为煤中的挥发分析出后,出现许多孔隙,增加了与空气接触的面积。

(2)固定碳(FC):煤中的水分和挥发分全部析出后残留下来的固体物质,包括固定碳和灰分两部分,总称为焦炭。燃料工业分析和元素分析关系见表2-2,煤中的焦炭特性也很重要,焦炭成为坚硬块状叫强结焦煤,焦炭成为粉末状叫不结焦煤,属于两者之间的叫弱结焦煤。结焦严重会增加煤层阻力,阻碍通风,燃烧不能充分、完全进行,但焦炭为粉末状时,容易被风吹走而增加了不完全燃烧损失。

(3)发热量(Q):1 kg煤完全燃烧时放出的热量,称为发热量。燃料的发热量有高位发热量和低位发热量两种。所谓低位发热量是考虑到燃料燃烧时,所有的水分都要汽化成蒸汽并吸收热量,而这部分热量在锅炉中随烟气排出而无法利用,因此燃料放出的热量中应扣除这部分。包括这部分热量的全部发热量就称为高位发热量。锅炉一般都采用低

位发热量来计算耗煤量和热效率。

表 2-2 燃料工业分析和元素分析关系

项目	可燃成分					灰分	水分
工业分析	挥发分(V)			固定碳(FC)		A	W
元素分析	H	O	CS	C	N	A	W

三、燃烧的基本条件

燃料中的可燃物质与空气中的氧，在一定的温度下进行剧烈的化学反应，发出光和热的过程称为燃烧。因此，燃烧的基本条件是可燃物质、空气(氧)和温度，三者缺一不可。

(一)可燃物质

燃料中可以燃烧的元素是碳、氢和一部分硫，这些元素为可燃物质。

(二)空气

由于各种燃料所含可燃物质的成分和数量不同，燃烧所需空气量也不同，当1 kg燃料完全燃烧时所需空气量为理论空气量，但实际上燃料中的可燃物质不可能与空气中的氧充分均匀混合，燃烧条件也不可能达到设计的理想程度。因此，在锅炉运行中，必须多供给一些空气，即实际空气量比理论计算空气量多的部分称为过剩空气。实际空气量与理论空气量的比值称为过剩空气系数，即

过剩空气系数 = 实际空气量/理论空气量

在锅炉运行中，过剩空气系数是一个很重要的燃烧指标。过剩空气系数太大，表示空气太多，多余的空气不但不参加燃烧反而吸热，增加了排烟热损失和风机耗能电量。过剩空气系数太小，表示空气不足，燃烧不稳定，甚至会熄火，会降低锅炉的热效率。过剩空气系数的大小取决于燃料品种、燃烧方式和运行操作技术。

(三)温度

保持燃烧的最低温度称为着火温度。煤的着火温度大致为：烟煤450 ℃，无烟煤350 ℃，褐煤350 ℃，重油的着火温度为100 ~ 150 ℃。温度越高，燃烧反应越剧烈，对提高燃烧速度和热效率有很大的作用。

四、燃料的燃烧

(一)煤的燃烧

煤从进入炉膛到燃烧完毕，一般要经过加热干燥、逸出挥发分形成焦炭、挥发分着火燃烧、焦炭燃烧形成灰渣四个阶段。

加热干燥阶段：煤进入炉膛加热，煤中水分开始汽化蒸发，当温度升到100 ~ 150 ℃以后，蒸发完毕，煤被完全烘干。水分越多，干燥阶段延续越久。

逸出挥发分形成焦炭阶段：温度继续升高时，烘干的煤开始分解，放出可燃气体，称为挥发分逸出。不同的煤种，挥发分开始逸出的温度也不同，褐煤和高挥发分的烟煤一般为150 ~ 180 ℃，低挥发分的烟煤一般为180 ~ 250 ℃，贫煤和无烟煤一般为300 ~ 400 ℃。

挥发分逸出后,剩下的固体物称为焦炭,它除了灰分外几乎全部是碳,有时还有少量硫,也有把这部分碳和硫称为固定碳。

挥发分着火燃烧阶段:当挥发分逸出与空气混合达一定浓度时,挥发分开始着火燃烧放出大量热,把焦炭加热,为焦炭燃烧创造条件。通常把挥发分着火燃烧的温度粗略地看做煤的着火温度。不同的燃料着火温度不同,如烟煤400~500 ℃,褐煤250~450 ℃,贫煤600~700 ℃,无烟煤700 ℃以上。

焦炭燃烧形成灰渣阶段:挥发分接近烧完时,焦炭开始燃烧,它是固体燃料和空气中的氧之间燃烧的化学反应。焦炭燃烧的速度缓慢,燃尽时间较长,约占全部燃烧时间的90%,当焦炭外壳先燃掉的部分形成的灰妨碍了氧扩散进焦炭中心时,燃烧就要终止,从而形成了灰渣。

(二)油的燃烧

油进入炉膛到燃烧要经过雾化、油滴的蒸发与化学反应、油与空气混合物的形成、可燃物的着火燃烧四个阶段。

雾化阶段:由于油本身的紊流扩散和气体对它的阻力造成油雾化,即液流在高压造成的高速流动下所具有的紊流扩散,使油喷成细雾。雾化质量越高,燃烧效果越好。雾化方法有两种:一种是蒸汽雾化,一种是机械雾化。雾化质量要求油滴尺寸和颗粒分布均匀。

油滴的蒸发与化学反应阶段:油滴受热后发生两个作用,一个是物理作用——蒸发;一个是化学作用——组成烷类、烯类等碳氢化合物,在受热后发生化学反应。油的蒸发和化学反应进行的快慢与温度有关,与气体的扩散条件有关。气体扩散越强烈,蒸发和化学反应就越强烈,油滴的燃烧就越迅速。对于蒸发出来的低分子烃,燃烧比较容易完成,而高分子烃不容易燃尽,如果氧气供应不及时、不充分,高分子烃在缺氧受热的情况下,就会分解出炭黑,炭黑是直径小于1 μm的固体颗粒,它化合性不强,燃烧缓慢,如果炉内燃烧工况不良,就会使大量炭黑不能燃尽,烟囱冒黑烟。

油与空气混合物的形成阶段:油的燃烧需要一定量的空气,所以选择适当的调风装置和选用合适的空气流速,可使风油混合强烈及时,产生可燃气混合物,使得油燃烧良好。

可燃物的着火燃烧阶段:可燃气混合物吸热升温,当达到油的燃点时,便开始着火燃烧直至燃尽。

第四节　锅炉的构成及工作原理

一、锅炉的构成

锅炉是一种把燃料燃烧后释放的热能传递给容器内的水,使水达到所需要的温度(热水或蒸汽)的设备。它由炉、锅、附件仪表和附属设备构成一个完整体,以保证其正常安全运行。

(一)炉

炉是由燃烧设备、炉墙、炉拱和钢架等部分组成的,使燃料进行燃烧产生灼热烟气的部分。烟气经过炉膛和各段烟道向锅炉受热面放热,最后从锅炉尾部进入烟囱排出。

(二)锅

锅是锅炉的本体部分,包括锅筒(锅壳)、水冷壁管、对流管束、烟管、下降管、集箱(联箱)、过热器、省煤器等受压部件,由此而组成的盛装锅水和蒸汽的密闭受压部分。

1. 锅筒

锅筒的作用是汇集、贮存、净化蒸汽和补充给水。热水锅炉锅筒内全部盛装的是热水,而蒸汽锅炉锅筒盛装的是热水和蒸汽。单锅筒的蒸汽锅炉,锅筒下部全部是热水,锅筒上部为蒸汽空间;双锅筒的蒸汽锅炉,下锅筒全部是热水,上锅筒下部为热水,上部为蒸汽空间,蒸汽与热水分界的位置叫水位线。

2. 水冷壁管

水冷壁管是布置在炉膛四周的辐射受热面。它是锅炉的主要受热面,有些水冷壁管两侧焊有或带有翼片,又称鳍片。鳍片增大了对炉墙的遮挡面积,可以更多地接受炉膛辐射的热量,提高锅炉产汽量,降低炉膛内壁的温度,保护炉墙,防止炉墙结渣。

3. 对流管束

对流管束是连接锅炉上、下锅筒的对流受热面的。它的作用是吸收高温烟气的热量,增加锅炉受热面水循环压头。对流管束吸热情况,与烟气流速、管子排列方式、烟气冲刷的方式都有关。

4. 烟管、火管

烟管是锅炉的对流受热管,它与对流管束作用相同,不同的是对流管束烟气流经管外,而烟管是烟气流经管内。

火管有两种情况,直径较大的火管一般称为炉胆,里面可以装置炉排,是立式锅炉和卧式内燃锅炉的主要辐射受热面;直径较小的火管又称为烟管,目前新设计一种螺纹烟管,即管内呈螺纹状,这种烟管传热效果比普通烟管要好,应用较多。

5. 下降管

下降管的作用是把锅筒里的水输送到下集箱,使受热面管子有足够的循环水量,以保证可靠的运行。下降管必须采取绝热措施。

6. 集箱

集箱也称联箱,它的作用是汇集、分配锅水,保证各受热面管子可靠地供水或汇集各管子的水及汽水混合物。集箱一般不应受辐射热,以免内部水产生气泡冷却不好,过热烧坏。集箱按其布置的位置有上集箱、下集箱、左集箱、右集箱之分。位于炉排两侧的下集箱又俗称为防焦箱。

7. 过热器

过热器是蒸汽锅炉的辅助受热面,它的作用是在压力不变的情况下,从锅筒中引出饱和蒸汽,再经加热,使饱和蒸汽中的水分蒸发并使蒸汽温度升高,提高蒸汽品质,成为过热蒸汽。

8. 省煤器

省煤器是布置在锅炉尾部烟道内,利用排烟的余热来提高给水温度的热交换器,作用是提高给水温度,减少排烟热损失,提高锅炉热效率。一般来说,省煤器出口水温升高1 ℃,锅炉排烟温度平均降低2～3 ℃,每升高给水温度6～7 ℃,省煤1%。一般加装省煤器的锅炉可节约煤5%～10%。

(三)附件仪表

为保证锅炉的正常安全运行,锅炉上需装置一些附件仪表,有安全阀(包括水封式安全装置)、压力表、水位表(包括双色水位计、高低水位警报器、低地位水位计)、低水位连锁保护装置、温度仪表、超温警报器、流量仪表、排污装置、防爆门、常用阀门以及自动调节装置等。

(四)附属设备

附属设备是安装在锅炉本体之外的必备设备,是指供应燃料系统、通风系统、给水系统、除渣除尘系统等装置设备,如运煤设备、水泵、水处理设备、鼓风机、引风机、除渣机、除尘器以及吹灰装置等。

二、锅炉工作原理

锅炉运行时,燃料中的可燃物质在适当的温度下,与通风系统输送给炉膛内的空气混合燃烧,释放出热量,通过各受热面传递给锅水,水温不断升高,产生汽化,这时为饱和蒸汽,经过汽水分离进入主汽阀输出使用。如果对蒸汽品质要求较高,可将饱和蒸汽引入过热器中再进行加热成为过热蒸汽输出使用。对于热水锅炉,锅水温度始终在沸点温度以下,与用户的采暖供热网连通进行循环。

第五节　水与蒸汽性质

水在常温下是无色无味透明的液体,具有一定的体积,但没有固定的形状。随温度的变化,水可变成蒸汽,也可变成冰。水在零摄氏度以下,液态可变成固态,这种固态称为冰或雪。如果温度高于零度,固态会变成液态,即变成水。如果再不断加热,水开始沸腾,液态又会变成气态,称为蒸汽。蒸汽分饱和蒸汽和过热蒸汽。

一、饱和蒸汽和过热蒸汽的特性

在一定的压力下,饱和蒸汽的温度是恒定的,不同的压力对应一个不同的饱和蒸汽温度值。知道工作压力,查蒸汽性质表即可得到饱和蒸汽温度。饱和蒸汽的品质不高,或多或少带有小水滴,要想得到理想的蒸汽品质,就必须对饱和蒸汽继续加热,提高蒸汽的干度和温度,使饱和蒸汽通过过热器继续加热成为过热蒸汽。

二、锅炉水位形成原理

水在连通容器内,当水面上所受的压力相等时,各处的水面始终保持一个平面。锅炉上的水位表就是利用这一原理设计的。热水锅炉,除蒸汽定压外整个锅炉内都充满了水,而对蒸汽锅炉需要一定的蒸汽空间,水位要控制在一定的高度。通过观察上锅筒的水位表,就可知道锅炉里水位的高低,水位线以上为蒸汽,水位线以下为饱和水,饱和水不断加热蒸发,水位将会逐渐向下移,为保持一定的水位,就要给锅炉补水,保持水位的稳定。

第六节　锅炉水循环

锅炉本体是由锅筒、下降管、水冷壁管、集箱、对流管束等受压部件组成的封闭式回路。锅炉中的水或汽水混合物在这个回路中,循着一定的路线不断地流动着,流动的路线构成周而复始的回路,叫循环回路。锅炉中的水在循环回路中的流动,叫锅炉水循环。由于锅炉的结构不同,循环回路的数量也不一样。

锅炉的水循环分为自然循环和强制循环两类。一般蒸汽锅炉的水循环为自然循环,而直流锅炉水循环为强制循环,热水锅炉水循环大都为强制循环。强制循环是依靠水泵的推动作用强迫锅炉水的循环。自然循环是利用上升管道中汽水混合物的重度小、质量轻,下降管水中的重度大、质量较重,造成的压力差,使两段水柱之间失去平衡,导致锅炉的水流动而循环。两者之间的重度差越大,压力差 ΔP 就越大,对水循环的推动力也越大。压力差的关系式如下:

$$\Delta P = H(\gamma' - \gamma'')$$

式中　H——上升管汽水混合物水柱的高度,m;

γ'——下降管水的重度,kg/m^3;

γ''——上升管中汽水混合物的重度,kg/m^3。

通过上式可以看出,要使重度差增大,可以加强燃烧,使水冷壁管和对流受热面中的介质受热加强,汽化加快,从而使汽水混合物中的气泡比例增大,重度变小。而重度变小,重度差就增大,循环就好。

第七节　锅炉分类概述

锅炉的类型很多,分类方法也很多,归纳起来大致有以下几种分类:

(1)按用途分类有工业锅炉、电站锅炉、机车锅炉、船舶锅炉等。蒸汽主要用于工业生产和采暖的锅炉称为工业锅炉。用锅炉产生的蒸汽带动汽轮机发电用的锅炉称电站锅炉。

(2)按蒸发量分类有小型锅炉、中型锅炉、大型锅炉。蒸发量小于 20 t/h 的锅炉称小型锅炉,蒸发量为 20 ~ 75 t/h 的锅炉称中型锅炉,蒸发量大于 75 t/h 的锅炉称大型锅炉。

(3)按压力分类有低压锅炉、中压锅炉、次高压锅炉、高压锅炉、超高压锅炉、亚临界锅炉、超临界锅炉。工作压力不大于 2.5 MPa 的锅炉为低压锅炉;工作压力大于或等于 3.8 MPa,但小于 5.3 MPa 的锅炉为中压锅炉;工作压力大于或等于 5.3 MPa,但小于 9.8 MPa 的锅炉为次高压锅炉;工作压力大于或等于 9.8 MPa,但小于 13.7 MPa 的锅炉为高压锅炉;工作压力大于或等于 13.7 MPa,但小于 16.7 MPa 的锅炉为超高压锅炉;工作压力大于或等于 16.7 MPa,但小于 22.1 MPa 的锅炉为亚临界锅炉;工作压力大于或等于 22.1 MPa 的锅炉为超临界锅炉。

(4)按介质分类有蒸汽锅炉、热水锅炉、汽水两用锅炉。锅炉出口介质为饱和蒸汽或过热蒸汽的锅炉称蒸汽锅炉,出口介质为高温水(120 ℃以下)的锅炉称热水锅炉,汽水两用锅炉是既产生蒸汽又可用于热水的锅炉。

(5)按燃烧室布置分类有内燃式锅炉、外燃式锅炉。内燃式锅炉的燃烧室布置在锅筒(炉胆)内,外燃式锅炉的燃烧室布置在锅筒外。

(6)按使用燃料分类有燃煤锅炉、燃油锅炉、燃气锅炉。

(7)按锅筒(壳)位置分类有立式锅炉、卧式锅炉。

(8)按锅炉本体形式分类有锅壳锅炉、水管锅炉。

(9)按安装方式分类有整装锅炉(快装锅炉)、散装锅炉。锅炉在制造厂组装后,到使用单位只需接外管路阀门即可投入运行的锅炉称整装锅炉,也叫快装锅炉。锅炉主要受压部件散装出厂,到使用单位进行现场组装的锅炉称散装锅炉。

第八节　锅炉型号表示法

为了区别锅炉结构形式、燃烧方式、设计参数,适应煤种等情况,用锅炉型号即可表明。

一、工业锅炉型号

工业锅炉型号由三部分组成,表示方法如下:

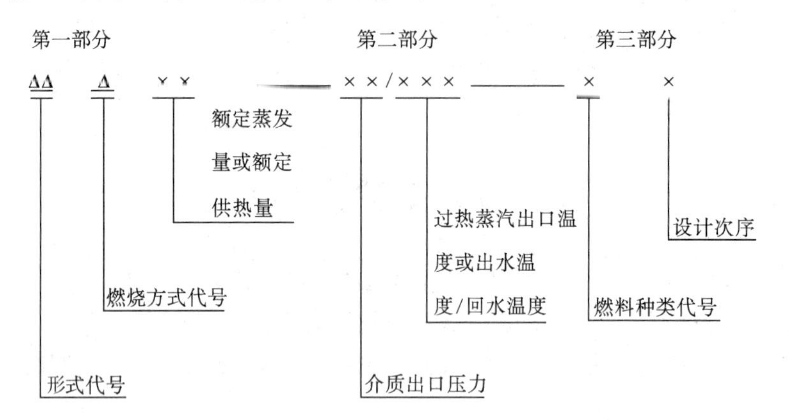

第一部分的形式代号、燃烧方式代号以及第三部分的燃料种类代号可通过表2-3～表2-6查出代号所表明的内容。

表2-3　锅壳锅炉代号

锅炉总体形式	代号
立式水管	LS(立水)
立式火管	LH(立火)
卧式外燃	WW(卧外)
卧式内燃	WN(卧内)

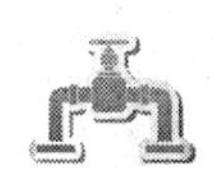

表 2-4 水管锅炉代号

锅炉总体形式	代号
单锅筒立式	DL(单立)
单锅筒纵置式	DZ(单纵)
单锅筒横置式	DH(单横)
双锅筒纵置式	SZ(双纵)
双锅筒横置式	SH(双横)
纵横锅筒式	ZH(纵横)
强制循环式	QX(强循)

表 2-5 燃烧方式代号

燃烧方式	代号	燃烧方式	代号
固定炉排	G(固)	振动炉排	Z(振)
活动手摇炉排	H(活)	下饲炉排	A(下)
链条炉排	L(链)	沸腾炉	F(沸)
往复推动炉排	W(往)	半沸腾炉	B(半)
抛煤机	P(抛)	室燃炉	S(室)
倒转炉排加抛煤机	D(倒)	旋风炉	X(旋)

表 2-6 燃料种类代号

燃料种类	代号	燃料种类	代号
Ⅰ类石煤、煤矸石	S	褐煤	H
Ⅱ类石煤、煤矸石	S	贫煤	P
Ⅲ类石煤、煤矸石	S	木柴	M
Ⅰ类无烟煤	W	稻糠	D
Ⅱ类无烟煤	W	甘蔗渣	G
Ⅲ类无烟煤	W	油	Y
Ⅰ类烟煤	A	气	Q
Ⅱ类烟煤	A	油母页岩	YM
Ⅲ类烟煤	A		

二、烟道式余热锅炉型号

烟道式余热锅炉型号由三部分组成,各部分之间用短横线相连。

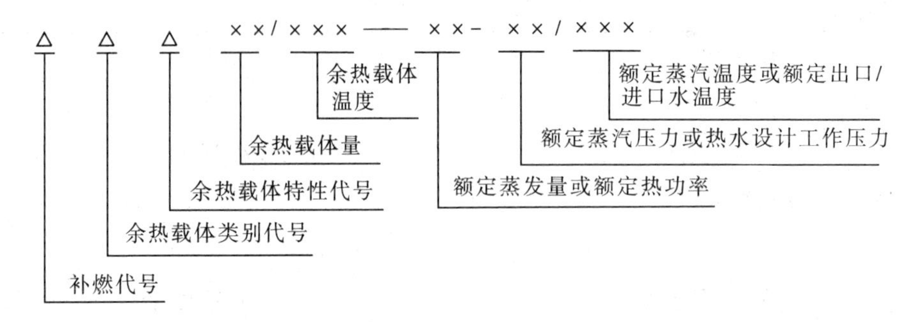

型号的第一部分分五段。表示余热锅炉的补燃情况、余热载体类别、余热载体特性、余热载体量和余热载体温度。其中,第一、二、三、四段连续书写,第四段和第五段之间用斜线相连。第一段用大写的汉语拼音字母B(补),表示余热锅炉用其他燃料补燃时的代号,当锅炉无补燃时无该段;第二段用大写的汉语拼音字母表示余热载体类别代号(见表2-7);第三段用大写的汉语拼音字母表示余热载体为气体时的烟气特性代号(见表2-8),烟气为“洁净烟气”或余热载体为液体或固体时无该段,当烟气具有一种以上特性时,须同时按主次顺序列出;第四段用阿拉伯数字表示余热载体量,单位按表2-7规定;第五段用阿拉伯数字表示余热载体温度,单位为℃,当余热携带形式为可燃物质时,可以无该段及斜线。

表2-7 余热载体类别代号

余热载体类别		余热载体量	
名称	代号	单位名称	单位符号
气体	Q(气)	千立方米每小时	$\times 10^3\ m^3/h$①
液体	Y(液)	吨每小时	t/h
固体	G(固)	吨每小时	t/h

注:①m^3/h是指在0.101 3 MPa(760 mmHg)、0 ℃时的立方米每小时。

表2-8 烟气特性代号

烟气特性分类	含尘类	腐蚀类	黏结类
代号	C(尘)	F(腐)	Z(黏)

型号的第二部分表示蒸汽锅炉的额定蒸发量或热水锅炉的额定热功率,用阿拉伯数字表示,单位分别为t/h或MW。

型号的第三部分表示锅炉参数,共分两段,中间用斜线相连。第一段用阿拉伯数字表示锅炉额定蒸汽压力或热水设计工作压力,单位为MPa;第二段用阿拉伯数字表示锅炉额定蒸汽温度或热水锅炉的额定出口/进口水温度,单位为℃,当锅炉蒸汽为饱和蒸汽时,无该段及斜线。

第三章　节能基础知识

能源是人类赖以生存的物质，人类文明的一切都离不开能源。什么是能源？顾名思义，能源是能够产生能量的物质资源。在自然界中，有一些自然资源，如木材、煤、石油、天然气、太阳辐射、水力、地热、核能等，它们拥有某种形式的能量。在一定条件下，它们可以转换成人们所需要的能量形式，这些自然资源称为能源。在人类生产和生活中，由于各种需要或便于输送和使用，将上述能源经过一定的加工使之成为便于利用的能量来源，如煤气、焦炭、电力、沼气、氢能等也称作能源。

第一节　能源与能量

能源是能量的来源或源泉。能量简称为能，是物质运动的一般量度。任何物质都离不开运动，如机械运动、分子热运动、电磁运动、化学运动、原子核与基本粒子运动等。对于运动所做的一般度量就是能量。如用数学语言表达，能量是物质运动状态的一个单值函数。相应于不同形式的运动，能量分为机械能、热能、电能、光能、磁能、化学能、声能、分子内能、原子能等。当物质的运动形式发出转换时，能量的形式也同时发生转换。能量可以在物质之间发生传递，这种传递即做功或传递热量。例如，河水冲击水力发电机的过程就是河水的机械能传递给发电机，并转化为电能。自然界一切过程服从能量守恒和转换定律，物质要对外做功，就必须消耗本身的能量或从别处得到能量补充。因此，一个物体的能量越大，它就可能对外界做更多的功。能量是一种标量，和功的单位相同。

能源是物质，因它们自身的物质结构和组成的不同，而具有不同的能量，这些能量是由组成物质的属性所决定的。能源经过转化后成为社会所需要的能。能量的不同形态，仅仅是辨别粒子所具有能量的一种方法而已，而粒子的能量状态或可能的能量状态取决于粒子的属性和所处的系统的状况。

能源和能量都是物质的属性，由于各种能源本身的性质不同，能源转化为能量所使用的设备和转化过程的系统结构也不相同。总之，由能源到能量的转化过程，既要求技术上可行，又必须满足经济上的合理性。

第二节　能源的分类

世界上能源的种类很多，为了便于了解各种能源的形式、特点和相互关系，便于能源的使用和管理，从不同角度对能源进行分类。

一、按能源的利用方式分类

能源按其利用方式可分为一次能源(又称天然能源)和二次能源(又称人工能源)两大类。一次能源是来自自然界未经过转化而直接加以利用的能源,如原煤、石油、天然气、柴草、水能、风能、太阳能、地热能、潮汐能等。二次能源是由一次能源经过加工转换而成的能源产品,如煤气、焦炭、汽油、煤油、柴油、电力、蒸汽、氢气等。

一次能源根据其来源又可分为以下三类:

(1)来自地球以外的能源。主要来自太阳,除直接的太阳辐射能外,矿物燃料、水能、风能、海洋能、生物质能等都是间接来自太阳。来自其他天体的能源,有宇宙射线,这类射线有很大的能量,目前被用来进行高能物理研究。

(2)来自地球本身的能源。海洋和地壳中储藏的核燃料所包含的原子能、地球内部的热能等都属于此类。

(3)来自地球和其他天体的作用所产生的能源。如由地球和月亮、太阳之间的引力,使海水涨落形成的潮汐能。

二、按能源的使用性质分类

能源按其使用性质可分为燃料能源和非燃料能源两类。

属燃料能源的有矿物燃料(煤、油、气等)、生物质燃料(藻类、柴草、沼气等)、核燃料三种;非燃料能源是指不用燃烧方式获得能量的能源,如风能、水能、太阳能、地热能等。

三、按能源的产生周期分类

能源按其产生周期可分为再生能源和非再生能源。再生能源指不断产生的能源,如太阳能、水能、风能、生物质能、潮汐能等。非再生能源指不能重复再生的能源,如煤、石油、天然气等,这类能源随着不断的开发利用,总有一天会消耗殆尽。所以,国家鼓励、支持开发和利用再生能源。

四、按人类利用能源的程度分类

能源按人类利用其程度可分为常规能源和新能源。常规能源指在目前科学技术条件下,经济上合理,技术上成熟,已经被广泛使用的能源,如煤、石油、天然气、水能等。新能源指新近开发研究的或技术上尚未成熟、经济上尚不过关的、未能广泛利用的能源,如太阳能、潮汐能、海洋能、生物质能等。国家鼓励、支持开发和利用新能源。

新能源与常规能源是相对而言的概念。今天的常规能源就是过去的新能源,而今天的新能源将来又会变成常规能源。由于各国对同一种能源的利用程度不同,于是同一种能源在这个国家被称为常规能源,而在其他国家则可能被视为新能源。

五、按能源的资源形态分类

能源按其资源形态可分为含能体能源和过程性能源。含能体能源指可以直接储存的能源,如燃料能源。过程性能源是指在流动过程中产生能量的能源,如风能、电力、潮汐

能，此类能源不能直接储存。

六、按能源的污染状况分类

能源按其污染状况可分为清洁能源和非清洁能源。清洁能源指相对而言对环境污染程度较小的能源，如太阳能、风能、水能等。非清洁能源指对环境污染程度较大的能源，如煤、裂变原子能等。国家鼓励、支持开发和利用清洁能源。

第三节　能源的重要性

能源是人类进行生产和赖以生存的重要物质基础，是国民经济建设中的一个关键性问题。

在现代化建设中，能源是重要的物质条件。一些发达国家之所以能够在短短几十年时间里实现现代化，重要原因之一就是致力于大规模开发利用能源。一个国家的国民生产总值和它的能源消费量之间存在客观规律，一般是成正比的。能源的消费量越大，产品的产值就越多。

能源与人民生活密切相关。为解决吃、穿问题，必须大力发展农业生产，实现农业机械化、电气化、水利化和化学化，这些都需要消耗大量的能源。为进一步提高农产品的产量，还需要投入大量的能源，因而在一定程度上可以说粮食和棉花是用能源换来的。目前，市场上种类繁多的纤维布料和衣服，也都是用能源作为原料和动力制造出来的。在居住方面，建房用的木材本身就是一种能源，其他砖瓦、玻璃、钢材、水泥等材料在生产过程中都要用掉不少能源。为了调节室内温度，冬季取暖，夏季降温及夜间照明，无一不需要消耗能源。至于家电设备更离不开能源。在交通方面，如果没有能源，汽车、轮船、飞机只好停开，成为废物。

能源与国防的关系甚为密切。在生产各种武器时，不仅需要大量能源，而且在使用各种武器时也离不开能源。如果没有能源，坦克、飞机、火箭、军舰、导弹等全部启动不了，丧失其现代化武器装备的威力。

能源问题，由于其与国家经济的发展息息相关，已成为当代世界经济中最迫切、最重要的问题之一，也是引发战争的主要根源。无论是发达国家还是发展中国家对能源都十分重视。

第四节　节约能源

解决能源问题的途径不外乎两条：一是开发；二是节约。我国根据国情制定了“开发节约并重、节约优先”的能源政策和发展战略，把节约能源作为一项基本国策，大力发展低碳经济，并于 2008 年 4 月 1 日颁布实施了《中华人民共和国节约能源法》。

一、节能的概念

什么是节能？节能不是简单地减少所消耗的能源数量，而是在满足相等需要或者达到相同目的条件下,使能源消耗量减少,其减少的数量就是节能的数量。开展节能工作,是在不影响生产活力和生活水平的前提下,对能源的利用做到减少浪费,降低消耗,提高效率,改善环境。用尽可能少的能源,创造出尽可能多的社会需要的产品和产值,从而达到发展生产、改善生活的目的。

节能是手段而不是目的,不能为了节能而节能。然而节能有其明确的目的——降低单位国民生产总值所需要的能源总量。具体来说应达到以下要求:

(1)不断提高现有能源的利用效率,以同样数量的能源生产更多的产品,获得更好的经济效益。在能源工业增长速度有限的情况下,保证国民经济有一个较高的增长速度。

(2)不断提高各行各业的工艺技术改革和设备更新换代,带动所有生产部门生产技术的发展和提高。

(3)调整全国各地区、各部门不合理的产业结构、企业结构和产品结构,从而将费能型经济结构转化为恰当的节能型经济结构。

(4)加强能源管理,改善经济工作,全面提高企业的科学管理水平。

综上可知,节能的过程,实际上是促进现代化建设的过程,因而在我国节能具有重要的战略地位。

节能可分为直接节能和间接节能两类。直接节能是指人们在生产、工作和生活中,由于加强能源管理、合理利用资源、技术改造、采用先进的工艺设备等,使单位产值能耗下降而节约的看得见的能源实物,就称为直接节能,或者称为技术节能、狭义节能。间接节能是指由于减少原材料和其他人力、财力和资源等的消耗以及经济和产业结构的调整等结果,所带来的单位产值能耗下降而节约的不能直接看见的能源实物,就称为间接节能或结构节能。直接节能和间接节能合称为完全节能或广义节能。

二、节能的技术指标

进行节能工作的技术指标主要有能量利用率、节能量和节能率。

(一)能量利用率

能量利用率是有效利用能量占供给能量的百分比,它表示供给能量的有效利用程度。其表达式为

$$能量利用率 = \frac{有效利用能量}{供给能量} \times 100\% = (1 - \frac{损失}{供给能量}) \times 100\%$$

(二)节能量

节能量是指企业或部门采取节能措施后所获得的节约能源消费的数量指标。按统计期分,节能量可分为当年节能量和累计节能量。当年节能量为当年与上年相比节约能源的数量;累计节能量则以某个年份为基数,在已达到的节能水平基础上,逐年的节能之和。按核算对象分,节能量可分为按产品的产量计算的节能量和按产值计算的节能量。

(三)节能率

企业节能量由于企业的规模大小不等,产量产值高低不一,缺乏可比性,故需要计算节能率。节能率是指采取节能措施所节约的能源数量与采取节能措施之前所消耗的比值。它可分为当年节能率和累计节能率。

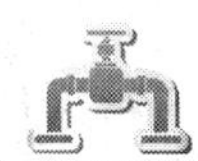

三、节能的基本观点

搞好节能工作,需要树立以下基本观点:

(1)综合观点。在考虑节能措施时,不能只注意节能措施自身的、局部的效果,还要分析有关环节的能耗增减情况,要看总体能耗是否节约、是否合理。

(2)经济效果观点。在采用节能技术后一般都可获得一定的效果,但从经济角度看,有的好有的差,节能不能只着眼于节约了多少能源,而不顾花了多少投资,所以在搞节能技术措施时,既要追求节能效果,又要注意经济效果。

(3)广义节能观点。除了注意直接的、看得见的、有形的节能外,还要着眼于间接的、无形的节能,着眼于降低产品的全能耗。

第五节　节能途径

一、能源利用率不高的原因

从我国目前的状况来看,能源利用率只有 30%,而发达国家达 50% 以上。我国能源利用率不高的原因主要有以下三个方面。

(一)设备陈旧,技术落后

截止 2017 年,我国目前有工业锅炉 40.1 万台,总容量合计约 206 万 t,其中燃煤工业锅炉约 30.7 万台,总容量约 164 万 t,燃煤消耗量可达到约 5.4 亿 t/年。大部分处于低效运行状态,平均热效率仅为 60% ~65%,远未达到标准的现实指标。

(二)管理水平较低

据统计,各种金属切削机床加工过程中的测量、调整等辅助工时占整个作业时间的 35% ~65%,空载时消耗的无用功率占满载时的 70% 左右。对工业锅炉节能意识淡薄,只顾产汽量,不顾燃煤量及其他消耗。

(三)经济结构不合理

一个国家、一个地区的能源消耗与其经济结构之间有着十分密切的关系。经济结构合理,单位产值消耗的能源就少;经济结构不合理,单位产值消耗的能源就多。我国单位产值能耗不仅比发达国家高,甚至也高于一些发展中国家,而经济结构不合理是重要的原因之一。

二、节能的途径

针对能源浪费的原因,节能途径也分为技术途径、管理途径和结构途径三大类。

(一)技术途径

1. 改造陈旧的耗能设备

能量的转换和利用,都是通过设备来实现的,因而能量的有效利用水平,在很大程度上取决于能源流程中每个生产环节所使用的设备,合理运用耗能设备,是节能技术途径的主要方面。

我国大部分设备技术状况较差,仅相当于国外20世纪六七十年代的水平,这些设备能耗高、效率低,亟待更新改造。尤其是工业锅炉、工业窑炉、中高压发电机组、电动机、水泵、风机、空压机、工业电炉、电焊机及交通工具等用量大、涉及面广的主要耗能设备,更要抓紧更新改造。

合理使用能耗设备也是节能的一个重要方面。即使设备设计得很先进,效率很高,但如果安排不好,运用不当,也要多耗能源。如电动机与被拖动的机械不配套,导致电动机的容量过大,即“大马拉小车”,以及电动机只空转不做功,即“跑空车”,而造成电力浪费。出现这种现象的原因很多,当在选用电动机时,不了解负荷工况,不注意容量匹配,有的企业投产后长期达不到设计能力,负荷小;有的企业经过生产工艺改造,用电负荷下降,却没有及时更换电动机等。

2. 改进落后工艺

连续生产流程中出现的冷冷热热、干干湿湿的现象,会造成能源的浪费。如果改进生产工艺,实行流水作业,避免“冷热病”、“干湿病”,减少中间环节的热损失,就可大大节约能源。例如,钢铁生产采取连铸、连轧、热装、热送,减少一些冷却和加热工序,就可以降低能耗。

3. 改进操作

技术操作水平的高低也是影响能源消耗的一个因素。例如,合理调节锅炉的过量空气系数是一项重要操作技术。过量空气系数过大或过小,都将会使热损失增加、能耗上升。只要改进操作,使锅炉等耗能设备在最佳工况下运行,就可以节约能源。

4. 改善燃料质量

煤炭产品质量的高低,直接影响到煤炭的消耗量和运输量的节约,以及热能利用效率的提高和煤炭资源的充分利用。我国原煤灰分高(达25%以上),含矸率达15%~25%,这样全国每年有6 000多万t矸石充当煤炭销售使用,即大量浪费了运输矸石所消耗的能源,还加重了运输部门的负担。据初步估算,煤炭经过洗选加工后使用,可比直接使用原煤综合节约煤炭10%。

5. 能量的回收利用

一种是热利用,如通过换热器、加热器等设备去预热燃料、空气、物料及干燥物品,加热给水,生产蒸汽,供应热水等,另外如蒸汽凝结水的回收利用。另一种是动力利用,即把回收的能量通过动力机械转换成机械能输出,对外做功。主要是通过蒸汽、燃气、水力透平等设备,带动水泵、风机、压缩机等直接对外做功或带动发电机转换为电力。

6. 能量的分级利用

能源在工业部门除用于发电和少量做原料外,绝大部分用于直接燃烧和生产蒸汽。合理有效地使用蒸汽,是企业节能的重要方面。由于蒸汽具有用过以后还有继续使用的特性,用的次数越多,能量的利用就越充分。因此,使用蒸汽的热力设备,要根据蒸汽的压力和温度合理使用。例如,把质量较高的蒸汽,先用背压汽轮机发电,再去带动工业汽轮机做功,然后加热产品或物件,最后用于蒸煮、供暖、加热浴池用水等。

7. 工业锅炉大型化

我国平均单台锅炉的蒸发量不到4 t/h,是锅炉效率低的主要原因之一。发达国家单

台锅炉蒸发量可达 20 ~ 40 t/h，机械化、自动化程度高，均有水质处理及除尘装量，因此热效率高，大气污染也大为减轻。采用集中供热或分片供热系统以取代分散的小型锅炉，不仅有利于提高锅炉热效率，而且有利于改善环境，故大型化是工业锅炉改革和发展的方向。

8. 发电机组高参数化

我国火力发电设备容量小、参数低、热效率低。国家采取“上大压小”的政策，淘汰中、高压以下的机组，发展600 MW 及以上超临界机组和1 000 MW 超临界发电机组，提高机组的经济性和可靠性，并兴建一定数量的热电站、热电联产企业，以提高一次能源利用率。

9. 加强绝热保温

工矿企业的用热设备数量大，加强用热设备的绝热保温，减少散热损失，是节能的有效办法。工业锅炉、炉窑、各种热罐、热交换器、热力管道、阀门等散热很多，这些热量损失分散，又是表面散热，很难回收，主要是采用减少热损失的办法。绝热保温的措施很多，最常用的办法是适当增厚保温材料，增加绝热层数，选用高质量的绝热材料等。

（二）管理途径

1. 杜绝“跑、冒、滴、漏”

浪费往往从点滴开始，“跑、冒、滴、漏”不仅造成能量损失而且造成环境污染。

2. 加强水质管理，科学进行排污

水质管理是锅炉管理的一项重要工作，水质好，不结垢，传热好，锅炉效率高，使用寿命长；水质不好，除了降低锅炉效率，缩短使用寿命外，也直接影响锅炉排污。排污量大，增加热损失，所以科学排污也是锅炉节能的重要措施。

3. 合理分配能源

能源使用不合理所带来的浪费，比起能源使用合理但未充分利用所带来的浪费更为严重，因而能源的合理利用是管理途径节能的一个重要问题。合理分配能源就是依据能源的品种、质量及生产工艺对能源的要求，来合理安排能源的使用。

4. 合理组织生产

生产组织不合理，造成生产环节不平衡是造成浪费的又一主要因素。例如，各工序之间的生产能力及其利用程度不平衡；供能与用能环节不协调；原料供应脱节，造成设备停机或空转等。

5. 减少物资积压

积压的原材料、半成品、超出实际需要的机器设备、厂房等都是能源的间接浪费，而且所占用的物资的加工程度越深，生产这些物资所消耗的能源就越多。成品所含物化能源多于半成品，半成品所含物化能源又多于原材料。因而必须尽可能减少物资积压。

6. 合理安排运输

运输安排不当不仅直接浪费能源，而且还会影响生产与其他工作的进行，造成能源的间接浪费。合理安排运输是一项系统工程，包括时间问题、路线问题、效率问题、装运质量等。

(三)结构途径

1. 产业结构的调整

为科学地、明确地反映产业结构变化对能源消耗的影响,可把单位产值能耗高于工业平均能耗的工业称为费能型工业,把低于工业平均能耗的工业称为省能型工业。例如,钢铁、冶金工业为费能型工业;纺织、仪表、电子工业为省能型工业。当两者的比例发生变化时,必然对能源消耗产生影响。因而这里存在一个优化组合问题,使产业结构在满足各方面需要的前提下达到最佳状态。

2. 产品结构的调整

不同的产品对能源的需要量差别很大,无论是重工业产品,或是轻工业产品都是如此。从单位产值的综合耗能看,不同产品之间的能耗可能相差好几倍,甚至几十倍。如果产品结构不合理,会导致产品的品种规格不对路,需求不平衡,造成积压浪费,这也就等于积压了生产这些产品的能源。所以,应通过产品结构的调整,使所有包含在产品中的能源都能发挥其节能效果。

3. 企业组织结构、技术结构和地区结构的调整

在企业组织结构方面,需要加强生产的专业化和连续性,根据不同情况,采取各种有效的联合形式,组织更多的专业化公司。特别是要把那些能耗大的小企业组织起来,围绕大企业实行分工协作,对于重复生产的企业则应坚决调整。

在技术结构方面,主要是要大力采用省能型新技术和新工艺,改革旧技术、旧工艺。

在地区结构的调整方面,主要是指把部分费能型工业的工厂转移到能源富裕的地区或矿产资源就近地区,以改革不合理的工业布局。这样,可将调剂下来的用于运输的能源投放到省能型工业中,同时减轻运输压力。

三、工业锅炉节能的发展趋势

我国锅炉从锅炉形式来说,已经形成了能适应我国国情和满足国内市场需要的较完整的产品规格体系。锅炉本体形式早已成熟,今后工业锅炉行业的发展,主要是随着燃料情况的变化、环保要求的提高及科学技术发展,而带来的燃烧方式和燃烧设备的改进、配套辅机附件的提高,以及检测和自动控制水平的完善提高。技术上将迎来一个精耕细作的过程,着眼于从有到优、从整体到细节、从单机到系统、全生命周期的优化提升,着眼于对现有经验的理论提升和实证研究。从技术及产品发展来看:①能源供应在逐步减少燃煤比重的同时增加油气(特别是燃气)的供应,提高可再生能源的比重。对工业锅炉而言应重点关注生物质能利用、天然气深度利用和煤的清洁高效利用,其中生物质能和天然气利用将以分布式为重点、煤炭以集中利用为重点。②结合生物质锅炉、余热锅炉、冷凝式燃气锅炉产品主机开发,加强主要配套辅机开发,特别是适合冷凝锅炉的低氮预混燃烧器技术、生物质燃烧系统技术研发与工程化推广。③借助燃料优质化和能源转型的趋势,具有工业锅炉全生命周期的信息化应用技术的产品,将成为企业发展与赢得市场认可的王牌之一。因此,未来工业锅炉行业将聚焦(工业)锅炉及相关领域节能、环保、新能源利用、信息化融合四大领域,通过研发、转化、集成创新等手段形成一批有较好应用前景的关键新技术、新产品,为我国工业锅炉行业持续发展提供足够技术支撑。

第四章　锅炉用水概述

水是世界上储存最丰富、分布最广的物质，在地球上大约有3/4的面积是水，只有1/4的面积是陆地。自然界中的水可分为地面水和地下水。地面水包括河水、湖水、水库水和海水等；地下水包括深井水、浅井水、泉水等。地面水主要来自雨水，地下水主要来自地面水，而雨水来自地面水和地下水的蒸发。因此，水在自然界不断地循环运动着。

水在自然循环运动中，由于它对各种物质的洗涤、溶解和冲刷等作用，从而使天然水体不同程度地含有各种杂质。如果有生活污水或工业废水排入天然水体，水中杂质的成分和数量将会更复杂。

水是人们日常生活和发展工农业生产所不可缺少的物质。由于水的用处不同，人们对水提出了不同的水质标准。如采用锅外化学处理的工业锅炉给水的水质标准，要求钙、镁离子的总量不大于0.03 mmol/L。

第一节　天然水中的杂质

一、天然水的特征

天然水中，雨、雪最为纯洁。但在下降过程中与空气中的各种杂质相遇，如氧、二氧化碳、硫化氢和灰尘等，使水受到污染。雨水含钙、镁离子盐类很少，一般小于70～100 μmol/L，含盐量也不大于40～50 mg/L。因此，雨水虽在天然水中水质最好，但收集困难，不能作为工业用水水源。

地面水来自于雨水，当雨水流经地面时，由于对地面土壤及岩石的冲刷和溶解作用，使钙、镁、钠、钾等成分溶于水中；土壤和岩石的主要成分——铝硅酸盐则不大溶于水，而成为悬浮物存在于天然水中。在构成土壤和岩石的矿物之中，雨水主要是溶解了钙、镁盐类，还由于土壤中的微生物作用，有机物腐烂、氧化生成的二氧化碳不断补充到水中，使水的溶解能力逐渐增大。因此，天然水中总是含有较多的重碳酸盐类。

雨水汇合成为溪流，然后汇集成为河流，中途成为急流、瀑布、浅滩，进行自然曝气，结果便失去二氧化碳，重碳酸钙成为碳酸钙而沉淀下来。

上述现象可以简单地用反应式表示：

$$Ca(HCO_3)_2 \rightarrow CaCO_3 \downarrow + CO_2 \uparrow + H_2O$$

如果不保持一定数量的二氧化碳，重碳酸钙就不可能存在。因此，地面水中，HCO_3^-和Ca^{2+}、Mg^{2+}的含量一般比地下水中的含量少。湖水则与流动的河水不同，微生物的影响比较明显。湖水中微生物及有机物的种类和数量，可因地点、气候条件、深度而不同，从而影响到某些化学成分（如pH值、CO_2、铁、含盐量等）发生较大的变化。而湖水中的含盐量可以分成两大类。一般把含盐量在500 mg/L以上的称为咸水湖，含盐量在500 mg/L

以下的称为淡水湖。

海水,由于长时期的蒸发浓缩作用,含有大量的溶解盐类,通常高达3.5%,而且以氯化钠和硫酸镁为主,钙、镁离子总和达到50~70 mmol/L,有时高达100~200 mmol/L 。

地下水是由地面水渗入地下形成的,地下水在流经地层时,地层起了天然的过滤作用,除去了悬浮物和有机物,但也溶解了大量的盐类,并且在连续补充 CO_2 的情况下,重碳酸盐的含量也会越来越多。

二、天然水中杂质的分类

天然水在大自然循环过程中无时不与大气、土壤和岩石接触。由于水具有较强的溶解能力,所以任何水体都不同程度地含有多种多样的杂质。另外,工业废水、生活污水以及农田化肥等的流失排入水体,使天然水中杂质更趋复杂。天然水中杂质,按其颗粒大小可分为三类:颗粒最大的称为悬浮物;其次称为胶体;最小的是分子和离子,称为溶解物。如果将上述各类杂质的尺寸均按球形颗粒计,则它们的大致差异可从表4-1看出。

表4-1 天然水中的杂质

杂质种类	溶解物		胶体		悬浮物		
颗粒尺寸	0.1 nm	1 nm	10 nm	100 nm	1 μm	10 μm	100 μm
分辨手段	质子显微镜可见		超显微镜可见		普通显微镜可见		肉眼可见
水体外观	透明		光照下浑浊		浑浊		浑浊

值得提出的是,各类杂质的尺寸界限绝非能截然划分开,其中悬浮物和胶体之间的尺寸界限,根据颗粒形状和密度不同而略有变化。一般来说,粒径在100 nm至1 μm之间应属于胶体和悬浮物的过渡阶段。小颗粒悬浮物往往也具有一定的胶体特性,只有当粒径大于10 μm时,才与胶体有明显区别。

下面详细介绍天然水中各类杂质。

(一)悬浮杂质

1. 悬浮物的特性

悬浮物的颗粒直径很大,是使水产生浑浊现象的主要原因,它在水中的状态受颗粒本身质量影响很大。在动水中,由于水的紊流作用,常呈悬浮状态;在静水中,密度较大的颗粒在重力作用下容易自然下沉,密度较小的颗粒,可上浮水面。易于下沉的悬浮物,主要是颗粒较大的黏土、细砂以及矿物废渣等杂质;能够上浮的一般是体积较大、密度小于水的有机质悬浮物。

2. 悬浮杂质的危害

给水含有的悬浮杂质,进入锅内受热后会很快下沉,尤其在水流缓慢的锅筒和联箱内,以及炉管的拐弯处,是悬浮杂质最容易沉积的部位。沉积的悬浮物质不仅影响锅炉的传热和锅水循环,严重时可堵塞炉管,从而造成被迫停炉。

（二）胶体杂质

1. 胶体杂质的特性

天然水中的胶体是某些低分子的集合体，它具有较小的粒径和较大的比表面积，胶体颗粒的表面通常带有电荷，而且大多带有负电荷。

胶体颗粒在水中能长期保持分散状态，虽经长期静置也很难自然下沉，并且容易透过普通滤纸和滤层。

胶体颗粒很小，很难用肉眼观察到，但它对光线具有散射作用，当光束通过含有胶体的水时，在光路上会出现一条明显的发亮光带。

2. 胶体杂质的成分

天然水中的胶体杂质，成分比较复杂。其中主要是铁、铝和硅氧化物形成的无机矿物胶体；然后是水生植物体腐烂和分解而形成的有机物胶体，它是水产生色、臭、味的主要原因之一；另外，水中溶解的某些高分子物质（如腐殖质）和生长的微生物（如病毒和细菌），按它们的性质和粒径一般也属于胶体范围。

3. 胶体杂质的危害

胶体杂质进入锅内时，同悬浮杂质一样，能很快形成沉积物，并在受热面上结成水垢或泥渣黏附物，此外，有机胶体会引起锅水发生泡沫，当浓缩到一定程度时，会产生汽水共腾现象。

（三）气体杂质

1. 溶解氧

天然水中气体杂质多以低分子状态存在于水中。主要的气体杂质有氧气和二氧化碳，个别地区有时也溶有少量的二氧化硫和硫化氢等气体杂质。氮气也能少量地溶解在水中，但它对锅炉设备没有任何危害，所以无需论述。

天然水中的氧分子，主要是由大气中的氧气溶解到水中，有的也来自水生植物的光合作用所产生的氧气。溶解在水中的氧气称为溶解氧。

地表水中溶解氧含量与水温、气压及水中有机物含量有关。表 4-2 表明了当水中不含有机物时，在标准大气压下不同温度时空气中的氧气在水中的溶解度。

表 4-2　水与空气接触时空气中的氧气在水中的溶解度

温度（℃）	溶解氧（mg/L）	温度（℃）	溶解氧（mg/L）	温度（℃）	溶解氧（mg/L）
0	14.6	11	11.0	25	8.3
1	14.2	12	10.8	30	7.5
2	13.8	13	10.5	35	7.0
3	13.4	14	10.3	40	6.5
4	13.1	15	10.1	45	6.0
5	12.8	16	9.9	50	5.6
6	12.4	17	9.7	60	4.8
7	12.1	18	9.5	70	3.9
8	11.8	19	9.3	80	2.9
9	11.6	20	9.1	90	1.6
10	11.3	21	8.9	100	0

水中有机物进行生物氧化分解会消耗溶解氧。如果有机物较多,耗氧速度超过从空气中补充的溶氧速度,则水中的溶解氧量将减少。有机物污染严重时,水中的溶解氧可接近于零。但是,有机物在缺氧条件下分解,出现腐败发酵现象,使水质严重恶化。在缺氧水体中,水生动植物生长将受到抑制甚至死亡。生活污水和某些工业废水中含有大量有机物,处于严重缺氧状态,排入天然水体后,会消耗大量溶解氧,使水体遭受严重污染。

地下水和空气接触较少,含氧量通常比地表水小,且随着深度增加而减小,在一定深度下,地下水的溶解氧量几乎为零。

2. 游离二氧化碳

天然水中都含有溶解的二氧化碳气体。它的主要来源是水体或土壤中的有机物质进行生物氧化分解时的产物。在深层地下水中，有时会含有大量二氧化碳,这是由地球的地质化学过程产生的。空气中的二氧化碳也可溶于水中,但通常空气中的二氧化碳所占的比例只有0.03% ~0.04%,相应在水中可能溶解的二氧化碳量只能有0.5 ~1 mg/L。实际上,大多水体的二氧化碳含量都高于此值。

地表水中溶解的二氧化碳,一般不会超过20 ~30 mg/L;地下水中可含1 ~150 mg/L;而某些矿泉水中二氧化碳含量可高达数百毫克每升。

天然水中溶解的二氧化碳,约99%呈分子状态,称为游离二氧化碳。仅有1%左右与水作用生成碳酸。这两部分的总和也称为游离碳酸量。

3. 气体杂质的危害

溶解氧对金属有着强烈的腐蚀作用,给水中的溶解氧一旦进入锅炉,几乎全部消耗在金属腐蚀上。例如,一台锅炉的受热面为100 m^2,金属表面约为200 m^2,用生水直接补充给锅炉时,每年可带入640 mg 氧,能够腐蚀掉钢铁1 676 kg。一台这样的锅炉的质量为20 ~25 t,受热面的质量约为总质量的一半。因此,即使不考虑外壁的腐蚀与磨损,只需六七年时间即可将炉管腐蚀光,而且氧腐蚀一般是不均匀的,如果腐蚀集中在20%的受热面上,则只需1年多的时间即可将炉管腐蚀穿透。

含有游离二氧化碳较多的水,具有一定的酸性,这不仅直接对金属有腐蚀作用,而且会破坏金属表面的氧化膜而加剧溶解氧对金属的腐蚀。

(四)离子杂质

1. 离子杂质的种类

天然水中或多或少都含有离子杂质,它是由无机盐类溶解于水后电离形成的。其中阳离子主要有Ca^{2+}、Mg^{2+}、Na^{+}和K^{+},此外还含有少量Fe^{2+}、NH_4^{+}等离子。阴离子主要有HCO_3^{-}、SO_4^{2-}、Cl^{-}和NO_3^{-},此外还含有少量的CO_3^{2-}及NO_2^{-}等离子。

2. 离子杂质的危害

对于低压锅炉来说,危害较大的阳离子主要是Ca^{2+}、Mg^{2+}。它们在锅水蒸发浓缩时,容易产生难溶化合物沉积在受热面上形成水垢。例如,碳酸盐水垢($CaCO_3$)、硫酸盐水垢($CaSO_4$)、硅酸盐水垢($CaSiO_3$)以及氢氧化物水垢[$Mg(OH)_2$]等。此外,在锅水中Na^{+}含量达到一定浓度时,就会引起锅水产生泡沫。

对低压锅炉危害较大的阴离子主要是HCO_3^{-}和SO_4^{2-}。HCO_3^{-}进入锅内后,容易发生下列分解和水解反应:

$$2HCO_3^- \rightarrow CO_3^{2-} + CO_2 \uparrow + H_2O$$

$$CO_3^{2-} + H_2O \rightarrow 2OH^- + CO_2 \uparrow$$

上述反应产物中,CO_3^{2-} 易形成结垢物质,OH^- 会提高锅水的相对碱度,CO_2 被蒸汽带走,并溶解于蒸汽的凝结水中,增加水的酸性。SO_4^{2-} 容易与水中的 Ca^{2+} 形成难以去除的硫酸盐水垢。

除上述杂质外,还有分子杂质,例如可溶性 SiO_2 等。

第二节　锅炉用水的水质

一、锅炉用水的水源及名称

(一)锅炉用水的水源

工业锅炉用水通常有以下几种水源。

1. 地表水

地表水是由雨水、雪水和泉水汇聚而成,并存在于地壳表面的水,诸如江河、水库、湖泊、海洋等中的水。这类水受自然环境影响较大,其特点是水中悬浮物和溶解盐类(包括硬度成分)随季节的不同变化幅度较大。例如,丰水季节(春、夏季),由于雨水径流的冲刷,使水中悬浮物骤增;又因雨水的稀释作用,使水中含盐量降低。而在枯水季节(秋、冬季),由于水流趋于稳定,水生生物繁殖缓慢,水中悬浮物明显降低,但因水体的蒸发和浓缩,使含盐量升高,水的硬度也随之升高。

2. 地下水

地下水是由于水和地表水经过地层的渗流而形成的。水在地层渗流过程中,通过土壤和砂砾的过滤作用,去除了大部分悬浮物和菌类。由于与大气和外界环境隔绝,水体不易受到污染。但因水流经各类矿层,所以地下水的含盐量通常比地表水高,并且较多地区的地下水都普遍含有 Fe^{2+}。

地表水和地下水通称为天然水。

3. 自来水

自来水是城市工业锅炉用水的主要水源,它是天然水经过自来水厂的净化处理后,经铁管或水泥管道输送到用户。由于自来水厂在净化处理过程中,投加混凝剂和杀菌剂等药剂,所以自来水中悬浮物、有机物和碱度都明显降低。为防止自来水中微生物的繁殖,通常向水中投加漂白粉或注入氯气,并维持一定量的游离性余氯(简称游离氯或活性氯),当这种成分超过限量时,对离子交换树脂具有较大的破坏作用,这是自来水与其他水源的一项重要的区别。

(二)锅炉汽水循环系统和用水名称

1. 锅炉汽水循环系统

锅炉是生产蒸汽或热水的换热设备。蒸汽或热水经过热交换器(如热加工设备及暖气)降温和冷却后,又可以再送回锅内,从而形成一个汽水循环系统(如图 4-1 所示)。

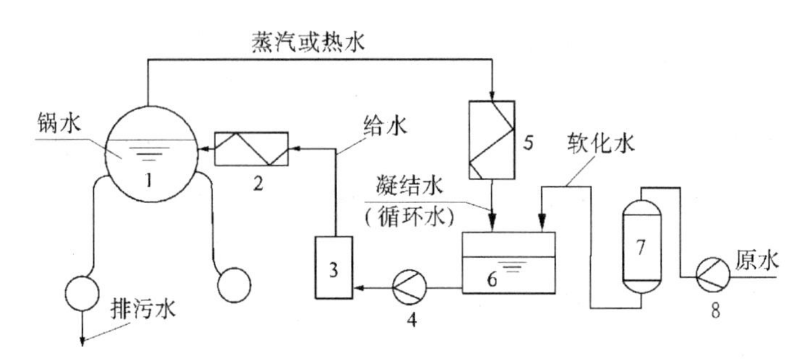

1—锅炉;2—省煤器;3—除氧器;4—给水泵;5—热交换器;
6—水箱(池);7—钠离子交换器;8—原水泵

图4-1 工业锅炉汽水循环图

2. 锅炉用水名称

根据汽水系统中的水质差异和《工业锅炉水质》(GB/T 1576—2018)将锅炉用水分为以下几类:

(1)原水。未经过任何处理的水,锅炉上又称为生水。

(2)软化水。除掉全部或大部分钙、镁离子后的水。

(3)除盐水。通过有效的工艺处理,去除全部或大部分水中的悬浮物和无机阴、阳离子等杂质后,所得成品水的统称。

(4)补给水。原水经过处理后,用来补充锅炉排污和汽水损耗的水。

(5)给水。直接进入锅炉的水,通常由补给水、回水和疏水等组成。

(6)锅水。锅炉运行时,存在于锅炉中并吸收热量产生蒸汽或热水的水。

(7)回水。锅炉产生的蒸汽、热水,做功后或热交换后返回到给水中的水。

二、给水水质不良对锅炉的危害

水质不良,是指给水中含有较多的有害杂质,这种水如果不经过任何处理,一旦进入锅内将会带来以下危害。

(一)结垢

水在锅内受热沸腾和蒸发,为水中的杂质提供了化学反应和不断浓缩的条件,当锅水中这些杂质的浓度达到饱和时,便有固体物质析出。所析出的固体物质,如果悬浮在锅水中,就称为水渣;如果牢固地附着在受热面上,则称为水垢。

(二)腐蚀

水质不良对锅炉的另一危害是引起腐蚀,其后果是:

(1)锅炉金属构件破损。锅炉的省煤器、水冷壁、对流管束及锅筒等金属构件都会因水质不良而遭受腐蚀,结果使这些构件变薄、凹陷甚至穿孔。更为严重的腐蚀(如苛性脆化)会使金属的金相组织遭到破坏。被腐蚀的金属强度显著降低,从而严重影响锅炉安全经济运行,缩短锅炉使用年限,造成严重的损失。尤其是热水锅炉,由于循环水量大,锅炉腐蚀问题更为严重。

(2)增加锅水中的结垢成分。金属的腐蚀产物(主要是铁的氧化物),被锅水挟带到锅炉受热面上后,容易与其他杂质结成水垢。当水垢含有铁时,传热效果更差。例如,含有80%的铁,并混有二氧化硅的1 mm厚的水垢所造成的热损失,相当于4 mm厚的其他

成分的水垢。所以,在水垢中含有铁的腐蚀产物,其导热系数会明显减小。

(3)产生垢下腐蚀。含有高价铁的水垢,容易引起与水接触的金属铁的腐蚀,而铁的腐蚀产物容易重新结成水垢,这是一种恶性循环,它会导致锅炉构件的迅速损坏,尤其对燃油锅炉,金属腐蚀产物的危害更大。

对结垢问题已经得到基本解决的锅炉,如果没有切实的防腐措施,金属腐蚀就成了十分突出的严重问题。它不仅使锅炉过早地报废,而且容易发生各种事故,给安全生产带来威胁。据不完全统计,我国每年因腐蚀而报废的锅炉达 1 000 多台。

(三)锅水起沫

在锅筒的汽水界面上,若蒸汽和水不能迅速进行分离,在锅水蒸发沸腾过程中,液面就会产生泡沫,泡沫薄膜破裂后分离出很多水滴,这些含盐量很高的水滴不断被蒸汽带走,严重时,蒸汽挟同泡沫一起进入蒸汽系统,这种现象称为汽水共腾。这是由于锅水中含有较多的氯化钠、磷酸钠、油脂和硅化物,或者锅水中的有机物与碱作用发生皂化而引起的。锅水起沫会造成以下危害:

(1)蒸汽受到严重污染。

(2)过热器管和蒸汽流通管道内出现积盐,严重时能将管道堵塞。

(3)使过热蒸汽的温度下降。

(4)水位计内充有气泡,造成液面分辨不清。

(5)在蒸汽流通系统中产生水锤作用,容易造成蒸汽管路连接部位损坏。

(6)容易引起蒸汽阀门、管路弯头及热交换器内的腐蚀。

第三节　工业锅炉水质指标及指标间的关系

一、工业锅炉水质指标

在各种工业生产过程中,由于水的用途不同,对水质的要求也不同。所谓水质,是指水和其中的杂质共同表现的综合特性;水质指标表示水中杂质的种类及含量,用它来判断水质的优劣;水质标准是指水在具体应用中所限定的水质指标范围。

工业锅炉用水的水质指标有两种:一种是表示水中某种杂质含量的成分指标,例如氯离子、钙离子、溶解氧等;另一种是为了技术上的需要人为拟定的,反映水质某一方面特性的技术指标。技术指标通常表示某一类物质的总含量,例如硬度、碱度、溶解固形物等。

在各个部门中,由于水的用途不同,采用的指标也各有不同。对同一用途的水,因设备要求不同,需制定不同的水质标准。根据工业锅炉用水的水质标准,现将几种水质指标介绍如下。

(一)悬浮物(浊度)

悬浮物是指会有各种大小不同颗粒的混杂物,它会使水体浑浊、透明度降低。由于这类杂质没有统一的物理和化学性质,所以很难确切地表示出它们的含量。通常采用某些过滤材料分离水中不溶性物质(其中包括不溶于水的泥土、有机物、微生物等)的方法来测定悬浮物,单位为 mg/L。此法需要将水过滤,滤出的悬浮物需经烘干和称量,操作麻烦,因而只做定期检测,不作为运行控制项目。由于水中悬浮物的理化特性,所用滤器与孔径大小、滤材面积与厚度均可影响测定结果,一些细小的悬浮物微粒无法滤除测定结果,不能充分反映水中悬浮物的总体情况。因此,新的标准中把悬浮物改为浊度指标。

浊度是指水中悬浮物对光线透过时发生的阻碍程度。水的浊度不仅与水中悬浮物质的含量有关,而且与它们的大小、形状及折射系数有关。浊度测定方法是以难溶性的不同重量级配的硅化物(如白陶土、高岭土等)分散在无浊水中,所产生的光学阻碍现象为标准,在特定的光学测定仪器——浊度仪上与原水进行对比测定,单位为福马肼浊度。

(二)含盐量

含盐量是表示水中溶解盐类的总和。可以根据水质全分析的结果,通过计算求出。含盐量有两种表示方法:一是物质的量表示法,即将水中各种阳离子(或阴离子)均按带一个电荷的离子为基本单元,计算其含量(mmol/L),然后将它们相加;二是重量表示法,即将水中各种阴、阳离子的含量换算成 mg/L,然后全部相加。

(三)溶解固形物(*RG*)

溶解固形物是指水已经过悬浮物分离后,那些仍溶于水的各种无机盐类、有机物等,在水浴锅上蒸干,并在 105 ~ 110 ℃下干燥至恒重所得到的蒸发残渣,称为溶解固形物,单位为 mg/L。在不严格的情况下,当水比较洁净时,水中的有机物含量比较少,有时也用溶解固形物来近似地表示水中的含盐量。

(四)电导率(*DD*)

表示水中导电能力大小的指标,称为电导率。因为水中溶解的大部分盐类都是强电解质,它们在水中全部电离成离子,所以可利用离子的导电能力来判断水中含盐量的高低。电导率是电阻的倒数,可用电导仪测定。电导率反映了水中含盐量的多少,是水纯净程度的一个重要指标。水越纯净,含盐量越小,电导率越小。水电导率的大小除了与水中离子含量有关外,还和离子的种类有关,单凭电导率不能计算水中含盐量。在水中杂质离子的组成比较稳定的情况下,可根据试验求得电导率和含盐量的关系。测定电导率的专用仪器有 DDS - 11A 型电导率仪,电导率的单位为 S/m 或 μS/cm。各种水质的电导率见表 4-3。

表 4-3　不同水质的电导率

水质名称	电导率(μS/cm)	水质名称	电导率(μS/cm)
超高压锅炉和电子工业用水	0.1 ~ 0.3	天然淡水	50 ~ 500
新鲜蒸馏水	0.5 ~ 2	高含盐量水	500 ~ 1 000

对于同一类天然淡水,以温度 25 ℃为准,电导率与含盐量大致成比例关系,约为 1 μS/cm,相当于 0.55 ~ 0.6 mg/L。在其他温度下可以校正,即每变化 1 ℃,相当于含盐量大约变化 2%。温度高于 25 ℃时变化值取负值,反之取正值。

(五)硬度(*YD*)

硬度是指水中某些高价金属离子(例如 Ca^{2+}、Mg^{2+}、Fe^{2+}、Mn^{2+}、Al^{3+} 等)的含量。原水中的高价金属离子主要是 Ca^{2+} 和 Mg^{2+},其他离子在水中含量较少,所以原水的硬度通常是指 Ca^{2+} 和 Mg^{2+} 含量之和。

1. 硬度的分类

根据硬度形成杂质或硬度的构成,可将硬度分为以下几类:

(1)总硬度:表示水中钙、镁离子的总含量,代表符号为 YD。

(2)钙硬度:表示水中钙离子的含量,代表符号为 YD_{Ca}。

(3)镁硬度:表示水中镁离子的含量,代表符号为 YD_{Mg}。

(4)碳酸盐硬度:表示水中钙、镁的重碳酸盐 $Ca(HCO_3)_2$、$Mg(HCO_3)_2$ 及溶解的碳酸盐$CaCO_3$、$MgCO_3$ 的含量,代表符号为 YD_T。

(5)暂时硬度:简称暂硬,表示水中钙、镁的重碳酸盐含量。因为这种盐类在沸腾的水中容易分解生成沉淀物,从水中析出,不再以硬度形式存在于水中,故得此名。其反应如下:

$$Ca(HCO_3)_2 = CaCO_3\downarrow + H_2O + CO_2\uparrow$$

$$Mg(HCO_3)_2 = Mg(OH)_2\downarrow + 2CO_2\uparrow$$

因为钙和镁的碳酸盐溶解度很小,水中溶解量很少,所以碳酸盐硬度近似于暂时硬度,通常对这两种硬度就不加区分。

(6)非碳酸盐硬度:又称永久硬度,表示水中溶解的钙、镁的硫酸盐和氯化物等的含量,代表符号为 YD_F。由于这种杂质在水沸腾时不能以沉淀物析出,所以又称永久硬度。

上述硬度分类都是表明水中钙、镁离子的含量。但是为适应水处理的需要,我们既可以按硬度形成盐类的阴离子分类,也可按硬度形成盐类的阳离子分类。它们之间的关系可用下式表示:

$$YD = [\frac{1}{2}Ca^{2+}] + [\frac{1}{2}Mg^{2+}] = YD_{Ca} + YD_{Mg}$$

$$YD = YD_T + YD_F$$

2.硬度的表示方法

硬度的表示方法有三种。

(1)用毫摩尔/升(mmol/L)表示。这是一种最常见的表示物质浓度的方法,而且是法定计量的基本单位。硬度、碱度等水质指标,均以此表示水中物质浓度的大小,而且是以一价离子作为基本单元。对于二价离子(或分子)均以其 1/2 作为基本单元。同样,对于三价离子(或分子)均以其 1/3 作为基本单元。这样,在用 mmol/L 表示水中各种物质浓度的时候,实质上就与过去习惯用的毫克当量/升表示法完全相同。

(2)用度表示。硬度的单位也有用度表示的,如"德国度"、"英国度"等,它们都有不同的含义。我国在水质标准中经常采用"德国度",用符号°G 表示。它的定义是:当水样中硬度离子的浓度相当于 10 mg/L CaO 时称为 1 度。

$$1\ °G = 10 \times 1/28\ mmol/L = 1/2.8\ mmol/L$$

$$1\ mmol/L = 2.8\ °G$$

(3)用毫克/升(mg/L) $CaCO_3$ 表示。有许多水质分析资料用 mg/L $CaCO_3$ 表示水中硬度离子的含量。因为$\frac{1}{2}CaCO_3$ 的摩尔质量为 50 g,所以 1 mmol/L 相当于 50 mg/L $CaCO_3$。

(六)碱度(JD)

碱度是指水中能够接受氢离子的一类物质的量。如溶液中 OH^-、CO_3^{2-}、HCO_3^- 及其他弱酸盐类。代表符号为 JD,单位为 mmol/L。

1. 在原水中的碱度

在原水中的碱度主要是 HCO_3^-,有时还有少量的腐殖酸质弱酸类。工业锅炉中锅水中碱度主要是以 OH^-、CO_3^{2-} 的形式存在,如果采用锅内磷酸盐处理,则锅水中还有磷酸根等碱性物质。

2. 碱度分类

测定碱度时,因使用的指示剂不同,可将碱度分为以下两类:

(1)甲基橙碱度($JD_{甲}$):用甲基橙做指示剂所测得的碱度。由于该指示剂滴定终点pH值较低,为4.3~4.5,所以测得的是水中各种碱性物质的总和,因此甲基橙碱度又称为全碱度。

(2)酚酞碱度($JD_{酚}$):用酚酞做指示剂所测得的碱度。因其指示剂滴定终点的pH值为8.2~8.4,所以只能测定部分碱度成分。

此外,为了防止锅炉发生苛性脆化腐蚀,还对锅水制定了相对碱度标准。

相对碱度:是指锅水中游离NaOH的含量与溶解固形物含量的比值,即

$$相对碱度=\frac{游离\ NaOH(mg/L)}{溶解固形物(mg/L)}$$

(七)pH值

pH值是表征溶液酸碱性的一项指标。pH值对水中其他杂质的存在形态和各种水质控制过程及金属的腐蚀程度有着广泛的影响,是重要的水质指标之一。

(八)溶解氧

溶解氧是表示水中含有游离氧的浓度,代表符号为 O_2,单位为毫克/升(mg/L)或微克/升(μg/L)。

(九)含油量(Y)

含油量表示水中所含有的油脂的含量,单位为毫克/升(mg/L)。给水含油量高时,会使锅水产生泡沫,影响蒸汽品质,也会使锅内形成导热系数很小的带油质的水垢。另外,在温度较高的受热面上,由于油质的分解而转变成导热性极差的碳质水垢,所以必须控制给水含油量。

(十)亚硫酸盐

亚硫酸盐含量,是给水进行亚硫酸钠除氧处理的情况下,对锅水中亚硫酸根过剩量进行控制的一项指标,其代表符号为 SO_3^{2-},亚硫酸钠除氧原理如下述反应表示:

$$2Na_2SO_3+O_2=2Na_2SO_4$$

其反应速度与水的温度和亚硫酸钠的剩余量有关。

水的温度越高,除氧反应速度越快。当水的温度在80 ℃时,仅需1 min左右就可以达到标准规定的要求。

水中亚硫酸钠的剩余量越高,与氧反应速度就越快,其反应时间比无剩余量时明显缩短。但剩余量太大时,不仅增大药剂的消耗量,并且也增加锅水的含盐量。所以,水质标准规定,锅水中 SO_3^{2-} 剩余量,当额定蒸汽压力 $P\leqslant 2.5$ MPa时,控制在10.0~30.0 mg/L;当2.5 MPa $<P<$ 3.8 MPa时,控制在5.0~10.0 mg/L。

(十一)磷酸盐

磷酸盐含量也是一项锅内加药处理的控制指标,代表符号为 PO_4^{3-}。控制磷酸盐含量通常

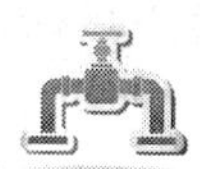

是锅炉补给水进行锅外处理结合锅内处理的方法。磷酸盐处理的目的是,使水中残留的Ca^{2+}、Mg^{2+}形成磷酸盐水渣,并使锅炉金属表面形成磷酸铁保护膜,以达到防垢、防腐的目的。

由于纯碱(Na_2CO_3)在锅内总是有一部分发生水解:

$$Na_2CO_3 + H_2O = 2NaOH + CO_2\uparrow$$

其水解程度与锅水温度有关,而锅水温度的高低取决于锅炉的压力,因此纯碱的水解率与锅炉压力有直接关系(见表4-4)。

表4-4　纯碱的水解率与锅炉压力的关系

锅炉压力(MPa)	0.6	0.8	1.0	1.3	1.5	2.0	2.5
纯碱的水解率(%)	20	30	40	50	60	80	100

从表4-4中可以看出,锅炉压力越高,纯碱的水解率越大,因此锅水碱性也越强。所以,对于工作压力较高的锅炉,不宜采用纯碱处理,而应采用磷酸盐处理。水质标准规定,额定蒸汽压力在1.0~2.5 MPa的锅炉,采用磷酸盐处理时,应控制锅水中的PO_4^{3-}为10.0~30.0 mg/L。额定蒸汽压力在2.5 MPa~3.8 MPa时,应控制锅水中的PO_4^{3-}为5.0~20.0 mg/L。

(十二)含铁量

含铁量是表示水中铁离子的含量。近几年在我国华南、华东经济发达地区和大中城市中,燃油、燃气锅炉数量增加很快,而这类锅炉结构紧凑,热强度大,在锅炉热负荷高的受热面上易结生铁质水垢,对锅炉危害很大。为确保这类锅炉安全,规定了在额定蒸汽压力$P\leqslant2.5$ MPa时含铁量的指标,要求给水中含铁量不大于0.30 mg/L。

二、水质指标间的关系

在某些水质指标间存在一定的制约关系,掌握这种关系,有利于其他指标的计算和分析。下面就几个重要的水质指标间的关系进行分析。

(一)阳离子和阴离子的关系

根据物质电中性的原则,正、负电荷的总数相等。因此,水中各种阳离子与阴离子根据一价基本单元相等的原则,有如下关系:

$$\sum C_{阳} = \sum C_{阴}$$

式中　$\sum C_{阳}$——一价基本单元各种阳离子总和,mmol/L;

$\sum C_{阴}$——一价基本单元各种阴离子总和,mmol/L。

由上式可以验算水质分析中阴、阳离子含量是否正确。

(二)硬度与碱度的关系

1.假想化合物的组成次序

硬度是表示水中钙、镁离子的总含量,碱度是表述水中OH^-、HCO_3^-、CO_3^{2-}等离子的含量。在水溶液中硬度与碱度的成分都是以离子状态单独存在的,但出于判断水质及选择水处理工艺的需要,有时将它们组成假想的化合物。其组合原则,是根据水在蒸发浓缩时阴、阳离子优先组合成溶解度小的化合物,然后组合成溶解度较大的化合物,表4-5是根据上述原则表明的阴、阳离子的组合关系。

表4-5 天然水中阴、阳离子组合关系

指标名称	阳离子组合顺序	假想化合物组成顺序及名称	阴离子组合顺序	指标名称
硬度	Ca^{2+} Mg^{2+}	(1) YD_T (2) YD_F	HCO_3^-	碱度
		YD_F	SO_4^{2-}	强酸根
钠离子	Na^+	(3)中性盐	Cl^-	

从表中可以看出,天然水中阳离子组合假想化合物的顺序是Ca^{2+}优先组合,Mg^{2+}次之,Na^+最后组合。阴离子的组合顺序是HCO_3^-优先组合,SO_4^{2-}次之,Cl^-最后组合。由此可以推断,由阴、阳离子组合成假想化合物的顺序如下:

(1)Ca^{2+}和HCO_3^-首先组合成化合物$Ca(HCO_3)_2$之后,多余的HCO_3^-才能与Mg^{2+}组合成$Mg(HCO_3)_2$,这类化合物属于碳酸盐硬度YD_T。

(2)如果在Ca^{2+}或Mg^{2+}与HCO_3^-组合成化合物之后,Ca^{2+}和Mg^{2+}还有剩余时,则首先与SO_4^{2-}组合成$CaSO_4$,其次与Mg^{2+}组合成$MgSO_4$。当Ca^{2+}和Mg^{2+}还有剩余时才组合成$CaCl_2$和$MgCl_2$。这些化合物都属于非碳酸盐硬度(即永久硬度)YD_F。

(3)如果Ca^{2+}和Mg^{2+}与HCO_3^-组合成化合物之后,HCO_3^-有剩余时,则它与Na^+组合成$NaHCO_3$,即为负硬度,也称钠碱度(JD_{Na}),这种水称为负硬水。

(4)Na^+与SO_4^{2-}或Cl^-组合成溶解度很大的中性盐。

2. 碱性水和非碱性水

从以上分析我们知道,天然水中的硬度成分首先与碱度成分组合成碳酸盐硬度,其次才组合成非碳酸盐硬度,由此即可总结出硬度与碱度的关系,如表4-6所示。

表4-6 硬度与碱度的关系

水质分析结果	YD_T	YD_F	JD_{Na}
$YD > JD$	JD	$YD - JD$	0
$YD < JD$	YD	0	$JD - YD$
$YD = JD$	YD	0	0

根据上述硬度与碱度的关系,可以将水分为碱性水和非碱性水。

(1)碱度大于硬度($JD > YD$)的水,称为碱性水。此时水中只有碳酸盐硬度,没有非碳酸盐硬度。此时,碱度减去硬度所得的差等于Na^+、K^+的碳酸氢盐,即负硬度,有时叫作过剩碱度。

(2)硬度大于碱度($YD > JD$)的水,称为非碱性水。在这种水中,除有碳酸盐硬度外,还有非碳酸盐硬度,没有负硬度。

(三)碱度与相对碱度的关系

水中的碱度是用硫酸中和的方法来测定的。采用的指示剂不同,碱度值的大小也不同。

1. 酚酞碱度($JD_{酚}$)

酚酞碱度就是用酚酞指示剂所测定的碱度,滴定终点的pH值为8.2~8.4。此时水样中的OH^-全部反应生成水(H_2O),而CO_3^{2-}只能中和成HCO_3^-。其滴定反应为

$$OH^- + H^+ = H_2O$$

$$CO_3^{2-} + H^+ = HCO_3^-$$

相当于中和掉水中 CO_3^{2-} 含量的1/2。根据消耗的酸量计算的碱度为 $JD_{酚}$。

$$JD_{酚} = [OH^-] + 1/2[CO_3^{2-}]$$

2. 甲基橙碱度

甲基橙碱度就是用甲基橙做指示剂所测定的碱度，滴定终点的pH值为4.3。此时水中的 OH^- 完全中和成水(H_2O)，CO_3^{2-} 和 HCO_3^- 完全中和成水(H_2O)和二氧化碳(CO_2)。测得的结果是水中全部碳酸盐和氢氧化物，所以甲基橙碱度又称为总碱度和全碱度。其滴定反应式为

$$OH^- + H^+ = H_2O$$

$$CO_3^{2-} + H^+ = HCO_3^-$$

$$HCO_3^- + H^+ = H_2O + CO_2\uparrow$$

在用酚酞做指示剂测完酚酞碱度之后，继续加入甲基橙指示剂，用标准硫酸溶液滴定到终点，此时，溶液中由 CO_3^{2-} 转化为的 HCO_3^- 和溶液中原有的 HCO_3^- 都得到中和。根据继续消耗的酸量计算的碱度值为 JD_M，单位为mmol/L，即

$$JD_M = 1/2[CO_3^{2-}] + [HCO_3^-]$$

注意：JD_M 值并不代表甲基橙碱度，而是

$$JD_M = JD_{甲} - JD_{酚}$$

所以，总碱度

$$JD_{甲} = JD_M + JD_{酚}$$

3. 碱度成分存在形式

天然水中的碱度主要是 HCO_3^-，所以几乎没有酚酞碱度；锅水中的碱度主要是由 CO_3^{2-} 和 OH^- 组成的(在有磷酸盐处理时还有 PO_4^{3-})，所以一般锅水都有酚酞碱度。

如果水中可能存在 OH^-、CO_3^{2-}、HCO_3^- 三种碱度成分，则由于 OH^- 和 HCO_3^- 发生下列反应：

$$OH^- + HCO_3^- = H_2O + CO_3^{2-}$$

所以不能共存。根据这种设想，水中上述3种碱度成分可能有下列5种存在形式：

OH^-、CO_3^{2-}、HCO_3^- 在水中存在形式：

- 只含有 OH^-
- OH^- 和 CO_3^{2-} 共存
- 只含有 CO_3^{2-}
- CO_3^{2-} 和 HCO_3^- 共存
- 只含有 HCO_3^-

下面分别进行分析。

(1)当水中只有 OH^- 时，可测得酚酞碱度 $JD_{酚}$ 值，因 OH^- 已全部反应，无须再用甲基橙指示剂继续滴定。所以，这种水的特征为

$$JD_M = 0$$

水中的 OH^- 的含量为

$$[OH^-] = JD_{酚}$$

(2)当水中 OH^- 和 CO_3^{2-} 共存时,用标准硫酸溶液滴定后,可得到如下滴定结果:

$$JD_{酚} = [OH^-] + 1/2[CO_3^{2-}]$$

$$JD_M = 1/2[CO_3^{2-}]$$

这种水的特征为

$$[OH^-] = JD_{酚} - JD_M$$

$$[CO_3^{2-}] = 2JD_M$$

(3)当水中只有 CO_3^{2-} 时,滴定结果为

$$JD_{酚} = 1/2[CO_3^{2-}]$$

$$JD_M = 1/2[CO_3^{2-}]$$

这种水的特征为

$$JD_{酚} = JD_M$$

由滴定结果可知水中 CO_3^{2-} 含量:

$$[CO_3^{2-}] = 2JD_M$$

(4)当水中 CO_3^{2-} 和 HCO_3^- 共存时,可得到如下滴定结果:

$$JD_{酚} = 1/2[CO_3^{2-}]$$

$$JD_M = 1/2[CO_3^{2-}] + [HCO_3^-]$$

这种水的特征为

$$JD_{酚} < JD_M$$

由滴定结果可以推算出水中 CO_3^{2-} 和 HCO_3^- 的含量为

$$[CO_3^{2-}] = 2JD_{酚}$$

$$[HCO_3^-] = JD_M - JD_{酚}$$

(5)当水中只有 HCO_3^- 时,这种水的特征为

$$JD_{酚} = 0$$

水中 HCO_3^- 的含量

$$[HCO_3^-] = JD_M$$

根据上面分析的结果,可以归纳成表4-7。

表4-7 水中碱度成分的判断和计算

$JD_{酚}$ 和 JD_M 的关系	水中存在的离子	碱度成分和含量(mmol/L)		
		OH^-	CO_3^{2-}	HCO_3^-
$JD_M = 0$	OH^-	$JD_{酚}$	0	0
$JD_M < JD_{酚}$	OH^- 和 CO_3^{2-}	$JD_{酚} - JD_M$	$2JD_M$	0
$JD_M = JD_{酚}$	CO_3^{2-}	0	$2JD_M$	0
$JD_M > JD_{酚}$	CO_3^{2-} 和 HCO_3^-	0	$2JD_{酚}$	$JD_M - JD_{酚}$
$JD_{酚} = 0$	HCO_3^-	0	0	JD_M

4.相对碱度

为了防止锅炉发生苛性脆化腐蚀,对锅水制定了相对碱度的指标,它表示锅水中游离

NaOH 含量与溶解固形物的比值为

$$相对碱度=\frac{[游离\ NaOH]}{[溶解固形物]}=\frac{[OH^-]\times 40}{[溶解固形物]}$$

由于锅水中通常含有 CO_3^{2-} 和 OH^-，所以锅水的水质特征为

$$JD_M < JD_{酚}$$

$$[OH^-]=JD_{酚}-JD_M$$

所以，相对碱度可以表示为

$$相对碱度=\frac{(JD_{酚}-JD_M)\times 40}{[溶解固形物]}$$

（四）碱度和 pH 值的关系

pH 值是表征溶液酸碱性的指标，它反映水中$[H^+]$或$[OH^-]$的含量；而碱度除包括水中 OH^- 的含量以外，还包括 CO_3^{2-}、HCO_3^- 等碱性物质的量。因而，两者之间既有联系，又有区别。它们的区别是，在相同的碱度条件下，由于溶液中组成碱度的成分不同，OH^- 含量也不同，使 pH 值也不同。例如：

碱度	pH
0.1 mol/L　NaOH	13
0.1 mol/L　$NH_3 \cdot H_2O$	11
0.1 mol/L　$NaHCO_3$	8.3

pH 值只代表了碱度的一部分，在日常的水质监测中，不能用测定 pH 值来代替碱度的测定。

（五）氯化物和溶解固形物的关系

氯化物是表示水中氯离子的含量。由于氯离子的测定方法比较简单，所以在锅水水质分析中，通常通过测定氯离子的含量来间接控制溶解固形物。这是因为锅炉在运行过程中，锅水中的氯离子既不挥发，也不会呈固体析出。所以，氯离子在锅内的浓缩情况与相同条件下锅水中溶解固形物存在着一定的比例关系。

在原水水质稳定的情况下，锅水的溶解固形物含量与氯离子浓度间的比值接近一个常数，在锅水碱度合格时，通过分析所测得的溶解固形物和氯离子的含量，求出它们的比值为

$$K=RG/[Cl^-]$$

式中　$[Cl^-]$——锅水中氯离子的含量，mg/L；

K——固氯比，表示每 1 mg/L 的氯离子相当于溶解固形物的量。

上式也可表示为

$$RG=K\times[Cl^-]$$

通过这个关系，可以把难以及时测定的锅水溶解固形物控制指标，转化为易于测定的氯离子控制指标，以便及时指导锅炉排污，把锅水浓度限制在一定范围内，从而获得良好的蒸汽品质和保证锅炉的安全经济运行。

【例 4-1】　某台锅炉的工作压力为 1.27 MPa，测得其锅水的溶解固形物为 3 000 mg/L，氯离子浓度为 500 mg/L，则溶解固形物与氯离子浓度的比值为

$$K=3\ 000/500=6$$

从水质标准中得知，该锅炉锅水的溶解固形物要求小于 3 500 mg/L，则

氯离子控制标准 = [锅水溶解固形物]/K = 3 500/6≈583(mg/L)

也就是说,对于这台锅炉,只要运行中控制锅水中氯离子浓度小于583 mg/L,就等于控制锅水溶解固形物小于3 500 mg/L。

第四节 工业锅炉的水质管理

一、水处理的任务

工业锅炉水处理的任务,就是采取有效措施,保证锅炉的汽、水品质,防止锅炉结垢、腐蚀和汽水共腾等不良现象。

(一)运行

锅炉运行时,为了防止水垢及其附着物的生成,保证锅炉设备的安全经济运行,需做以下几个方面的工作:①加强锅炉水处理,保证锅炉给水符合给水水质标准;②加强锅内水处理的管理,保证锅水水质符合锅水水质标准;③加强锅炉的运行管理,减少给水含铁量,保证锅炉在无垢、薄垢下运行。合理排污,及时排除水渣。

(二)锅炉防腐

锅炉防腐包括运行锅炉的防腐和停用期间的保护。对于设有除氧装置的锅炉,主要监督除氧装置的除氧效果;对于没有除氧装置的锅炉,需视锅炉的腐蚀情况,向给水或锅水中投加防腐药品。尤其要重视热水锅炉的防腐工作。

(三)汽水监督

锅炉运行时,根据国家水质标准,对锅炉的给水、锅水进行化学分析,检查水质是否符合要求,并给出《运行水处理监督检验报告》、《停炉水处理检验报告》。这项工作对锅炉的安全运行及节能减排工作具有重要的意义,对任何类型的锅炉都是十分必要的。

(四)化学清洗

锅炉的化学清洗包括新装锅炉、运行锅炉两类。新装锅炉清洗主要是煮炉,因新安装的锅炉,在锅炉的受热面上留有尘土和油污,影响锅炉的传热和锅炉锅水水质,需用一定浓度的碱液,在加热的条件下,将这些污物除去。化学清洗应依照《锅炉化学清洗规则》进行。

二、工业锅炉的水质管理

在锅炉运行过程中,因水质不良出现问题,并不像锅炉某些构件出现问题那样,立即明显地暴露出来,故锅炉水处理往往不被重视。水质不良对锅炉的危害是一个累积的过程,需经过一定的过程才能被发现,这时其结果已经无法挽回,为了防患于未然,对工业锅炉必须加强水质管理。

(一)技术管理

建立岗位责任制,因炉、因地制定严格的规章制度;明确水处理及水质监督人员与司炉人员职责分工;建立各种记录和档案。

(二)经济管理

在水处理范围内,应对药品消耗、制水成本等各项指标进行核算。在保证水质的前提下,做到低消耗。

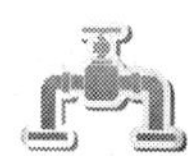

第五章　锅炉的腐蚀与保护

防止锅炉系统金属的腐蚀，是锅炉水处理人员的一项重要工作，本章重点介绍锅炉的腐蚀与保护。

第一节　金属腐蚀概论

一、金属腐蚀的定义

广义的定义是由于材料与环境反应而引起材料破坏或变质称腐蚀。对于金属材料来说，腐蚀是指金属表面和周围介质发生化学或电化学作用，而遭到破坏的现象。

金属腐蚀一般是从外到里发展，外表变化通常表现为溃疡斑、小孔、表面有腐蚀产物或金属材料变薄等；内部变化主要是指金属的机械性能、组织结构发生变化，如金属变脆、强度降低、金属中某种元素的含量发生变化或金属组织结构发生变化。

二、金属腐蚀的分类

按其腐蚀过程的机制不同，可分为电化学腐蚀和化学腐蚀两大类。

(1)电化学腐蚀是指金属表面与介质发生至少一种电极反应的电化学作用而产生的破坏。在电化学腐蚀过程中有电流产生，金属在潮湿环境或者在水中易发生这类腐蚀。

(2)化学腐蚀是指金属表面与介质间发生纯化学作用，即不包括电极反应的作用而产生的破坏。在化学腐蚀过程中没有电流产生，而是金属表面和其周围的介质直接进行化学反应，使金属遭到破坏。

按腐蚀形态划分为均匀腐蚀和局部腐蚀，按温度划分为高温腐蚀和低温腐蚀，按介质的种类划分为大气腐蚀、土壤腐蚀及海水腐蚀等。

三、金属腐蚀速度的表示

金属的腐蚀速度一般有两种表示方法。

(一)腐蚀质量表示法

金属的腐蚀速度可以用样品腐蚀后质量的减少来评定，即单位时间内，在单位面积上腐蚀掉的金属质量。通常以 $g/(m^2 \cdot h)$ 为单位，可用下式计算：

$$V_w = \frac{m_1 - m_2}{St} \tag{5-1}$$

式中　V_w——由样品质量减少求得的腐蚀速度，$g/(m^2 \cdot h)$；

m_1——原样品的质量，g；

m_2——样品腐蚀后的质量，g；

S——原样品的表面积,m^2;

t——腐蚀时间,h。

(二)金属深度表示法

金属的腐蚀速度可用单位时间内腐蚀的深度来表示,通常以 mm/a 为单位。这种方法主要用来比较各种介质的腐蚀性。因为当两种金属密度不同时,若按质量计算,其腐蚀速度相等,它们的腐蚀深度显然是不等的,密度大的金属,其腐蚀深度会浅一些。因此,为了表示腐蚀的危害性,用腐蚀深度来评定腐蚀速度更为适当。它可以根据式(5-1)计算的 V_w 按下式换算:

$$V_h = \frac{V_w}{\rho} \times \frac{24 \times 365}{1\ 000} = 8.76 \frac{V_w}{\rho} \tag{5-2}$$

式中 V_h——按腐蚀深度表示的腐蚀速度,mm/a;

ρ——金属的密度,g/cm^3;

24×365/1 000——单位换算因素。

【例5-1】 某钢铁材料制成的试片经预处理后称得其质量为10.535 5 g,该试片浸入某使用介质1 h后,取出并经清除表面附着的腐蚀产物和清洗干燥后,称出其质量为10.528 3 g,试计算 V_w 和 V_h。(该试片的尺寸为30 mm×15 mm×3 mm。该钢铁材料的密度为7.8 g/cm^3。)

解:已知 $m_1 = 10.535\ 5$ g,$m_2 = 10.528\ 3$ g,$t = 1$ h。

$S = (30\times15 + 15\times3 + 30\times3)\times2 = 1\ 170\times10^{-6}\ (m^2)$

$V_w = (m_1 - m_2)/(St)$

$= (10.535\ 5 - 10.528\ 3)/(1\ 170\times10^{-6}\times1)$

$= 6.154\ [g/(m^2\cdot h)]$

$V_h = 8.76\ V_w/\rho = 8.76\times6.154/7.8 = 6.91\ (mm/a)$

第二节　影响电化学腐蚀的因素与防止方法

在锅炉给水系统中发生的腐蚀都属于电化学腐蚀,所以我们重点介绍有关电化学腐蚀的知识。

一、电化学基本知识

(一)电极电位

金属具有独特的结构形式,它的晶格可以看成是由许多整齐地排列着的金属正离子和在正离子之间游动着的电子组成的。如将铁浸入水溶液中,在水分子的作用下铁以铁离子的形式转入溶液中,并且有等电量的电子留在金属表面上。其转化过程可表示如下:

$$\underset{(金属)}{Fe} + H_2O \longrightarrow \underset{(在溶液中)}{Fe^{2+}\cdot H_2O} + \underset{(在金属上)}{2e}$$

发生了这种过程后,金属表面带有负电,水溶液则带正电。这样,在金属表面和此表

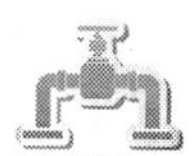

面相接的溶液之间就形成了双电层，如图 5-1 所示。

由于金属表面和溶液间存在双电层，所以有电位差，这种电位差称为该金属在此溶液中的电极电位。可用能斯特公式表示其大小：

$$\varphi = \varphi^{0} + \frac{RT}{nF}\ln C \tag{5-3}$$

式中　φ——金属的电极电位，V；

φ^{0}——金属的标准电极电位（25 ℃），V；

R——气体常数，8.314 J/(k · mol)；

T——绝对温度，K；

n——金属离子的价数；

F——法拉第常数（96 500 ），C/mol；

C——金属离子的浓度，mol/L。

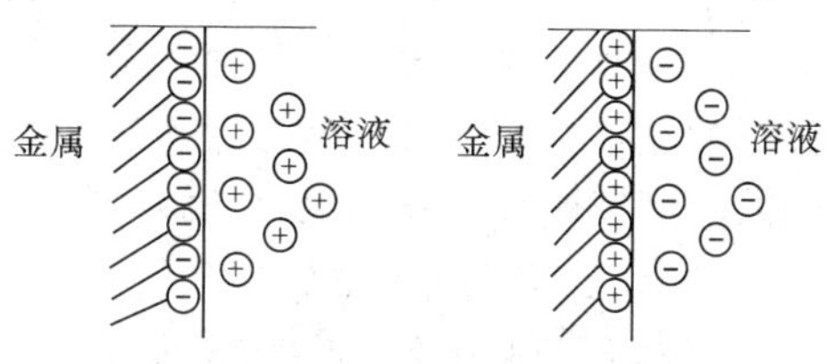

（a）金属带负电荷　　（b）金属带正电荷

图 5-1　双电层示意图

金属标准电极电位是指将金属浸在含有该金属离子浓度（活度）等于 1 mol/L 的溶液中的电极电位。

（二）气体电极

气体电极是指当把某些贵金属浸入不含有自己阳离子的溶液中时，这些金属表面能够吸附一些分子、原子或离子。如果这些吸附的物质是气体，而且这种气体能进行氧化还原反应，那么就有可能建立起一个表征此气体的电极电位，这种电极称为气体电极。例如：

$$H_2 \rightleftharpoons 2H \rightleftharpoons 2H^{+} + 2e$$

这一平衡电极电位称为氢电极电位。

（三）平衡电位与非平衡电位

1. 平衡电位

当某金属与溶液中该金属离子建立起如下平衡时：

$$Me \rightleftharpoons Me^{+} + e$$

这个电极产生一稳定的电极电位，该电位称为平衡电位或可逆电位，这种电极称为可逆电极。该电极电位可由试验测定或用能斯特公式计算。

2. 非平衡电位

假如将金属浸入溶液中，除了有这种金属的离子外，还有别的离子参加电极过程，即电极上失去电子靠某一过程，而获得电子则靠另一过程。例如：

$$Me^{+} \cdot e \rightleftharpoons Me^{+} + e$$

和

$$H^{+} \cdot H_2O + e \rightleftharpoons 1/2\ H_2 + H_2O$$

这样，在电极上得失电子的两种过程是不可逆的，这种电极称为不可逆电极。不可逆电极所表现出来的电位叫非平衡电位或不可逆电位。不可逆电位不能用能斯特公式计算。

（四）原电池与腐蚀电池

将锌与铜片浸入一电解质中，当达平衡后，锌、铜和溶液界面都分别建立起双电层。但由于这两种金属转入溶液中的能力不一，在锌片上聚集的电子比铜片上多，所以当用导线将两者连接时，就会发现有电流通过。此时，锌片上的电子通过导线流向铜片，原有双

电层的平衡被破坏了,锌片上的锌离子将继续转入溶液。这个过程一直进行到锌片全部溶解为止。这种由化学能转变为电能的装置,称为原电池。它是由正、负极,电子,溶液组成的。

当某种金属和水溶液相接触时,由于金属的组织以及和金属表面相接触的介质不可能是完全均匀的,因此在金属的某两个部分会形成不同的电极电位,所以也会组成原电池。这种原电池是使金属发生电化学腐蚀的根源,称为腐蚀电池。如金属中挟带有杂质,金属的晶粒和晶界之间有能量的差别,金属加工时各部分的变形和内应力不同,金属所接触的溶液组成有差异,以及金属表面有差别和光照不均匀等。

在实际情况下,当金属遇到侵蚀性水溶液时,由于其化学的不均匀性,常常会在金属的若干部分形成许多肉眼观察不出来的小型腐蚀电池,这种小型电池称为微电池。金属遭到化学腐蚀,大都是这些电池作用的结果。

(五)原电池的电动势

电动势是原电池两极间的最大电位差。电动势是电池产生电流并使之流通的驱动力。其值可表示为

$$E=\varepsilon_{阳}+\varepsilon_{阴}+\varepsilon_{液界}+\varepsilon_{接触} \tag{5-4}$$

式中 $\varepsilon_{阳}$——阳电极与其溶液之间的电位差,V;

$\varepsilon_{阴}$——阴电极与其溶液之间的电位差,V;

$\varepsilon_{液界}$——两溶液相接触时的电位差,V;

$\varepsilon_{接触}$——两极各与不同金属接触时(此处为导线)的电位差,V。

ε 表示各电位差的绝对值。

当用相对值 Φ 表示时为

$$E=\Phi_{阳}+\Phi_{阴}+\Phi_{液界}+\Phi_{接触}$$

因 $\Phi_{液界}$ 可用盐桥使之减小,而 $\Phi_{接触}$ 的值较小,故

$$E=\Phi_{阳}+\Phi_{阴}=氧化电位+还原电位$$

(六)极化与去极化

原电池或腐蚀电池在开路状态下(即没有电流流通时),阴阳两极的电位差称为该电池的电动势。在电路接通有电流通过时,腐蚀电池的电位差比原来的电动势有显著降低。这时阴极电位变得更负,阳极电位变得更正;如两极的电位值互相接近,电位差也就降低了。这种电极电位的变化,称为极化。图5-2所示为电池闭合前与闭合后因电极极化而使电极电位改变的情况。

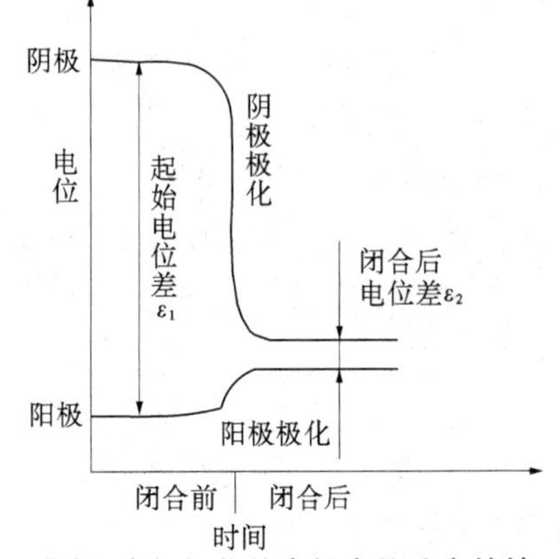

图5-2 电极极化使电极电位改变的情况

从图5-2可以看出,当电池接通后,阴极电位变低(称为阴极极化),阳极电位变高(称为阳极极化),阴极和阳极的电位差变小。

去极化是指促使原电池或腐蚀电池极化作用减少或消除。

极化作用可使金属的腐蚀过程变慢,有时竟可使腐蚀过程完全停止。

去极化作用使腐蚀电池极化作用减少或消除，这时，腐蚀电池的电位差增大，因而可加速金属的腐蚀。

通常，在腐蚀电池中阳极极化的程度不大，只有当阳极上因腐蚀产物的积累使金属表面状态发生了变化，产生了所谓钝态的情况下，才显示出显著的极化。而在阴极部分，假使接受电子的物质不能迅速地扩散，或者阴极反应产物不能很快地排走，则由于金属传送电子的速度很快，由阴极传送过来的电子就会堆积起来，产生严重的阴极极化。由于发生极化作用，腐蚀电流的强度即行降低，腐蚀的进程就要缓慢得多。

所以，在发生电化学腐蚀的条件下，溶液中必定有易于接受电子的物质。它在阴极上接受电子，起消除阴极极化的作用，此种作用常称为去极化。起去极化作用的物质称为去极化剂，例如，当水溶液的 pH 值低时，水中 H^+ 浓度大，此时 H^+ 就是去极化剂，它的去极化作用如下反应所示：

$$2H^+ + 2e \rightarrow 2H \rightarrow H_2$$

这种 H^+ 充当去极化剂发生的金属腐蚀过程，称为氢去极化腐蚀。当水中有溶解氧（O_2）时，水中 O_2 可以成为去极化剂，氧的极化作用为

$$O_2 + 2H_2O + 4e \rightarrow 4OH^-$$

这种水中溶解氧（O_2）充当去极化剂，发生的金属腐蚀过程称为氧的去极化腐蚀。

（七）保护膜

保护膜是指那些具有抑制腐蚀作用的膜。通常此膜为腐蚀产物，它能将金属与周围介质隔离开来，使腐蚀速度降低，有时甚至可以保护金属不遭受进一步腐蚀。

并不是所有的腐蚀产物膜都能起到保护作用，腐蚀产物必须具备下列性质才能起到保护作用：

（1）必须是致密的，即没有微孔，腐蚀介质不能透过。

（2）能将整个金属表面完整地遮盖住。

（3）不易从金属上脱落。

二、影响电化学腐蚀的因素

影响电化学腐蚀的因素，主要包括金属本身的内在因素和周围介质的外在因素。内在因素主要表现在金属的种类、结构，金属中含有的杂质及存在于其内部的应力，一旦设备制好后，内在因素就确定了；外在因素主要表现在水中的含盐量、溶解氧量、pH 值、温度与水的流速等，外在因素成为影响金属腐蚀的主要因素，我们对其进行重点讨论。

（一）溶解氧量

氧是一种去极化剂，会引起金属的腐蚀。在一般条件下，氧的浓度越大，金属的腐蚀越严重。但在某种特定条件下，金属受溶解氧腐蚀的结果会在其表面产生保护膜，从而减缓腐蚀速度。此时，水中溶解氧的浓度越大，产生保护膜的可能性也就越大，所以会使腐蚀减弱。

（二）pH 值

水的 pH 值对金属的腐蚀产生极大的影响。pH 值低就是水中 H^+ 浓度大，此时 H^+ 充当去极化剂，产生的腐蚀称为氢去极化腐蚀。当水中溶解氧引起金属腐蚀时，pH 值的改

变对腐蚀产生的影响,可用试验所得到的结果(见图5-3)来说明。

(1)当pH值很低时,也就是在含有氧的酸性溶液中,pH值越低,金属腐蚀速度越大。这是因为在低pH值时,铁的腐蚀主要是由于H^+的去极化作用而引起的。

(2)当pH值在中性点附近时,曲线成水平直线状,即腐蚀速度受pH值的变化很小,这是因为此时发生的主要是氧的去极化腐蚀,水中溶解氧的扩散速度决定了金属的腐蚀速度,而与pH值的关系不大。

(3)当pH值较高时,即pH值大于8以后,随着pH值的增大,腐蚀速度降低,这是因为OH^-浓度增高时,在铁的表面形成保护膜。

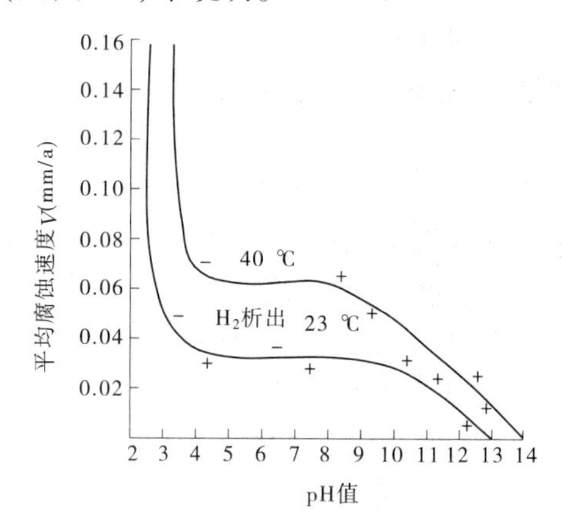

图5-3 pH值和平均腐蚀速度的关系

(三)温度

一般情况下,在密闭系统中,温度越高,腐蚀速度越快。这是因为,温度升高时,各种物质在水中的扩散速度加快和电解质水溶液的电阻降低,这些都会加速腐蚀电池阴、阳两极的电极过程,使腐蚀速度加快。如果钢铁的腐蚀过程是在开口体系中发生,那么温度升高到一定值时,腐蚀速度会下降。这是因为温度升高会使气体在水中的溶解度降低。当温度到达水的沸点时,由于气体在水中的溶解度为零,就不再有溶解气体的腐蚀。因此,在这个系统中,温度开始上升时,腐蚀速度加快,当温度高于70 ℃时,腐蚀速度急剧下降,如图5-4所示。

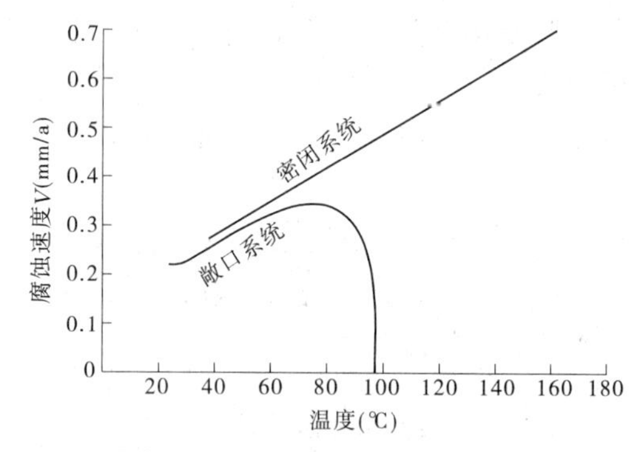

图5-4 温度对钢在水中腐蚀速度的影响

(四)水中盐类的含盐量和成分

一般来说,水的含盐量越高,腐蚀速度越快。因为水的含盐量越高,水的电阻就越小,腐蚀电池的电流就越大。

但当水中含有CO_3^{2-}和PO_4^{3-}时,就会在铁的阳极区生成难溶的碳酸铁和磷酸铁保护膜,从而降低铁的腐蚀速度。如果水中含有Cl^-时,由于Cl^-容易被金属表面所吸附,并置换氧化膜中的氧,形成可溶性氯化物,所以能破坏氧化物保护膜,加速金属的腐蚀过程。

在一定的条件下,氯化镁能够在锅水中水解成与铁起作用的盐酸。此时形成的氯化亚铁再与氢氧化镁相互反应重新出现氯化镁:

$$MgCl_2 + 2H_2O = Mg(OH)_2\downarrow + 2HCl$$

$$Fe + 2HCl = FeCl_2 + H_2\uparrow$$

$$FeCl_2 + Mg(OH)_2 = Fe(OH)_2 + MgCl_2$$

所以,腐蚀不断进行。

（五）水的流速

一般来说，水流速度越大，水中各种物质扩散速度也越快，从而使腐蚀速度加快。

在空气中氧进入水溶液而引起腐蚀的敞口式设备中，当水的流速达到一定数值时，多量的氧会使金属表面形成保护膜，所以腐蚀速度减慢；但当水的流速很大时，由于水流的机械冲刷作用，保护膜遭到破坏，腐蚀速度又会增高，见图5-5。

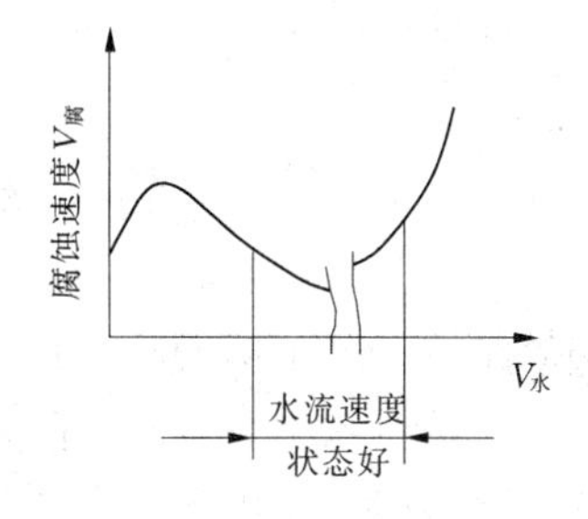

图5-5　水的流速与腐蚀速度的关系

（六）热负荷

热负荷越高，保护膜越容易受到破坏，即加快了金属的腐蚀速度。其主要原因是在高热负荷下，保护膜容易被破坏，这一方面是由于热应力的影响；另一方面是由于金属表面上生成的蒸汽泡对膜的机械作用。此外，还发现随着热负荷的增高，铁的电位有降低的现象。

三、防止电化学腐蚀的方法

金属的电化学腐蚀是由于金属和周围介质接触形成的腐蚀电池引起的。为了使金属不受腐蚀，主要办法是设法消除产生腐蚀电池的各种条件。大体上说，这可从金属设备的材料选择、提高金属材料的耐蚀性、改善金属材料的表面状态和金属材料接触的周围介质的侵蚀性等方面着手。

（一）金属材料的合理选用

金属材料本身的耐蚀性，主要与金属的化学成分、金相组织、内部应力及表面状态有关，还与金属设备的合理设计和制造有关，从防止金属腐蚀的角度看，无疑应选用耐蚀性强的材料，但是金属材料的耐蚀性能是与它所接触的介质有密切关系的。迄今为止，还没有找到一种对一切介质都具有耐蚀性的金属材料，所以应根据金属周围介质的性质来选用金属材料。在工业实践中，选用金属材料时，除要考虑它的耐蚀性外，还要考虑它的机械强度、加工特性和材料价格等方面的因素。

（二）水质调节

与金属相接触的介质，对金属材料的腐蚀的影响，在某些情况下是可以改变的，也就是说，通过改变介质的某些特性，可以减缓或消除介质对金属的腐蚀作用。如在锅炉化学清洗时，在除垢用的酸液中加入少量的缓蚀剂等药品，就可以大大减少酸液对锅炉钢材的腐蚀。

对于已经建成投入使用的锅炉设备及水汽系统等金属构件，设备和系统的金属材料已经确定了。我们主要是从水处理和水质调节的角度，来讨论如何减少或防止锅炉在热力系统中金属的腐蚀。

（三）形成表面保护膜

金属腐蚀产物有时覆在金属表面上，形成一层膜。这种膜对腐蚀过程的影响很大，因为它能把金属与周围介质隔离开来，使腐蚀速度降低，有时甚至可以保护金属不遭受进一步腐蚀。但是，并不是所有的腐蚀产物膜都可以起到良好的保护作用。通常，金属表面是否形成良好的保护膜，是影响锅炉材料在使用介质中耐蚀性的一个重要因素。

(四)特殊的保护方法

在一些特殊场合,可以采用特殊的保护方法。如电化学保护技术中的阴极保护方法,可用于防止或减缓凝汽器铜管的腐蚀。

第三节 锅炉给水系统金属的腐蚀

锅炉给水系统金属的腐蚀指给水中溶解氧及溶解二氧化碳的腐蚀。因为锅炉给水系统中流动着的水较干净,但往往溶有若干氧和二氧化碳,这两种气体是引起金属腐蚀的主要原因。又因给水系统中的设备和管道是由钢铁制成的,所以我们主要讨论钢铁的腐蚀。

一、溶解氧腐蚀

锅炉运行时,氧腐蚀通常发生在给水管道、省煤器、补给水管等设备中。

(一)原理

铁受水中溶解氧的腐蚀是一种电化学腐蚀,铁和氧形成两个电极,组成腐蚀电池,铁的电极电位总是比氧的电极电位低,所以在铁氧腐蚀电池中,铁是阳极,遭到腐蚀;氧作为去极化剂发生还原反应。反应式如下:

$$Fe \rightarrow Fe^{2+} + 2e \quad (\text{氧化反应})$$

$$O_2 + 2H_2O + 4e \rightarrow 4OH^- \quad (\text{还原反应})$$

上述反应所产生的腐蚀称为氧去极化腐蚀,或简称氧腐蚀。

铁受到溶解氧的腐蚀后产生 Fe^{2+},它在水中进行的二次反应为

$$Fe^{2+} + 2OH^- \rightarrow Fe(OH)_2$$

$$4Fe(OH)_2 + 2H_2O + O_2 \rightarrow 4Fe(OH)_3$$

$$Fe(OH)_2 + 2Fe(OH)_3 \rightarrow Fe_3O_4 + 4H_2O$$

因生成的 $Fe(OH)_2$ 不稳定,容易进一步发生反应,最终的产物是 Fe_3O_4。

(二)腐蚀特征

当钢铁受到水中溶解氧腐蚀时,常常在其表面形成许多小型鼓包,其直径为1~30 mm不等,这种腐蚀称为溃疡腐蚀,如图5-6所示。

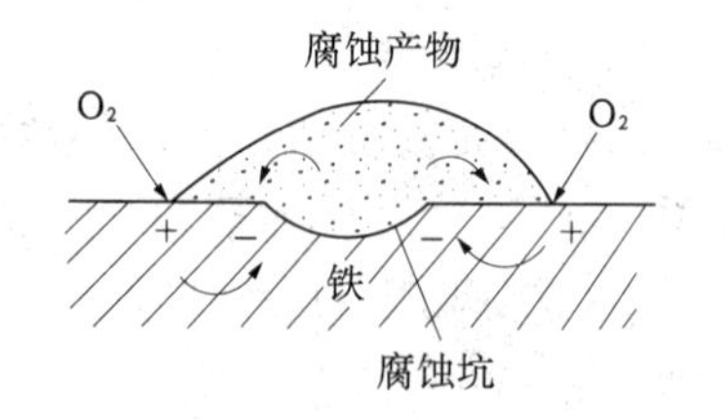

图5-6 氧腐蚀电池示意

由于腐蚀产物是由不同化合物组成的,鼓包表面的颜色由黄褐色到砖红色不等,次层是黑色粉末状物,这些都是腐蚀产物。当将这些腐蚀产物清除后,便会出现因腐蚀而造成的陷坑。

氧腐蚀的推动力是氧的浓度,即腐蚀坑内外氧浓度不同形成的浓差电池。在腐蚀坑底部,由于受腐蚀产物的阻挡,氧难以到达金属表面,加之腐蚀产物中低价铁对氧的消耗,使坑底金属表面处氧的浓度低于坑外金属表面的氧浓度。缺氧的腐蚀坑内成为阳极区,富氧的坑外钢铁表面电位高,成为阴极区。腐蚀坑内氢氧根消耗,水的pH值降低,形成局部的酸性微区,该处氢离子浓度不同于整体溶液的pH值,也将产生局部地区的酸腐蚀。

（三）氧腐蚀的部位

在给水系统中发生氧腐蚀的部位取决于水中溶解氧的含量和设备的运行条件。一般氧腐蚀多产生于开口的水箱、给水管路、省煤器等处。当给水中氧的含量很高时，也能对炉管、过热器和蒸汽管路产生腐蚀。

二、游离二氧化碳的腐蚀

（一）原理

从腐蚀电池的观点来说，二氧化碳腐蚀就是水中含有酸性物质而引起的氢去极化腐蚀。此时，溶液中

$$CO_2 + H_2O \rightleftharpoons H^+ + HCO_3^-$$

阴极　　$2H^+ + 2e \rightarrow 2H \rightarrow H_2$

阳极　　$Fe \rightarrow Fe^{2+} + 2e$

CO_2 溶于水虽然只显弱酸性，但当它溶在很纯的水中时，还是会显著地降低其 pH 值。如当每升纯水溶有 1 mg CO_2 时，水的 pH 值便可由 7.0 降低到 5.5 左右。值得注意的是，弱酸的腐蚀性不能单凭 pH 值来衡量，因为弱酸只有一部分电离，所以随着腐蚀的进行，消耗掉的氢离子会被弱酸的继续电离所补充。因此，pH 值就会维持在一个较低的范围内，直至所有的弱酸电离完毕。

（二）腐蚀特征

钢材受游离 CO_2 腐蚀而产生的腐蚀产物都是易溶的，在金属表面不易形成保护膜，所以其腐蚀特征是金属均匀变薄。这种腐蚀虽然不一定会很快引起金属的严重损伤，但由于大量铁的腐蚀产物带入锅内，往往会引起锅内结垢和腐蚀等许多问题。

（三）腐蚀部位

工业锅炉的 CO_2 腐蚀主要来源于补给水中。补给水中含有碳酸化合物，如 HCO_3^-，还有少量 CO_2 及 CO_3^{2-}，这些碳酸化合物进入给水系统后，有一部分首先被除氧器除去，在除氧器中，按理应将游离的二氧化碳全部除去，但实际运行中做不到，时常有少量游离二氧化碳残存；HCO_3^- 可以一部分或全部分解，所以除氧器以后的给水中含有的碳酸化合物主要是 CO_3^{2-} 和 HCO_3^-，它们进入锅炉后会全部分解，放出 CO_2。

$$2HCO_3^- \rightarrow CO_2\uparrow + H_2O + CO_3^{2-}$$

$$CO_3^{2-} + H_2O \rightarrow CO_2\uparrow + 2OH^-$$

对于用软化水作为补给水的锅炉，在除氧器以后的给水管道中，一般没有游离 CO_2 的腐蚀，因为化学软化水有足够的碱度，水质具有缓冲性，因此给水通过除氧器后的 pH 值还不至于降得很低。至于对蒸馏水、H－Na 离子交换水，特别是用化学除盐水作为补给水时，由于水中残留有少量游离 CO_2，就会使 pH 值低于 7，如有的工厂甚至会达到 pH 值为 6 左右。因此，在除氧器后的设备中也会发生游离 CO_2 腐蚀。

三、氧和二氧化碳的腐蚀

在给水系统中，若同时含有 O_2 和 CO_2，则会显著加速钢的腐蚀。这是因为 O_2 的电极电

位高,易形成阴极,侵蚀性强;CO_2 使水呈微酸性,破坏保护膜,这种腐蚀特征往往是金属表面没有腐蚀产物,而是随着 O_2 含量的多少呈或大或小的溃疡状态,且腐蚀速度很快。

在回水系统和热网水系统中,都有可能发生 O_2 和 CO_2 同时存在的腐蚀。对于给水泵,因其是除氧器后的第一个设备,所以当除氧不彻底时,更容易发生这类腐蚀,因为在这里还具备两个促进腐蚀的条件:温度高、轴轮的快速转动使保护膜不易形成。

在用除盐水作为补给水时,由于给水的碱度低、缓冲性小,所以一旦有 O_2 和 CO_2 进入给水中,给水泵就会发生这种腐蚀。此时,在给水泵的叶轮和导轮上均会发生腐蚀,一般腐蚀是由泵的低级部分至高级部分逐渐增加的。

类似的腐蚀也会发生在给水是含氧的酸性水的情况下。例如,当水的离子交换设备和除氧器控制不好,以致有时给水呈酸性且含有氧时,腐蚀就非常严重。

第四节　锅炉汽水系统金属的腐蚀

锅炉运行时,锅内水汽的温度和压力比较高或很高,炉管管壁担负着很大的传热任务,设备的各部分常受到很大的应力,而且由于给水中杂质在锅炉内发生浓缩和析出的过程,在锅内常集积有沉积物,这些因素都会促进腐蚀,并使腐蚀问题复杂化。

如果锅炉汽水系统发生了较严重的腐蚀,那么由于锅内高温高压的作用,就容易导致锅管破裂。所以,防止锅炉汽水系统的腐蚀是一个重要的问题。

一、氧腐蚀

在正常条件下,锅内汽水中溶有的氧量微小,并且往往在省煤器中就消耗完了,所以锅内一般都不会发生氧腐蚀。但在下列特定条件时有可能发生氧腐蚀:

(1)除氧器工作不正常。在实际运行中,如除氧器工作不正常,则有可能使给水中的溶解氧进入锅炉内,首先造成省煤器端口的腐蚀,随着其含氧量的增大,腐蚀可能延伸到省煤器的中部或末部,直至锅炉的下降管。

(2)锅炉在基建和停用期间,如没有采取适当的保护措施,大气会进入锅炉,由于大气中含氧和水分,就会使其发生氧腐蚀。锅炉停用时发生氧腐蚀,常常在整个汽水系统内都有,特别容易发生在积水放不掉的部分,这和运行中发生的氧腐蚀常常局限于某些部位不同。

二、沉积物下的腐蚀

当锅炉表面附着水垢或水渣时,在其下面所发生的腐蚀称为沉积物下的腐蚀。在正常运行条件下,锅炉金属表面上常覆盖着一层 Fe_3O_4 膜,其反应为

$$3Fe + 4H_2O \xrightarrow{约 > 330\ ℃} Fe_3O_4 + 4H_2 \uparrow$$

这样形成的 Fe_3O_4 膜是致密的,具有良好的保护性能。但是如果 Fe_3O_4 膜被破坏,那么金属表面就会暴露在高温的锅水中,极容易受到腐蚀。促使 Fe_3O_4 膜破坏的一个重要因素,是锅水的 pH 值不合适。

当锅内水的 pH 值低于 8 或大于 13 时,保护膜都因溶解而遭到破坏,反应如下:

锅水 pH <8 时　　$Fe_3O_4 + 8H^+ \rightarrow 2Fe^{3+} + Fe^{2+} + 4H_2O$

锅水 pH >13 时　　$Fe_3O_4 + 4NaOH \rightarrow 2NaFeO_2 + Na_2FeO_2 + 2H_2O$

当 pH 值低于 8 时，腐蚀加快的原因是由于 H^+ 起了去极化的作用，而且此时反应产物都是可溶性的，不易形成保护膜。当 pH 值高于 13 时，腐蚀加快的原因是金属表面上的 Fe_3O_4 膜因溶于溶液中而遭到破坏。

在一般的运行条件下，低压锅炉锅水的 pH 值保持在 10 ~ 12，锅炉金属表面的保护膜是稳定的，不会发生腐蚀。

但当金属表面有沉积物时，情况就会发生变化。首先，由于沉积物的传热性很差，使得沉积物下的金属管壁的温度升高，因而渗透到沉积物下面的锅水会发生急剧蒸浓的作用，浓缩的锅水由于沉积物的阻碍，不易和处于炉管中部的锅水混匀，其结果是沉积物下锅水中各种杂质浓度变得更高。在锅水高度浓缩的条件下，其水质会与浓缩前完全不同，沉积物下浓溶液会具有很强的侵蚀性，致使锅炉金属遭到腐蚀。

（一）碱性腐蚀

碱性腐蚀是指当锅水中有游离的 NaOH，并在沉积物下会因锅水浓缩而形成很高浓度的 OH^-，使 pH 值增加而产生的腐蚀。其反应式为

$$Fe + 2NaOH \rightarrow Na_2FeO_2 + H_2 \uparrow$$

碱性腐蚀大都发生在锅炉的受热面，外形呈皿状腐蚀坑，小的有 5 mm ×（10 ~ 20）mm，大的有（20 ~ 40）mm ×（40 ~ 100）mm。坑内的腐蚀产物主要成分为磁性氧化铁，呈黑色，表面有一层氧化铁。在腐蚀产物中挟带有水垢或盐类的浓缩物。

碱性腐蚀大都发生在以单纯钠离子交换为补给水的情况。因为当锅水中有 $NaHCO_3$ 和 Na_2CO_3 时，它们会在锅炉内分解，产生游离的 NaOH。如果锅水中有 $Ca(HCO_3)_2$ 时，会与 Na_3PO_4 反应：

$$3Ca(HCO_3)_2 + 2Na_3PO_4 \rightarrow 6NaOH + 6CO_2 \uparrow + Ca_3(PO_4)_2 \downarrow$$

也会产生 NaOH。游离的 NaOH 在沉积物下浓缩可达到相当高的浓度，而导致碱性腐蚀。

（二）酸性腐蚀

如锅水中含有杂质 $MgCl_2$，在沉积下会发生以下反应：

$$MgCl_2 + 2H_2O \rightarrow Mg(OH)_2 \downarrow + 2HCl$$

$$CaCl_2 + 2H_2O \rightarrow Ca(OH)_2 \downarrow + 2HCl$$

反应的结果都生成 HCl，并有 $Mg(OH)_2$ 与 $Ca(OH)_2$ 沉积物生成，因此在沉积物下可积累很高的 H^+ 浓度，从而导致 H^+ 对金属的去极化反应，称为沉积物下的酸性腐蚀。

阳极反应　　$Fe \rightarrow Fe^{2+} + 2e$

阴极反应　　$2H^+ + 2e \rightarrow H_2 \uparrow$

由于阴极反应发生在沉积物下，生成的 H_2 受到沉积物的阻碍不能很快地扩散到汽水混合区域，因此促使金属管壁和沉积物之间积累多量氢。这些氢有一部分可能扩散到金属内部，与碳钢中的碳化铁发生如下反应：

$$Fe_3C + 2H_2 \rightarrow 3Fe + CH_4 \uparrow$$

因而造成碳钢脱碳，金相组织受到破坏，并且由于反应产物 CH_4 会在金属内部产生压力，使金属组织逐渐形成裂纹。

酸性腐蚀往往发生于大部分锅炉管壁上,而且是均匀减薄,没有明显的凹坑。碱性腐蚀往往只发生于少数几根炉管,而且有明显的凹坑,坑内有腐蚀产物,并突起呈丘状。

防止沉积物下的腐蚀主要是防止炉管上形成沉积物,保持锅炉受热面的清洁,并且严格控制锅水的水质,消除锅水的侵蚀性。

三、蒸汽腐蚀

当过热蒸汽温度高达450 ℃时(此时,过热蒸汽管壁温度约500 ℃),蒸汽就被迫与碳钢发生反应;在450~570 ℃,它们的反应生成物为Fe_3O_4,即

$$3Fe + 4H_2O \rightarrow Fe_3O_4 + 4H_2\uparrow$$

当温度达到570 ℃以上时,反应生成物为Fe_2O_3,即

$$Fe + H_2O \rightarrow FeO + H_2\uparrow$$

$$2FeO + H_2O \rightarrow Fe_2O_3 + H_2\uparrow$$

这两种化学反应引起的腐蚀都属于化学腐蚀,这一化学腐蚀过程叫蒸汽腐蚀。当产生这种腐蚀时,管壁均匀变薄,腐蚀产物常常呈粉末状或鳞片状,多半是Fe_3O_4和Fe_2O_3的混合物。发生的部位一般在汽水停滞部分和蒸汽过热器中。

防止腐蚀的方法是消除锅炉倾斜度较小的管段,以保证正常的汽水循环;对于过热器,如温度过高,应采用特种钢材制成。

第五节 锅炉氧腐蚀的防止

运行设备的氧腐蚀,关键在于形成闭塞电池。凡是促使闭塞电池形成的因素,都会加速氧腐蚀;反之,凡是破坏闭塞电池形成因素,都会降低氧的腐蚀速度。各种因素对氧腐蚀所起的作用要具体分析。

一、锅炉氧腐蚀的影响因素

(一)氧的浓度

在发生氧腐蚀的条件下,氧浓度增加,一般能加速金属的腐蚀。

(二)pH值的影响

(1)当pH<4.0时,腐蚀速度增加,主要是由于H^+去极化加速了腐蚀反应速度。

(2)当pH=4.0~10.0时,腐蚀速度几乎不随溶液pH值的变化而变化,因为在这个pH值范围内,溶解氧的浓度没有改变。

(3)当pH=10.0~13.0时,腐蚀速度下降,因为在这个pH值范围内,钢的表面能生成较完整的保护膜,从而抑制了氧的腐蚀。

(4)当pH>13.0时,由于腐蚀产物变为可溶性$HFeO_2^-$,腐蚀速度再次上升。

(三)水的温度

在密闭系统中,当氧的浓度一定时,水温升高,阴、阳极反应速度增加,腐蚀加快。在开口系统中,由于溶解氧的影响,在80 ℃以上时,浓度升高使氧扩散速度增加起主要作用,腐蚀速度增加;在80 ℃以下,氧的溶解速度下降迅速,它对腐蚀速度的影响超过了氧

扩散速度增快所产生的作用,故腐蚀速度下降。

(四)水中离子

水中不同离子对腐蚀速度的影响差别很大,通常水中的 H^+、Cl^- 和 SO_4^{2-} 对腐蚀起抑制作用。溶液中由于各种离子共存,判断它们对腐蚀是起促进作用还是抑制作用,应综合分析。

(五)水的流速

在一般情况下,水的流速增加,氧的腐蚀速度加快。

二、锅炉氧腐蚀的防止

从锅炉氧腐蚀的影响因素中可以看出,氧的浓度是主要因素。要防止氧腐蚀,主要的方法是减少水中溶解氧的含量。

本节主要讨论对给水进行除氧,使给水的含氧量降低到最低水平的方法,主要有热力除氧法与化学药剂除氧法。热力除氧法是采用热力除氧器将水中溶解氧除去,它是给水除氧的主要措施。化学药剂除氧法是在给水中加入还原剂除去热力除氧后给水中残留的氧,它是给水除氧的辅助措施。

(一)热力除氧法

1. 原理

根据亨利定律,一种气体在液相中的溶解度与在气液分界面上气相中的平衡分压成正比。在敞开设备中,提高水温可使水面上蒸汽的分压增大,其他气体的分压下降,则这些气体在水中的溶解度也下降,因而不断从水中析出。水温达到沸点时,水面上水蒸气的压力和外界压力相等,其他气体的分压则为零。此时,溶解在水中的气体全部逸出。

利用亨利定律,在敞开设备中将水加热到沸点,使水沸腾,这样水中溶解的氧就会解吸出来。这就是热力除氧的原理。由于二氧化碳在水中的溶解度也同样是随着水温提高而降低,因此当水温到达沸点时,水中二氧化碳气体同样被解吸出来。所以,热力法不仅可除去水中溶解氧,也能同时除去大部分溶解二氧化碳气体、氨及硫化氢等腐蚀性气体。

热力除氧过程还可以促使水中的重碳酸盐分解。因为重碳酸盐和 CO_2 之间存在平衡关系:$2HCO_3^- \rightarrow CO_3^{2-} + H_2O + CO_2$,除氧过程中也把 CO_2 除去了,使反应向右方移动,即重碳酸盐分解。温度愈高,水沸腾时间愈长,加热蒸汽中游离 CO_2 浓度愈低,则重碳酸盐的分解愈高。

在热力除氧器中,为了使氧解吸出来,除了必须将水加热至沸点外,还需要在设备上创造必要条件使气体能顺利地从水中分离出来。因为水中溶解氧必须穿过水层和汽水界面,才能自水中分离出来。所以,要使解吸过程能较快地进行,就必须使水分散出小水滴,以缩短扩散路程和增大汽水界面。热力除氧器,就是按照将水加热至沸点和使水流分散这两个原则设计的一种设备。

热力除氧也有它的缺点,如蒸汽耗量较多;由于给水温度提高了,影响烟气废热的利用;负荷变动时不易调整等。

2. 除氧器类型

热力除氧器的功能是把要除氧的水加热到除氧器工作压力相应的沸腾温度,使溶解于水中的氧和其他气体解吸出来。

热力除氧器按其工作压力不同,可分为真空式、大气式和高压式三种。真空式除氧器的工作压力低于大气压力;大气式除氧器的工作压力稍高于大气压力,常称为低压除氧器;高压式除氧器的工作压力比较高,常称为高压除氧器。

热力除氧器按结构形式分为淋水盘式、喷雾式、喷雾填料式等。

1)淋水盘式除氧器

淋水盘式除氧器的主要构成为除氧头和贮水箱。除氧器的除氧过程主要是在除氧头中进行的,凝结水、各种疏水和补给水,分别由上部的管道进入,经过配水盘和若干筛状多孔盘,分散成许多股细小的水流,层层下淋。加热蒸汽从除氧头下部引入,穿过淋水层向上流动。这样,当水和蒸汽接触时就发生水的加热和除氧过程。从水中解吸出的氧和其他气体随着多余的蒸汽自上部排气阀排走。经除氧的水流入下部贮水箱中。其结构见图5-7。

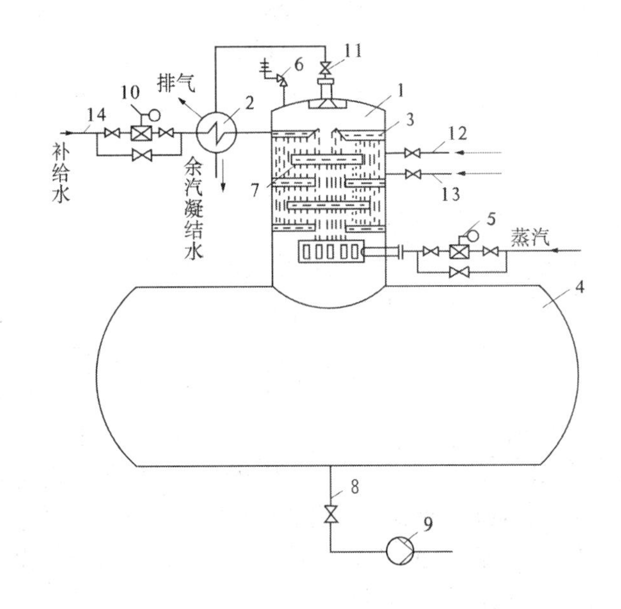

1—除氧头;2—余汽冷却器;3—多孔盘;4—贮水箱;5—蒸汽自动调节器;
6—安全门;7—配水盘;8—降水管;9—给水泵;10—水位自动调节器;
11—排气阀;12—主凝结水管;13—高压加热器疏水管;14—补给水管

图5-7 淋水盘式除氧器

从理论上来讲,水经过除氧器后是可以将水中的氧除尽的,但实际上要做到始终将氧除得很完全是困难的,特别是采用淋水盘式除氧器时,因为除氧器的运行条件并不能一直保持到水中的氧扩散到蒸汽中的过程进行完毕。

为了增强除氧效果,有时在贮水箱内靠下部装一根蒸汽管,管上开孔或者加装几只喷嘴,用来送入压力较高的蒸汽,使此贮水箱内的水一直保持着沸腾的状态,这种装置称为再沸腾装置。由于采取这种措施,使贮水箱内水温能保持着沸点,且有使蒸汽泡穿过水层的搅拌作用,所以可以将水中残余的气体解吸出来。再沸腾用汽量一般为除氧器加热用蒸汽的10%~20%,如果运行条件许可,也可以更大一些。

采用了再沸腾装置后,因为水在贮水箱中经过长时间的剧烈沸腾,可促进水中碳酸盐

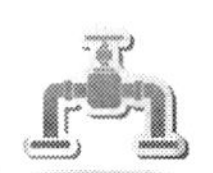

的分解过程，故可减少水中碳酸化合物的总含量（通常换算成总 CO_2 量表示）。此外，当运行中由于某些原因造成有氧漏过除氧头时，装有再沸腾装置的贮水箱，可以使出水中含氧量仍保持较小，但设备装有再沸腾装置后，会使运行复杂化，例如易发生振动和除氧器并列运行时水位波动大的情况。

淋水盘式除氧器对于运行工况变化的适应性较差；同时，因为除氧器中汽和水进行传热、传质过程的表面积小，因此除氧效果差。

2）喷雾式除氧器

喷雾式除氧器是在将水喷成雾状的情况下进行热力除氧的一种设备。它的工作原理是当除氧器空间成雾状时，有很大表面积，非常有利于氧从水中逸出。在实际运行时，喷雾式除氧器往往不能获得良好的除氧效果，出水中含氧量一般在 50 ~ 100 mg/L，这是由于水在除氧过程中，大约有 90% 溶解气体变成小气泡逸出，其余 10% 要靠扩散作用，自水滴内部扩散到水滴表面后，才能被水蒸气带走。当水呈雾状时，对于水中小气泡的逸出是很有利的，因为气泡通过的水层很薄，但对于溶解气体的扩散过程却很不利，因为微小的水滴具有很大的表面张力，溶解气体不容易扩散通过小水滴的表面。为此，喷雾式热力除氧器应结合其他除氧方式，才能保持其良好效果。

3）喷雾填料式除氧器

喷雾填料式除氧器是一种行之有效的除氧器，其结构如图 5-8 所示。它的原理是将水通过喷嘴喷成雾状，在喷嘴上面设有上进气管，引入加热用蒸汽，通过蒸汽和水雾的混合，达到水的加热和初步除氧过程。经初步除氧的水往下流动时和填料层相接触，使水在填料表面成水膜状态，在填料层下面装有下进气管，在这里又引入蒸汽。因而，当这部分蒸汽向上流动时，和填料层中的水相遇便进行了再次除氧。

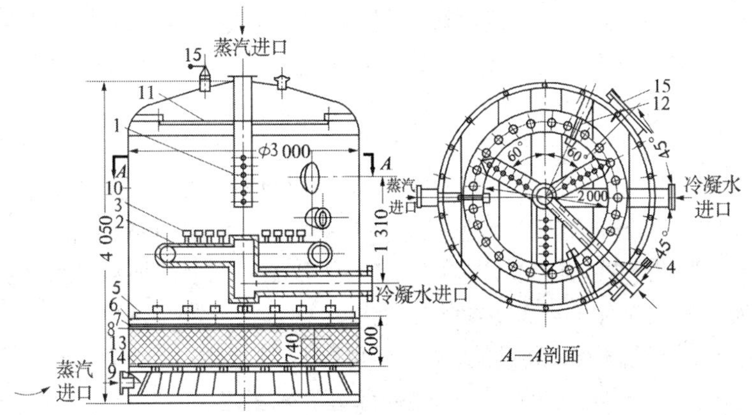

1—进气管；2—环形配水管；3—10 t/h 喷嘴；4—疏水进水管；5—淋水管；

6—支承管；7—滤板；8—支承卷；9—进汽室；10—筒身；11—挡水板；

12—吊攀；13—不锈钢 Ω 形填料；14—滤网；15—弹簧安全阀

图 5-8　喷雾填料式除氧器结构图

喷雾填料式除氧器中所用填料应该用不腐蚀而且不会污染水质的材料制成，主要有 Ω 形、圆环形和蜂窝式等多种，其中以 Ω 形不锈钢做填料的效果最好。

送入除氧器的水经喷头分散成细小的水滴，因而除氧效果好。通常只要蒸汽压力合适、汽量足够、水经喷头的雾化程度好,则在雾化区内就能较快地把水温提高到与工作压力相应的沸点,大约95%的溶解氧就可从水中逸出,并且水在填料层中又被分散成极薄的水膜,使水中留的溶解氧进一步逸出。这类除氧器的出口水溶解氧可降到10 μg/L以下。喷雾填料式除氧器的优点是:除氧效果好,当负荷与水温在很大范围内变动时,它都能适应;设备结构简单,检修方便,与现有的其他热力除氧器相比,同样出力的设备,其体积小;除除氧器中的水和加热蒸汽混合速度快外,不易产生水击现象等。

要保持喷雾除氧器良好的除氧效果,在运行中必须注意以下两点:负荷应维持在额定值的50%以上,若负荷过低,因雾化效果差,出水质量会下降;为了适合负荷的变化,工作汽压不宜小于0.08 MPa(表压)。

3. 提高除氧器除氧效果的措施

除氧器的除氧效果是否良好,取决于设备的结构和运行工况。除氧器的结构,主要应能使水和汽在除氧器内分布均匀、流动通畅及水汽之间有足够的接触时间。这些因素由于在设计此种设备时已经考虑到了,所以除发生异常情况外,通常不做检查。要提高除氧器的运行效果,只有从运行工况来考虑。

(1)被除氧的水一定要加热到除氧器工作压力相应的沸点。试验表明:如果水温低于沸点1 ℃,出水溶氧量就会增加大约0.1 mg/L。为保证水能被加热到沸点,必须注意调节进汽量与进水量,以确保除氧器内的水保持沸腾状态。实际上用人工进行调节很难保证除氧效果始终良好,为此,在除氧器上通常应安设进汽与进水的自动调节装置。

(2)解吸出来的气体应能通畅地排走。如果除氧器中解吸出来的氧和其他气体不能通畅地排走,则由于除氧器内蒸汽中残留的氧量较高,就会影响到水中氧扩散出去的速度,使除氧器内蒸汽中氧分压加大,从而使水的残留含氧量增大。

排气时不可避免地会有一些蒸汽被一起排出,如果片面强调减少热损失,关小排气阀,那么会使给水中残余氧含量增大,这是不合适的。任意开大排气阀也没有必要,因为这只能造成大量热损失,并不会使含氧量进一步降低。所以,排气阀的开度应通过调节试验来确定。

(3)在除氧器水箱内装沸腾装置,使水在水箱内也能始终保持沸腾状态。此种装置形式有:在水箱底部或中心线附近沿水箱纵向装一根进蒸汽管,在管上装喷嘴。

(4)在除氧器的除氧头筒壁周围装挡水环,或在添料层上部加装挡水淋水盘,沿筒壁下泄的水与加热蒸汽充分接触而增加除氧效果。

(5)如果补给水是补入除氧器的,应该尽可能均匀地补入,因补给水含氧量高,水温低,如大量补入或补入量波动幅度大,均会使除氧效果变差。

(6)为使进水雾化更充分,要合理地设计和布置雾化喷嘴。

(7)在雾化区内可加装二次蒸汽管,以使雾化区内有充足的加热汽源。

为了解掌握除氧器的运行特性,确定除氧器较佳运行条件,需对除氧器进行调整试验,包括除氧器的温度、压力,除氧器的负荷、进水温度、排气量及补给水等。

4. 除氧器的异常情况

1)理想运行工况与安全保证

除氧器内应装有仪表与自动装置。最基本的自动调节器应包括:压力自动调节器与

水位自动调节器,以保持稳定的本体温度,防止亏水与满水。除氧器出口应装有连续测定的氧量表。

安全阀是高压除氧器的安全保证,动作必须灵活并定期校验。由于除氧器承压表面大,壳体较薄,超压的允许裕度小,当超压严重时会产生灾难性的后果,故而必须使其符合标准。

2)除氧器压力、温度异常

要使除氧器出水合格,最基本的要求是把除氧水加热到饱和温度。除氧器的加热蒸汽使用的是锅炉本身的自产蒸汽,进汽压力采用自动调节的方式,防止负荷波动过大影响出水含氧量达标。

在除氧器压力的允许限度内,尽量使运行压力维持得高一些(能降低出水含氧量)。除氧器虽已达到饱和温度,但是压力温度过低,出水含氧量也有可能不合格。

3)除氧器本身震动或水汽管路水击

除氧器超过设计出力过大时,由于其通水和通汽截面有限,能引起本体震动。进入除氧器的水温过低,瞬间流量过大,会使蒸汽在除氧器上凝结,破坏了除氧器的正常通风,也能引起本体震动。

轻度的震动能听到沉闷的响声,较严重时可察觉到除氧器晃动,严重时还能感到建筑物颤动。由于除氧器内水汽流通被扰乱,或因温度降低自外界吸入了空气,出水含氧量将升高。

当对除氧器操作不当时,能引起管道水击,发出尖锐的“劈啪”声,有时也能影响出水含氧量的合格。

4)其他

除氧器结构不合理,难以保证出水含氧量合格。有一台淋水盘式除氧器出水溶氧不合格,排汽门略开大即喷水。检查后发现是因水汽流通受阻造成的,改造后不再喷水,出水含氧量合格。

由于除氧器内温度较高,又有一定的氧和二氧化碳分压,本身很容易产生腐蚀。当除氧器失修时,淋水盘倾斜偏流、筛孔堵塞溢流、淋水盘塌落等,都能妨碍正常除氧,增加出水含氧量。

5. 调整试验

除氧器调整试验的目的,是求得良好除氧效果的运行条件,对于淋水盘式除氧器,还应保证不发生水击现象。

除氧器调整试验通常所要求的运行条件:

(1)除氧器内的温度与压力。除氧器内的温度与压力和进汽量有关,可在额定负荷下进行试验,求取除氧器内温度和压力的允许变动范围。

(2)负荷。在允许的温度与压力范围内,求取除氧器最大和最小允许负荷。

(3)进水温度。在除氧器的允许温度、压力和额定负荷下,变动其进水温度,以求取最适宜的进水温度范围。

(4)排汽量。在允许的温度与压力下,求取其不同负荷下的排汽阀开度,以寻求最适宜的排汽量。

(5)补给水率。在允许温度、压力和额定负荷下,求取其最大的允许补给水率。

(6)其他。此外,还可以对进水含氧量和贮水箱水位的允许值进行试验。

(二)真空除氧

真空除氧的原理和热力除氧的原理相似,也是利用水在沸腾状态时气体的溶解度接近于零的特点,除去水中所溶解的氧和二氧化碳等气体。由于水的沸点和压力有关,在常温下可利用抽真空的方法使之呈沸腾状态,以除去所溶解的气体。当水的温度一定时,压力愈低(即真空愈高),水中残余的二氧化碳含量愈少。

真空式除氧器的结构如图5-9所示。水由除氧器塔上部进入,经喷头使之在全部断面上喷成雾状,再经中部填料呈水膜下流。而由水中解吸出的氧、二氧化碳等气体由塔体顶部被抽气装置抽出体外。

为达到良好的除氧效果,在真空式除氧器的结构上和运行中必须注意以下几点。

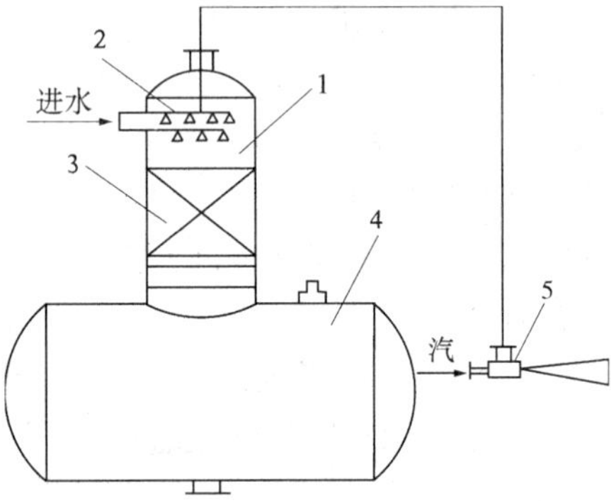

1—除氧塔;2—喷头;3—填料;
4—贮水箱;5—喷射器

图5-9　真空式除氧器

1. 喷头

喷头是除氧塔中的关键部件,其喷水细度对除氧效果影响较大。喷头的数量应与除氧器的出力相适应,喷头数量过多,雾化效果不好;喷头数量过少,则水流通过的阻力增大。现在用的喷头,每只喷水量为0.7 t/h,压力降为0.2 MPa。为了防止喷头被堵塞而影响喷水量,在除氧器进水管上应装过滤器。

2. 填料

填料的作用主要是使水呈膜状,有利于溶解氧的逸出。可用不锈钢Ω环,只要保证填料层有一定的高度,即可获得良好的除氧效果。

3. 抽气装置

抽气装置有多种:蒸汽喷射器、水喷射器、水环式真空泵等。选用抽气装置的抽气能力应与处理水量相适应。

4. 进水温度

进水温度应比除氧器运行真空下相对应的饱和温度高3~5 ℃,以促进除氧效果。一般进水温度应在15 ℃以上。当要求深度除氧时,可用预热法提高进水温度,以降低设备的必要真空。

5. 系统严密性

整个系统应严密不漏气,管道应尽可能采用焊接,法兰间以用胶垫为好,抽气管愈短愈好。

(三)化学药剂除氧

将化学药剂加入水中与水中的氧起化学反应,而除去氧气的方法称为化学除氧。

常用的化学除氧药剂有亚硫酸钠、联胺、钢屑等。

1. 亚硫酸钠

1)亚硫酸钠的性质与原理

亚硫酸钠是白色或无色结晶,密度1.56 g/cm^3,易溶于水。它是一种还原剂,能和水

中的溶解氧反应生成硫酸钠，反应方程式为

$$2Na_2SO_3 + O_2 \longrightarrow 2Na_2SO_4$$

按上述反应式计算，要除去 1 mg/L 的氧，至少需要 7.9 mg/L 的 Na_2SO_3，对于结晶状 $Na_2SO_3 \cdot 7H_2O$ 需要 16 mg。为使反应进行得比较彻底，通常在锅水中维持 10～30 mg/L 的过剩量。

亚硫酸钠加药量（G）可按下式计算：

$$G = \frac{C_{O_2} + \beta}{\varepsilon} \tag{5-5}$$

式中　C_{O_2}——水中含氧量，mg/L；

β——亚硫酸钠过剩量，mg/L，β 的值通常取 3～4 mg/L；

ε——工业亚硫酸钠（$Na_2SO_3 \cdot 7H_2O$）的纯度。

使用的亚硫酸钠溶液的浓度为 2%～5%。

亚硫酸钠和氧反应的速度与温度、pH 值、氧浓度、Na_2SO_3 的过剩量有关。温度高，反应速度快，除氧率也高。水的 pH 值对反应速度影响很大，pH 值很高的水中，反应速度较低；中性水中，反应速度最高；水中 Ca^{2+}、Mg^{2+} 以及 Mn^{2+}、Cu^{2+} 等离子对反应有催化作用，而当水中含有机物及 SO_4^{2-} 时，会显著降低反应速度。当水中的耗氧量从 0.2 mg/L 增加到 7.0 mg/L 时，反应速度降低超过 1/3。

2）亚硫酸钠加药系统

典型的加药系统如图 5-10 所示。反应剂加入溶解箱 1 中，经加水搅拌后，溶液转入溶液箱 3 中，然后用给水调整至所需浓度，经转子流量计 4，由活塞泵将亚硫酸钠溶液压进锅炉或给水母管中。

亚硫酸钠适用于中低压锅炉的除氧处理。据研究报道，在锅炉工作压力不超过 6.86 MPa 时，锅水中 Na_2SO_3 浓度不超过 10 mg/L，亚硫酸钠不会在锅炉内产生有害化学物质。当压力超过 6.86 MPa 时，亚硫酸钠会发生高温分解，以及分解而产生 H_2S、SO_2、NaOH 等物质，引起锅炉腐蚀。

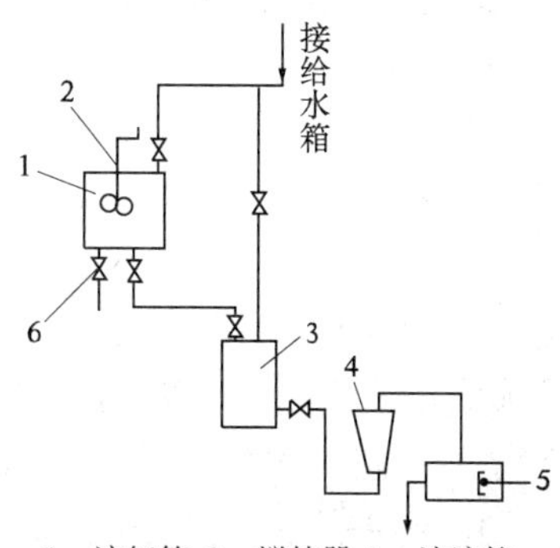

1—溶解箱；2—搅拌器；3—溶液箱；4—转子流量计；5—泵；6—排水阀门

图 5-10　亚硫酸钠加药系统

加亚硫酸钠除氧，设备简单，操作方便，除氧效果也好。但加亚硫酸钠处理时，亚硫酸钠与氧发生反应生成硫酸钠，因而使锅水的总溶解固形物增加，导致排污量增加，蒸汽品质也可能受到影响。因此，很少单独加亚硫酸钠除氧，多与其他除氧法配合使用，做补充除氧。

2. 联胺处理

联胺（N_2H_4）又称为肼，在常温下是一种无色液体，易溶于水，它和水结合成稳定的水合联胺（$N_2H_4 \cdot H_2O$），水合联胺在常温下也是一种无色液体。

联胺容易挥发，空气中的联胺蒸气对呼吸系统和皮肤有侵害作用，所以空气中的联胺蒸气量不允许超过 1 mg/L；联胺能在空气中燃烧，其蒸气量达 4.7%（按体积计），遇火便发生爆炸;联胺水溶液呈弱碱性;联胺与酸可形成稳定的盐;联胺受热分解,其分解产物可能是 NH_3、H_2、N_2;在碱性溶液中,联胺是一种很强的还原剂,它可以和水中溶解氧直接反应把氧还原,反应式如下:

$$N_2H_4 + O_2 \longrightarrow N_2 + 2H_2O$$

N_2H_4 遇热会分解

$$3N_2H_4 \longrightarrow N_2 + 4NH_3$$

联胺和氧的直接反应是个复杂的反应。为了使联胺与水中溶解氧的反应能进行得较快和较为完全,必须了解水的 pH 值、水温、催化剂等对反应速度的影响。

联胺在碱性水中才显强还原性,它和氧的反应速度与水中的 pH 值关系密切,水的 pH 值在 9 ~ 11 时,反应速度最大。因而,若给水的 pH 值在 9 以上,有利于联胺除氧反应。温度愈高,联胺与氧的反应速度愈快,水温在 100 ℃以下时,此反应速度很慢;水温高于 150 ℃时,反应很快,但是若溶解氧量在 10 μg/L 以下,实际上联胺与氧不再发生反应,即使提高温度也无明显效果。

给水采用联胺处理时,应保持剂量稳定。含有联胺的蒸汽不宜用作生活。低压锅炉给水除氧很少用联胺。高压(电站)锅炉多采用联胺作为除氧剂。

因联胺有毒、易挥发燃烧,所以在运输、贮存、使用时应当小心。

联胺处理与亚硫酸钠处理的比较如下:

(1)低温时,联胺与氧的反应速度很慢,而亚硫酸钠与氧的反应速度快。高温时,联胺和亚硫酸钠与氧的反应速度都快。但除氧效率方面,联胺不如亚硫酸钠。

(2)亚硫酸钠处理使锅水溶解固形物增加;联胺处理时,联胺与氧的反应,以及过剩联胺在锅炉高温条件下的分解都不产生固形物,因而不会使锅水中含盐量增加。

(3)联胺对锅炉钢铁及铜合金表面有钝化作用,对金属的腐蚀有缓蚀作用。

3. 钢屑除氧

钢屑除氧是使含有溶解氧的水流经装钢屑的过滤器,由于钢屑被氧化,而将水中的溶解氧除去,其反应为

$$3Fe + 2O_2 \longrightarrow Fe_3O_4$$

水温愈高,则反应速度愈快。因此,增加水温可减少水与钢屑的接触时间,提高过滤速度。此外,水温高时,还易带出铁锈,水温一般都在 70 ℃以上。

钢屑的材料可用 0 ~ 6 号碳素钢,钢厚度一般为 0.5 ~ 1.0 mm,长度为 8 ~ 12 mm,要采用新切削的钢屑,合金钢屑不宜采用。

表面被污染的钢屑在使用前应先用碱液(如 2% NaOH 或 Na_3PO_4)除油,用热水冲去碱性液后,再用 2% ~ 3% HCl 酸洗,最后用热水冲洗。钢屑装入过滤器后要压紧,通常钢屑填充密度在 0.8 ~ 1.0 t/m^3 内。由反应式计算可知,除掉 1 kg 氧约需 2.6 kg 钢屑。水在钢屑过滤器中的流速与水中含氧量有关。水中含氧量愈高,流速应愈慢,当含氧量为 3 ~ 5 mg/L 时,滤速可取 25 ~ 75 m/h。

钢屑过滤器可分为两类:一类是独立式钢屑除氧器,如图 5-11 所示。此类除氧器应用较多,为了强化这类除氧器的工作,可定期地(如每月一次)从其下部通入饱和蒸汽,并随后用水冲洗。另一类为装设在水箱内部的附设型钢屑除氧器,由于这种除氧器流过钢

屑各部不易均匀，故除氧效果难以保证。

钢屑除氧设备简单，维修容易，运行费用小。但除氧效果与水温和水中杂质有很大关系，水温过低或氢氧根碱度过大都会使除氧效果变坏，并会带入水中铁锈。一般情况下，钢屑除氧可使水的含氧量降至0.1～0.2 mg/L。

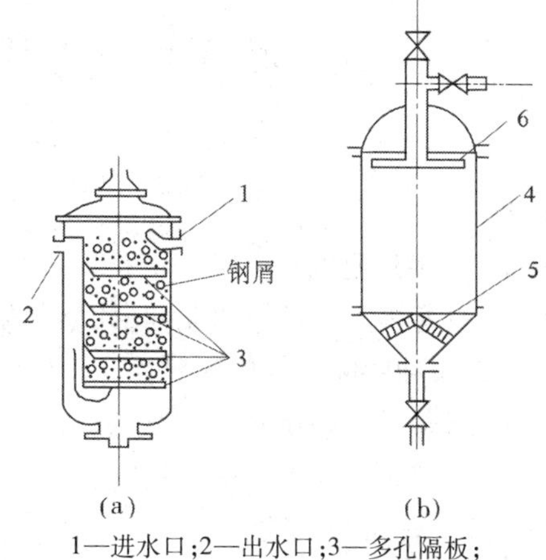

1—进水口；2—出水口；3—多孔隔板；
4—圆筒形壳体；5—多孔板；6—排水管

图5-11　独立式钢屑除氧器

4.新型除氧剂

目前已见报道的新型除氧剂有N,N－二乙基羟胺、碳酸肼、胺基乙醇胺、对苯二酚、甲基乙基酮肟、二甲基酮肟、复合乙醛肟和异抗坏血酸钠等。这些新型除氧剂一般均有除氧速度快、除氧效率高，能将金属高价氧化物还原成低价氧化物，并具有钝化金属的性能，而且毒性比联胺小得多，或者是无毒的。

在国外，尤其在美国或西欧，新型除氧剂已在发电厂、造纸厂、钢铁厂和化工厂使用。在锅炉运行条件下，它们的除氧活性与联胺、亚硫酸钠不相上下，甚至更好。在金属钝化作用、毒性以及热分解等性能方面则优于联胺与亚硫酸钠。它们比较好的钝化性能使锅炉中的金属氧化物量减少，降低了锅炉运行过程中的结垢和腐蚀倾向。用作锅炉保护药剂，也能获得良好效果，并在锅炉再启动时，能更快投入运行。

新型除氧剂目前价格比较高，但随着生产工艺的进步，广泛应用后需求量的增大，新型除氧剂的生产成本和售价也会调整。

（四）催化剂树脂除氧

采用除氧剂等物理除氧法和化学药品的化学除氧法，一般投资大、能源消耗高、运行费用昂贵，而且有些化学药品还有一定的毒性。

催化离子交换树脂是将水溶性的钯覆盖到强碱性阴树脂上，形成钯树脂。当含溶解氧的水加入氢气后通过钯树脂时，在低温下也能发生反应生成水。

催化离子交换树脂去除水中溶解氧的优点：

（1）氢气非常便宜且需要量很少。

（2）氢气加入水中的方法简单易行。

（3）氢气与水中的溶解氧即使在低温下也可迅速和完全地反应。

（4）氢气与氧气反应的产物是水，不会带入任何杂质。

（5）反应后不产生任何盐类，因此可以在除盐水中去除溶解氧，例如可去除锅炉补给水、凝结水中的溶解氧。

（6）水中存在含盐类或其他杂质时，可仅去除水中溶解氧。

（7）设备简单，操作方便。

（8）投资及运行费用均低于其他除氧方法，处理后水中残留溶解氧在10 μg/L以下；催化树脂还可以用来去除海水中的氧，防止海上石油钻进装置的氧腐蚀。此方法可使海水中溶解氧由8 mg/L降至7～11 μg/L。

第六节　停用锅炉的腐蚀与保护

一、停用锅炉保护的必要性

(一)停用腐蚀

锅炉等热力设备停运期间,如果不采取有效的保护措施,水汽侧的金属表面会发生强烈腐蚀,这种腐蚀称为停用腐蚀,其本质属于氧腐蚀。

(二)停用锅炉保护的必要性

停用腐蚀是金属损坏的最主要形式之一,在很多情况下,停用时锅炉遭受的腐蚀强度大大超过工作时的腐蚀。

特别是热网锅炉在夏季有很长的停炉时间,空气中的氧及水蒸气凝结产生的水膜使锅炉极易产生停用腐蚀。

(三)停用腐蚀产生的原因

当锅炉停用以后,外界空气必然会大量进入锅炉水汽系统。此时,锅炉虽已放水,但在炉管金属的内表面上往往因受潮而附着一薄层水膜,空气中的氧便溶解在此水膜中,使水膜中饱含溶解氧,所以容易引起金属的腐蚀。若停用后未将锅内的水排放或因有的部位水无法放尽,使一些金属表面仍被水浸润着,则同样会因空气中大量的氧溶解在这些水中,而使金属遭到溶解氧腐蚀。总之,停用腐蚀的主要原因是水汽系统内部有氧气及金属表面潮湿,在表面形成水膜。

(四)停用腐蚀的特点

锅炉的停用腐蚀主要是耗氧腐蚀。表现为全面锈蚀,腐蚀产物以高价氧化铁为主。腐蚀严重时,也常出现皿状腐蚀和孔蚀,但其腐蚀产物仍以高价铁为主。其与氧腐蚀相比,各有其特点。

停用腐蚀时的氧腐蚀,与运行时的氧腐蚀相比,在腐蚀部位、腐蚀严重程度、腐蚀形态、腐蚀产物颜色、组成等方面都有明显的不同。因为停炉时,氧可以扩散到各个部位,因而几乎所有的部位均会发生停炉氧腐蚀,它往往比锅炉运行时因给水除氧不彻底所引起的氧腐蚀严重得多。

停用时氧腐蚀的主要形态是点蚀。停用时氧浓度比运行时大,腐蚀面积广。停用时温度低,所以形成的腐蚀产物表层常显黄褐色,其附着力低、疏松,易被水带走。而运行炉,由于水温较高,则管壁腐蚀产物比较坚硬。

(五)停用腐蚀的影响因素

对充水停用的锅炉,金属浸入水中,影响因素有水温、水中溶解氧含量、水的成分以及金属表面的清洁程度。

1.湿度

对放水停用的设备,金属表面的潮气对腐蚀速度影响很大。因为在有水分的大气中,金属的腐蚀都是表面有水膜时的电化学腐蚀。大气中湿度高,易在金属表面结露,形成水膜,造成腐蚀增加。在大气中,各种金属都有一个腐蚀速度呈现迅速增大的湿度范围。湿

度超过一临界值时,金属腐蚀速度急剧增加;而低于此值,金属腐蚀很轻或几乎不腐蚀。对钢、铜等金属此“临界相对湿度”值在50% ~70%。当锅炉内部相对湿度小于30%时,铁可完全停止生锈。实际上,如果金属表面在无强烈的吸湿剂沾污,相对湿度低于60%时,铁的锈蚀即停止。

2. 含盐量

水中或金属表面水膜中盐分浓度增加,则腐蚀速度增加。特别是氯化物和硫酸盐含量使腐蚀速度上升很明显。

3. 金属表面清洁程度

当金属表面有沉积物或水渣时,金属表面易结露或残留水分,保持潮湿;又妨碍氧扩散进去,所以沉积物或水渣下面的金属电位较负,成为阳极;而沉积物或水渣周围,氧容易扩散到金属表面,电位较正,成为阴极。由于这种氧浓度差异的原电池存在,使腐蚀速度增加。

(六)停用腐蚀的危害

停用腐蚀的危害主要表现在以下两个方面:

(1)在短期内停用设备即遭到大面积腐蚀,甚至腐蚀穿孔。

(2)加剧锅炉运行时的腐蚀。停用腐蚀的腐蚀产物在锅炉启动时进入锅炉,促使锅炉锅水浓缩,腐蚀速度增加,以及造成炉管内摩擦阻力增大、水质恶化等。

二、停用锅炉的保护方法和分类及选择原则

(一)分类

按照保护方法或措施的作用原理,停用保护方法可分为三类:

(1)阻止空气进入锅炉水汽系统内部,其实质是减少金属腐蚀剂氧的浓度。

(2)降低锅炉水汽系统内部的湿度,其实质是防止金属表面凝结水膜,形成电化学腐蚀电池。

(3)使用缓蚀剂,减缓金属表面的腐蚀。

(二)选择停用保护方法的原则

在选择停用保护方法时,主要根据以下原则。

1. 锅炉参数与类型

首先要考虑锅炉的类别。对水质要求比较高的锅炉,只能采用挥发性药品保护,如联胺和氨或充氮保护。其次是考虑锅炉参数,通常对水汽系统结构复杂的锅炉,停用放水后,有些部位不易放干,所以不宜采用干燥剂法。

2. 停用时间的长短

停用时间不同,所选用的方法也不同。对热用状态的锅炉,必须考虑能随时投入运行,因此所采用的方法不能排掉锅水,也不能改变锅水成分,所以一般采用保持蒸汽压力法。对于短期停用机组,要求短期保护以后能投入运行,锅炉一般采用湿式保护。

3. 选用保护方法时,要考虑现场条件

现场条件包括设计条件、给水的水质、环境温度和药品来源等。如采用湿式保护的各种方法时,在寒冷地区均需考虑药液的防冻。

在选择停用保护方法时,必须充分考虑锅炉的特点,才能选择出合适的药品或恰当的保护方法;也只有充分考虑到需要保护的时间长短,才能选择出既有满意的防锈蚀效果又方便锅炉启停的保护方法。

三、锅炉停用保护方法

这里介绍几种常用的效果较好的方法。

锅炉停用保护方法分为干式保护法、湿式保护法及联合保护法。

干式保护法:热炉放水余热烘干法、负压余热烘干法、邻炉热风烘干法、干燥剂去湿法、充氮法、气相缓蚀剂法等。

湿式保护法:氨水法、氨-联胺法、蒸汽压力法、给水压力法等。

联合保护法:充氮或充蒸汽的湿式保护法。

(一)热炉放水余热烘干法

热炉放水是指锅炉停运后,压力降到0.5~0.8 MPa时,迅速放尽锅内存水。利用炉膛余热烘干受热面。若炉膛温度降到105 ℃时,锅内空气湿度仍高于70%,则锅炉点火继续烘干。此法适用于临时检修或小修锅炉时,停用期限一周以内的保护。

(二)负压余热烘干法

锅炉停运后,压力降到0.5~0.8 MPa时,迅速放尽锅炉内存水,然后立即抽真空,加速锅内空气排出湿气的过程,并提高烘干效果。应用此法保护适用于锅炉大、小修时,停用期限可长至3个月。

(三)邻炉热风烘干法

热炉放水后,将正在运行的邻炉热风引入炉膛,继续烘干水汽系统内表面,直到锅内空气湿度低于70%。此法适用于锅炉冷态备用,大、小修期间,停用1个月以内的保护。

(四)干燥剂去湿法

应用吸湿能力强的干燥剂,使锅内金属表面保持干燥。应用时,先将热炉放水、烘干,除去水垢和水渣,放入干燥剂(如无水氯化钙、生石灰、硅胶等)。此法常用于中小型锅炉。

(五)充氮法

当锅炉压力降到0.3~0.5 MPa时,接好充氮管,待压力降到0.05 MPa时,充入氮气并保持压力在0.03 MPa以上。氮本身无腐蚀性,它的作用是阻止空气漏入锅内。此法适用于长期冷态备用锅炉的保护,停用期限可达3个月以上。

(六)气相缓蚀剂法

锅炉烘干,锅内空气湿度小于90%时,向锅内充入汽化了的气相缓蚀剂。充至排气口pH>10,停止充气,封闭锅炉。此法适用于冷态备用锅炉。一般适用于中长期停用保护。实际经验证明,有的锅炉用此法保护可达一年以上不锈蚀。

气相缓蚀剂,如碳酸环己铵、碳酸铵等,它们具有较强的挥发性,溶入水后能解离出具有缓蚀性能的保护性基团的化合物。气相缓蚀剂应具有如下的基本特点:化学稳定性高;有一定蒸汽压,以保证被保护设备的各个部位,缓蚀剂能保留较长时间;在水中有一定溶解度;有较高的防腐能力。

（七）蒸汽压力法

有时锅炉因临时小故障或外部电负荷需求情况而处于热态备用状态，或锅炉处于停用状态，需采取保护措施，并且锅炉必须准备随时再投入运行，所以锅炉不能放水，也不能改变锅水成分。在这种情况下，可采用蒸汽压力法。其方法是：锅炉停运后，用间歇点火方法，保持蒸汽压力大于0.5 MPa，一般使蒸汽压力达1.0 MPa，以防止外部空气漏入。此法适用于一周以内的短期停用保护，耗费较大。

（八）给水压力法

锅炉停运后，用除氧合格的给水充满锅内，并保持给水压力0.5～1.0 MPa及溢流量，以防空气漏入，此法适用于停用期一周以内的短期停用锅炉的保护。保护期间定期检查锅内水压力和水中溶解氧的含量，如压力不合格或溶解氧大于7 μg/L，应立即采取补救措施。

（九）氨水法

锅炉停运后，放尽锅内存水，用氨液作防锈蚀介质充满锅炉，防止空气进入。使用的氨浓度为500～700 mg/L。氨液呈碱性，加入氨，使水碱化到一定程度，有利于钢铁表面形成保护膜，可减轻腐蚀。因为浓度较大的氨液对铜合金部件有腐蚀，因此使用此法保护前应隔离接触的铜合金部件。解除设备停用保护、准备再启动锅炉，在点火前应加强锅炉本体到过热器的反冲洗。点火后，必须待蒸汽中氨含量小于2 mg/kg时方可送汽，此法适用于停用期为一个月以内的锅炉。

（十）氨－联胺法

锅炉停运后，把锅内存水放尽，充入加入联胺并用氨调节pH值的给水。保持水中联胺过剩量200 mg/L以上，水的pH值为10～10.5。此法保护锅炉，其停用期限可达3个月以上，所以适用于长期停用、冷态备用或封存的锅炉保护。当然也适用于3个月以内的停用保护，在保护期，应定期检查联胺浓度与pH值。

应用氨－联胺法保护的锅炉再启动时，应先将联胺－氨液排放干净，并彻底冲洗。锅炉点火后，应先向空中排气，起码至蒸汽中氨含量小于2 mg/kg时方可送汽，以免氨浓度过大而腐蚀铜管。对排放的联胺－氨保护液，要进行处理后才可排入河道，以防污染。

由于用联胺－氨液保护时，温度为常温，所以联胺的主要作用不是直接与氧反应而除去氧，而是起阳极缓蚀剂或牺牲阳极的作用，因而联胺的用量必须足够。

（十一）联合保护法

这应该是一种最主要的保护形式。因单靠一种保护方法很难卓有成效地防止锅炉的停用腐蚀。联合保护法中最常用的是充氮或充蒸汽的湿式保护法。其方法是：在锅炉停运后，先完成锅内换水，充入氮气，并加入联胺与氨，使联胺量达200 mg/L以上，水的pH值达10以上，氮压保持在0.03 MPa以上。若保护期长，则联胺量还需增加。很显然，这种保护法虽然较复杂，但比其他各种单一的保护方法效果更好。

（十二）TH901半干缓蚀保护法

TH901半干缓蚀保护法是国内外最先进、最有效的方法，它代表了停用锅炉腐蚀保护的一种新概念，解决了锅炉行业一个长期没有彻底解决的难题，它明显地优于传统的“干法”和“湿法”保护。它主要用于停用锅炉和其他停用待用黑色金属容器的防腐领域。

TH901保护剂渗透力极强,缓蚀半径大,采用极易挥发药剂组成,同时还配有吸湿剂,药剂挥发成分在金属表面形成保护膜,与腐蚀介质隔离以达到保护金属、防止腐蚀的作用,无须除氧、干燥步骤。不仅保护处于气相中的金属,而且保护处于液相中的金属。同时对无垢及垢下金属均有保护作用,缓蚀效率达99%以上。一次加药无须监测与补药,保护期限达2年以上。加药全过程只需几十分钟,由于单位体积用量小,因此总体成本较低,只有干法保护的1/5,湿法保护的1/7。

它的具体步骤如下:

(1)将锅炉的水全部放掉,消除沉积在锅炉水汽系统内的水渣及残留物。

(2)当水汽系统内表面较清洁时,在联箱锅炉中加药,加量按1 kg/m^3水容积计算,联箱与锅筒投药量按1∶6或1∶7的比例。

(3)加药部位:从人孔、手孔用托盘盛放药剂,选择锅筒、联箱内可均匀挥发的部位放置。

(4)加药完毕立即关闭与锅炉本体相连接水汽系统各个阀门,使之严密并保持与外界隔绝状态。

(5)如果锅炉内部局部潮湿,可适量加一些吸湿剂。

注意事项:有些药剂易挥发,有刺激性气味,使用时应戴好防护用具,并需2人以上配合操作;如果是生活用蒸汽锅炉,使用前先将药剂气味驱除后再使用蒸汽。

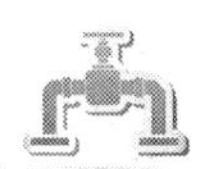

第六章 锅炉水处理节能减排

第一节 锅炉水处理节能减排的现状

我国是一个水资源紧缺的国家。水资源的可持续利用,是实现经济社会可持续发展极为重要的保证。锅炉用水是水资源利用的一个方面,发展先进的水处理技术是提高用水效率、节约用水的重要措施。锅炉水处理既关系到锅炉的安全运行,也关系着锅炉的节能减排。2014 年 1 月 1 日实施的《中华人民共和国特种设备安全法》中增加了有关锅炉水处理监管方面的内容,说明了国家对锅炉水处理的重视。

目前,工业锅炉水处理节能减排的现状不容乐观,主要在以下几个方面存在问题:

(1)给水杂质含量较高,锅炉结垢问题普遍存在。

目前,工业锅炉水质管理上存在“三低”现象,即锅炉配置的水处理设备利用率低,水处理作业人员的配备率低和锅炉水质达标率低。我国约 90% 的工业锅炉采用一级软化处理的水作为补给水,给水硬度小于或等于 0.03 mmol/L,而软化水只除去了水中的硬度杂质,没有除去水中大量的阴离子杂质;加上一些单位水处理作业人员缺乏,水处理设备运行管理水平差等原因,工业锅炉结垢腐蚀率很高。

沿海地区每年枯水期发生海水倒灌时(一般每年持续 3 ~4 个月),一级软化出水无法除去全部硬度,锅炉结垢严重。一般水垢平均厚度达到 1.5 mm 时,锅炉效率平均降低 5%,燃油(气)锅炉热效率降低得更多。锅炉工作压力越高,水垢的导热率越低,水垢越厚,燃料浪费越大。

少数单位采用除盐水做工业锅炉补给水,这本身相对于软化水做补给水在降低结垢方面是一个很大改进。但由于大多数单位缺少熟悉制取纯净水的反渗透装置的技术人员,日常维护管理水平低,造成反渗透运行一段时间后膜结垢、损坏严重、脱盐率下降、锅炉给水硬度超标等。

有的工业锅炉补给水进行沉淀处理时,常用偏硅酸钠作为助凝剂,这样就向补给水中引入了二氧化硅,使得受热面结生硅垢。

部分工业锅炉没有配备除氧设施,运行过程也未添加化学除氧剂,使得锅炉氧腐蚀严重,腐蚀和结垢相互促进,氧腐蚀产物沉积在管壁上也造成了锅炉结垢。

目前,还有些单位单纯使用物理水处理设备(电场、磁场、电磁场或纳米处理)而盲目取消了锅炉外水处理设备,也导致了锅炉结垢严重。

(2)锅炉排污率偏高。

排污是保证锅炉水水质达标,保证蒸汽品质的有效途径之一。由于大多数工业锅炉用软化水做补给水,加上有的锅炉运行过程中添加无机阻垢缓蚀剂,造成锅炉水的溶解固形物量很高,有的甚至超标。使用单位为了保证锅水水质,就通过提高排污率来降低锅水杂质浓度。绝大部分工业锅炉没有安装排污水热量回收装置,排污未实现自动控制,排污随意性大,造成热量的极大浪费。很多锅炉排污率为10% ~15%,有的甚至达到30%,高盐碱地区的沿海地区枯水期因特殊的水质排污率有时会更高。按照目前工业锅炉10% ~15%的排污率范围,每产生1 t蒸汽,需要给水1.1 ~1.15 m^3,同时向环境排放热水0.1 ~0.15 m^3。有资料表明,排污率每升高1%,锅炉热损失增加1.2% ~1.3%,对于蒸发量20 t/h的锅炉,每小时可多耗标准煤14 kg,相当于热值20.9 MJ/kg的燃煤19.6 kg/h。锅炉排污率升高,锅炉热效率降低。锅炉排污会造成水损失、热损失,同时还因向环境排放热水而造成了热污染。

(3)凝结水未回收利用或因污染严重无法回收利用。

凝结水所具有的热量可达蒸汽总热量的20% ~30%,且压力、温度越高,凝结水具有的热量就越多,占蒸汽总热量的比例也就越大。回收凝结水的热量并加以利用(既提高锅炉给水温度,也可减少锅炉补给水制作)是提高锅炉的热效率的有效途径。但目前工业锅炉凝结水很多没有回收利用或利用率偏低,造成了热能和水资源的巨大浪费。工业锅炉冷凝回水常含有被加热介质泄漏的溶解态或悬浮态的杂质和以铁氧化物为主的设备腐蚀产物。软化水做补给水的锅炉凝结水因有CO_2而导致pH值偏低,回水系统CO_2酸腐蚀严重,凝结水含铁量高,水发红发浑,这种水若进入锅炉不仅会在受热面结生氧化铁垢,而且会引发受热面炉管电化学腐蚀,不进行净化是不能回收利用的。现场检测发现有的凝结水铁含量高达3.4 mg/L;有的凝结水回收系统存在疏水器失灵,漏气量过大的问题。

(4)热力除氧效率偏低。

热力除氧器需要耗费大量蒸汽,使锅炉有效利用热量减少,省煤器传热温差减小,排烟温度增高,排烟热损失加大。有时除氧器补水量较大或运行管理不到位时,除氧器除氧温度达不到要求,除氧效果较差,一般除氧温度每降低1 ℃,出水氧浓度会增加0.1 mg/L,进而造成锅炉腐蚀的情况严重。据调查,90%的工业锅炉都存在不同程度的氧腐蚀。

(5)水处理设备运行管理水平偏低,再生剂比耗高。

工业锅炉用的软化设备运行管理水平偏低、运行周期短、再生盐耗偏高、排污水量大是目前比较普遍的问题。钠离子交换系统排污见图6-1。

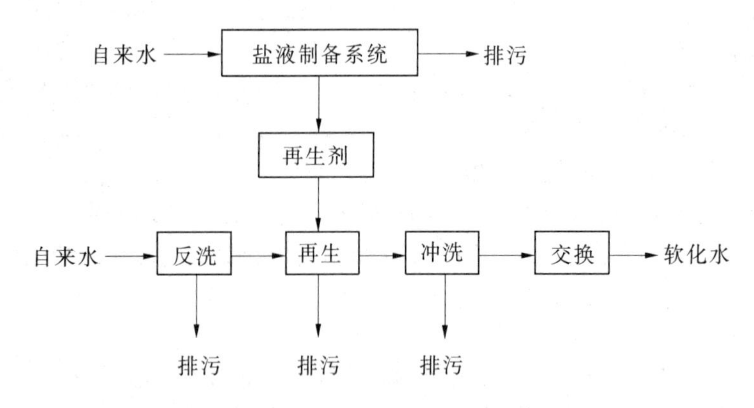

图6-1 常见的钠离子交换系统排污

由图 6-1 可见，软化的每一个周期都不可避免地产生盐液制备系统排污、反洗水排污、再生废盐水排污、冲洗水排污。当前我国普遍使用的钠离子交换器，其盐耗一般在 100～150 g/mol。也就是说，每置换出水中 20 g 钙离子或 12 g 镁离子，就需要使用 100～150 g 食盐，对地下水的污染是不容忽视的。由于钠离子交换器的使用，使地下水不断地遭受食盐的污染，导致地下水中钠离子的含量逐年上升。医学上已经证明，人过量摄入盐会导致人患高血压、心脏病及患癌症的概率增加。而人喝钠离子含量高的水，就会造成被动吃盐而导致患病。

离子交换除盐系统中废液和废水的量很大，一般相当于其处理水量的 10%。离子交换除盐系统运行中费用最大的是再生剂酸和碱的消耗，再生剂比耗高不仅浪费再生剂，而且因再生废液的过量排放造成环境的污染。降低所用再生剂的比耗，是提高离子交换除盐经济性的主要措施。交换器再生后正洗用水的量是很大的，一般对于 H 型树脂，约为其树脂体积的 7 倍；强碱性 OH 型树脂约为其体积的 10 倍；弱碱性 OH 型树脂的正洗水量更大。清洗水常采用的是纯水或是该交换器的前一级交换装置的出水，盐耗或比耗高，进而会造成再生用水量大，目前基本上再生用水没有回收，导致用水浪费严重。

（6）化学清洗废液乱排放。

对锅炉来讲，化学清洗是具有安全和节能意义的重要措施。化学清洗废液属于非经常性废水，含有大量的污染物，成分比较复杂，大多具有一定的颜色、气味和泡沫，污染成分主要分三类：一是无机物。主要是钙、镁、钠盐和氯化物；二是有毒物。主要是铜、锌等重金属离子、含氟化合物、联氨、亚硝酸盐等有毒物质；三是有机物。主要是柠檬酸、EDTA 等有机物、有机缓蚀剂和表面活性剂等。含有这些杂质的清洗废液直接排放，对环境影响很大，尤其是含有亚硝酸盐、氢氟酸、联氨等有毒物质的废液，不符合《污水综合排放标准》（GB 8978—1996）要求。目前，很多工业锅炉的化学清洗废液基本未做处理就全部排放到地下污水管道，不仅导致排污水杂质超标，而且有些酸洗废液酸度很高，排放过程中会腐蚀排水管道或沟渠。

第二节　锅炉水处理节能减排的措施

一、锅炉水处理节能减排的基本要求

锅炉水处理的节能减排涉及锅炉的运行、管理和人员等各个方面，其基本要求如下：

（1）锅炉使用单位应按照国家有关法规标准和锅炉数量、参数、补给水处理方式等配备相应的持证专（兼）职水处理作业人员。运行过程要加强锅炉水汽品质监督，严格执行锅炉水质相关制度，防止锅炉受热面、蒸汽流通部位和凝结水回收系统结垢、腐蚀和积盐。锅炉房应设置化验室或化验场地，配备化验设施，应具备化验与锅炉能耗相关水质指标的能力。不能以化学清洗代替正常的锅炉水处理工作。

（2）锅炉水汽各项指标应符合国家水质标准的规定。不合格的应查明原因，采取相应处理措施。因为水质不合格导致锅炉快速结垢、积盐、腐蚀，应停炉整改。水处理作业人员应定时化验水汽品质，并根据化验结果，调整水质。

(3)锅炉水汽取样器的安装和取样点的布置应根据锅炉的类型、参数、水汽质量监督的要求(或试验要求)进行设计、制造、安装和布置,以保证采集的水样有充分的代表性。锅炉原水、补给水、给水(有热力除氧器的给水取样点应设在除氧水箱出口管上)、锅水、凝结回水、饱和蒸汽、过热蒸汽和再热蒸汽应设取样点。取样冷却装置应有足够的冷却面积,以保证水样流量为500~700 mL/min,保证水样温度小于或等于40 ℃。

(4)水处理设备(离子交换器、反渗透装置和电除盐装置)性能不符合国家相关标准的不得使用。离子交换器接近失效前,应加强监测,防止不合格水漏过。工业锅炉用自动控制离子交换器和流动床软化器的运行参数应根据原水水质进行设定。软化器再生后除了化验硬度,还应化验氯离子含量,防止再生废液漏过。

(5)工业锅炉的结垢速率应符合下列规定值:①脱盐水(纯净水)做补给水的锅炉结垢速率<0.1 mm/a;②软化水做补给水的锅炉结垢速率<0.2 mm/a;③单纯采用锅内加药的锅炉结垢速率<0.5 mm/a。

结垢速率超过规定的,应查明原因,进行整改。工业锅炉用缓蚀阻垢剂的性能应符合阻垢率>85%、缓蚀率>98%的要求。

二、工业锅炉水处理节能减排的具体措施

(一)改进锅炉水的处理方式

随着科技的发展和锅炉水处理技术的进步,通过改进锅炉水处理方式的条件已经具备。实践证明,采用锅外水处理锅内加药水质调节是防止锅炉结垢的最佳方式。

工业锅炉的补给水率一般都超过50%,因此水处理工艺及补充水质量直接影响锅炉结垢的倾向。锅炉补给水处理方面,原水总硬度大于6.5 mmol/L时,当一级钠离子交换器出水达不到要求时,可采用两级串联的钠离子交换系统。原水碳酸盐硬度较高时,可采用弱酸阳离子交换系统或不足量酸再生氢离子交换剂的氢钠离子串联系统处理。氢离子交换器应采用固定床顺流再生,出水应经除碳器脱气。

锅炉补给水处理方面,可以用软化加反渗透代替传统的软化或单纯锅内加药。反渗透技术脱盐率高,目前投资成本也较低,技术成熟,自动化程度高,适合于工业锅炉给水处理。采用这种方式可除去原水中大部分盐类杂质,极大降低锅炉的结垢速率和排污率,提高蒸汽品质。但反渗透设备日常运行维护要求相对较高。高盐碱地区和沿海地区锅炉采用这种方式可有效解决目前的一级软化处理存在的不足。反渗透脱盐率下降时要对膜进行清洗除污垢,较长时间停止运行时,要对膜采取保养措施。和单纯软化相比,这种方式可提高锅炉效率1%~2%。

锅炉内水质调节方面应采用定期加药方式。未安装除氧器的锅炉应添加化学除氧剂以消除进入锅炉的氧。添加有机阻垢缓蚀剂不仅可降低泄漏进入锅炉内少量的成垢杂质,而且不会增加炉水的溶解固形物。压力大于1.3 MPa的锅炉不应添加碳酸钠做缓蚀阻垢剂。

(二)合理排污

在保证水汽质量合格的前提下,应科学合理地排污。锅炉有连续排污且排污水量较大时,应该安装连续排污扩容器或排污水换热器回收排污水热量。工业锅炉可安装自动

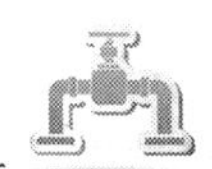

排污装置合理控制锅炉排污率。锅炉排污量应根据锅炉水溶解固形物含量的大小确定。每次排污前应检测锅炉水溶解固形物的浓度,不得盲目排污。对原水碱度较高的水源,应通过排污率的测定,确定是否采用锅外降碱处理,或提高凝结水回收利用率。当锅炉水指标超标时,应优先采用加药进行水质调整处理,不宜经常通过排污来降低。

贯流式锅炉由于水容积小而蒸发速率很高,在锅炉负荷较大的情况下,自动排污量不能过大。为了有效降低锅水浓度,宜在汽水分离器下部设置一个排污管,将一部分汽水分离后高浓度的疏水排放掉。贯流式锅炉汽水分离器中返回到下集箱的疏水量,应保证锅水符合标准规定。

(三)定期对锅炉化学清洗并对清洗废液进行处理

对于工业锅炉,当水垢厚度达到 1 mm 及以上或受热面严重锈蚀时,应进行化学清洗。直流和贯流锅炉出现排烟温度升高或出力下降时应进行除垢。锅炉清洗除垢的方法分为化学清洗和物理清洗,锅炉化学清洗包括运行锅炉的除垢清洗和新安装锅炉的除油、除锈清洗,化学清洗又分为酸洗除垢、碱煮除垢两大类,一般运行锅炉除垢清洗以酸洗为主,碱煮除垢因水垢类型的不同而异,而且碱煮完毕应及时清除锅内脱落的水垢,防止受热而因脱落的水垢堵塞或淤积而过热烧损。运行除垢可以避免停机的麻烦,但时间较长,成本和运行控制要求相对较高。锅炉运行除垢时,锅水水质必须符合标准规定。要科学控制加药量、排污率和锅炉负荷,防止除垢药剂被蒸汽挟带而影响蒸汽质量。

一般要求锅炉除垢采用碱煮加酸洗的方式或直接酸洗。酸洗除垢要制定合适的程序和工艺才能确保除垢率和最小腐蚀速度。在正常情况下,工业锅炉清除受热面 1 mm 的水垢可提高锅炉效率 3% ~5% 。

新安装锅炉,在投运前应进行碱煮,使金属受热面形成良好的钝化保护膜,并消除生成水垢的诱导因素。

化学清洗过程产生的废液必须经过处理并符合国家排放标准后才能排放,严禁排放未经处理过的酸、碱清洗废液,也不得采用渗坑、渗井和浸流等方式排放废液。盐酸等无机酸废液和碱液可采用中和法处理。氢氟酸废液一般是将其与石灰粉或石灰乳混合处理。钝化用亚硝酸钠废液可采用氯化铵、次氯酸钙或尿素三种方法进行处理。而联氨可用次氯酸钠分解处理。处理酸洗废液时,加入的处理药剂量一定要足够以确保反应完全。

(四)尽量回用蒸汽冷凝水

蒸汽冷凝水相当于蒸馏水,不仅水质接近纯水,而且温度较高,因此蒸汽冷凝水回用是一项既节能又节水,经济效益又十分显著的措施。冷凝水回用做锅炉给水的优点主要有:大大减少补给水量,降低水处理费用和废液的排放,节水效果显著;回水温度高(一般可达 90 ℃以上,采用闭式回收系统的可达 120 ℃以上),可显著降低燃料消耗,节能的经济效益更为显著;回水纯净,杂质少,不但可提高锅炉水汽质量,而且可降低锅炉排污率;提高给水温度,有利于除氧,减缓锅炉的氧腐蚀。

(五)优化锅炉除氧方式

真空除氧是一种节能型除氧方法。同传统的热力除氧相比,真空除氧最突出的特点就是除氧水的温度与锅炉给水温度(20 ~60 ℃)相匹配,采用真空除氧代替热力除氧,真空除氧器维持在 8 kPa 时,给水温度达到 60 ℃就能达到除氧目的,既节约蒸汽,又减少排烟损失。同大气式热力除氧相比它更能发挥锅炉省煤器的作用,降低排烟温度,提高锅炉效率。它可以解决低位安装问题。锅炉房总蒸发量大于或等于10 t/h的锅炉应采用真空除氧技术。对于蒸发量小或采用机械除氧有难度的锅炉房,在给水系统或锅内添加高效化学除氧剂是一种有效、经济的除氧方式。除氧剂的添加应采用密闭加药系统和加药泵,这样可降低或消除氧腐蚀而引发的炉管损坏和腐蚀产物的生成。

(六)对水处理过程废水(液)进行处理回收利用

离子交换器再生过程后正洗用水可以回收。回收的清洗水可以送回除盐系统,经分析后根据实际情况,作为某一交换器的进水;也可以将其收集起来,作为下次再生时的反洗用水,或作为循环冷却水系统的补充水。

当用顺流式固定床交换器时,再生强酸性或强碱性树脂的废液均可以加以回收和利用。在开始排废酸和废碱时,由于其中再生产物较多,不宜应用,可排除。但在废液中再生出的离子含量高峰过去后,可将废液贮存于专设的回收箱中,供下次再生时做初步再生之用。至于究竟应排除多少废液后方能开始回收,可通过连续测定废液中有关离子浓度的试验来决定。

第三节　工业锅炉凝结回水处理

目前,我国蒸汽供热系统的主体是工业锅炉系统,随着锅炉水处理节能工作越来越受到重视,凝结水回收作为一种重要的节能措施将会被越来越重视。由于蒸汽能量的广泛应用,凝结水回收技术的不断完善和凝结水回收设备的研制开发,凝结水回收的节能效益将显得更为突出。

一、工业锅炉凝结回水处理现状

我国凝结水回收技术的发展较晚,尤其是闭式回收系统,在20世纪80年代后期,各地对蒸汽凝结水的回收有所重视。由于我国使用蒸汽的企业众多,涉及行业范围极广,各单位的管理水平、技术能力、经济效益和生产规模相差很大,许多企业的蒸汽利用效率仍然较低。

工业锅炉蒸汽凝结水回收率低的主要原因有以下四个方面:一是设计安装时没有考虑凝结水回收;二是因凝结水回收一次性投资较大,企业不愿意投资安装;三是没有很好地解决高温凝结水水泵的汽蚀问题,回收方式多采用开放式,闪蒸降温的损失十分严重;四是一些企业有回收装置,但因没有采取相应的凝结水处理措施,导致凝结水水质不合格而无法回收利用。

二、凝结水回收系统

凝结水回收系统可分为开放式和密闭式。

(一)开放式回收系统

开放式回收的工作原理是凝结水经回收主管道将凝结水引至开放式水箱,再通过加压装置将回收的凝结水输送至锅炉内。其投资成本低廉,能够实现相当程度的节能效果,

但只能回收 80～100 ℃以下部分的热能，超过 100 ℃时，即产生沸腾蒸发现象，成为二次蒸汽并蒸发于大气中。这种方式只能回收一部分凝结水的热量。一般适用于因生产工艺条件或用汽设备限制，不能采用闭式运行的蒸汽供应系统或者只有部分蒸汽冷凝水可回用的情况。虽然节能效果不如密闭式回收系统，但也可以达到较为显著的节能、节水效果。

开放式回收系统见图 6-2，其回水回收的方式有多种，通常是将经过用汽设备热交换后的蒸汽凝结水回收到冷凝水箱，与补给水混合后再进入除氧器或锅炉。

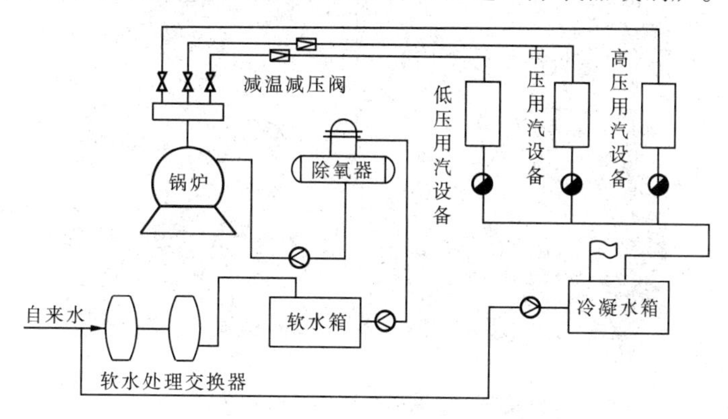

图 6-2　蒸汽冷凝水开放式回收系统示意图

（二）密闭式回收系统

通常大多数蒸汽经热交换后汽水温度仍可达 100 ℃以上，密闭式回收系统（见图 6-3）就是将经过用汽设备热交换后的汽水混合物汇集到压力式集水罐中（见图 6-4），通过自动控制器控制，当锅炉需要进水时，直接将高温回水打入锅炉。如果压力式集水罐液位不足，则自动切换为补给水供锅炉。这是目前冷凝水回用获得最佳节能效果的方式，其突出的优点是：不仅利用了回水显热，而且充分利用了饱和水的潜热，避免了蒸汽变成水时释放的潜热浪费，可进一步降低燃料消耗。另外，由于采用全封闭系统，回水回用率高，具有特别显著的节能、节水效果。对于用汽设备采用间接加热方式，并且被加热介质不会因泄漏而污染蒸汽的，都可采用闭式回收系统。

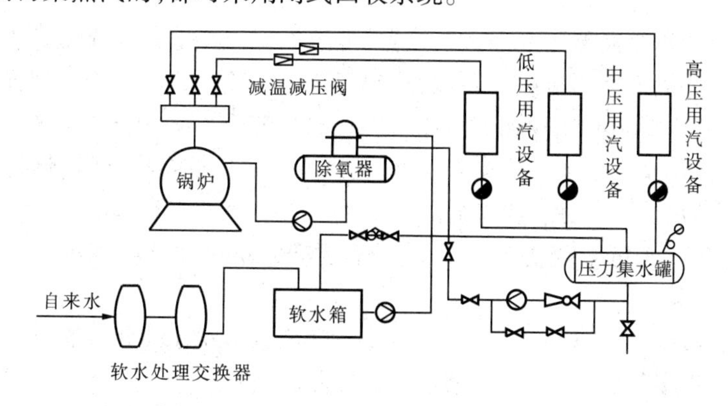

图 6-3　密闭式高温凝结水回收利用系统示意图

目前的新型闭式凝结水回收技术利用喷射泵的增压原理,解决了水泵的汽蚀问题,而且增加了净化的措施,回收效率很高,节能率在10%以上。

图6-4 冷凝水闭式回收利用装置

三、凝结回水回收的基本要求

为了促进锅炉节能减排,蒸汽凝结水应当尽可能回收利用,降低排污率。新建、扩建和改建的工业锅炉应设置蒸汽或凝结水回收系统,并根据系统和水汽特性设置加药或者除铁设备。无蒸汽或凝结水回收系统的工业锅炉,经技术经济比较,有回收使用价值的应增设蒸汽或凝结水回收系统。回收使用的蒸汽或凝结水应根据其污染情况采取相应的处理措施。

热力系统中的热交换器为表面式换热器,当蒸汽或凝结水所含的挥发性碱性物质泄漏到被加热介质时,不会造成不良影响的,宜采取防腐加药处理,控制蒸汽或凝结水的pH值,防止CO_2对金属材料的腐蚀。

热力系统中的热交换器为表面式换热器,但蒸汽或凝结水所含的挥发性碱性物质可能对被加热介质造成不良影响的,不宜采取加药处理,凝结水应采取除铁处理。

为了减少CO_2对凝结回水系统的腐蚀,锅炉添加的阻垢剂中不得含有碳酸钠和碳酸氢钠。凝结水被污染时,必须采取措施,将泄漏入凝结水中的结垢、腐蚀性物质除掉后,方可直接与补给水混合回收利用,或者通过表面换热的方式将热能交换给补给水。因为解析除氧装置会使给水中CO_2急剧升高,为了提高蒸汽或凝结水回收利用率,不得使用解析除氧装置。

依据GB/T 1576—2018的规定,回收使用的蒸汽或凝结水质量应符合表6-1的规定,并应根据回水可能受到的污染情况,增加必要的监测项目,水质不合格的应处理合格后方可回收使用。

表 6-1　蒸汽、凝结水质量

硬度(mmol/L)		铁(mg/L)		铜(mg/L)		油(mg/L)
标准值	期望值	标准值	期望值	标准值	期望值	标准值
≤0.06	≤0.03	≤0.60	≤0.30	≤0.10	≤0.050	≤2.0

注:回水系统中不含铜材质的,可以不测铜。

四、凝结水净化处理技术

蒸汽通过换热设备冷凝为水,应该是具有良好品质的蒸馏水。凝结水的最佳回收利用方式是作为锅炉给水,这样不仅提高锅炉给水温度,减少锅炉补给水费用,而且还可回收凝结水的显热(此热量约占生产蒸汽所耗热量的 20% 左右)。但由于换热器和凝结水管道锈蚀以及油污等会污染凝结水,降低了凝结水的品质和回收的价值,不经过处理一般不能作为锅炉给水。虽然工业锅炉对水质的要求较低,但被污染的凝结水也应做相应的净化处理后方可作为锅炉给水。若凝结水品质太差又难于做净化处理,可用它作为供热管网的补给水使用或只回收其热量,再将其排掉。

(一)凝结水中的杂质

凝结水中的污物和混合物多呈溶解状态和悬浮状态。从锅炉出来的蒸汽,往往挟带部分水滴,使蒸汽在凝结后呈碱性。因而,凝结水具有迅速溶解沿途所遇杂质(如铁锈等)的性能。当换热设备不严密时,凝结水便有可能受热介质的污染,特别是化学生产过程中极易污染凝结水,这些被污染了的凝结水需经过净化处理后方可重新加以利用。

被污染的凝结水还有一种情况是油污,如蒸汽原动机、汽锤等动力设备的凝结水容易被油污污染,对含油的凝结水必须进行除油后才能回收利用。根据国内现有技术水平,含油凝结水除油处理后的净化程度一般可以满足工业锅炉给水的水质要求。

工业锅炉凝结水的净化必须考虑其实际情况,相对于电站锅炉,由于存在水量少、杂质含量多且复杂等特点,像电站锅炉那样对凝结回水进行精处理是不现实,也是不经济的。采取的处理措施能保证水质满足工业锅炉给水要求就可以。

(二)含油凝结水的净化

有的凝结水含油量一般可达 200 ~ 300 mg/kg,这样高的含油量必须经多次净化处理才能达到工业锅炉给水水质的要求。通常是对废汽进行预处理,再经过换热设备回收热量,生成凝结水,使凝结水中含油量降低到 5 ~ 15 mg/kg。

油在水中存在的形式多种多样,但主要形态分为四种:浮油、分散油、乳化油、溶解油。

(1)浮油。粒径大于 100 μm,稍加静置即可浮出水面;采用简单物理分离方法就可除去。

(2)分散油。粒径为 10 ~ 100 μm,如果有足够的静置时间,油滴亦可浮出水面,它属于一种不稳定的胶体体系(即亚稳态体系)。常采用斜板隔油或粗过滤元件的物理法去除。

(3)乳化油。粒径为 0.1 ~ 10 μm,具有一定的稳定性,单纯用静置的方法很难使油水分离,一般用化学和物理化学法去除。

(4)溶解油。粒径小于0.1 μm,已溶于水体,以分子状态存在于水体,去除难度大,一般要用生物法、吸附法或强氧化法去除。

传统凝结水除油技术有活性炭法、粉末树脂过滤法(覆盖过滤法)、高密度纤维阻截法(粗粒化除油)几种。它们主要利用物理法除油,存在不耐冲击、除油效果不稳定、再生困难、操作费用高等缺点。这几种传统除油技术只能在低于65 ℃的温度下运行,高温凝结水必须先经降温才能进入除油设备,损失了大量热量,同时增加了处理的难度。

(三)含铁等杂质凝结水的净化处理

对于凝结水中的悬浮态、胶态金属腐蚀产物(主要是铁杂质),可采用过滤方法除去。常用的过滤设备包括覆盖过滤器、电磁过滤器和管式微孔过滤器等。通过过滤器可把铁等杂质含量降低90%以上。凝结回水铁含量高时可以把电磁除铁过滤器和活性炭过滤器串联使用。冷凝水系统安装的除铁过滤器一般应具备以下特点:

(1)对铁去除率较高,能适应较宽的铁含量的动态变化。

(2)能在流量和压力波动状态下正常运行,效果稳定。

(3)反洗水量较小,过滤出水铁含量符合工业锅炉进水铁含量指标。

(4)投资和运行成本低,操作运行维护方便。

离子状的氧化铁可以采用离子交换树脂按离子吸附法清除。由于离子交换树脂有过滤作用,如长期使用,离子交换能力会逐渐降低,一般树脂的最高使用温度低于60 ℃,因此应选用耐高温树脂。

无法安装净化装置的可以在凝结回水系统或锅炉分汽缸处通过加成膜氨或挥发性氨来防止回水系统腐蚀的发生,进而减少凝结回水系统的铁杂质。

(四)高温凝结水除铁措施

有些凝结水含有氧化铁等悬浮物量高,而且水温远远超过一般树脂所能承受的温度,因此给回收净化处理带来不便。当前比较成熟的方式就是采用耐高温的钠型阳树脂过滤除铁。

钠型苯乙烯-二乙烯苯阳树脂适用于对90~150 ℃温度的中性pH值(6~8.8)的热凝结水除铁和除硬度。阳树脂过滤器的结构与一般离子交换器相似,器壁无衬里,集水装置及再生液分配装置都用高强度耐腐蚀合金材料制成。在树脂床中间装设表层反洗装置(见图6-5)。在反洗和淋洗的阀门和管道系统中应考虑有防闪蒸措施,避免热凝结水在树脂过滤器内闪蒸发。所用树脂的粒度为0.248~0.833 mm,运行流速为24~120 m/h。过滤后的热凝结水,一般不再升压,因此设计时要使疏水泵有足够压头,另外还应防止树脂过滤器产生过高阻力。

树脂过滤器运行周期根据进水悬浮物含量及运行流速的不同而定,一般为4~5 d。运行终点基本上是以床层阻力达到极限值来控制的。表层反洗只在床的上半部分进行,每隔24 h一次,每次10 min。

运行周期结束后,用氯化钠及亚硫酸钠混合液进行再生。亚硫酸钠是用来洗掉黏附在树脂表面的铁,同时防止再生液中的溶解氧将热树脂表面的铁氧化而产生污染。每隔4~6个运行周期,混合液中再外加强还原剂亚硫酸氢钠。它可使树脂表面的氧化铁还原而溶解,从而将树脂清洗干净,延长树脂使用寿命。再生剂耗量,氯化钠为200 kg/m^3树

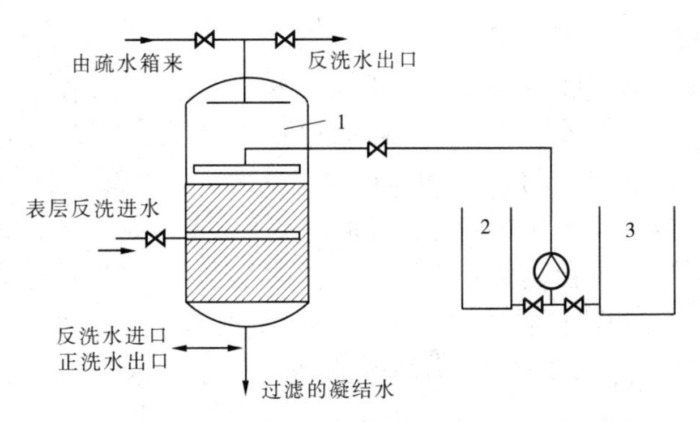

1—钠型树脂过滤器;2—清洗剂计量槽;3—食盐溶液计量槽

图 6-5 钠型树脂过滤器除铁

脂;亚硫酸钠为 2 kg/m^{3}树脂;亚硫酸氢钠为 2 kg/m^{3}树脂。用此法再生清洗的树脂,有使用一年至二年后未发现降解现象和铁污染现象的实例。树脂能很好地运行,不需要再用盐酸清洗。出水含铁量可达到 10 μg/L 以下。树脂年损耗率小于 5%。再生用的氯化钠必须纯净,硫酸钙及氯化钙总含量应小于 0.2%,最好小于 0.1%。镁应小于 0.05%。

五、凝结水回用的经济性分析

(一)经济性分析

对于闭式凝结水回收系统,其总的投资主要有用汽设备的疏水阀的改换或者增加;回收设备如泵、集水箱、热交换器、扩容器、高性能的回收装置等,以及保温及管网材料、技术服务、工程施工费用等。几项费用的累计构成全部工程投资,投资情况需要根据现场条件和项目的可行性分析来确定。而回收项目的经济效益则是从以下几个方面进行分析的:

(1)节约锅炉燃料消耗,提高锅炉热效率。凝结水回收使锅炉进水温度提高,有效利用部分热量,节约的燃料耗量产生的效益。相对于一个不回收凝结水的系统来讲,凝结水回收改造的节能潜力大于热力系统中的其他环节。

(2)节约工业用水费用。凝结水一般可以直接作为锅炉给水用,可以大幅度节约工业用水。同时减少软化水处理量,因此可节约这部分水的软化处理费用。回收利用后,可减少排污水量,降低排污费用。

(3)减少锅炉污染物排放。热量的回收可减少锅炉的燃料消耗量,也就减少了烟尘、NO_x、CO_2和 SO_2的排放量,因此可减轻大气污染。此外,还消除了因排放凝结水而产生的再蒸发现象,改善了生产的现场环境。

(4)采用闭式回收系统,系统封闭运行,使背压提高而减少蒸汽和凝结水的跑、冒、滴、漏和废水排放等产生的污染,产生效益。

(5)提高了表观锅炉效率。凝结水余热的回收,用于热力除氧,减少热力除氧器的新热蒸汽使用量,减少了高品位蒸汽的消耗量;凝结水回收到锅炉给水箱或直接输入到锅炉锅筒,可以增加单位时间锅炉的产汽量,提高锅炉效率。一般来说,给水温度每上升 6 ℃,就可以节省燃料 1%。凝结水回收有利于排污量减少,降低排污热损失,提高表观锅炉热效率,充分发挥了锅炉的潜力。

(二)凝结水回用经济性分析实例

1. 减少锅炉补给水量,节约用水和运行费用的效益

工业锅炉的补给水一般采用钠离子交换软化处理,对于碱度较高的原水还需采用软化-降碱处理。原水硬度越高,水处理的运行费用越大。若以我国多数地区原水平均硬度为4 mmol/L计,每吨水软化处理的运行费用约0.8元(其中包括再生剂消耗、再生水耗、树脂损耗及耗电等,不包括设备和树脂等的投资、维修及操作人员费用)。若回收蒸汽凝结水做锅炉给水,就可减少补给水处理量,不但能节约大量用水,而且降低费用。如以某宾馆为例,一台蒸发量为2 t/h的燃油锅炉,采用开放式凝结水回收系统,平均每天运行16 h,若凝结水回收率为60%,则全年(365 d)可节省软化处理的补给水为

$$2\times16\times60\%\times365=7\,008(\text{t})$$

年节约软化处理费和水费的经济效益为

$$7\,008\times(0.8+3)=26\,630(\text{元})$$

注:宾馆自来水的用水价格平均以3元/t计。

此外,将蒸汽凝结水回收做锅炉给水,还可缩小或简化补给水处理系统,节省投资,尤其对于碱度较高的原水,当凝结水回收率较大时,有的可省去降碱处理的H离子交换系统,这可使投资减少50%左右。

2. 提高给水品质,降低锅炉排污率的效益

在锅炉运行中,一方面,为了保持蒸汽品质良好,防止受热面结垢,必须对锅炉进行适当的排污;另一方面,锅炉排污越多,造成热能、给水和药剂的损失就越多。因此,通常要求在确保锅炉水各项指标达到合格的前提下,尽量降低锅炉的排污率。以广州市为例,据2006年统计,工业锅炉年平均排污率为18%,比规定高8个百分数,工业锅炉过量排污所增加的能源消耗约为9.6%。以软化水为补给水的供热式自备电厂,年平均排污率为8.7%,比规定高3.7个百分数,过量排污所增加的能源消耗约为4.4%。对于工业锅炉来说,凝结水回收率越高,给水品质就越好,一般杂质含量可降低5~10倍。蒸汽冷凝水回用后,锅炉排污率普遍可降低至5%以下,由此可大大降低锅炉能耗是不言而喻的。

3. 提高给水温度,降低燃料消耗的效益

一般蒸汽凝结水的温度都较高,在适当的保温措施下,冷凝回水的温度可达70~95 ℃,而补给水的水温只有5~35 ℃,两者温差可达60 ℃以上。因此,用凝结水做给水就可大量节约能源,减少燃料费用,而且锅炉蒸发量越大,凝结水回用越多,水温越高,节省燃料费就越显著。尤其对于燃油、燃气锅炉来说,可获得的经济效益更为显著。仍以上述宾馆蒸发量为2 t/h的燃油锅炉为例,按年回收凝结水7 008 t、与补给水平均温差60 ℃、轻柴油热值42 500 kJ/kg、油价4 000元/t、锅炉热效率80%计,已知水的比热为1.0 kcal/(kg·℃),1.0 kcal=4.187 kJ,则全年可节约的燃油费为

$$7\,008\times60\times1.0\times4.187\times4000\div(42\,500\times80\%)\approx20.7(\text{万元})$$

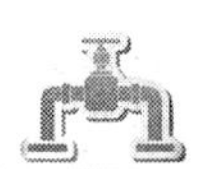

第七章　锅内水处理

第一节　水垢的种类和危害

在锅炉内,受热面上水侧金属表面上生成的固态附着物称为水垢。水垢是一种牢固附着在金属表面上的沉积物,它对锅炉的安全经济运行有很大的危害,结生水垢是由于锅炉水质不良引起的,故本节重点讨论这一问题。

一、水垢形成的原因

工业锅炉的锅筒和管壁上形成水垢是由于水中钙、镁离子的浓度超过了它的溶解度,其主要原因是:

(1)给水进入省煤器和锅炉后,水温逐渐升高,而某些钙、镁盐类在水中的溶解度下降,达到饱和以后,温度继续升高,就有盐类沉淀出来。

(2)水在锅炉中不断蒸发,而在蒸发过程中,蒸汽带走的盐类很少,这样盐类在锅水中就不断被浓缩,到一定程度时,难溶盐类就会形成沉淀。

(3)水在被加热和蒸发过程中,某些钙、镁盐类因发生化学反应,从易溶于水的物质转变成了难溶于水的物质析出。例如,在锅炉中发生重碳酸钙和重碳酸镁的热分解反应:

$$Ca(HCO_3)_2 \rightarrow CaCO_3\downarrow + H_2O + CO_2\uparrow$$

$$Mg(HCO_3)_2 \rightarrow Mg(OH)_2\downarrow + 2CO_2\uparrow$$

二、水垢的种类

由于水垢的结生与给水和锅水的组成、性质以及锅炉的结构、锅炉的运行状况等许多因素有关，使水垢在成分上有很大的区别。按其化学组成，水垢大致可以分为以下几种。

(一)碳酸盐水垢

碳酸盐水垢主要是钙、镁的碳酸盐,以碳酸钙为主,达50%以上。碳酸钙多为白色的,也有微黄色的。由于结生的条件不同,可以是坚硬、致密的硬质水垢,多结生在热强度高的部位;也可以是疏松的软质水垢,多结生在温度比较低的部位,如锅炉的省煤器、进水管口等处。一般热水锅炉结生的多为碳酸盐水垢。

碳酸盐水垢,在5%盐酸溶液中,大部分可溶解,同时会产生大量的气泡,反应结束后,溶液中不溶物很少。

(二)硫酸盐水垢

硫酸盐水垢的主要成分是硫酸钙,达50%以上。硫酸盐水垢多为白色,也有微黄色的,特别坚硬、致密,手感滑腻。此种水垢多结生在锅炉内温度最高、蒸发强度最大的蒸发面上。

硫酸盐水垢在盐酸溶液中很少产生气泡,溶解很少,加入10%氯化钡溶液后,生成大量的白色沉淀物。

(三)硅酸盐水垢

硅酸盐水垢的成分比较复杂,水垢中二氧化硅含量可达20%以上,硅酸盐水垢多为白色,水垢表面带刺,它是一种十分坚硬的水垢,此种水垢容易在锅炉温度最高的部位结生,它的主要成分是硅钙石或镁橄榄石。

硅酸盐水垢在盐酸中不溶解,加热后其他成分部分地缓慢溶解,有透明状砂粒沉淀物,加入1% HF可缓慢溶解。

(四)混合水垢

混合水垢是上述各种水垢的混合物,很难指出其中哪一种是主要的成分。混合水垢色杂,可以看出层次,主要是由于使用不同水质或水处理方法不同造成的,多结生在锅炉高、低温区的交界处。

混合水垢可以大部分溶解在稀盐酸中,也会产生气泡,溶液中有残留水垢的碎片或泥状物。

(五)氧化铁垢

氧化铁垢的主要成分是铁的氧化物,大都结生在锅炉热负荷最高的受热面上,有时也会在水冷壁管、烟管等部位生成。氧化铁垢的外表面往往是咖啡色,内层是灰色的。

氧化铁垢加稀盐酸可缓慢溶解,溶液呈黄绿色,加硝酸能较快溶解,溶液呈黄色。

(六)油垢

油垢成分很复杂,但油脂含量在5%以上。含油水垢多呈黑色,有坚硬的,也有松软的,水垢表面不光滑,它多结生在锅炉内温度较高的部位上。

将含油水垢研碎,加入乙醚后,溶液呈黄绿色。

以上只是对水垢进行了一个大致的分类,实际上水垢的成分是十分复杂的,要想确定其具体的成分和结构,必须依靠成分分析和物相分析。

三、水垢的危害

水垢的结生对锅炉的安全、经济运行危害很大,主要表现在以下几个方面。

(一)降低锅炉的热经济性

水垢的导热性能很差,它比钢铁的导热能力低几十倍甚至更低,水垢的存在会使锅炉的受热面传热情况变坏,排烟温度增高,增加燃料消耗量。根据试验,在锅炉内壁如有1 mm厚的水垢,就要多消耗煤3% ~5%。

(二)引起受热面金属过热

由于水垢的导热性能差,而且水垢又易于结生在热负荷很高的金属受热面上。此时会使结垢部位的金属壁温度过高,引起金属强度下降,在蒸汽压力的作用下,就会发生过热部位变形、鼓包,甚至引起爆炸等事故。

(三)破坏正常的锅炉水循环

生成水垢,会减小受热面内流通截面,增加管内水循环的流动阻力,严重时甚至完全

堵塞。这样就破坏了锅炉的正常水循环，妨碍锅炉内部的传热，降低锅炉的蒸发能力。

（四）增加锅炉的检修量

锅炉受热面上的水垢，特别是管内水垢，难以清除，而由于水垢引起锅炉的泄漏、裂纹、变形、腐蚀等问题不仅损害了锅炉，降低锅炉的寿命，而且会耗费大量的人力、物力去检修，不仅缩短了运行时间，也增加了检修费用。

通过以上分析我们知道，锅炉在运行过程中，应防止水垢的生成，保证锅炉设备安全、经济地运行。

第二节　水渣的组成及危害

除水垢外，在锅炉的水中，还会析出一些固体物质，这些固体物质有的以悬浮状态存在于水中，也有的以沉渣和泥渣状态沉积在锅炉水流流动缓慢的部位，这些呈悬浮状态和沉渣状态的物质被称为水渣。

一、水渣的组成

水渣的组成和水垢一样，也比较复杂，通常是许多化合物的混合物。主要有 $CaCO_3$、$Mg(OH)_2 \cdot MgCO_3$、$Mg_3(PO_4)_2$、$Ca_{10}(OH)_2(PO_4)_6$ 等。由于各种水渣的化学组成和形成过程不同，有的水渣不易黏附于锅炉受热面上，在锅炉水中呈悬浮状态，可通过排污除去，这种水渣有碱式磷酸钙[$Ca_{10}(OH)_2(PO_4)_6$]和蛇纹石水渣（$3MgO \cdot 2SiO_2$）等；有的水渣易黏附在受热面上，且可形成软垢，这种水渣有氢氧化镁[$Mg(OH)_2$]和磷酸镁[$Mg_3(PO_4)_2$]等。

工业锅炉常以锅炉内部加碳酸钠为主要防垢手段，这种锅炉水中水渣的主要物质是碳酸钙（$CaCO_3$）、碱式碳酸镁[$Mg(OH)_2 \cdot MgCO_3$]和氢氧化镁[$Mg(OH)_2$]等。

二、水渣的危害

锅水中的水渣过多，一方面会影响锅炉的蒸汽品质，另一方面会堵塞炉管，甚至会转化为水垢。所以，必须通过锅炉排污的办法及时将水渣排出锅外。

第三节　锅内加药处理

锅内水处理是通过向锅内投加一定数量的药剂，与锅炉给水中的结垢物质（主要是钙、镁盐类）发生一些化学或物理化学作用，生成松散的水渣，通过排污从锅内排出，从而达到减缓或防止锅炉结垢的目的。这种水处理方法主要是在锅内进行的，故称为锅内加药处理法。

锅内水处理的优点是：对原水水质适用范围大，设备简单，投资小，操作方便，管理容易，节省劳力。此法如能运用得当，防垢率可达 85% 以上，可以收到较好的效果。搞好锅内水处理的关键是：

（1）对症下药。一定要做到什么样的水质，选择什么样的药剂。

(2)量水投药。按用水的数量和质量,投加一定量的药剂,切不可多投或少投,更不能不投。

(3)科学排污。为了将生成的水渣及时地排出锅外,以防止形成水垢,一定要进行科学的排污。

(4)严格监督。为了使所加的药剂数量合适,排污率符合要求,一定要严格监督锅水的水质,以指导加药和排污作业。

锅内加药处理法,又是锅外化学处理的补充,因为经过锅外化学处理以后,还可能有残余硬度,为了防止结垢和腐蚀,仍需补加一定的水处理药剂,所以说锅内加药处理是锅外化学处理的必要补充。

下面介绍几种比较成熟并达到一定程度推广的方法。

一、纯碱法

纯碱法是以纯碱(Na_2CO_3)作为锅内加药处理药剂的水处理方法。该法操作简单,药品价格便宜,可以达到防止或减轻锅炉结垢和腐蚀的目的。因此,该法已被广泛应用。

(一)基本原理

向锅水中投加 Na_2CO_3,其作用如下:一是维持锅水一定的碱度,二是增加锅水中 CO_3^{2-} 的浓度。根据溶度积规则,当锅水中[Ca^{2+}]或[Mg^{2+}]和[CO_3^{2-}]的乘积达到其溶度积时,便可生成难溶的 $CaCO_3$ 和较难溶的 $MgCO_3$,$MgCO_3$ 又可以在碱性条件下进一步水结成更难溶的 $Mg(OH)_2$。其化学反应如下:

$$Ca^{2+} + CO_3^{2-} \rightarrow CaCO_3 \downarrow$$

$$Mg^{2+} + CO_3^{2-} \rightarrow MgCO_3$$

$$MgCO_3 + H_2O \rightarrow Mg(OH)_2 \downarrow + CO_2 \uparrow$$

由于上述化学反应,锅水中的碳酸盐类基本上转变成 $CaCO_3$ 和 $Mg(OH)_2$ 沉淀。因为在一般的天然水中,Ca^{2+} 的含量比 Mg^{2+} 多,所以生成 $CaCO_3$ 的数量比 $Mg(OH)_2$ 多。

据有关资料介绍,上述物理化学过程,以结成水垢为例,可以用以下平衡关系描述:

$$Ca^{2+} + CO_3^{2-} \rightleftharpoons \underset{\text{溶液}}{CaCO_3} \rightleftharpoons \underset{\text{过饱和溶液}}{CaCO_3} \rightleftharpoons \underset{\text{结晶核}}{CaCO_3} \rightleftharpoons \underset{\text{无定型物}}{CaCO_3} \rightleftharpoons \underset{\text{结晶}}{CaCO_3}$$

如果锅水中[Ca^{2+}]和[CO_3^{2-}]乘积达到碳酸钙的溶度积时,平衡很快向右移动,生成碳酸钙的饱和溶液、过饱和溶液,最后以结晶状的碳酸钙沉淀析出。因为碳酸钙是一种离子晶格,所以可以形成坚硬的水垢。如果这时改变碳酸钙的析出条件,就可以避免生成坚硬的水垢而生成松软的水垢。

纯碱法水处理就是向锅水中加入一定数量的 Na_2CO_3,维持锅水中有一定数量的[CO_3^{2-}],并使 $CaCO_3$ 在沸腾的锅水中形成,从而使 Ca^{2+} 和 CO_3^{2-} 不能按规则排列。在这种条件下生成的 $CaCO_3$ 就是流动性的松散水渣,可以在锅炉排污时排出锅外,达到防止锅炉结垢的目的。

另外,Na_2CO_3 在锅水中因受压力和温度的影响,要进行水解,水解后变成 NaOH,增加了锅水的碱性,削弱了 Na_2CO_3 的防垢效果。试验证明,Na_2CO_3 的水解率随锅炉的工作

压力升高而增大，如表 7-1 所示。从表中可以看出，锅炉工作压力越高，需加入的 Na_2CO_3 数量越大，锅水碱性也越强。当锅炉的工作压力在 1.4 MPa 时，Na_2CO_3 的水解率达到 60%。因此，纯碱水处理法不适用于工作压力较高的锅炉。

表 7-1　Na_2CO_3 水解率与压力的关系

锅炉压力（MPa）	1	1.4	2	5
Na_2CO_3 水解率（%）	43	60	78	97

（二）适用范围

（1）纯碱法目前多用于压力在 1.3 MPa 以下和小容量的锅炉。

（2）用于火管、水管、卧式三回程快装锅炉，也有用于蒸发量不大于 4 t/h 的水管锅炉。

（3）最好用于总硬度小于 4 mmol/L 的给水水质。因为原水总硬度过大时，在锅内产生较多的水渣，淤积于底部和联箱中，产生不良后果。但当没有条件采用锅外水处理时，只要运行中严格加以控制，纯碱法的适用范围可适当放宽。

经各地区不同炉型长期使用结果证明，如果在锅水碱度为 8～26 mmol/L、pH 值为 10～12的条件下，防垢效果普遍良好。

（三）加碱量的确定

加碱量应根据原水中的硬度和碱度以及锅炉排污率的大小来确定。

1. 空锅上水时，每吨水用碱量

$$X_1 = (YD - JD + JD_G)M \tag{7-1}$$

式中　X_1——空锅上水时需加的碱量，g/t；

YD——给水总硬度，mmol/L；

JD——给水总碱度，mmol/L；

JD_G——锅水需维持的碱度，mmol/L；

M——$\frac{1}{2}Na_2CO_3$ 的摩尔质量，53 g/mol。

2. 锅炉运行时，每吨给水用碱量

$$X_2 = (YD - JD + JD_G P)M \tag{7-2}$$

式中　X_2——每吨给水中需加的 Na_2CO_3 的量，g/t；

P——锅炉排污率，一般为 5%，不超过 10%；

其余符号含义同前。

锅炉在实际运行中，纯碱在锅水中的反应和消耗与计算值有一定的差别，而且锅炉蒸发量和排污率均有一些波动。因此，锅内实际碱度与要求控制值也有差别。为了考虑这一因素的影响，每班给水加碱量也可按下式计算：

$$X = [(JD_G - JD_{实})V + JD_{实}QP + (YD - JD)Q] \times M \quad (g) \tag{7-3}$$

式中　V——锅炉水容量，t；

Q——锅炉每班给水量，t；

$JD_{实}$——加药时锅水实际碱度，mmol/L；

其余符号含义同前。

不论是空锅上水,还是运行时给水用碱量,均可用该法计算。在锅炉实际运行过程中,根据实测锅水总碱度,用式(7-3)计算锅水的加碱量是比较方便的。

(四)计算实例

【例7-1】 有一台蒸发量为2 t/h的锅炉,水容量为4.2 t,给水总硬度为5.6 mmol/L,总碱度为3.6 mmol/L,采用纯碱处理,试计算给水用碱量。如运行中实测锅水总碱度为19.5 mmol/L,加碱量又为多少?

解:设锅水需保持的碱度 $JD_G=20$ mmol/L,锅炉的排污率为5%。

(1)按式(7-1)和式(7-2)计算:

①空锅上水时给水用碱量

$$X_1=(YD-JD+JD_G)M=(5.6-3.6+20)\times 53=1\ 166(\text{g/t})$$

②运行时给水用碱量

$$X_2=(YD-JD+JD_GP)M=(5.6-3.6+20\times 5\%)\times 53=159(\text{g/t})$$

(2)按式(7-3)计算:

①空锅上水时给水用碱量

$$\begin{aligned}X_1&=[(JD_G-JD_{实})V+JD_{实}QP+(YD-JD)Q]\times M/V\\&=[(20-0)\times 4.2+0\times 53\times 5\%+(5.6-3.6)\times 4.2]\times 53\div 4.2\\&=1\ 166(\text{g/t})\end{aligned}$$

此时锅中无水,可认为 $JD_{实}=0$,每班给水量 Q 即为锅炉上满的水量,即 $Q=V=4.2$ t。

②运行时给水用碱量

运行时每班给水量 $Q=2\times(1+0.05)\times 8=16.8(\text{t})$

每班给水加碱量

$$\begin{aligned}X&=[(JD_G-JD_{实})V+JD_{实}QP+(YD-JD)Q]\times M\\&=[(20-19.5)\times 4.2+19.5\times 16.8\times 0.05+(5.6-3.6)\times 16.8]\times 53\\&=2\ 760(\text{g})\end{aligned}$$

每吨给水加碱量

$$X_2=X/Q=2\ 760/16.8=164.3(\text{g/t})$$

从以上计算结果可以看出,空锅上水时的加碱量两种计算方法是相同的,只是运行时加碱量略有不同,这是因为第二种计算方法考虑了锅水实际碱度的波动。当锅水实际碱度低于锅水控制指标时,结果偏大;反之,偏小。这种方法较符合实际情况。

二、磷酸盐法

锅内处理使用的磷酸盐有磷酸三钠($Na_3PO_4\cdot 12H_2O$)、磷酸氢二钠(Na_2HPO_4)、磷酸二氢钠(NaH_2PO_4)、六偏磷酸钠。一般做锅内单独处理时,多采用磷酸三钠。下面做简单介绍。

(一)基本原理

磷酸三钠为白色晶型固体颗粒,加入锅内起下列作用:

(1)除去水中钙、镁离子,形成磷酸钙、磷酸镁的胶状沉淀。其化学反应如下:

$$3Ca^{2+} + 2PO_4^{3-} \longrightarrow Ca_3(PO_4)_2 \downarrow$$

$$3Mg + 2PO_4^{3-} \longrightarrow Mg_3(PO_4)_2 \downarrow$$

另外,由于锅水在沸腾条件下,而且 pH 值较高,因此锅水中的钙离子与磷酸根会发生如下反应:

$$10Ca^{2+} + 6PO_4^{3-} + 2OH^- \longrightarrow Ca_{10}(OH)_2(PO_4)_6$$

生成的碱式磷酸钙是一种松软的水渣,易随锅炉排污排出,且不会黏附在锅内形成二次水垢。

因为碱式磷酸钙是一种非常难溶的化合物,它的溶度积很小,所以当锅水中保持一定量的过剩的 PO_4^{3-} 时,可以使锅水中的钙离子浓度减小,以致在锅水中它的浓度与 SO_4^{2-} 浓度或 SiO_3^{2-} 浓度的乘积不会达到 $CaSO_4$ 或 $CaSiO_3$ 的溶度积,这样锅内就不会有钙垢形成。

(2)增加形成水渣的流动性,因为生成的磷酸钙、磷酸镁是一种具有高度分散力的胶体颗粒,使其形成的钙、镁盐类在其周围析出,变得细小分散,不致附着在金属表面产生水垢。

(3)在锅炉金属表面上,生成磷酸盐的保护膜,防止锅炉金属的腐蚀,而且还可以使硫酸盐和磷酸盐等的老水垢疏松脱落。

(二)适用范围

磷酸盐处理适用范围如下:

(1)水中总硬度在 4 mmol/L 以下,而永久硬度较大的水。

(2)锅炉蒸发量在 4 t/h 以下的小型锅炉。

(3)任何压力的蒸汽锅炉锅外化学处理后的锅内加药补充处理。因为磷酸三钠的水解不受温度、压力的影响。

(4)当给水平均硬度低于 1.5 mmol/L,单二氧化硅的相对含量超过 30% 时,若采用通常的软水剂(如纯碱等),容易产生硬质硅酸盐水垢,而且结垢速度很快。在这种情况下,若采用磷酸盐或适当配以少量栲胶,可取得较好的防垢效果。

(三)加药量的计算

用磷酸盐($Na_3PO_4 \cdot 12H_2O$)处理锅炉用水时,由于磷酸盐与水中钙镁离子的实际化学反应很复杂,所以不能精确计算加药量,实际加药量只能根据锅水应维持的 PO_4^{3-} 含量,通过调整来求得。为了方便起见,不按水中钙离子的量而按水中硬度估算加药量。

1. 直接用原水进行锅内加药处理时的用量

(1)锅炉启动(空锅上水)时,锅炉所需加碱量

$$Y_1 = (65 + 5YD)V \tag{7-4}$$

式中　Y_1——空锅上水时需加的磷酸三钠的量,g;

YD——给水总硬度,mmol/L;

V——锅炉水容量,t。

(2)锅炉运行时,锅炉需加的磷酸三钠的量

$$Y_2 = 5YD \tag{7-5}$$

式中　Y_2——锅炉运行时加磷酸三钠的量,g/t;

其余符号含义同前。

2. 采用软化水或除盐水时的磷酸三钠的用量

(1)锅炉启动(空锅上水)时,锅炉所需加碱量

$$Y_1' = 4 \times (28.5YD_C + e)V/\varepsilon \quad (g) \tag{7-6}$$

式中 4——$Na_3PO_4 \cdot 12H_2O$ 与 PO_4^{3-} 的摩尔质量比;

YD_C——给水残余硬度,mmol/L;

28.5——使 1 mmol/L($\frac{1}{2}Ca^{2+}$)变成 $Ca_{10}(OH)_2(PO_4)_6$ 所需的 PO_4^{3-} 的质量,g/mol;

e——锅水应维持 PO_4^{3-} 的量,mg/L,GB 1576 规定为 10~30 mg/L,一般取中间值 20 mg/L;

ε——工业磷酸三钠 $Na_3PO_4 \cdot 12H_2O$ 的纯度,一般为92%~98%。

(2)锅炉运行时磷酸三钠用量

$$Y_2' = 4 \times (28.5YD_C + eP)\varepsilon \quad (g/t) \tag{7-7}$$

式中符号含义同上述各式。

三、复合防垢剂法

所谓复合防垢剂,就是根据各种防垢剂的不同作用,将两种以上的防垢剂根据不同的水质按一定的比例混合在一起,以发挥更好的防垢效果的一种防垢剂。

通常认为,此法用于非碱性水地区,给水平均硬度为1.5~6 mmol/L,二氧化硅含量较高,蒸发量4 t/h,压力1.0 MPa以下锅内加药处理,一般都可以得到较好的效果。

常用的有以下几种。

(一)无机钠盐与栲胶的复合防垢剂

1. 原理

这种类型的防垢剂一般是一种或几种无机的钠盐(氢氧化钠、碳酸钠、磷酸三钠)与栲胶按一定的比例配制而成。在锅炉内加入这种复合防垢剂,能使锅炉不结垢,无腐蚀,这是由于复合防垢剂中各种成分的多种效能综合作用的结果,现简单分述如下:

(1)碳酸钠在锅水沸腾条件下,与钙生成水渣状碳酸钙,而不黏附在锅炉的受热面上,从而防止硫酸钙与硅酸钙水垢的生成。

(2)氢氧化钠主要去除水中的镁硬度,生成水渣状的氢氧化镁沉淀;使细小分散的碳酸钙稳定,碳酸钙因吸附 OH^- 而表面带负电,从而不易互相黏结,处于分散、稳定状态,而且带有负电荷的碳酸钙微粒不易被锅炉金属表面吸附而结垢;使锅水保持一定的碱度,防止金属酸性腐蚀。

(3)磷酸钠与水中的钙反应生成分散状的磷酸钙,当锅内[PO_4^{3-}]和[OH^-]较大时,即可生成水渣状的碱式磷酸钙,可使老垢脱落,并与锅炉内的金属表面作用,生成磷酸亚铁保护膜,防止腐蚀。

(4)栲胶可在金属表面上生成单宁酸铁的保护膜,防止腐蚀;使锅水中悬浮的杂质和水渣凝聚,形成大颗粒絮状物,沉积于锅炉下部,栲胶与水中氧化合,防止氧的去极化腐蚀。

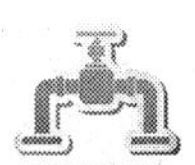

2. 加药量的计算

$$\text{NaOH 用量} = (YD - JD + JD_G P) \times \eta \times 40 \quad (g/t) \tag{7-8}$$

$$Na_2CO_3\ \text{用量} = (YD - JD + JD_G P) \times (1 - \eta) \times 53 \quad (g/t) \tag{7-9}$$

$$Na_3PO_4\ \text{用量} = 5 \times YD \quad (g/t) \tag{7-10}$$

式中　P——锅炉排污率(%);

JD——原水碱度,mmol/L;

YD——原水硬度,mmol/L;

JD_G——锅水总碱度的控制值,mmol/L;

η——NaOH 占总碱量的份额;

$1-\eta$——Na_2CO_3 占总碱量的份额。

栲胶主要起水渣调节剂和防止氧腐蚀的作用,其用量也不是按等物质的量关系计算,而是按经验投加,即

给水总硬度≤4.0 mmol/L 时,投加量为 5 g/t;

给水总硬度 >4.0 mmol/L 时,投加量为 10 g/t。

加药时,将几种碱剂与栲胶混在一起,用60 ℃左右的温水溶解,过滤弃去栲胶中的杂质,然后加入锅水系统中。

【例 7-2】　某工厂锅炉采用锅内水处理法,其锅炉给水水质为:YD = 3.0 mmol/L,JD = 2.5 mmol/L。锅水保持碱度为 12 mmol/L,排污率为 8%,如果采用“三钠一胺”法处理,且 NaOH 用量占 20% 时,其各成分用量为多少?

解:NaOH 用量 $= (YD - JD + JD_G P) \times \eta \times 40$

$= (3.0 - 2.5 + 12 \times 8\%) \times 20\% \times 40$

$= 11.7 (g/t)$

Na_2CO_3 用量 $= (YD - JD + JD_G P) \times (1 - \eta) \times 53$

$= (3.0 - 2.5 + 12 \times 8\%) \times (1 - 20\%) \times 53$

$= 61.9 (g/t)$

$Na_3PO_4 \cdot 12H_2O$ 用量 $= 5 \times YD = 5 \times 3.0 = 15 (g/t)$

栲胶用量为 5 g/t。

(二)有机聚膦酸盐与有机聚羧酸盐复合防垢剂

这是较新的水处理药剂,20 世纪 70 年代以来,在工业锅炉上开始大规模应用。其具有剂量低、化学性能稳定、阻垢性能好、耐高温、不易水解等优点。

1. 有机聚膦酸盐

根据其分子结构,分为 N-C-P 型和 O-C-P 型两种。前者如氨基三甲叉膦酸(ATMP)、乙二胺四甲叉膦酸盐(EDTMP)、三乙烯四胺六甲叉膦酸盐(TETHMP);后者如羟基乙叉二膦酸盐(HEDP)、二氯甲叉二膦酸盐(Cl_2MDP)等。它们的防垢机制是:有机聚膦酸盐能与水中的钙、镁离子等致垢物质形成稳定的螯合物,从而防止了水溶液中碳酸钙的沉淀析出,而且还可以夺取碳酸钙中的钙离子,生成稳定的螯合物,阻碍碳酸钙晶体的碰撞长大。另外,有机聚膦酸盐能使碳酸钙晶体结构发生畸变、晶格扭曲和错位,不能

有序地排列而抑制了晶体的生长。也就是说,对固相碳酸钙晶体的生长起着干扰的作用,从而避免水垢的生成。

从它们的阻垢机制可以知道,其投加量也是不能按定量关系计算的,经验投量(按100%纯度)为1~2 g/t。

2. 有机聚羧酸盐

它有聚丙烯酸钠(PPA)、聚甲基丙烯酸、聚马来酸酐(HPMA)等。它们的防垢机制是:一方面,对钙、镁等致垢物质起凝聚和分散作用,聚羧酸盐在水中能离解,其阴离子对在水中析出的碳酸钙晶体有强吸附力,也就是起凝聚作用。当聚羧酸盐阴离子吸附了多个碳酸钙晶粒时,使碳酸钙晶粒带负电荷而具有静电斥力,从而阻止了晶粒结合成大晶体。它们在水中呈均匀分散状态,也就阻碍了致垢物质与金属受热面的碰撞成垢。另一方面,聚羧酸盐也有类似有机膦酸盐那样的使致垢物晶格扭曲与错位的作用。此外,聚羧酸盐与碳酸钙等晶粒的凝聚物因重力作用而发生沉淀,会在金属面上形成一层膜,而这种膜增厚到一定程度时,就会龟裂而剥离。因此,聚羧酸盐既能防垢,又可除垢。

与有机聚膦酸盐一样,有机聚羧酸盐的投加量也不是按定量关系计算,而是根据经验来定,其经验投量(按100%纯度)为3~5 g/t。

3. 注意事项

(1)由于此类防垢剂兼有除垢性能,锅炉结垢轻微的可以直接使用,在防垢的同时,把薄垢除去。但锅炉结垢较厚时(垢厚>1 mm),则应先将老垢除去,再进行防垢,以避免剥落的水垢堵塞水循环管路。

(2)由于此类防垢剂的分散性较强,锅水中悬浮的反应产物较多(呈絮状),对那些蒸汽直接用于食品加工的锅炉,使用此防垢剂时,应严格控制蒸汽带水,以免挟带的杂质对人体带来不良的影响。

(3)实践证明,有机聚膦酸盐和有机聚羧酸盐共同使用时效果最佳。

【例7-3】 某工厂锅炉采用锅内水处理法,其锅炉给水水质为:$YD=5.0$ mmol/L,$JD=4.5$ mmol/L。排污率为8%,如果采用EDTMPS、HPMA、腐殖酸钠和Na_2CO_3配方,其各成分用量为多少?

解:经验证明,采用水质稳定剂时,锅水碱度保持在8~12 mmol/L就足够了(取10 mmol/L)。

$$Na_2CO_3\text{用量}=(YD-JD+JD_GP)\times 53$$
$$=(5.0-4.5+10\times 8\%)\times 53$$
$$=68.9(\text{g/t})$$

EDTMPS(乙二胺四甲叉膦酸钠)固体纯度97.9%,投2 g/t。

HPMA(纯度为88.2%),投5 g/t。

腐殖酸钠(纯度为50%),投15 g/t。

所以,每吨给水需投加Na_2CO_3 68.9 g、EDTMPS 2 g、HPMA 5 g、腐殖酸钠15 g。

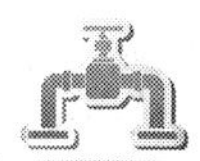

第四节　水处理药剂的配制与使用

一、水处理药剂的配制

锅炉防垢剂，是根据水质、炉型、蒸汽（热水）用途及其运行参数，选择组成防垢剂的药剂品种，然后根据用水量的大小，经过用量计算，再配制成粉末状的、液态的或固体的成品防垢剂。

（一）粉末状防垢剂的配制

配制前，可以先将固体的氢氧化钠，用蒸馏水溶解成浓度约为40%的溶液。配制时可将规定数量的纯碱、磷酸钠、腐殖酸钠（或栲胶）等称量好，并将结块的药剂打碎，放在搅拌机内混合搅拌，边搅拌边慢慢加入规定数量的液体氢氧化钠和经过用水稀释的水质稳定剂，至搅拌混合均匀，经脱水制成粉剂。

粉末状防垢剂容易制作，在水中易溶解，运送、使用也比较方便，只是在配制时，不宜投加过多的液体药剂（如液体氢氧化钠），投用时需要一定的量器，以确定其投量。

（二）液体防垢剂的配制

配制前先将选定的各种药剂配成一定浓度的液体，然后根据各种药剂的计算用量，按比例混合并配制成一定的体积，最后经过搅拌，混合均匀即可。需要注意的是，磷酸三钠在混合液中呈固体析出，可以配制的稍稀一点或以单独盛放来解决；使用六偏磷酸钠时，它能与氢氧化钠反应生成磷酸钠，因此不要将其混在一起；溶解栲胶时，如需加温，不要超过80 ℃，以免分解变质。

液体防垢剂可以适应各种药剂的配比，配制十分简便，溶解迅速、均匀，并容易定量投加；缺点是携带起来不安全、不方便，冬天在户外可能冻结。

（三）固体防垢剂的配制

配制前先将已粉碎的碳酸钠、磷酸三钠和腐殖酸钠（或栲胶）等，按用量比例称量好，混合均匀，边混合边徐徐加入规定数量的氢氧化钠溶液和经过稀释的水质稳定剂，并适当地加入冷水，达到成型的稠度，充分搅拌均匀后，倒入模型（木框或铁框）中，摊平、压实，然后按需要划出刻线，待稍凝固后，再按刻线取出成型的固体药剂，置于风干架上阴干。

另外，也可以将粉末状的防垢剂，压制成固体防垢剂，如块状的、球形的等。

固体防垢剂，携带及使用都很方便，投量准确；缺点是溶解速度较慢，且在配制时液体药剂投加量很受限制，如液体氢氧化钠就不宜超过总碱量的20%。

二、水处理药剂的使用

（一）水箱投药

设有贮水箱（池）时，可以根据每次补水量及水质，将规定数量的软水剂，通过加药器直接加入水箱（池）中（见图7-1）。为使防垢剂能分布均匀，充分溶解，对于粉末状药剂，可以先用温水溶解；液体药剂也要先搅拌均匀，在向水箱（池）补水的同时加入。

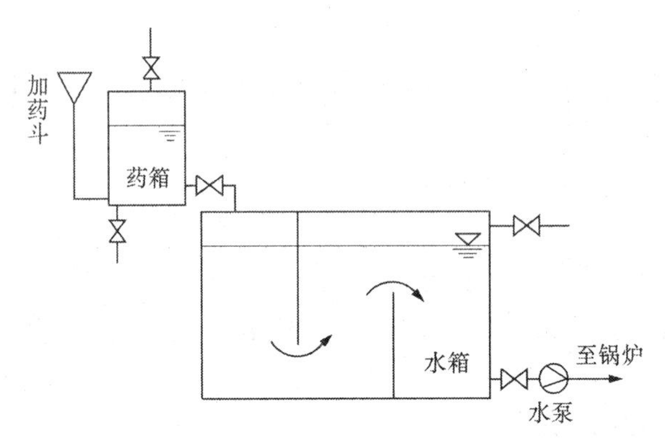

图7-1 水箱连续加药装置示意

(二)投药器投药

利用投药器可以将防垢剂直接投入到锅炉水中。投药器可以安装在水泵前后或上水管处(见图7-2),根据锅炉耗水量和水质,定时向锅炉水中投一定量的软水剂。

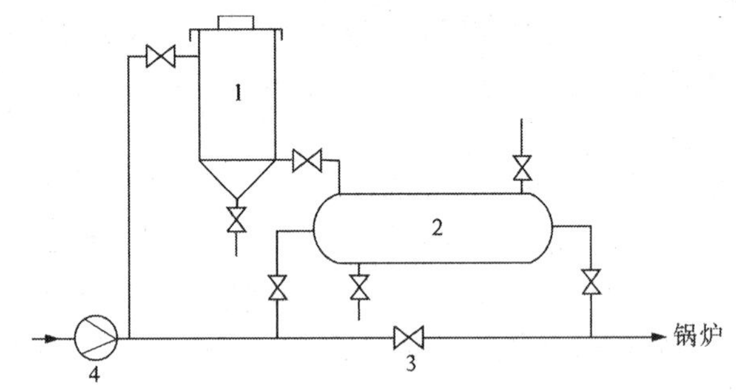

1—溶药箱; 2—加药罐;3—给水管阀;4—给水泵

图7-2 投药器示意

第五节 锅炉的排污

一、排污的目的和意义

含有杂质的给水进入锅内以后,随着锅水的不断蒸发浓缩,水中的杂质浓度逐渐增大,当达到一定限度时,就会给锅炉带来不良影响,为了保持锅水水质的各项指标在标准范围内,就需要从锅内不断地排出含盐量较高的锅水和沉积的水渣,并补入含盐量低而清洁的给水,以上作业过程称为锅炉的排污。

(一)排污的目的

(1)排除锅水中过剩的盐量和碱类等杂质,使锅水各项水质指标始终控制在国家标准要求的范围内。

(2)排除锅内生成的水渣。

(3)排除锅水表面的油脂和泡沫。

(二)排污的意义

(1)锅炉排污是水处理工作的重要组成部分,是保证锅水水质浓度达到标准要求的重要手段。

(2)实行有计划、科学地排污,保持锅水水质良好,是减缓或防止水垢结生、保证蒸汽质量、防止锅炉金属腐蚀的重要措施。

因此,严格执行排污作业制度,对确保锅炉安全经济运行,节约能源,有着极为重要的意义。

二、排污的方式和要求

(一)排污的方式

(1)连续排污。连续排污又叫表面排污。这种排污方式,是从锅水表面,将浓度较高的锅水连续不断地排出。它是降低锅水的含盐量和碱度,以及排除锅水表面的油脂和泡沫的重要方式。

(2)定期排污。定期排污又叫间断排污或底部排污。定期排污是在锅炉系统的最低点间断地进行的,它是排除锅内形成的泥垢以及其他沉淀物的有效方式。另外,定期排污还能迅速地调节锅水浓度,以补充连续排污的不足。小型锅炉只有定期排污装置。

(二)排污的要求

锅炉排污质量,不仅取决于排污量的多少,以及排污的方式,而且只有按照排污的要求去进行,才能保证排出水量少,排污效果好。

排污的主要要求是:

(1)勤排:就是说,排污次数要多一些,特别用底部排污来排除水渣时,短时间、多次排污,要比长时间、一次排污,排除水渣效果要好得多。

(2)少排:只要做到勤排,必然会做到少排,即每次排污量要少,这样既可以保证不影响供汽,又可使锅水质量始终控制在标准范围内,而不会产生较大的波动,这对锅炉保养十分有利(见图7-3)。

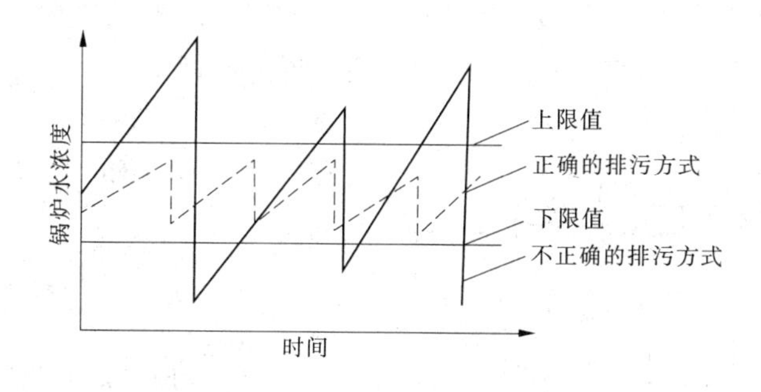

图7-3　正确的排污法示意

(3)均衡排:就是说,要使每次排污的时间间隔大体相同,使锅水质量经常保持在均衡状态下。

三、排污量的测定

工业锅炉排污量可以简单地用容量法测定,即在正常运行中,从水表处量好锅炉水位,然后满开排污阀,准确计时。排污结束后,测定出水表水位的下降高度,从锅炉容积表中查(或计算)出相应的排出锅水量,再乘以排污汽压下的锅水相对密度,除以排污阀开启的时间(秒),即得每秒钟的排污流量。

排污阀门的管径与排出流量的关系可以从表7-2中查知。

表7-2　锅炉排污阀门全开时每10 s排出的锅水量　(单位:L)

排污阀管径(mm)	锅炉压力(MPa)				
	0.5	1.0	1.5	2.0	2.5
5	5.1	7.2	8.8	9.3	11.1
8	12.5	17.6	22.0	24.8	27.7
10	20.4	28.7	34.7	39.7	45.0
15	45	64	79	90	100
20	77	110	135	154	175
25	126	181	217	250	277
30	177	260	303	345	385
40	323	455	555	670	715
50	506	715	833	1 000	1 110

四、锅炉的排污装置

(一)连续排污装置

连续排污装置如图7-4所示。此装置一般采用$\phi28\sim60$ mm的钢管做排污管,在其上方等距离开孔(间距约500 mm),排污管走向与汽包纵向一致。连接在排污管开孔处的短管称为吸污管,它的直径要小于排污管,上有椭圆形裁口和斜壁形开口(见图7-5)。吸污管顶端一般在正常水位下80~100 mm处。安装在此处的主要目的:一是此处蒸发量较大,锅炉水的局部浓度较高;二是排污时避免将蒸汽带走。

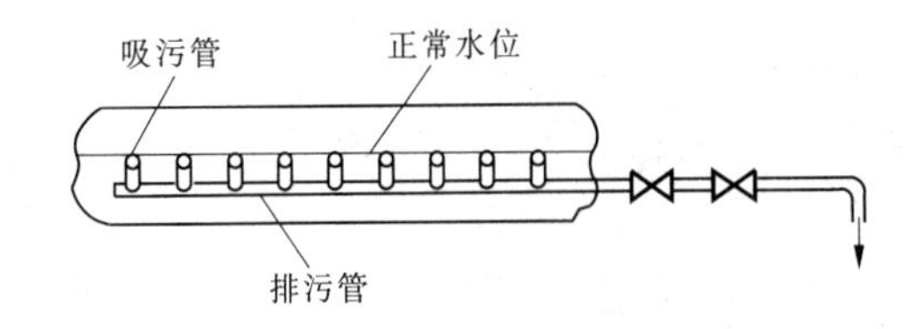

图7-4　连续排污装置示意

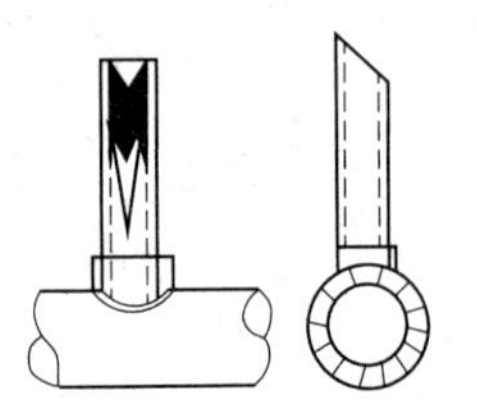
图7-5　吸污管示意

为了减少因连续排污而损失的水量和热量,一般将连续排污水引进扩容器。由于排污水在扩容器中压力突然降低,又使部分水转变为蒸汽,这部分蒸汽可以回收利用。扩容器中的水还可以通过热交换器,回收部分热量后再排出。

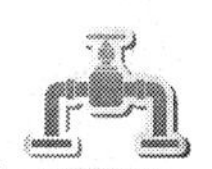

(二)定期排污装置

在下锅筒内设置的定期排污装置如图7-6所示。此装置主要用来排除在下锅筒底部的水渣。

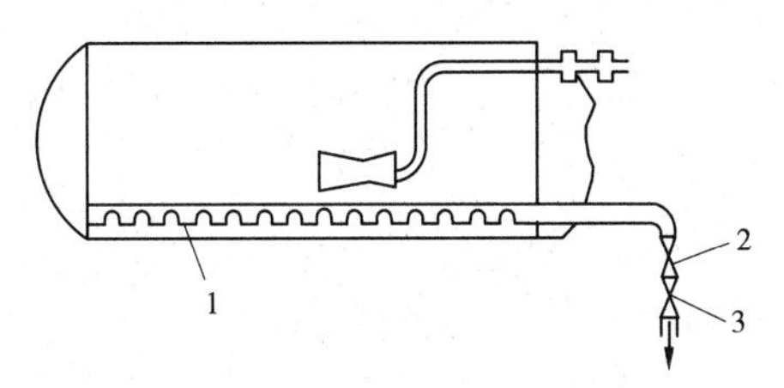

1—定期排污管;2—慢开阀;3—快开阀

图7-6　定期排污装置示意

有水冷壁管的锅炉,在下联箱底部应设有定期排污管道,以排除联箱底部的泥垢水渣。

定期排污时间间隔较长,排出水量相对较少,损失的热量也不多,因此一般排污水不回收利用(对采用锅外离子交换软化处理的例外)。但为了避免排污时产生的噪声或烫伤事故,有的加装扩容器,进行降压、降温后排至地沟。另外,在排污管上一般都安装两个阀门,在排污操作时,离锅炉较近的阀门应先开启后关闭,以保证操作安全。

五、锅炉排污率的确定

锅炉排污水量,应根据运行锅炉的水质和实际监测结果相比较来确定。排污量的大小常以排污率来表示,排污率常用锅炉排出水量占锅炉蒸发量的百分数来表示,即

$$P=\frac{Q_{污}}{Q_{汽}}\times 100\% \tag{7-11}$$

式中　P——锅炉排污率(%);

$Q_{污}$——锅炉排污水量,t/h;

$Q_{汽}$——锅炉蒸发量,t/h。

在实际应用中,锅炉排污率一般不按上式计算,而是按水质分析结果来计算,其计算方法如下。

当锅炉水水质处于稳定状态时,从物料平衡关系可知,某物质随给水带入锅内的量等于排污水排掉的量与饱和蒸汽带走的量之和,如式(7-12)和图7-7所示,即

$$Q_{给}\cdot S_{给}=Q_{汽}\cdot S_{汽}+Q_{污}\cdot S_{污} \tag{7-12}$$

式中　$Q_{给}$——锅炉给水量,t/h;

$S_{给}$——给水中某物质的含量,mg/kg;

$Q_{汽}$——饱和蒸汽量,t/h;

$S_{汽}$——饱和蒸汽中某物质的含量,mg/kg;

$Q_{污}$——锅炉排污量,t/h;

$S_{污}$——锅炉排污水中某物质的含量,mg/kg。

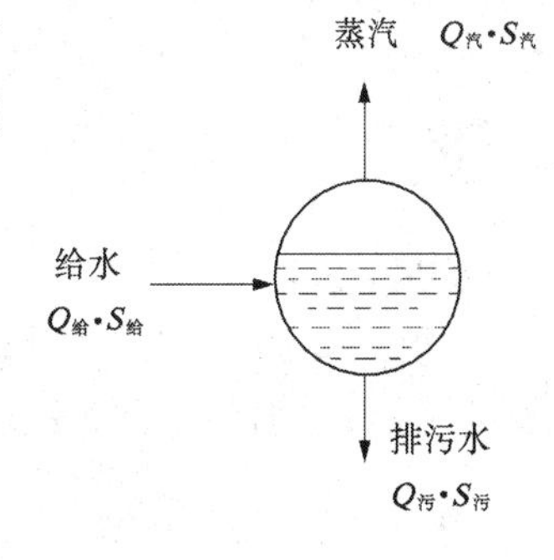

图7-7　锅炉排污原理示意

式中的S值($S_{给}$、$S_{汽}$、$S_{污}$)可以含盐量或含氯量、碱度的量来进行计算。

因为$S_{汽}$值很小,在计算时可以忽略不计,上式近似得

$$Q_{给} \cdot S_{给} = Q_{污} \cdot S_{污}$$

根据锅水、汽量的平衡关系,可以得出下式:

$$Q_{给} = Q_{污} + Q_{汽} \tag{7-13}$$

得

$$\frac{Q_{污}}{Q_{汽}} = \frac{S_{给}}{S_{污} - S_{给}}$$

因此排污率为

$$P = \frac{Q_{污}}{Q_{汽}} \times 100\%$$

$$= \frac{S_{给}}{S_{污} - S_{给}} \times 100\% \tag{7-14}$$

锅炉的最大蒸发倍率为 $K = \frac{Q_{汽}}{Q_{污}} = \frac{1}{P}$

【例7-4】 一台工作压力为0.5 MPa的快装锅炉,给水的含盐量为350 mg/kg,含氯量为30 mg/kg,求该锅炉的排污率(%)和最大蒸发倍率。

解法1:

$$P = \frac{S_{给}}{S_{污} - S_{给}} \times 100\%$$

因为$S_{给}$ = 350 mg/kg,$S_{污}$可以从国家标准中查得锅炉水最高的含盐量标准为4 000 mg/L(可以近似地等于4 000 mg/kg来计算),所以

$$P = \frac{350}{4\,000 - 350} \times 100\%$$

$$= 9.6\%$$

$$K = \frac{1}{P} = \frac{1}{9.6\%} = 10.4$$

该锅炉的排污率为9.6%,如该锅炉每小时产汽量为2 t,锅炉每小时需排污2 × 9.6% =0.19(t)水。

锅炉最大蒸发倍率为10.4倍。

解法2:

$$P = \frac{S_{给}}{S_{污} - S_{给}} \times 100\%$$

因为$S_{给}$ =30 mg/kg(以Cl^-含量计算),$S_{污}$可以通过含盐量的标准来间接计算,由于锅炉运行中,给水中的含氯量和含盐量在锅水中基本上是以相同的浓缩倍率浓缩的,即

$$\frac{S_{给}}{S_{污}} = \frac{Cl^-_{给}}{Cl^-_{污}}$$

所以

$$\frac{350}{4\,000} = \frac{30}{Cl^-_{污}}$$

$Cl^-_{污}=343$ mg/kg 当作 $S_{污}$ 代入,则

$$P=\frac{30}{343-30}\times 100\%=9.6\%$$

此结果与用含盐量的标准计算的结果是相同的。

六、锅水的化验监督与指导

(一)锅水质量的化验分析

为了检查锅炉在运行中锅水的质量是否符合国家标准的要求,并及时地指导司炉人员的排污作业,必须对锅水经常进行化验分析。

1. 取样时间

为了使锅水质量经常保持在标准范围内,应将锅水的取样化验时间制度化,最为科学的取样化验时间,应当根据锅炉实际耗水量来确定。一般在锅炉正常运行时,可每隔 2 h 化验一次,以计算出每 2 h 的耗水量,即可定出锅水化验的取样时间。

2. 取样方法

为了使所取水样能正确地反映锅水质量,应注意以下几点:

(1)要用专用的容器接取水样,每次取样的数量为 0.2 ~ 0.5 L,并记录取样时的锅炉水位、汽压。

(2)取样应在排污后没有上水前接取,如已注水,需经过 10 min 以后再接取。

(3)接取水样时应在指定的取样点接取水样,对于小型锅炉没有取样装置时,可以从水位表排(验)水阀上接取,但事先要关闭水表上部蒸汽阀,并用锅水冲洗接取水样的容器数次后再接取。

3. 测定项目

为了检查锅水质量是否符合国家标准的要求,一般只测定锅水的碱度和溶解固形物两个项目,如果不能直接测定溶解固形物,可以通过测定氯离子的办法,间接地监测溶解固形物含量的变化。对于投加磷酸盐或亚硫酸钠的锅炉,还应测定锅水中 PO_4^{3-} 或 SO_3^{2-} 的含量。

值得提出的是,在接取水样时,具有一定压力的锅炉水从排水阀排出接触大气时,有一部分水会因急骤减压而蒸发。因此,由上述方法接取的水样,其中各种盐类的浓度较锅内的实际浓度高,这样化验所得结果一般比实际锅水浓度略高一些(随锅内汽压而变化)。必须用表 7-3 的汽压校正系数加以校正(即乘以校正系数)。

【例 7-5】 取样时锅内汽压是 1.0 MPa,分析所得的碱度为 12 mmol/L,含氯量为 400 mg/L,试校正。

解:校正后:

$$碱度=12\times 0.854\approx 10(\text{mmol/L})$$

$$含氯量=400\times 0.854=341.6(\text{mg/L})$$

$$\approx 340\ \text{mg/L}$$

(二)锅水的监督与指导

锅水水质的监督工作,主要是检查锅炉在这一段运行时间内(从上次化验到这次化验期间),锅水质量是否符合国家标准要求。尽管根据炉型、给水质量等特点,已计算出该锅水的 K、P、[Cl^-]、$JD_{锅}$ 控制标准,但是由于种种原因,不可能控制得那么严格。因此,每次对锅水进行取样化验以后,都应根据化验结果对锅水的水质进行科学的调整,以保证水质符合标准。

表7-3　锅炉汽压校正系数

锅炉汽压(MPa)	校正系数	锅炉汽压(MPa)	校正系数	锅炉汽压(MPa)	校正系数
0.40	0.921	0.95	0.858	1.50	0.819
0.45	0.912	1.00	0.854	1.55	0.816
0.50	0.905	1.05	0.850	1.60	0.813
0.55	0.898	1.10	0.846	1.65	0.811
0.60	0.893	1.15	0.842	1.70	0.808
0.65	0.887	1.20	0.839	1.80	0.803
0.70	0.881	1.25	0.835	1.90	0.798
0.75	0.876	1.30	0.831	2.00	0.793
0.80	0.870	1.35	0.828	2.10	0.788
0.85	0.866	1.40	0.826	2.20	0.784
0.90	0.862	1.45	0.822	2.30	0.780

1. 锅水碱度的调整

影响锅水碱度经常发生变化的因素有:

(1)对于采用锅内加药水处理的,没有按规定的数量加药(如忘投、多投、少投、不按上水数量均衡投药等);或是配制的防垢剂有错误;或是选择的药剂型号不对等。

(2)对于采用锅外水处理的,软水质量恶化;或离子交换器清洗不彻底,软水硬度较高,使锅水碱度降低等。

(3)给水水质发生变化,如水源水质发生变化,或多水源的给水比例变化;或采用回水时,其回水质量变化或回水比例变化等。

(4)排污量不准确。排污量过多时,碱度下降;排污量过少时,碱度增加。

(5)取样方法不正确,或接取水样的容器不清洁等。

(6)上次或本次化验数据不对,或上次指导错误。

根据锅水碱度分析结果,当碱度数值不符合国家标准要求时,可以用下式进行调整:

$$G = V \cdot (JD_{标} - JD_{化}) \cdot M \tag{7-15}$$

式中　G——应补加或少加(为负数时)碱性药剂的数量,g;

V——锅炉的容水量,m^3;

$JD_{标}$——锅水要求达到的标准碱度, mmol/L;

$JD_{化}$——当时化验的锅水碱度, mmol/L;

M——加入碱性药剂的一价基本单元物质的摩尔质量,NaOH 为 40 g/mol,Na_2CO_3

为53 g/mol。

【例7-6】 某蒸发量为2 t/h的快装锅炉，其锅炉容水量为4 m^3，当时化验的锅水碱度为5.0 mmol/L，欲恢复到锅水要求的标准碱度15.0 mmol/L，需加纯碱多少千克？

已知：$V=4\ m^3$，$JD_{标}=15.0$ mmol/L，$JD_{化}=5.0$ mmol/L，$M=53$ g/mmol。

解：

$$G=4\times(15.0-5.0)\times53$$
$$=2\,120(g)$$
$$=2.12\ kg$$

向锅内一次投加纯碱2.12 kg，就可以使锅水碱度从5.0 mmol/L增至15.0 mmol/L。

如果所化验分析的锅水碱度超过了要求的标准碱度，对于采用锅内加药处理的，可以在补水时少投或不投碱性药剂；对于采用锅外化学处理的，可以增加排污量来降低碱度。

2. 锅水含氯量（溶解固形物）的调整

影响锅水含氯量（溶解固形物）发生变化的因素有：

（1）没有按规定的数量进行排污。

（2）对于采用锅外化学处理的，离子交换剂清洗不彻底，向锅内带入了残余的再生剂或再生废液。

（3）给水水质发生了变化。

（4）取样方法不正确，或接取水样的容器不清洁等。

（5）上次或本次化验数据不对，或上次指导错误。

根据锅水含氯量（溶解固形物）分析结果，当其数值不符合标准时，可以用下式进行调整。

$$P=\frac{\frac{2V}{Q}(Cl_{化}-Cl_{标})+2Cl_{给}}{Cl_{化}+Cl_{标}}\times100\% \tag{7-16}$$

式中 P——当次化验后到下次化验前的锅炉排污率（%）；

$Cl_{化}$——当次化验的锅水含氯量，mg/L；

$Cl_{标}$——要求下次化验时，锅水应达到的含氯量，mg/L；

$Cl_{给}$——给水中的含氯量，mg/L；

Q——当次化验到下次化验时的锅炉耗水量，m^3；

V——锅炉的容水量，m^3。

【例7-7】 某厂一台蒸发量为2 t/h的快装锅炉，其容水量为4 m^3，锅炉每消耗8 m^3水时化验一次，给水的含氯量为30 mg/L，锅水含氯量控制标准为320～400 mg/L，当次化验的锅水含氯量已达400 mg/L，求到下次化验时的锅炉排污率。

已知：$V=4\ m^3$，$Q=8\ m^3$，$Cl_{化}=400$ mg/L，$Cl_{标}=360$ mg/L，$Cl_{给}=30$ mg/L。

解：

$$P=\frac{\frac{2V}{Q}(Cl_{化}-Cl_{标})+2Cl_{给}}{Cl_{化}+Cl_{标}}\times100\%=\frac{\frac{2\times4}{8}\times(400-360)+2\times30}{400+360}\times100\%$$
$$=13.2\%$$

从当次化验到下次化验时，锅炉如按13.2%排污，就能使锅水含氯量从400 mg/L降低到 360 mg/L。

为了日常指导方便,可以对上式中的两个参量(P 与 $Cl_{化}$)可能出现的范围做成表,这样只要化验出 $Cl_{化}$,就能从表中直接查出 P 值。为了使司炉人员准确地排污,还可以将排污率(P)算成排污量($P \times Q$)。如果知道定压下排污阀全开 1 s 的排污量(q),还可把计算出的排污量折算成排污阀开启的总秒数($P \times Q/q$),将其总秒数再分成若干次,就可以在化验后明确地指导司炉人员在到下次再化验之前开启排污阀多少次,每次开多少秒钟。只要化验结果准确,指导正确,司炉人员又认真操作,那么锅水质量就可以稳定地控制在国家标准要求的范围内。

第六节　燃油、燃气锅炉的自动排污和手动排污

不少燃油、燃气的锅炉,尤其是进口锅炉常常带有自动排污装置。通常自动排污是通过装置中的电导仪对锅水中的电导率(或溶解固形物含量)进行连续监测来控制的,即当锅水浓度达到或超过所设定的某个值时,锅炉的表面排污阀就会自动打开,排放出一定量的高浓度锅水。装置中对锅水浓度的设定和排污流量的大小可根据水质标准的要求与实际水质情况进行设定并加以调节。一般自动排污为表面间歇排污,主要用来间接控制锅水中的溶解固形物含量。对于锅水中水渣的排除,仍需要手动进行底部排污。

有的进口锅炉(如贯流式锅炉)由于水容积很小而蒸发速率很高,在锅炉负荷较大的情况下,自动排污量不能过大。为了快速降低锅水浓度,并防止水渣累积而堵塞细小的管子,要求每天手动将锅水全部排掉(换水)一次。在这种情况下,应注意排污换水对锅炉腐蚀的影响,尤其是间歇运行的锅炉,全排换水宜在开始运行之前进行。曾有发现,有的仅在白天运行、晚上停用的贯流式锅炉,采用每天停炉时就将锅水全排换水,结果运行不到一年,即发生严重腐蚀,其原因就是换水后大量的溶解氧进入锅水中对金属产生了腐蚀,且热态锅炉的突然冷却易引起金属的应力腐蚀。而采用每天在锅炉点火前排污换水的,由于运行时溶解氧很快随蒸汽蒸发而逸出,使得锅水中溶解氧含量极少,经检查基本上未发现腐蚀。

第八章　锅外离子交换水处理

第一节　离子交换树脂

一、离子交换剂

（一）离子交换概念

离子交换是离子交换剂上的可交换的离子与溶液中离子间发生的交换反应的过程。此时溶液中的某种离子取代了离子交换剂上的可交换离子，而吸着在其上，交换剂上的可交换离子则进入溶液。图 8-1 所示是水中的 Ca^{2+}、Mg^{2+}（硬度成分）与离子交换剂中的 Na^+ 的交换反应，这个过程称为水的离子软化。这种能和溶液中阳（或阴）离子进行交换反应的物质叫作离子交换剂。

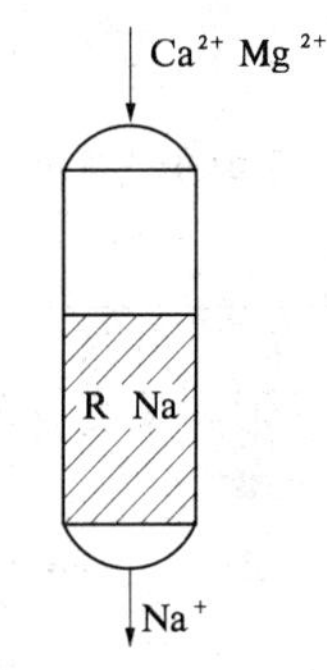

图 8-1　离子交换示意

（二）离子交换反应

具有应用价值的离子交换剂，不仅能够与水中的离子进行交换，并且在达到交换容量不能再交换后，可通过相反的交换反应，使它再恢复交换能力，转化为所需的形式，这个过程叫作离子交换剂的再生。所以，离子交换反应是一个可逆过程，而且是按等一价基本单元物质的量规则（即过去的等当量）进行的。例如，阳离子交换反应可用下列式子表示：

$$2RNa + Ca^{2+} \rightarrow R_2Ca + 2Na^+$$

$$2RNa + Mg^{2+} \rightarrow R_2Mg + 2Na^+$$

钠型阳离子交换剂　　水中离子　　交换后离子交换树脂　　水中离子

（三）离子交换剂的种类

目前，在工业锅炉水处理中使用的离子交换剂，主要有磺化煤和离子交换树脂两种。

磺化煤由褐煤或烟煤用发烟硫酸和浓硫酸处理（叫作磺化）而制得。由于它的交换性能及机械强度都较差，所以只有少数单位使用。而大部分水处理单位都采用离子交换树脂。

二、离子交换树脂

（一）离子交换树脂的组成

离子交换树脂是一种具有可交换离子，能同溶液中阳（或阴）离子发生交换的高分子化合物。例如，工业水处理中常用的离子交换树脂，是由苯乙烯和二乙烯苯聚合成的、经专门处理的粒状球体。

苯乙烯是一种能够聚合成链状高分子(聚乙烯苯)的有机物;二乙烯苯是能够在链状高分子有机化合物间起架桥作用的有机物(叫交联剂),它们互相作用形成具有一定立体结构的骨架基体,这种骨架经过磺化或胺化处理,使骨架带上交换基团,这样就能与水中的离子发生交换反应。

(二)离子交换树脂的分类及型号

1. 离子交换树脂的分类

工业水处理常用的离子交换树脂的分类见表8-1。

表8-1 工业水处理常用的离子交换树脂的分类

类别	酸碱性	交换基团	交换基团名称
阳离子交换树脂	强酸性	$—SO_3H$	磺酸基
	弱酸性	—COOH	羧酸基
阴离子交换树脂	强碱性	—NOH	季胺基
	弱碱性	—NHOH	叔胺基

(1)阳离子交换树脂是能与水(广义说溶液)中阳离子发生交换反应的树脂。当树脂上可交换离子为 H^+ 时,称H型阳离子交换树脂,由于其电离度的不同,又分为强酸性(阳离子交换)树脂和弱酸性(阳离子交换)树脂。

(2)阴离子交换树脂是能与水(广义说溶液)中阴离子发生交换反应的树脂。当树脂上可交换离子为 OH^- 时,称OH型阴离子交换树脂,由于其电离度的不同,又分为强碱性(阴离子交换)树脂和弱碱性(阴离子交换)树脂。

强酸性树脂和强碱性树脂统称为强型树脂,弱酸性树脂和弱碱性树脂统称为弱型树脂。

2. 离子交换树脂的型号

根据原化工部颁布的命名规则,离子交换树脂的型号是由四个阿拉伯数字组成的,它们分别代表分类代号、骨架代号、顺序号(表示交换基团、交联剂等差异)以及连接号和树脂中交联剂百分含量(称交联度)。型号组成如下:

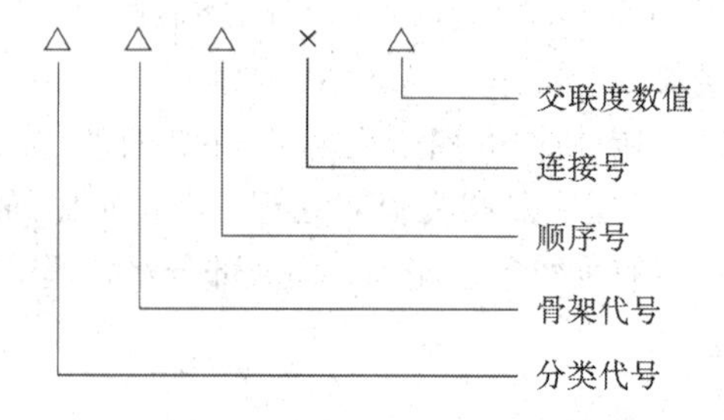

它的分类代号及骨架代号所代表的含义见表8-2。

工业锅炉水处理常用的离子交换树脂型号见表8-3。

表 8-2　离子交换树脂的分类代号、骨架代号和顺序号

代号名称	代号	代表名称
分类代号	0	强酸性
	1	弱酸性
	2	强碱性
	3	弱碱性
骨架代号	0	苯乙烯系
	1	丙烯酸系
顺序号	1	

表 8-3　工业锅炉水处理常用的离子交换树脂型号

规定型号	树脂名称及含义	代表式	旧型号
001×7	强酸性苯乙烯系阳离子交换树脂,交联度为7%,简称强阳树脂	RH(氢型)	732
		RNa(钠型)	
201×7	强碱性苯乙烯系阴离子交换树脂,交联度为7%,简称强阴树脂	ROH(氢氧型)	717
		RCl(氯型)	

此外,离子交换树脂还有凝胶型和大孔型之分。前面介绍的属凝胶型树脂,大孔型树脂的型号同凝胶型的区别,只是在代表符号的阿拉伯数字前面加“D”;如上所见,凝胶型树脂代表符号的数码前无任何标记。

强酸性苯乙烯系阳离子交换树脂颗粒的微观结构可用图 8-2 来表示。

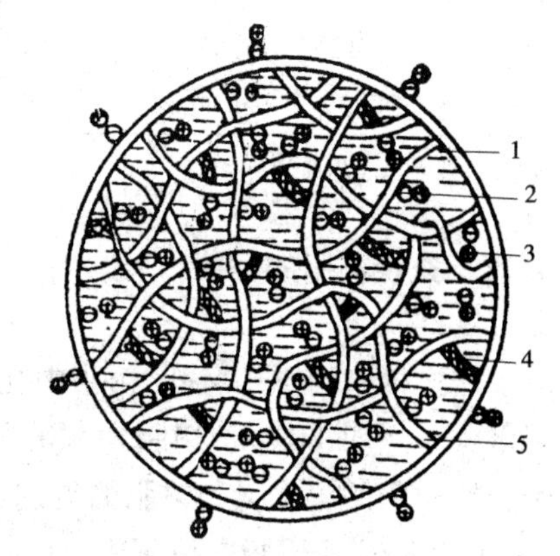

1—树脂内的结合水;2—固定离子(—SO_3^{2-});3—可交换的离子;4—二乙烯苯交联;5—聚苯乙烯链

图 8-2　强酸性苯乙烯系阳离子交换树脂颗粒的微观结构示意

由图 8-2 可见,球形的树脂是由苯乙烯和二乙烯苯的共聚体为骨架组成的立体结构,其空间被结合水所充满。这种结构类似排布错乱的蜂巢,在树脂内形成纵横交错的“孔道”,离子交换基团就分布在孔道的骨架上,水中的离子通过孔道到达交换位置进行交换反应,交换下来的离子由孔道扩散到水中,从而完成了离子交换的全部过程。

离子交换树脂在使用时,如何保持表面的清洁、孔道不被堵塞、离子在孔道内移动畅通等,对离子交换反应速度是一个不可忽视的问题。

三、离子交换树脂的性能

(一)离子交换树脂的技术指标

离子交换树脂的技术指标见表8-4及表8-5。

表8-4　001×7强酸性苯乙烯系阳离子交换树脂性能

指标名称	指标	
	一级品	二级品
含水量(%)	45~55	45~55
质量交换容量(mmol*/g钠型干树脂)	≥4.2	≥4.0
湿真相对密度(20℃)	1.23~1.28	1.23~1.28
湿视密度(g/mL)	0.75~0.85	0.75~0.85
耐磨率(%)	≥93.0	≥88.0
粒度0.3~1.2 mm(%)	≥95	≥95

注:*表示一价基本单元物质的量。

表8-5　201×7强碱性苯乙烯系阴离子交换树脂性能

指标名称	指标	
	一级品	二级品
含水量(%)	40~50	40~50
质量交换容量(mmol*/g氯型干树脂)	≥3.0	≥3.0
湿真相对密度(20℃)	1.06~1.11	1.06~1.11
湿视密度(g/mL)	0.65~0.75	0.65~0.75
耐磨率(%)	≥95.0	≥90.0
粒度0.3~1.2 mm(%)	≥95	≥95

注:*表示一价基本单元物质的量。

(二)离子交换树脂的性能

1.含水量(%)

由离子交换树脂的结构可知,树脂中孔道内的自由水分和交换基团上的结合水分构成了树脂水分。例如,001×7树脂含水量占其质量的一半。

离子交换树脂的含水量和树脂的类别、结构、酸碱性、交联度、交换容量、离子形态等因素有关(见表8-6)。树脂在使用中,如果发生链的断裂、微孔结构的变化、交换容量下降等现象,含水量也随着起变化。因此,树脂含水量的变化也反映出树脂内在质量的变化。

2.密度

树脂的密度,根据含水情况可分为干(态)密度和湿(态)密度,干密度大,实用意义不大,所以不常用。

表 8-6 国产水处理树脂的含水量

树脂型号	离子形态	含水量(%)	膨胀率(%)
001×7	RH(氢型)	55±2	>5
001×7	RNa(钠型)	49±2	
201×7	ROH(氢氧型)	56±2	≈10
201×7	RCl(氯型)	46±2	

湿密度又有湿真密度和湿视密度之分。它们的区别是,前者在计算树脂的体积时树脂颗粒之间的空隙不计入,叫真实体积;后者则包括孔隙所占的体积,叫堆积体积。

经常应用的是湿视密度,计算式为

$$\text{湿视密度}(\rho)=\text{湿树脂质量}/\text{湿树脂堆积体积}\quad (g/mL) \tag{8-1}$$

可由湿视密度计算离子交换器中树脂的装载量。

【例 8-1】 某厂锅炉房新装一台直径为 1 500 mm 的离子交换器,内装 001×7 树脂,湿视密度为 0.8 g/mL,树脂床层高为 2.0 m,计算需购入树脂多少千克?

解:由直径 d 和树脂层高度 h 计算树脂的体积 V,即

$$V=(d/2)^2\pi h=0.785d^2h$$

计算装载湿树脂质量 G 公式为

$$G=V\rho=0.785d^2h\rho \tag{8-2}$$

式中 π——圆周率,取 3.14;

ρ——树脂的湿视密度,g/mL。

将题中数据代入式(8-2)中,可计算出所需 001×7 树脂的质量为

$$G=0.785\times1.5^2\times2.0\times0.8=2.826(t)$$
$$=2\ 826\ kg$$

3. 粒度

树脂颗粒大小,对水处理工艺有较大影响,颗粒大,离子交换不充分;颗粒小,水通过树脂层的阻力大,且易在反洗过程中流失。树脂粒径不均匀时,不但运行时水流阻力增大,而且反洗时流速难以控制。

树脂的粒度表示树脂颗粒直径的范围,它与树脂出厂时交换基团形式及在水中膨胀程度有关。应用于水处理的树脂的粒度一般为 0.3~1.2 mm。在选购树脂时,应首先认定颗粒直径是否在要求范围内以及树脂粒度是否均匀。

4. 耐磨性

耐磨性主要表明离子交换树脂机械强度的大小,通常是用耐磨率及磨后圆球率两项指标来衡量。其测定方法是将树脂放入指定规格的球磨机中进行滚动摩擦试验,由树脂粉碎程度来计算其耐磨率和磨后圆球率:

$$\text{耐磨率}=(m_1-m_2)/m_1\times100\% \tag{8-3}$$

$$\text{磨后圆球率}=(m_1-m_3)/m_1\times100\% \tag{8-4}$$

式中 m_1——磨后干树脂样品的质量,g;

m_2——磨后粒径小于0.3 mm部分干碎粒树脂的质量,g;

m_3——磨后非球形干碎粒树脂的质量,g。

表8-7列举了某些厂生产的001×7树脂和201×7树脂的耐磨性能。

表8-7　不同厂家树脂的耐磨性能

厂家序号	001×7		201×7	
	耐磨率(%)	磨后圆球率(%)	耐磨率(%)	磨后圆球率(%)
1	99.7	93.8	99.8	87.8
2	99.3	90.0	99.2	92.0
3	99.3	87.2	99.9	99.2
4	99.9	99.5	99.7	94.5

耐磨率只是表明磨后属于合格粒度的树脂(包括破碎树脂)所占的百分比;而磨后圆球率则表明磨后属于合格粒度且呈球形的树脂所占的百分数。所以,此值比耐磨率小,用磨后圆球率来表示树脂的耐磨性更为正确。

耐磨性是离子交换树脂的一项重要指标,树脂耐磨性差,机械强度就低,在使用中破碎严重,损耗量大,树脂层阻力增大,严重的会影响设备的出力。正常情况下树脂每年破损率不超过5%。

5.交换容量

离子交换树脂的交换容量是离子交换剂最重要的性能指标,它是衡量树脂可能交换离子数量多少的指标。实际应用中,一般有以下几种交换容量:

(1)全交换容量($E_{全}$):表示树脂内离子交换基团全部发生交换反应时的交换容量,单位为mmol(一价基本单元物质)/g(干树脂)或mmol(一价基本单元物质)/mL(湿树脂)两种。当树脂的结构一定时,全交换容量基本上是一个常数。全交换容量仅应用在树脂的试验研究上,而在实际使用时,常用工作交换容量。

(2)工作交换容量($E_{工}$):表示在工作条件下,单位体积树脂所具有的离子交换量,单位为mmol(一价基本单元物质)/mL(湿树脂)或mol/m^3(湿树脂)两种。树脂的工作条件,包括原水的成分、杂质浓度、温度、流速、出水水质要求、树脂床层高度、运行方式和设备结构的合理性等。

工作交换容量受工作条件影响很大,所以其数值不可能是一个常数,它的变化幅度很大。

工作交换容量与全交换容量的关系不大,但与再生条件有直接关系。也就是说,树脂再生的好坏直接影响其工作交换容量的大小。

6.离子交换的选择性

离子交换树脂对水中各种离子的交换能力是不同的,有些离子容易与树脂发生交换反应,但交换后要将它们再生下来就比较困难;而另一些离子较难与树脂发生交换反应,但很容易从树脂中再生下来,离子交换树脂对不同离子的交换反应难易程度不同的这种性质,称为离子交换的选择性。

离子交换的选择性与离子所带电荷及水合离子半径等有关。离子所带电荷越多,水合离子半径就越小,也就越容易与树脂发生交换反应。例如,001 ×7 树脂离子交换的选择性顺序为

$$Fe^{3+} > Al^{3+} > Ca^{2+} > Mg^{2+} > K^{+} > Na^{+} > H^{+}$$

201 ×7 树脂离子交换的选择性顺序为

$$PO_4^{3-} > SO_4^{2-} > NO_3^{-} > Cl^{-} > OH^{-} > HCO_3^{-} > HSiO_3^{-}$$

由 001 ×7 树脂离子交换的选择性顺序可以看出,钠型离子交换树脂(RNa)与水中的 Ca^{2+}、Mg^{2+} 很容易发生交换反应,生成 R_2Ca 和 R_2Mg,但要将它们再生下来就比较困难。

四、离子交换树脂的管理

(一)新树脂的保管

新购入的树脂,在没有投入使用之前,应当注意以下问题。

1. 保持树脂的水分

树脂在出厂时含水率是饱和的,因此在运输中要注意包装的密封和完整,防止树脂因失水而风干。

树脂贮存时间也不宜过长(一般不超过一年)。如果长期不用,应保持包装密封和完整,有条件时可以直接贮存在充满 10% NaCl 溶液的、防腐完好的交换器内。这样既可以避免树脂因反复被风干、湿润,造成树脂反复收缩、膨胀而导致强度降低,同时也可以防止因树脂中微生物的繁殖和滋长而污染树脂。

2. 防止受热和受冻

树脂不宜放在高温设备附近(如锅炉本体、储热设备和管道等)和阳光直接照射的地方,最好环境温度在 5 ~20 ℃,不要低于 0 ℃,以防止树脂内水分因冻结而造成树脂胀裂。因此,北方地区要避免在冬季运输树脂,也不要把树脂放在无保温设施的厂房内。如果在低温条件下运输和保管树脂,可以将树脂放在相应浓度的食盐水中(食盐浓度与冰点的关系见表 8-8)。

表 8-8　食盐浓度与冰点的关系

食盐浓度(%)	密度(15 ℃)	冰点(℃)
5	1.036 24	-3.0
10	0.073 35	-7.0
15	1.111 46	-10.8
20	1.151 07	-16.3
25.5	1.179 42	-21.22

当贮存温度过高时,因微生物生长较快,易使树脂遭到污染。另外,树脂长期在高温下存放,还会导致交换基团分解而影响树脂的交换能力和使用寿命。

3. 防止树脂污染

树脂贮存时,要避免与铁容器、强氧化剂、油类和有机溶剂接触,以防止对树脂的污染

或被氧化降解。此外,还要防止对树脂的挤压、摩擦,以防止树脂破碎。

(二)旧树脂的管理

树脂在使用中如有较长时间停用时(如备用设备中的树脂和采暖锅炉水处理设备中的树脂等),在停用中要注意以下事项。

1. 树脂转型

对长期停用的树脂以转成盐型的树脂为好,即将阳离子交换树脂转成钠型的,将阴离子交换树脂转成氯型的。阳离子交换树脂不宜以钙型(失效状态)或氢型长期存放。

2. 湿法存放

停用的树脂可以继续存放在交换器内。但是湿法存放必须保证交换器内部防腐良好,如树脂放在清水中存放,此清水每月都要更换一次。最好把树脂存放在10%的食盐水中,这样可以防止微生物的生长。

3. 防止发霉

交换器内树脂表面容易有微生物繁殖,使树脂发霉而结块。尤其在温度高的条件下,为防止树脂发霉、结块,除定期更换交换器内清水外,也可以用1%~1.5%的甲醛溶液消毒,但要及时排出,不能长期浸泡,以免破坏树脂结构。

此外,树脂在保管过程中,要保护好树脂包装上的标签,这对使用多种型号树脂的单位尤其重要,以防止不同类型树脂混杂在一起而影响使用。

五、离子交换树脂的使用及鉴别

(一)离子交换树脂的装填

离子交换树脂在装入交换器之前,要先确认一下树脂的型号是否与所要求的相符,再检查树脂的失水和破碎情况。如果树脂失水严重,在装填之前应先用饱和食盐水浸泡8 h以上,再加水逐渐稀释;如果树脂严重破碎,需要用50目(0.3 mm孔径)的筛子进行筛分,然后装入交换器。树脂的装填方法可采用水力输送和人工装填。

1. 水力输送

对于体积较大的交换器,最好采用水力输送方法装填树脂,如图8-3所示。这种方法既可节省人力又可防止树脂的流失。装填时,将树脂倒入0.5 m^3左右的容器内,并注入适量的水使树脂处于流动状态,用软管一端插入盛树脂的容器内,另一端连接喷射器的吸入管。喷射器的出口也用软管与交换器上部进树脂管或顶部的排空气管连接,也可以插入上部的人孔门内。开启具有一定压力的工作水,即可将树脂输送至交换器内。在进树脂过程中,将交换器下部的排水阀门开启一定的开度,使进入交换器内的水不断排出,但要保持交换器内树脂上面有一定的水位,以防空气和树脂接触,否则会造成树脂层内的空气难以赶出。

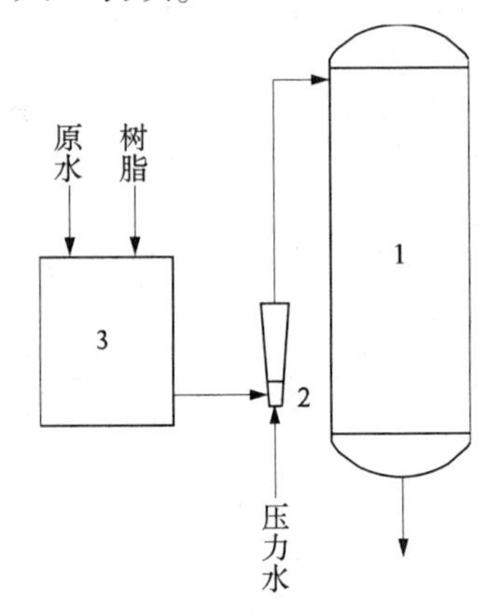

1—离子交换器;2—水力喷射器;3—树脂槽

图8-3 水力输送装填树脂法

2. 人工装填

在装填树脂之前要将交换器内,注入一半左右的水,然后打开上部人孔门,将树脂小心地倒入交换器内,或用特制漏斗从交换器顶部排空气管的法兰处装入。

(二)新树脂的预处理

在新树脂中,常含有一些生产中残留的过剩溶剂和反应不完全的低分子聚合物,还可能吸附一些重金属离子(如 Fe^{2+}、Cu^{2+} 等),如果不事先除去这些杂质,就会出现使用初期出水污染的情况,使用前最好分别用 2% ~4% 的 NaOH 溶液或 4% ~5% 的 HCl 溶液进行浸泡和冲洗。

对于小型钠离子交换器内的树脂,使用前可用大量清水进行清洗,直到排出的水无色、无味和无泡沫为止,然后进行再生,投入运行。

(三)离子交换树脂的鉴别

1. 强酸性树脂和强碱性树脂的鉴别

在树脂使用中,如果辨别不清强酸性和强碱性树脂,可用下列方法鉴别:

取 2 mL 树脂,置于 30 mL 试管中,用蒸馏水清洗 2 ~3 次,加入 10% 的 NaCl 溶液,摇动 2 ~3 min,弃去树脂层上的残液,再用蒸馏水充分清洗。然后加入 2 mol/L 的 HCl 溶液 5 mL,摇动 2 ~3 min,取树脂层上部的溶液测定其酸度,如酸度有明显降低,则为强酸性树脂;如酸度无明显变化,则为强碱性树脂。或者,经 NaCl 处理后的树脂,加入 2 mol/L 的 NaOH 溶液,按上述方法操作,测定碱度的变化,如碱度有明显下降,则为强碱性树脂;反之为强酸性树脂。

更为简单的鉴别方法,是利用强酸性树脂的密度大于强碱性树脂的性质,将 2 mL 树脂置于 30 mL 试管中,加入 15 mL 的食盐水,摇动片刻,如树脂沉于底部便是强酸性树脂,漂浮在饱和食盐水上则是强碱性树脂。

利用上述方法可以将混杂在一起的强型阴、阳树脂分离开来。

2. 强型树脂与弱型树脂的鉴别

取树脂 2 mL,置于 30 mL 试管中,加入 1 mol/L HCl 溶液 5 mL,摇动 1 ~2 min,用吸管将上部的清液吸去,重复操作 2 ~3 次,用蒸馏水清洗 2 ~3 次,再加入 10% 的 $CuSO_4$ 溶液 4 ~5 mL,摇动 1 min,弃去上部残液,再用蒸馏水冲洗 2 ~3 次。

如果树脂变为浅绿色,再加入 5 mol/L $NH_3 \cdot H_2O$ 溶液 2 mL,摇动 1 min,若树脂变为深蓝色则为强酸性树脂,若仍保持原色则为弱碱性树脂。

如果树脂不变色,再加入 1 mol/L 的 NaOH 溶液 5 mL,摇动 1 min,用蒸馏水清洗 2 ~3 次,再加入酚酞试液摇动 1 min,若树脂呈红色则为强碱性树脂;如树脂仍不变色,则加入 1 mol/L 的 HCl 溶液 5 mL,摇动 1 min,用蒸馏水清洗 2 ~3 次,再加入 5 滴甲基红试剂,摇动 1 min,若树脂呈桃红色则为弱酸型树脂。

经上述处理后若树脂都不变色,则说明该树脂已无离子交换能力。

六、离子交换树脂的污染和复苏

离子交换树脂在使用(包括存放)过程中,由于有害杂质的侵入,使树脂的性能明显变坏的现象,称为树脂的污染。树脂被污染有两种情况:一种情况是树脂结构无变化,只是树脂内部的交换孔道被杂质堵塞或表面被覆盖,或交换基团被占用,致使树脂的交换容量明显变低,再生困难,这种现象称为树脂的“中毒”,这种污染是可以逆转的污染。如通过适当的处理恢复树脂交换能力的方法,称为树脂的“复苏”。另一种情况是树脂的结构遭到破坏,交换基团降解或交联结构断裂,树脂的这种污染是无法进行复苏的,是一种不可逆转的污染,所以又称为树脂“老化”。下面介绍几种常见的树脂污染及复苏的方法。

(一)铁的污染

(1)污染的原因:铁污染是钠型树脂最常见的污染。铁的来源一是水源水或再生剂含铁量过高(>0.3 mg/L),二是钢制水处理设备因防腐不良或没防腐而引起的。

铁污染一般有两种情况,最常见的一种是以胶态或悬浮铁化物形式进入交换器,由于树脂的吸附作用,在其表面形成一层铁化物的覆盖层,而阻止水中的离子和树脂进行有效的接触;另一种是亚铁离子(Fe^{2+})进入交换器,与树脂进行交换反应,Fe^{2+}容易被氧化成高价铁的化合物,沉积在树脂内部,堵塞了树脂孔道,而且附着时间愈长,就愈难以去除。

铁对强碱树脂也会产生污染,而且比阳离子交换树脂要严重。

(2)污染现象:被铁污染的树脂,从外观上看,颜色明显地变深、变暗,甚至可以呈暗红褐色或黑色。另外,树脂的工作交换容量变低,离子交换器的生产能力明显下降,而且树脂再生困难。

(3)复苏办法:常见的钠型树脂被污染后,可以用10%的盐酸去再生树脂。先用动态法进行酸再生处理,然后用盐酸溶液浸泡树脂5~8 h,经清洗后,以10%的食盐水按再生的要求去再生树脂,再清洗至氯根合格,即成钠型树脂。

(4)预防措施:要加强对水处理设备的防腐工作,以避免铁及其腐蚀产物对树脂的污染。尤其是食盐再生系统极易被腐蚀,也是树脂被污染的重要途径,因此也必须采取有效的防腐措施。

另外,对含铁量高的水源水,不能直接进入交换器,而必须先进行除铁处理后,方可进行离子交换。

(二)活性余氯污染

(1)污染原因:当以自来水做水源水时,如残留的余氯过高时(>0.5 mg/L),就会造成树脂结构的破坏。

(2)污染现象:树脂被余氯污染后,颜色明显地变浅,透明度增加,体积增大,此后树脂强度急骤下降,导致树脂破碎,但是树脂的全交换容量初期并不降低。

(3)主要危害:这种污染是不可逆转的,由于树脂大量破碎,树脂层阻力增大,并出现偏流现象,出水水质变差。被活性余氯污染严重的树脂,将会全部报废。

(4)预防措施:当自来水中的活性余氯经常超过标准(>0.3 mg/L)时,可以在交换器前设置活性炭过滤器,或向自来水中投加亚硫酸钠,以除去水中活性余氯。

(三)有机物污染

(1)污染原因:若待处理水中含有有机物,由于水中有机物是带负电基团的线型大分子,它们和水中的阴离子一样,能与强碱性阴树脂发生交换反应,并紧紧吸附在交换基团上,如采用通常的再生方法是很难去除的。

(2)污染现象:阴离子交换树脂被有机物污染后,交换能力急骤下降,使产水量减少,

水质质量降低。

(3)复苏方法：可以用 NaCl 和 NaOH 的混合溶液处理被有机物污染的树脂，其中 NaCl 浓度一般为 8% ~10%，每升树脂用量为 100 ~ 300 g；NaOH 浓度一般为 2% ~4%，每升树脂用量按10 ~ 30 g，处理温度可以在 40 ~ 50 ℃，此法处理效果较好，能起到延长树脂使用寿命的作用。

用此混合液处理阴离子交换树脂时，树脂容易漂浮在处理液的上层，影响处理效果，操作时应加以注意。

(4)预防措施：对含有有机物的水源水，首先要采取过滤处理（如活性炭过滤），严防有机物进入阴离子交换器。

除上述污染外，水中的铝离子、油脂、微生物以及用硫酸及其盐再生阳离子交换树脂时结生的 $CaSO_4$ 等，都会污染树脂，因此也应严加防范。

第二节　钠离子交换软化处理的基本原理

锅炉结垢的最主要原因是锅炉给水中存在 Ca^{2+}、Mg^{2+}，钠离子交换的目的就是除去水中的 Ca^{2+}、Mg^{2+}，使硬水变成软水，以防止锅炉结垢。当水源水的碱度较低时，工业锅炉的给水都可采用钠离子交换处理。

一、固定床钠离子交换的软化过程

固定床是动态离子交换的一种形式，它是指运行中离子交换剂层固定在一个交换器中，再生时一般也在交换器内进行。

（一）钠离子交换软化水的特点

固定床运行时，当水流从上至下通过交换剂层时，水中的 Ca^{2+}、Mg^{2+} 与交换剂中的 Na^+ 进行交换反应。其过程如下：

碳酸盐硬度软化过程

$$Ca(HCO_3)_2 + 2NaR \rightarrow CaR_2 + 2NaHCO_3$$

$$Mg(HCO_3)_2 + 2NaR \rightarrow MgR_2 + 2NaHCO_3$$

非碳酸盐硬度软化过程

$$CaSO_4 + 2NaR \rightarrow CaR_2 + Na_2SO_4$$

$$CaCl_2 + 2NaR \rightarrow CaR_2 + 2NaCl$$

$$MgSO_4 + 2NaR \rightarrow MgR_2 + Na_2SO_4$$

$$MgCl_2 + 2NaR \rightarrow MgR_2 + 2NaCl$$

从以上反应式可以分析出，经钠离子交换的软化水有如下特点。

1. 硬度可以降低或消除

经钠离子交换树脂软化后的水质，其残余硬度可以降低至 0.03 mmol/L 以下，甚至可以完全消除硬度。软化过程中硬度变化如图 8-4 所示。曲线中，横坐标表示经过交换器的被软化水量（Q），纵坐标表示硬水和软化水总硬度之差（ΔYD）。

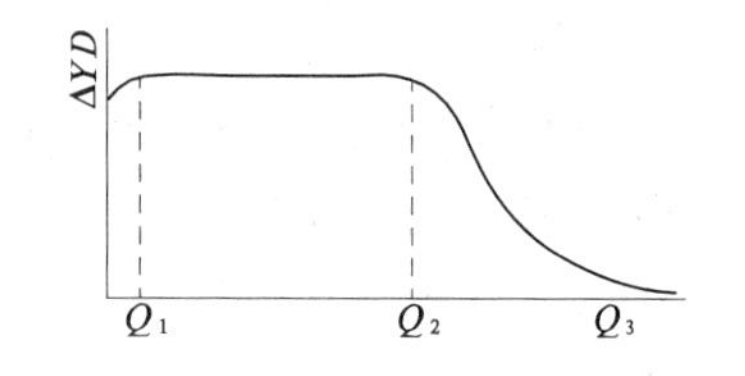

图 8-4　钠型阳离子交换器运行曲线

当由阳离子交换器流过的水量为 Q_1 时,出水质量才达到稳定。而前期出水硬度一般都比较高(随原水硬度的大小而变化),但持续时间很短暂,一般在正常交换流速下,只有几分钟。当原水继续交换至水量 Q_2 时,水中钙、镁离子便开始出现在处理后的水中,而且软水中的总硬度会逐渐增大。其硬度出现的规律是:开始硬度增加得很快,以后增加速度减缓。但是如果达到水量 Q_3,即 ΔYD 减小至零(原水总硬度和软水总硬度相同),则需要很长一段时间。

在交换过程结束后,阳离子交换树脂的消耗是有层次的,因为在交换过程的开始,首先是上部钠离子交换树脂被钙、镁所饱和,随着软化过程的进行,其交换过程逐渐向交换器的下部推移。当树脂被饱和至一定程度时,即开始出现硬度,并逐渐使软水硬度升高。

2. 碱度保持不变

经钠型离子交换树脂软化后的水质,由于碳酸盐硬度等量地转变成了重碳酸钠,并不能使硬水的碱度降低,所以碱度保持不变。

3. 含盐量增加

经钠型离子交换树脂软化后的水质,由于原水中的阴离子,即水中的氯离子(Cl^-)、硫酸根(SO_4^{2-})、重碳酸根(HCO_3^-)和硅酸根(SiO_3^{2-})等并不改变,如果水中的其他重金属阳离子忽略不计,只是钙、镁盐类等量地转变成了不能生成水垢的钠盐,当 1 mmol/L 的($\frac{1}{2}Ca^{2+}$)钙硬度被 1 mmol/L 的钠离子所交换时,则水中可增加盐量达 2.96 mg/L[即 23.00(Na^+ 的摩尔质量) - 20.04($\frac{1}{2}Ca^{2+}$ 的摩尔质量)]。而 1 mmol/L($\frac{1}{2}Mg^{2+}$)的镁硬度被硬度 1 mg/L 的钠离子交换时,则水中可增加盐量达 10.84 mg/L[即 23.00(Na^+ 的摩尔质量) - 12.16($\frac{1}{2}Mg^{2+}$ 的摩尔质量)]。因此,软化后的水质,其含盐量要比原水高。

由以上分析可以得知,对于硬度很高的原水,单纯进行钠型软化,虽然硬度消除了,但是会使软化后的水质含盐量增加很多。对于碱度较高的原水,单纯进行钠型软化,会使软化后的水质仍然保持原来的碱度,这种较高的碱度和含盐量,对提高锅水质量和蒸汽质量都是不利的。因此,对于高硬度或高碱度的水质,不宜使用此法软化,而必须采取部分钠离子交换法或氢 - 钠联合处理,甚至进行部分除盐或全部除盐处理。

(二)钠离子交换软化交换器内树脂层的特点

如图 8-5 所示,当水流自上而下流过交换器时,水流首先接触的上部的交换剂层首先进行交换,当其失效后,继续进入的原水就与下一层交换剂进行离子交换,从而使工作层不断下移。这样,整个交换剂层便分为三个区域:上部是已失效的交换剂层,在这一层中由于前期的运行,交换剂都已呈 Ca^{2+}、Mg^{2+} 型,失去了继续软化的能力,水通过这层时不再发生变化,故这一层称为失效层(也叫饱和层);在它下面的一层是交换层,也称工作层,水通过这一层时,水中的 Ca^{2+}、Mg^{2+} 与交换剂中的 Na^+ 进行交换反应,因此在这层交换剂中既有钠型的,也有钙、镁型的;最下部的交换剂是尚未参加反应的一层,基本上都是

呈钠型。随着交换器的运行，失效层的区域不断增大，工作层不断下移，未交换区域随之减少。当工作层下移至接近交换层底部时，出水中将会因 Ca^{2+}、Mg^{2+} 穿透而出现硬度，因此为了保证出水合格，应在底部保留一定的钠型未交换剂层，即当工作层到达交换剂层底部之前，就应进行再生，故最底层的未交换剂层被称为保护层。从以上分析可以知道，实际上工作层或保护层中有部分交换剂并未完全发挥离子交换的作用，因此它们在整个交换剂层中所占的比例越小，交换剂的利用率就越高。这也就是增加离子交换剂层高度，可提高树脂工作交换容量的原因。此外，在交换器运行中，交换剂工作层厚度对工作交换容量的影响也是显而易见的，影响工作层厚度的因素很多，主要有：

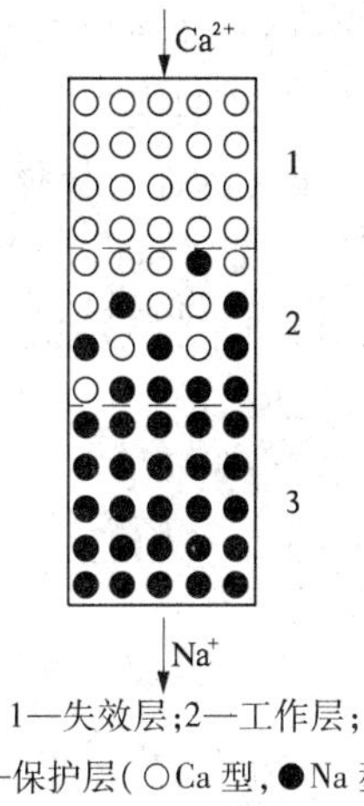

1—失效层；2—工作层；3—保护层（○Ca 型，●Na 型）

图 8-5　树脂工作层示意

（1）运行流速。水通过交换剂层的流速越快，工作层越厚。

（2）原水水质。出水质量标准一定时，原水中要除去的离子浓度越大（对钠离子交换而言，即原水中硬度越高），工作层越厚。

（3）离子交换剂的颗粒越大，水流温度越低，交换反应的速度越慢，工作层越厚。

在实际运行中，当原水硬度增大，冬季温度降低时，可适当降低运行流速，以使工作层不致变厚，从而保持其工作交换容量和出水质量。

二、固定床钠离子交换的再生过程

在钠离子交换过程中，当软水中出现了硬度，而且超过了标准时，则证明钠型离子交换树脂已经失效。为了恢复其交换能力，就需要对此树脂进行再生。

再生过程，就是使含有大量钠离子的氯化钠（NaCl）溶液，通过失效的树脂层，从而将离子交换树脂中的钙、镁离子交换到溶液中去，钠离子则被树脂所交换吸附，使树脂重新恢复交换能力。

钠型离子交换树脂的再生过程，可以用下列反应式表示：

$$\left.\begin{matrix} Ca \\ \\ Mg \end{matrix}\right\} R_2 + 2Na^{+} \longrightarrow 2NaR + \left\{\begin{matrix} Ca^{2+} \\ \\ Mg^{2+} \end{matrix}\right.$$

失效树脂　　　　　　　　　钠型树脂

生产中多采用食盐溶液（NaCl）作为再生剂，主要是由于它比较容易得到，而且在再生过程中，所形成的再生后产物（$CaCl_2$、$MgCl_2$）都是可溶性的盐类，很容易随再生废液排出。钠型离子交换树脂再生用的食盐，原则上其纯度越高越好，然而，考虑到工业生产的经济性，大都采用工业用盐，但无论如何，用于再生树脂的食盐，其杂质含量不宜过多。国外有的标准认为：10% 的食盐溶液总硬度不应超过 40 mmol/L，悬浮物不应大于 2%。

再生是离子交换器使用过程中十分重要的环节。掌握和了解再生的有关知识，对离子交换器的正确应用和经济运行很有实际意义。

(一)再生剂的耗量和比耗

使交换剂恢复1 mol/L的交换能力,所消耗再生剂的量(g)称为再生剂的耗量,用食盐再生时,也称为盐耗。由于离子交换是按等物质的量进行的,所以从理论上计算,使交换剂每恢复1 mol/L的软化能力,需58.5 g NaCl。但实际再生时,所需的盐耗往往要大于理论值,通常将再生剂的实际耗量与再生剂的摩尔质量(即理论值)的比值称为再生剂的比耗。钠离子交换器的再生盐耗和比耗可按下式计算:

$$\text{盐耗} = \frac{m_z}{Q(YD - YD_C)} \approx \frac{m_z}{Q \times YD} \quad (\text{g/mol}) \tag{8-5}$$

$$\text{比耗} = \frac{\text{再生剂耗量}}{\text{再生剂摩尔质量}} = \frac{\text{盐耗}}{58.5} \tag{8-6}$$

式中 m_z——再生一次所用纯再生剂的量,g;

Q——离子交换器的周期制水量,m^3;

YD——制水周期中原水的硬度, mmol/L;

YD_C——软化水的残留硬度, mmol/L,当原水硬度比它大很多时,可忽略不计;

58.5——NaCl的摩尔质量,g/mol。

再生剂的耗量和比耗是很重要的一项经济指标,常和工作交换容量一起作为衡量离子交换器运行时经济性好坏的指标。

(二)顺流再生与逆流再生

固定床离子交换器按其再生运行方式不同,可分为顺流再生和逆流再生两种。

1. 顺流再生

顺流再生是指交换器运行时水流的方向和再生时再生液流动的方向一致,通常都是由上向下流动。顺流再生时,由于再生液首先接触的是交换器上部已完全失效的交换剂,当再生液从上至下流至交换器底部保护层时,再生液中不但Na^+含量很低,而且还含有大量已被交换下来的Ca^{2+}、Mg^{2+},从离子交换的可逆性可知,这种情况非常不利于平衡向再生方向移动。因此,顺流再生是交换器底部的交换剂一般不能获得良好的再生,有时底部的保护层树脂甚至会被再生下来的Ca^{2+}、Mg^{2+}污染,影响出水质量。为了提高交换剂的再生质量,就需要增加再生剂的用量,因此顺流再生时盐耗往往较大。

2. 逆流再生

逆流再生是指交换器运行时水流的方向和再生时再生液流动的方向相反,所以也称对流再生。目前,国内常用的固定床逆流再生有两种:一种是运行时原水从上往下流动,再生时再生液从下往上流动,习惯上称此为固定床逆流再生工艺;另一种是运行时原水从下往上流动,利用水流的动能,使树脂以密实的状态浮动在交换器上部,而再生时,树脂回落,再生液从上往下流动,习惯上称此为浮动床工艺。

逆流再生时,再生液首先接触的是失效程度较低的保护层,当流至失效程度最高的交换剂层时,虽然交换下来的Ca^{2+}、Mg^{2+}浓度较高,但由于随即被排出,因此十分有利于平衡向再生方向移动。由于逆流再生可使交换剂保护层(出水处)再生十分彻底,所以即使交换剂表层(进水处)的再生程度差些,也不会影响其出水质量。

逆流再生与顺流再生相比,具有出水质量好、盐耗低、工作交换容量大等优点。所以,

现在一般离子交换器大多采用逆流再生工艺。但顺流再生也有设备结构简单、再生操作方便、有利于自动控制等优点。因此，目前进口或仿制进口的自动再生离子交换器（也称软水器）大多采用顺流再生工艺。

3. 影响再生效果的因素

影响再生效果的因素很多，主要有以下几点。

1）再生方式

如上所述，一般逆流再生的效果比顺流再生好。不过对于固定床逆流再生来说，再生操作的方法必须正确，特别是交换剂不能乱层（交换剂层由于反洗松动而使得上下层次打乱的现象称为乱层），否则逆流再生的效果也会大受影响。

2）再生剂用量

一般来说，再生剂的用量是影响再生程度的重要因素，它对交换剂交换容量的恢复和经济性有直接关系。当再生剂用量不足时，交换剂的再生程度低，工作交换容量小，制水周期缩短，交换器自耗水量增大，有时甚至会影响出水质量；适当增加再生剂的比耗，可提高交换剂的再生程度，但比耗增加到一定量后，再生程度不会再有明显提高，这时如继续增加比耗就会造成浪费，所以采用过高的再生剂比耗也是不经济的。一般固定床离子交换器再生一次所需的再生剂用量（m_z）可按下式估算：

$$m_z = \frac{V_R EkM}{\varepsilon \times 1\ 000} \quad (\text{kg}) \tag{8-7}$$

$$V_R = \pi R^2 h_R$$

式中　m_z——再生一次所需再生剂用量，kg；

V_R——树脂的装填量，m^3；

R——交换器的内壁半径，m；

h_R——树脂的装填高度，m；

E——交换剂的工作交换容量，一般强酸型阳树脂为 800 ~ 1 500 mol/m^3；

k——再生剂比耗，对于强型离子交换树脂逆流再生时一般取 1.2 ~ 1.8，顺流再生时一般只取 1.1 ~ 1.5 即可；

M——再生剂的摩尔质量，g/mol，NaCl 为 58.5；

ε——再生剂的纯度，一般食盐中 NaCl 含量为 95% ~98%。

【例 8-2】　有一台直径为 1 m 的逆流再生钠离子交换器，内装高度为 1.8 m 的 001 × 7 树脂，若该树脂的工作交换容量为 1 000 mol/m^3，再生剂比耗取 1.5，问该交换器再生一次约需纯度为 96% 的工业盐多少千克？

解：该交换器中树脂的体积为

$$V_R = \pi R^2 h_R = 3.14 \times (1/2)^2 \times 1.8 \approx 1.4(\text{m}^3)$$

$$m_z = \frac{V_R EkM}{\varepsilon \times 1\ 000} = \frac{1.4 \times 1\ 000 \times 1.5 \times 58.5}{0.96 \times 1\ 000} \approx 128(\text{kg})$$

3）再生液浓度

当再生剂用量一定时，在一定范围内，其浓度越大，再生程度越高，当浓度达到某一数值时，再生程度呈现一个最高值。如用食盐为再生剂时，其浓度为 5% ~10% 较为合适。

如再生液浓度太低,则再生不完全,而且再生所需时间长,设备自耗水大。但再生液浓度也不能过高,因为再生剂用量一定时,浓度越高,再生液体积越小,与交换剂的反应就不易均匀进行,而且过高的浓度还会使交换基团受到压缩,反而使再生效果下降。

为了合理利用再生液,实际操作时也可采用再生液先稀后浓的再生方法,如用食盐再生时,可先将一次再生用盐量的1/3配成浓度约4%的溶液送入交换器,以驱走失效程度较高的树脂所交换下来的Ca^{2+}、Mg^{2+};而后将其余的2/3的食盐配成浓度较高(6%~7%)的溶液,继续进行再生。

有些单位利用工业生产的副产物芒硝(主要成分为硫酸钠)做钠离子交换的再生剂,这种情况更需特别注意控制再生液的浓度。因为这时在再生过程中,再生液中的SO_4^{2-}易与交换下来的Ca^{2+}生成$CaSO_4$沉淀,这些沉淀会包裹在树脂表面而影响交换反应的继续进行。所以,用芒硝做再生剂时应采用低浓度分步再生的方法,即先用低浓度(1%~2%)、高流速(8~15 m/h)进行再生,然后逐步增加浓度(4%~6%)、降低流速(4~8 m/h)进一步再生,一般可分做两步再生或三步再生。在分步再生时,第一步再生液送完后,最好用清水以6 m/h的流速逆向冲洗10 min后再送入第二步再生液,这样可更好地防止$CaSO_4$沉淀,降低再生剂比耗。

4)再生液流速

再生液流速是指再生液通过交换剂层时的速度,它也是影响再生程度的一个重要因素。维持适当的流速,实质上就是使再生液与交换剂之间有适当的接触时间,以保证再生时交换反应充分进行,并使再生剂得到最大限度的利用。

再生时,控制一定的再生液流速非常重要。如果流速过快,再生液与交换剂接触时间过短,交换反应尚未充分进行,再生液就已被排出交换器,这样即使再生剂用量成倍增加,也很难得到良好的再生效果,特别是当再生液温度很低时,更不宜提高流速。再生液的流速通常可控制在4~8 m/h,对于无顶压逆流再生离子交换器来说,为了防止再生时乱层,再生液流速宜控制得更低,一般为2~4 m/h。

为了使再生时交换反应充分进行,一般认为再生液与离子交换树脂的接触时间应不少于30 min。当再生剂用量和再生液流速确定后,进再生液的时间可按下式估算:

$$t=\frac{60V_z}{Sv}\quad(\mathrm{min})\tag{8-8}$$

$$V_z=\frac{m_{cz}}{C\rho\times10^3}\quad(\mathrm{m^3})$$

式中 t——进再生液的时间,min;

V_z——再生液的体积,m^3;

S——交换剂层(交换器)的截面面积,m^2;

v——再生液流速,m/h;

m_{cz}——纯度为100%的再生剂一次再生的用量,kg;

C——再生液浓度(%);

ρ——再生液密度。

【例8-3】 如果上例中的交换器直径$\phi=1$ m,$h_R=1.8$ m,一次再生用96%的食盐

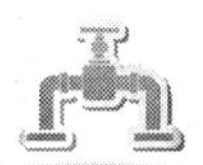

128 kg，再生时控制再生液的浓度为 6%（密度为 1.04 g/cm^3），流速为 3 m/h，问进再生液需多长时间？

解：128 kg 食盐中 NaCl 含量为 128 ×96% ≈123（kg），交换器截面面积 = 3.14 × (1/2)^2 = 0.785（m^2），则

$$t = \frac{60V_z}{Sv} = \frac{60 \times m_{cz}}{SvC\rho \times 10^3}$$

$$= \frac{60 \times 123}{0.785 \times 3 \times 0.06 \times 1.04 \times 1\,000} = 50(\text{min})$$

即进再生液的时间约需 50 min。

5）再生液温度

再生液温度对再生效果的影响也很大，适当提高再生液温度，可加快离子的扩散速度，提高再生效果。实践证明，阳离子交换剂再生时，将再生液温度提高到 50 ℃左右，可大大提高再生程度，特别是冬季，效果更加明显。但由于离子交换剂的热稳定性限制，再生液的温度也不可过高，否则易使交换剂的交换基团分解，促使交换剂变质并影响其交换容量。

6）再生剂的纯度

再生剂的纯度对交换剂的再生程度和出水质量影响较大，如果再生剂质量不好，含有大量杂质离子，尤其是含有要交换的“反离子”。例如，食盐中硬度含量高，就会降低再生程度，且出水水质也会受影响。另外，目前食用的含碘盐中 NaCl 含量较低，也不宜作再生剂。

第三节　离子交换水处理设备

进行离子交换过程的设备称为离子交换设备或称离子交换器。用于制取软化水的离子交换器又称为钠离子交换器（或软水器）。根据运行方式的不同，离子交换器可分为以下几种类型：

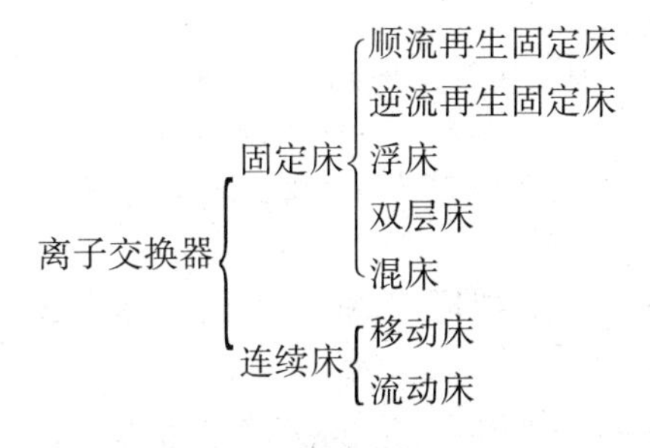

固定床离子交换器是离子交换树脂在静止状态下运行的交换器，并且原水的软化和交换剂的再生是在同一装置内、不同时间内分别进行的。

连续床离子交换器是离子交换树脂在动态下进行的交换器，并且原水的软化和交换剂的再生是在不同装置内同时进行的。

固定床离子交换器的优点是：设备简单，操作方便，对各种水质适应性强，出水水质较好。但存在着树脂用量大、利用率低、再生和清洗时间长、设备的利用率和生产效率低等缺点。

连续床离子交换器的优点是：树脂用量小，生产相同水量所需树脂的体积仅为固定床

的50%左右,再生剂的利用率及树脂的饱和程度均较高,操作容易自动化,可连续出水,生产效率高。缺点是:设备结构复杂,操作管理麻烦,树脂磨损量大,出水质量不够稳定,对水源水质适应性差。

下面具体介绍离子交换器的类型。

一、顺流再生离子交换器

(一)顺流再生离子交换器的结构

顺流再生离子交换器是一个密闭的圆柱形壳体,其直径按制水出力大小有多种规格。其管路系统主要由空气管、进水管、出水管、反洗进水管、反洗排水管、正洗排水管、再生剂进液管几个管路上相应的阀门所组成。内部装置主要有进水装置、排水装置和再生剂分配装置等,如图8-6所示。

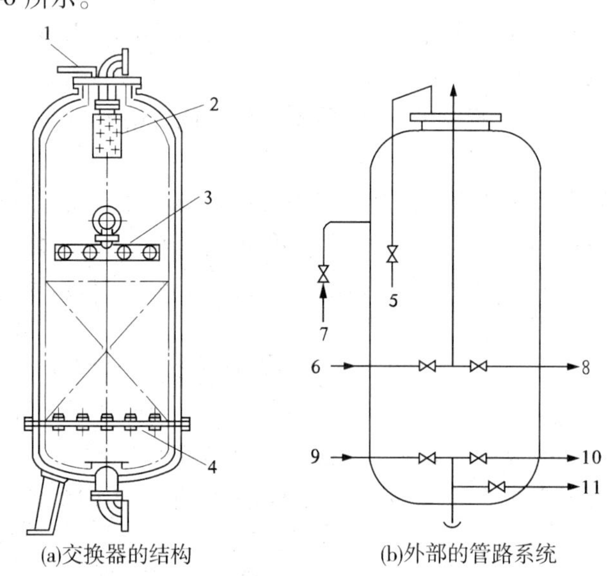

1—放空气管;2—进水装置;3—进再生液装置;4—出水装置;5—排气管;6—上进水;7—进再生液;8—反洗排水;9—反洗进水;10—出水;11—正洗排水

图8-6 顺流再生离子交换器结构

1.进水装置

进水装置常用的有多孔管式、挡板式、漏斗式、十字支管式、辐射支管式等。一般对进水装置有如下要求:

(1)在离子交换器运行时,进水装置使进入离子交换器的水分配均匀,水流不致冲击交换剂层表面,保持交换剂层表面的平整。

(2)出口面积必须能满足最大进水流量的要求。

(3)反洗时,通过进水装置将积留的悬浮物和破碎的树脂随反洗水排出体外,但如果水垫层或交换器高度不够,有时在反洗时会发生交换剂偏流现象,这时虽然可选用防止小颗粒交换剂流失的进水装置,或包以涤纶网布,但这样反洗时会使污泥等杂物难以排出。

2.再生剂分配装置

离子交换器直径小于500 mm时,通常不专设再生剂分配装置,这时再生剂通过进水

装置分配到离子交换器内。但直径大于 500 mm 的离子交换器,若再采用这种再生剂和进水共用分配装置,就很难使再生剂在树脂床上层分配均匀,因此需专设再生剂分配装置。常用的进再生液装置有辐射型、圆环型和支管型等,如图 8-7 所示。

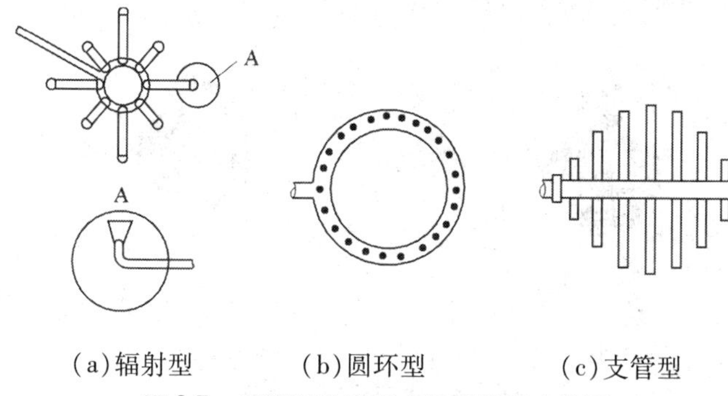

(a)辐射型　　(b)圆环型　　(c)支管型

图 8-7　顺流再生离子交换器的再生装置

(1)辐射型:在辐射型进液装置中,再生液是从 8 根辐射管的末端[管端压扁,焊上圆形挡板,如图 8-7(a)中所示]流出来的。这 8 根管由 4 根长管和 4 根短管相间排列组成。长管的长度为交换器半径的 3/4,短管的长度为长管的 1/2,再生液在管中的流速一般为 1.0 ~ 1.5 m/s。辐射型进液装置也可以做成开孔式的。

(2)圆环型:圆环型进液装置结构简单,环形管上开有小孔,其孔径为 10 ~ 20 mm,再生液是由均匀分布在环上的孔中流出来的。环的直径约为交换器直径的 2/3。

(3)支管型:在支管型进液装置中,再生液是从分布在支管上的孔中流出来的,再生液分布较均匀,其在小孔中的流速为 0.5 ~ 1.0 m/s。

3. 排水装置

在离子交换器运行时,排水装置起着均匀排水的作用;反洗时起着均匀配水的作用。离子交换器的排水装置有许多种,如母管支管式、多孔板式、穹形板加石英砂垫层及塑料大水帽加石英砂垫层等。小型交换器多采用前两种装置,而大型交换器则多采用后两种装置。

(1)母管支管式:通常在支管上均匀地装置塑料水帽,如图 8-8(a)所示,或在支管上钻小孔外包涤纶网布。采用水帽式时,最好用石英砂做垫层,铺装至水帽上部,这样既可减少水帽的损坏,又可使布水均匀。

(2)多孔板式:可在板上装置塑料水帽,如图 8-8 所示,或在两层多孔板的中间夹装涤纶网布和塑料纱窗。多孔板上的小孔直径 6 ~ 12 mm,在保证强度的情况下应尽量多开小孔,使小孔面积的总和为出水截面面积的 5 倍左右。涤纶网一般选用 40 ~ 60 目。

(3)穹形板加石英砂垫层及塑料大水帽加石英砂垫层(见图 8-9):这两种排水装置结构简单、制作方便、布水均匀、不易损坏,但和上两种形式相比要增加交换器的高度,故一般适用于大直径的交换器。

采用此形式时,穹形板顶部的 1/3 直径范围内不易开孔,其余部位开孔孔径一般为 6 ~ 12 mm,穹形板的开孔数和大水帽的直径应能使它们的通水截面面积为出水管面积的 3 ~ 5 倍。石英砂垫层的高度为 700 ~ 900 mm,使用前要用浓度为 15% ~ 20% 的盐酸浸泡一昼夜,以除去可溶性杂质,铺装时必须经过筛选,并按级配上细下粗,均匀铺装。其级配可参照表 8-9。

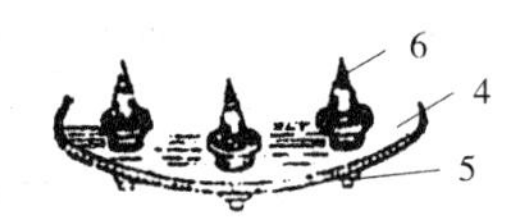

(a)母管支管上拧水帽式　　(b)多孔板固定水帽式

1—母管;2—支管;3—水帽;4—多孔板;5—螺母;6—水帽

图8-8　水帽式排水装置

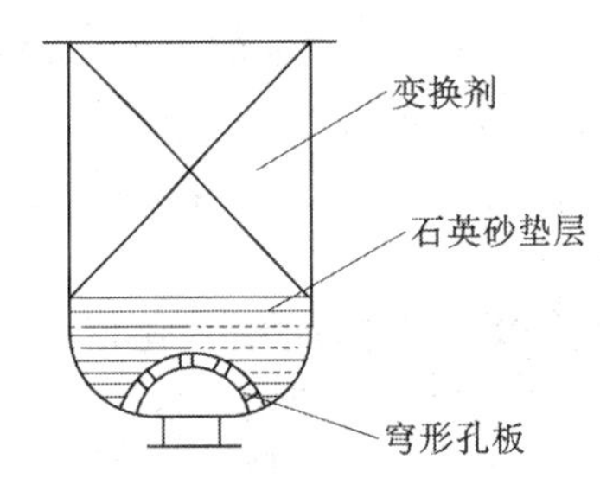

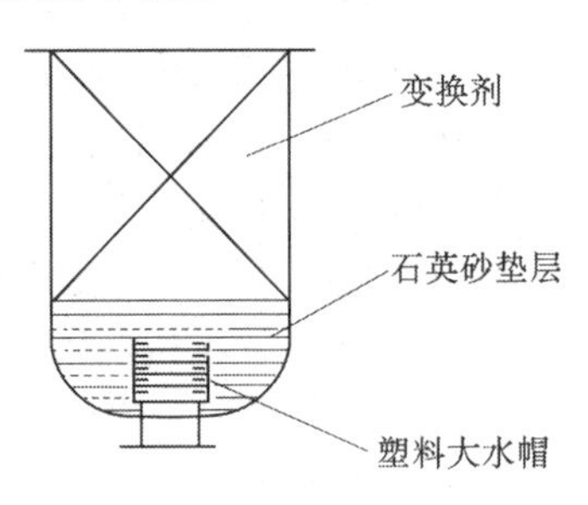

(a)穹形板加石英砂垫层　　(b)塑料大水帽加石英砂垫层

图8-9　大直径交换器底部排水装置

表8-9　石英砂垫层规格及级配

级配	1	2	3	4	5
层高(mm)	150~180	100~120	120~150	150~200	200~250
石英砂粒径(mm)	1~2	2~4	4~8	8~16	16~32

此外,一般交换器壳体上都设置有机玻璃观察孔,以便观察交换剂的反洗、再生情况;小型交换器的上下封头一般可用法兰连接,以便于检修;大型交换器的封头往往与筒体焊为一体,为了便于检修,必须装设人孔。

在交换器的外部还装有各种管道、阀门、取样监视管以及进出口压力表等,有的还装有流量计。

为了在反洗时能使交换剂层有足够的膨胀余地,并防止细小的交换剂颗粒被带走,所以在交换器上部的进水装置至交换剂层表面留有一定的空间,此空间称为水垫层。一般水垫层的高度即为交换剂的膨胀高度,通常为交换层高的50%。

(二)顺流再生离子交换器的运行

顺流再生离子交换器的工作过程主要有反洗→再生→置换→正洗→运行(离子交

换）等五个步骤，如图8-10所示。

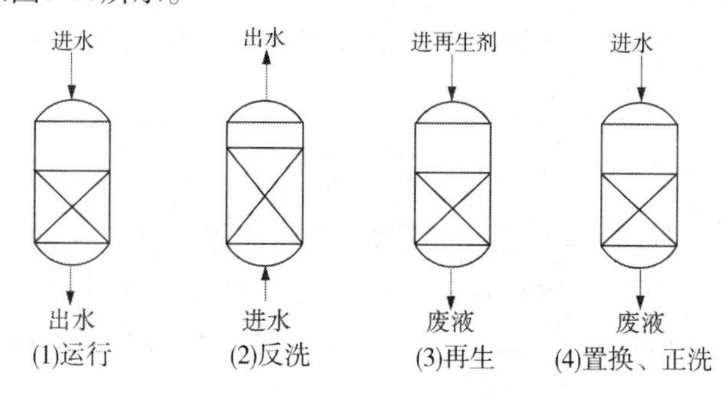

图 8-10 顺流再生离子交换器工作过程

1. 反洗

反洗操作是从交换器底部的排水装置进水，水流自下而上地通过树脂床层，使之膨胀，树脂处于活动状态。反洗的目的是：

（1）松动被压实的树脂层。

（2）通过水流的冲刷和树脂颗粒的摩擦，除去附着在树脂表面的悬浮杂质。

（3）排除破碎树脂和树脂层中积存的气泡。

反洗的效果取决于反洗水在交换器截面分布的均匀性和树脂床层的膨胀率。反洗的布水越均匀，树脂冲洗得越全面；树脂层的膨胀率越大，反洗越彻底。一般认为，反洗膨胀空间的高度应不低于树脂床层高度的 50%，所以在离子交换器的设计中和装填树脂时，应留有足够的空间。

树脂床层膨胀率的大小取决于交换器的反洗强度。反洗强度就是单位截面面积每秒钟通过的水量，一般以升/（米^2 · 秒）[L/（m^2 · s）]表示。反洗强度的选择与树脂的粒径、密度和反洗水的温度有关。但实际操作中只要掌握着树脂尽可能地膨胀，而出水中没有树脂颗粒被挟带出去为度。树脂床层的膨胀高度可通过交换器上部的窥视孔来监视。

反洗过程中要防止水流从局部地区冲击，这样，树脂层表面上看来已达到膨胀高度，而实际上树脂床层并未全部膨胀，致使部分与污泥粘在一起的树脂可能沉入交换器底部。这不仅达不到反洗效果，反而使再生工况和下一周期运行中水力特性恶化。防止出现这一现象的方法是在反洗操作中，反洗水的流量要逐渐加大，避免突然增大流量而局部地冲开树脂层，造成反洗水的偏流。同时，尽量减少进水中的悬浮物，减少树脂层的结块和堵塞。

反洗水要使用清水，反洗操作一直进行到出水澄清为止。

2. 再生

对用于制取软化水的交换器来说，再生程度好坏是决定出水质量和周期制水量的关键。

再生操作时将 5% ~8% 的食盐水溶液再生剂以 5 m/h 左右的流速，自上而下地通过树脂层。再生液与树脂层的接触时间一般要保证在 30 ~60 min 内。

配制再生剂时，最好用软化水。

为了获得最好的再生效果，应通过调整试验来确定食盐的用量、浓度和流速。

3. 置换

再生操作结束后，在树脂床层上部的空间以及树脂层中间存留着尚未充分利用的再生剂,为了进一步发挥这部分再生液的作用,在停止输送再生液后,仍利用再生液管道,继续以再生过程中同样的流速输入清水或软化水,将这部分再生液逐渐排挤出去,这一操作过程称为置换。

置换时间一般为30 min左右。

4. 正洗

置换只能将交换器内的再生剂顶出。残留在树脂颗粒中及其表面上的大量的钙、镁离子需要进一步冲洗、清除。所以,置换结束后,以交换过程的进水方向及相近的流速用清水和软化水投入正洗过程,以彻底清除树脂层内的再生产物和残留的再生剂。

正洗的效果通常以正洗水耗[m^3/m^3(树脂)]表示。为了使正洗时间短、用水量少,需选择合适的正洗水流速。正洗水的流速过高,树脂颗粒中的杂质来不及扩散出来,则正洗水耗增大;正洗水流速过低,则不能达到快速冲掉存在于树脂颗粒间的杂质,延长清洗时间,还可能发生偏流现象,在树脂层内留有死角,增加正洗水耗。一般常用的正洗水流速为10~20 m/h,正洗水耗为3~5 m^3/m^3(树脂)。通常正洗水的流速是通过调整试验来确定的。

为了节约正洗水,可将后期的正洗排水回收至清水箱,作为下一周期的反洗用水或用来配制再生剂。

当正洗出水的硬度小于0.03 mmol/L时,即可关闭正洗排水阀,停止正洗,打开出水阀,开始下一周期的运行或者备用。

5. 运行

离子交换器的运行,水流速度是一个重要条件。进水流速与进水水质、出水水质的要求、出水水量、水流通过交换剂层的阻力损失及运行周期等因素有关。表8-10列出了强酸性离子交换树脂(床层高1.5 m)在不同硬度进水水质的情况下建议采用的流速。

表8-10 对不同硬度的水质建议采用的钠离子交换器进水流速(床层高1.5 m)

原水硬度(mmol/L)	进水流速(m/h)
<1	60~40
1~2	40~30
2~3	30~20
3~6	20~15
≥6	15~5

(三)顺流再生离子交换器的操作程序

(1)顺流再生离子交换器的管、阀系统如图8-11所示。

(2)顺流再生离子交换器操作程序。按图8-11中的阀门的编号,顺流再生离子交换器的操作程序列于表8-11中。

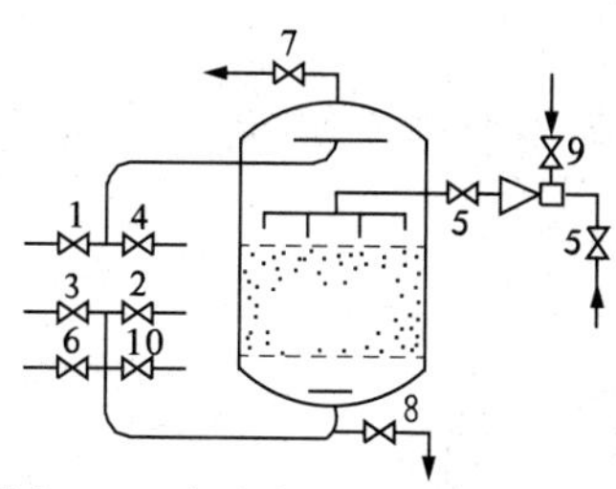

1—运行进水;2—运行出水;3—反洗进水;4—反洗排水;
5—再生剂进口;6—正洗排水,再生排水;7—排空气口;8—取样,疏水;
9—再生剂进口;10—正洗水,再生剂回收

图 8-11　顺流再生离子交换器管、阀系统

表 8-11　顺流再生离子交换器操作程序

序号	操作程序	阀门启闭									
		1	2	3	4	5	6	7	8	9	10
1	运行	○	○								
2	停运										
3	反洗			○	○			×			
4	沉降							×			×
5	预喷射					○	○				
6	再生					○	○				
7	置换					○	○				
7′	再生剂回收					○					
8	正洗	○					○				
8′	正洗水回收	○									○
9	正洗结束后投入运行	○	○								

注:○表示开;×表示调节。

(四)顺流再生离子交换水处理工艺的优缺点

顺流再生固定床离子交换是最早采用的离子交换工艺,已有数十年的历史,直到现在国内外仍有为数不少的顺流再生离子交换器在运行。这种离子交换水处理工艺具有以下优点:

(1)设备简单,造价较低。

(2)操作方便,容易掌握。

(3)由于每周期都进行反洗,所以适应悬浮物含量较高的水质。

(4)在原水含盐量或硬度不高、运行流速不大的情况下,其出水水质和运行周期能够满足一般锅炉要求。

顺流再生离子交换水处理工艺的缺点如下:

(1)由于树脂再生效率低,在原水含盐量或硬度较高的情况下,尽管降低进水流速,出水水质也很难达到要求。

(2)为了保证出水水质,必须使树脂床层具有足够的再生度,因此需消耗再生剂较多,造成运行费用提高。

(3)由于流速受限制,设备出力小。

二、逆流再生离子交换器

(一)逆流再生离子交换器的结构

逆流再生离子交换是逆流再生工艺的一种形式,其主要结构和交换器外部的管路系统如图8-12、图8-13所示,它基本上与顺流再生交换器相同,但在结构上具有以下特点:

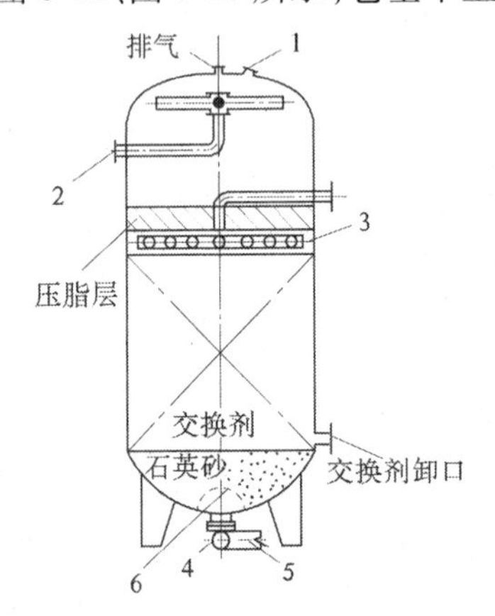

1—进气管;2—进水管;3—中排装置;4—出水管;5—进再生液管;6—穹形多孔板

图8-12　逆流再生式离子交换器的结构

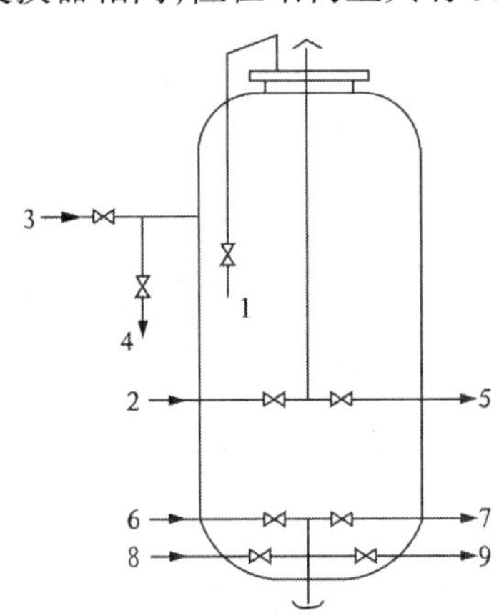

1—排气管;2—上进水;3—中排进水;4—中排排水;5—上排水;6—反洗进水;7—出水;8—进再生液;9—正洗排水

图8-13　逆流再生交换器外部的管路系统

(1)再生液改为由下部进入交换器,不另设进再生液的装置,利用底部排水装置进再生液。

(2)大直径的离子交换器,为了防止树脂乱层,需在顶部设进气管,以便压缩空气顶压。

(3)设置中间排液装置(简称中排装置),其主要作用是排出再生废液,并作为反洗中排以上压层(即小反洗)的进水管。所以,对中排装置的要求是配水均匀、排水畅通并有足够的强度。常用的中排装置有:

①鱼刺式,如图8-14所示。这种形式结构简单,制作方便,在小型离子交换器上用得较多。但该形式由于中间母管不开孔,因此中部死区面积较大,母管埋设在交换剂层中使阻力增大。另外,支管往往采用焊接,不易使所有支管处于同一平面上,受压较大时,易造成弯曲或断裂而损坏。

②母管支管式,如图8-15所示。这种形式的布水要比鱼刺式均匀,而且母管设在交换剂面层,阻力较小,故采用此形式较多。

③环形母管支管式,如图8-16所示。在上述中排装置中,一般可在支管上开孔、开缝隙或装水帽。在开孔或开缝隙的支管外部需要套上网套,网套一般为两层:可先包上25目塑料窗纱,用80~90 ℃热水浇烫,使窗纱紧箍在支管上,然后外包60目涤纶网,用尼龙

绳扎紧。

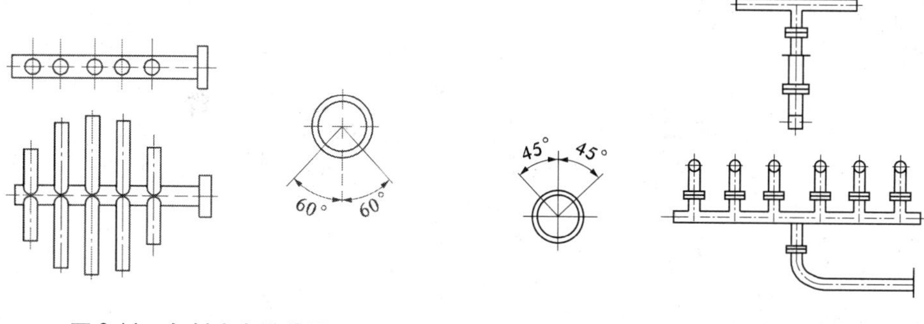

图 8-14 鱼刺式中排装置

图 8-15 母管支管式中排装置

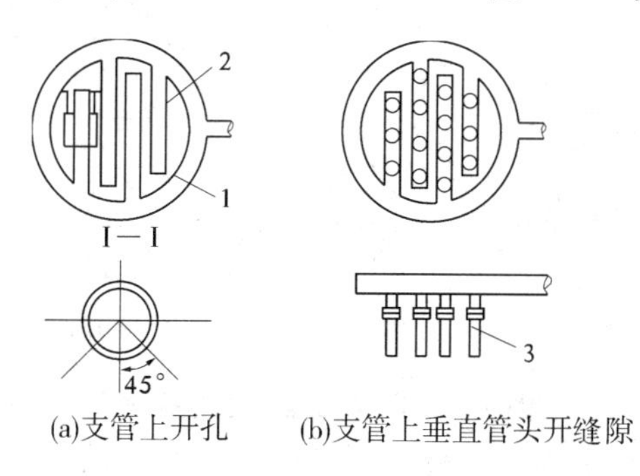

(a)支管上开孔 (b)支管上垂直管头开缝隙

1—母管;2—支管;3—垂直管头

图 8-16 环形母管支管式中排装置

(4)设有压脂层。在中排装置以上,交换剂层上需加一层粒状物质作为压层,称为压脂层。其作用主要有两点:一是过滤掉水中的悬浮物等杂质,并可在每次再生前通过小反洗洗去这些杂质,可避免交换剂乱层;二是在采用顶压再生时,可使顶压的压缩空气和再生废液均匀地进入中排装置而排走。

目前,压脂层材料大多采用同品种树脂,也可采用密度比数值小的聚苯乙烯白球。采用树脂做压脂层时,应注意这部分树脂是彻底失效而又得不到再生的树脂,它们一旦因表面截留物或结块等原因混入树脂层底部,将会严重影响出水质量。使用白球做压脂层时,应注意白球密度应明显低于树脂,以便分层;否则,白球混入树脂层,将会减小树脂的有效体积。

压脂层的高度应以保证在树脂失效和被压实时,中排装置的上方仍有一定厚度为准,一般为 200 mm 左右。

(二)逆流再生方法

逆流再生的关键就是再生过程中保证树脂不乱层。为此,除在交换其结构上采取相应措施外,再生过程中的操作条件也是十分重要的。目前,采用的方法有两种,即气顶压法和水顶压法。

1. 气顶压法

气顶压法是在再生和置换的整个过程中从交换器顶部进入压缩空气,使压脂层的颗粒间充满空气。因为去掉了水对压脂层颗粒的浮力,则压脂层的重力全部压在再生的树脂上,从而阻止了树脂床层的浮动和乱层。

气顶压法再生过程为:

小反洗→放水→顶压→再生→置换→正洗。定期进行大反洗(见图8-17)。

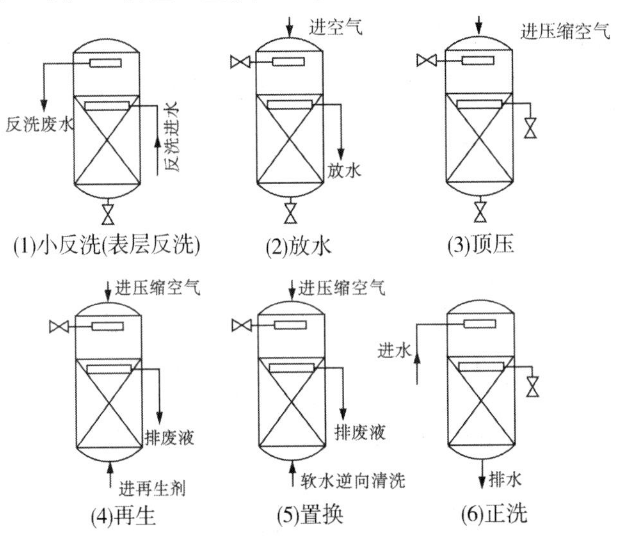

图8-17　气顶压法再生过程

气顶压式采用净化的压缩空气进行顶压来防止树脂乱层。在再生和置换过程中,气压必须稳定,更不得中断。同时,必须密切地注意排出的废液中汽水混合得是否正常,如发现排液管中仅有排气而无再生剂排出,说明再生剂未能流动;如所排的废液中无空气冒出,则说明交换器中的水位超过了中间排水装置。无论出现上述哪种情况,都应立即查明原因并予以消除。

气顶压的优点是操作易掌握,不易乱层,稳定性好,自用水耗也比较小。一般认为,对大型水处理设备以及压缩空气源无困难的采用气顶压法比较合适。此法的缺点是压缩空气虽经净化,但长期使用中难免有油类带入离子交换器而污染树脂。如果采用无油空气压缩机,则又将增大设备投资。

2. 水顶压法

水顶压法是从交换器顶部引入顶压水,顶压水通过压脂层时会产生一定的压降,利用这一压力差将树脂层压住,防止乱层。因此,水顶压法产生压树脂力量的大小,主要取决于顶压水的流量,而不是取决于其压力。顶压水与再生废液同时从中间排水装置排出。

水顶压的操作过程为:

小反洗→顶压→再生→置换→正洗。定期进行大反洗(见图8-18)。

水顶压法操作的特点是再生和置换过程中水压必须稳定,所需的顶压水量与树脂粒径、密度、再生剂流速以及中间排水装置的开孔面积等因素有关,可通过试验确定。在操作中应注意调节顶压水和再生剂的进液流量,使之满足所需的流量比例,否则不能达到预期的再生效果。

水顶压的优点是不需要压缩空气装置,操作步骤简单,再生时间较短;缺点是需耗用一定量的清水。

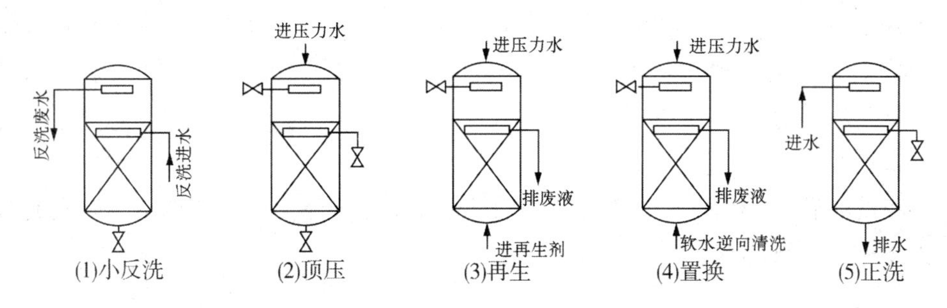

图 8-18　水顶压法再生过程

(三)逆流再生离子交换器的运行

1. 小反洗

为了保持树脂层不乱,每次再生前只进行中间排水装置以上的压脂层的反洗。反洗水从中间排水装置进入交换器,由顶部排出。流速一般为 10 m/h 左右,以出口水中不带出树脂为度。洗至出水澄清。

2. 放水

在使用气顶压法时,应将交换器中间排水装置以上的水全部放掉。小反洗后,待压脂层的树脂自由沉降下来,打开空气门和中间排水管,将水排尽为止。

3. 顶压

为了防止树脂乱层,顶压是一项重要措施。顶压操作是在进交换剂之前采用气顶压时,将经过净化的空气从顶部进入,气压一般维持在 0.03 ~ 0.05 MPa,最高达 0.07 MPa。水顶压时,在送入交换剂之前先将顶压水送入,并保持顶压水的流量为再生剂流量的 1 ~ 1.5 倍。在进再生剂和置换的全部过程中,顶压用的水或空气应该稳定,绝不允许中断。

4. 再生

由于逆流再生时再生剂的用量已接近理论值,因此必须严格注意再生剂和交换剂的接触时间,控制再生剂浓度和流速。再生剂与交换剂的接触时间一般应保持在 30 min 左右,再生剂的流速为 5 m/h 以下。操作时要全部打开中间排水管的出口阀,以防止产生节流作用,造成水位上升,引起交换剂乱层。为了得到最佳的再生效果,配制再生剂的水应使用质量较好的水,对一般钠离子交换器可用软化水溶解食盐。

再生剂可以使用喷射器或泵送入,但不得带有空气,以免造成树脂乱层。

5. 置换

进完再生剂后,继续用再生剂的稀释水置换再生废液。值得指出的是,钠离子交换器的置换用水必须是软化水;否则,若用普通原水,会使下层的部分树脂失效而影响出水质量。置换水的流速保持与再生剂流速相同,直到废液基本排尽。一般置换时间可在 30 ~ 40 min。置换完毕后,应先关闭置换进水阀,再关顶压空气和顶压水的阀门,以防止乱层。

6. 小正洗

小正洗的目的是洗去压脂层内残留的再生剂。使用气顶压时,因为压脂层是干的,如果直接从上部进水,可能使交换剂表面不平,同时因压脂层内有空气也难以清洗干净,所以应先从中间排液装置缓慢进水,排出压脂层内的空气,并充满交换器的上部空间,然后从上部进水,中间排水装置排出,进行小正洗。一般时间为 10 min 左右。采用水顶压时,可直接进行小正洗。

7. 正洗

小正洗之后,关闭中间排水装置的排水阀门,用较大流量的水按顺流方向进行冲洗,直至出水质量合格。流速一般为 25 m/h。

8. 大反洗

逆流再生离子交换工艺中,在通常再生时,只反洗树脂层表面的压脂层,以保持下部树脂的层次稳定,获得较高的再生效率。但是,长时间的运行后,下部树脂会不断被压实(少部分被压碎)或因积有悬浮物而结块,造成水流阻力过大,甚至出现偏流现象,从而影响树脂的工作交换容量和降低出水质量,以及使再生剂比耗增高。为此,经过数个周期运行后,需要进行整个床层的反洗,称为大反洗。大反洗的周期与进水浊度有关,一般经过 10~20 个运行周期大反洗一次。

大反洗后,因树脂床层次被破坏,需增加再生剂用量的 50%~100%,或采用连续进行两次再生的方法来恢复树脂的再生度。

大反洗操作时,必须注意防止损坏中间排水装置。因为树脂层较脏,树脂层压实紧、易结块,如果反洗一开始水的流量就很大,树脂层可能造成活塞状托起,撞坏中间排水装置。为此,反洗时水的流速必须从小到大。在大反洗之前,应先进行压脂层的小反洗,松动压脂层。如果发现树脂结块和积污严重,可在大反洗过程中辅以压缩空气搅拌,以提高大反洗的效率。大反洗的方法还可以采用大、小反洗同时进行或多次冲洗等方法,直至出水澄清。在大反洗过程中,要注意是否存在偏流现象,当有此现象时,树脂就不能得到全部反洗,部分结块的树脂沉入交换器底部,影响下一周期的再生和运行。此时需要采用上述强化清洗的方法加以消除。

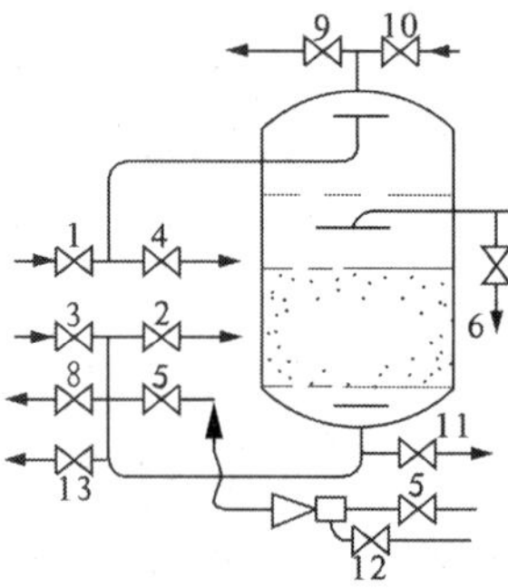

1—运行进水;2—运行出水;3—定期反洗进水;4—定期反洗表层反洗排水;5—再生剂进口;6—再生剂出口;7—表层反洗进口;8—正洗排水;9—排空气口;10—顶压用空气进口;11—取样、疏水;12—再生剂进口;13—正洗水、再生剂回收

图 8-19 逆流再生交换器的管、阀系统

(四)逆流再生交换器的操作程序

1. 再生离子交换器的管、阀系统

再生离子交换器的管、阀系统见图 8-19。

2. 逆流再生离子交换器操作程序

按图 8-19 所示的阀门编号,逆流再生离子交换器的操作程序列于表 8-12 中。

(五)逆流再生离子交换器的优缺点

逆流再生是对流再生工艺之一,由于工艺流程更趋合理,所以它具有以下优点。

表 8-12　逆流再生离子交换器的操作程序

序号	操作程序	阀门启闭												
		1	2	3	4	5	6	7	8	9	10	11	12	13
1	运行	○	○											
2	停运									×		×		
3	表层放水						○			×				
4	器顶进压缩空气										○			
5	预喷射					○	○							
6	逆流再生					○	○							○
7	置换					○	○							
8	小逆洗				○			○						
9	正洗	○							○					

注：○表示开，×表示调节。

1. 再生剂比耗低

逆流再生离子交换器失效时，树脂层中离子分布状态与顺流再生是相同的。然而，逆流再生工艺的不同点，一是再生之前不需将全部树脂进行反洗，这样失效树脂层的离子分布状态并不发生改变；二是再生剂自下而上地流过树脂层，因此保护层中未失效的树脂仍保留原有形态，所以上一周期残留的交换容量仍然保留在树脂层中而不被取代。

由于树脂床层未被搅乱，这一层态分布满足了逐层排代的有利再生条件，即再生剂首先再生亲和力小的离子，再由这亲和力小的离子排代亲和力大的离子。例如，用 H^+ 交换 Na 型树脂，出来的 Na^+ 再交换 Mg 型或 Ca 型树脂等。这就缩小了再生过程中交换离子亲和力之间的差距，从而提高了再生效率。这种从亲和力小的离子到亲和力大的离子的逐层排代作用成为接力效应。顺流再生时，一般盐耗为 90～180 g/mol，而逆流再生的盐耗可降至 70～80 g/mol。这就是说，在保证交换器出水质量不变的情况下，可以节约近一半的再生剂。例如，据某单位统计，在推广逆流再生工艺后，仅 9 个月的时间，该单位就节省食盐 75 t。

2. 出水质量高

在离子交换器失效时，由于工作层的存在，保护层的失效度是很低的，其中除了未失效的 Na 型树脂外，只有少量的失效型（Ca 型或 Mg 型）树脂。这部分树脂在再生过程中与大量新鲜的再生剂接触，使之再生得更加彻底，因此出水质量比顺流再生大为提高。

逆流再生对进水水质的适用范围比顺流再生大。例如，逆流再生钠离子交换器出水硬度一般小于 0.005 mmol/L，相当于两级顺流再生钠离子交换的出水水质。当进入的原水水质很差时，顺流再生工艺几乎无法工作，但逆流再生工艺仍能适应。例如，郑州某单位原水硬度为 6.9 mmol/L，顺流再生工艺无法满足工业锅炉的水质要求，而逆流再生交换器出水硬度为 0.03 mmol/L，仍能满足标准要求，达到安全运行。

3. 工作交换容量高

再生后树脂的工作交换容量取决于树脂的再生度和失效度。逆流再生工艺,在同样再生水平条件下,可以取得较高的再生度,树脂的工作交换容量可比顺流再生工艺提高10%～30%。

逆流再生工艺使树脂的工作交换容量提高,主要表现在低再生水平的条件下。但如果采用高再生水平,则两种再生方式的树脂再生度都已很高,工作交换容量的变化就不明显了。有资料表明,在经济再生比耗下,顺流再生时保护层树脂的再生度仅能达到50%～60%;而逆流再生时,保护层树脂的再生度都能达到90%以上,甚至100%。因此,在相同的再生水平下,逆流再生工艺表现有更高的工作交换容量。

逆流再生工艺虽然在技术和经济方面显示出很多优点,但也存在以下不足之处:

(1)设备复杂,增加了设备费用。

(2)操作步骤多,运行比较麻烦。

(3)结构设计和操作条件要求严格,稍有疏忽就会给运行带来不良后果,影响其优势的发挥。

(4)对置换水质要求高,否则出水水质会变坏。

(六)顺流再生离子交换器的改装

很多单位由于过去已采用了顺流再生离子交换器,所以至今仍有为数不少的此类交换器在继续运行着。如何将它们改为较为先进的逆流再生工艺,以达到提高出水质量和降低盐耗的目的。最为简单的改装方法是将顺流再生交换器的再生剂分配装置拆除,将再生剂管路连接在交换器下部排水管上,即可实现逆流再生,如图8-20所示。

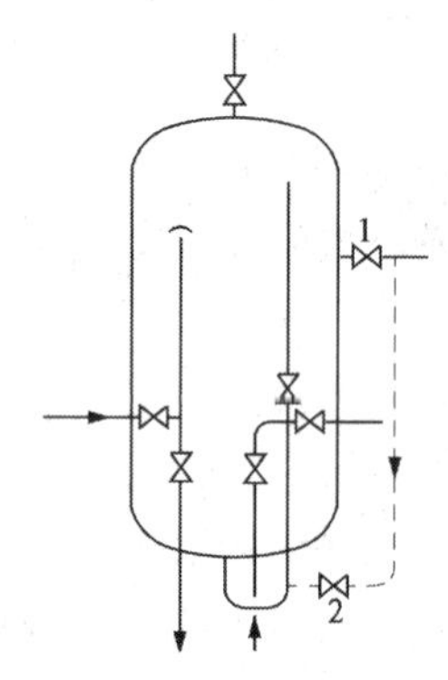

1—原再生剂进口;
2—改装后再生剂进口

图8-20 顺流再生改装成逆流再生示意

改装成的逆流再生交换器,由于没有中间排水装置和压脂层,为保证再生操作时树脂床不发生乱层现象,就必须降低再生剂的流速,一般要求在2 m/h左右,因流速降低,再生时间需要1 h以上。

(七)无顶压逆流再生离子交换器

无顶压逆流再生离子交换器是针对有顶压交换器的缺点(顶压系统复杂,再生操作麻烦),而产生的新型逆流再生离子交换器。它是一种不需要外接气源和水源施以顶压而实现逆流再生的工艺,这种方法目前在国内已普遍用于工业锅炉水处理设备当中。

1. 有中排装置的操作

有中排装置的无顶压逆流再生的操作步骤及各步的目的与气顶压逆流再生操作基本相同,只是不需顶压。另外,在无顶压逆流再生时为了不使交换剂乱层,除采用低流速外,还可以在压层上部充满水以产生静压。实践证明,有静压水时的再生效果比无静压水时的再生效果好。无顶压逆流再生的操作可参照图8-21进行。

为了避免交换剂乱层,确保再生效果良好,无顶压逆流再生时应控制再生流速(包括置换反洗的流速),一般为1.5～2 m/h。进再生液的时间需45～80 min。

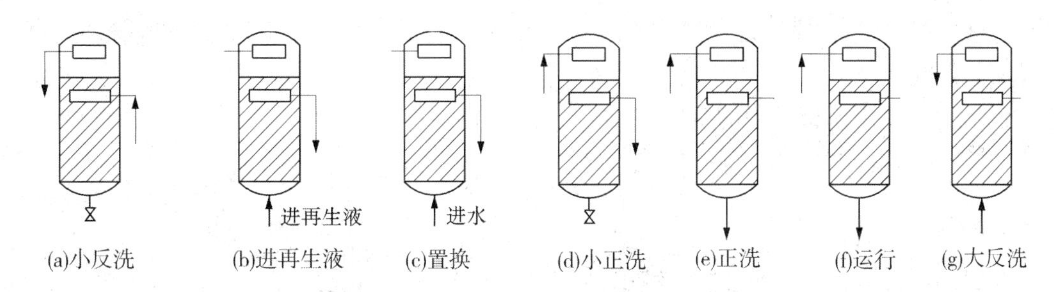

图 8-21　无顶压逆流再生操作过程及液流流向

2. 无中排装置时的操作

目前,小直径的逆流再生离子交换器大多不设中排装置,再生时也采用低流速来防止乱层。其操作步骤除了不进行上述中的小反洗、上部排水、顶压、小正洗四步外,其余操作都相同。交换器失效后,进再生液→置换反洗→正洗合格→运行,经过 5 ~ 10 个周期,在进再生液之前反洗一次。由于无中排装置,所以反洗、进再生液和置换反洗时的废液都是从上部排出,各步的流速控制与带中排无顶压注流再生相同。

逆流再生的操作方法是否正确,对再生效果的影响很大。例如,有些操作人员在交换器再生时,将再生液或置换反洗的控制阀开得很大,以致流速过快,不但易产生乱层,而且造成再生液与交换剂的接触时间过短,使再生不充分。另外,有的操作人员则将再生液从交换器底部送入后,静态浸泡几小时,然后又将再生废液从底部排出,这种不正确的再生操作会使逆流再生的优点丧失贻尽。由于交换反应的可逆性,静态浸泡时将使可逆反应达到平衡,不利于反应朝再生方向进行;而逆流动态再生时,由于不断地将再生液送入(增加反应物的浓度),同时将置换下来的 Ca^{2+}、Mg^{2+} 排出(减少生成物的浓度),使反应朝再生反应方向移动,有利于提高再生效果。如果浸泡后又将含大量反离子(Ca^{2+}、Mg^{2+})的废液从底部排出,就会严重影响底部交换机制,使再生效果很差,并影响出水质量。因此,再生时必须严格按控制条件正确进行操作。

值得注意的是,无论采取哪种形式的离子交换器,再生时交换器内的水位都不应低于交换剂层。有的操作人员误以为进再生液时,交换器内的水会降低再生液浓度,所以在进再生液之前,把交换器内的水全部从底部排光。其实这样做是不对的,因为这样会使大量的空气进入交换剂层中,形成很多气泡甚至气塞,从而产生偏流,不但影响再生效果,而且影响运行时的出水质量。况且实际上交换器内的水在再生液不断进入的同时被不断排出,并不会使再生液稀释很多。即使略有稀释,也不会影响再生效果,所以在进再生液之前一般不必排水(除了气顶压时排去中排以上的水)。

三、浮床离子交换器

浮床离子交换器一般简称为浮床,它也是逆流再生方式的一种。其运行和再生时的水流方向恰好与固定床逆流再生相反,即运行时,水流方向是自下而上,同时将树脂层托起,这就是浮床名称的来历。再生时,再生剂自下而上流动。

浮床离子交换工艺可分为浮动床和浮床两种。前者是在树脂层的底部的一部分树脂呈流态化状,后者是交换器内树脂全部被托起压实。目前我国普遍应用的是浮床。

浮床内的树脂,通常是自然装实以减少水垫层的空间,防止树脂间的窜动而造成的乱层现象。

(一)浮床离子交换器的结构

浮床离子交换器的结构如8-22所示。

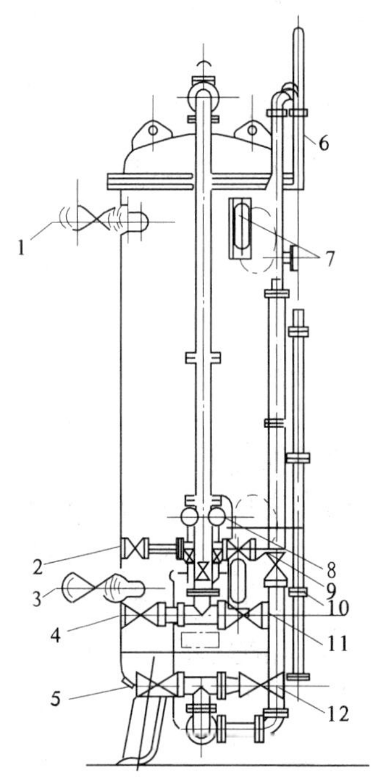

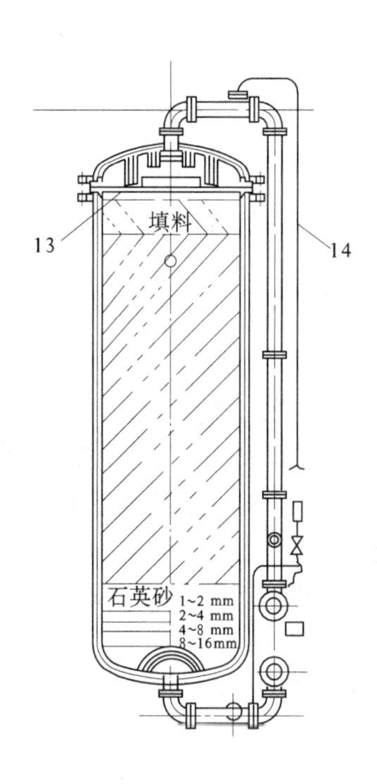

1—进树脂口;2—进再生剂管;3—卸树脂口;4—逆流排水管;5—运行进水管;
6—倒U形管;7—窥视孔;8—压力表;9—正洗水管;10—排再生废液管;
11—运行出水管;12—正洗排水管;13—孔板滤网式顶部装置;14—排空气管

图8-22　浮床离子交换器结构

1. 底部进水装置

对于直径小于1.5 m的小型离子交换器,一般多采用孔板水帽式或孔板滤网式进水装置。为缓冲进水的冲力,通常在进水管出口处加装挡板。对于大型离子交换设备,则较多采用穹形孔板加石英砂垫层的形式。石英砂垫层在流速低于80 m/h的情况下,不会出现垫层移动和乱层的问题。但当进水浊度较高时,大量悬浮物被截留在石英砂垫层中,无法进行清洗,给维修带来麻烦。

2. 顶部进水装置

小型设备仍以采用孔板水帽式或孔板滤网式为宜,大型设备多选用弧形支管式。无论哪种形式,都应符合下列条件才能取得较好的运行效果:

(1)出水装置上部空间要尽量小。

(2)开孔布置合理,配水均匀。

(3)开孔面积不宜太小,一般应大于出水管截面面积的3~4倍。

(4)在运行时,由于出水装置被树脂所包围,所以为防止树脂流失,需在出水装置上包扎滤水网,滤水网的孔径要比树脂的粒径小。滤水网的内层常用18目的窗纱,以减小

水流通的阻力，外层用50目的涤纶筛网，以防树脂流失。不要将50目的筛网直接包扎在管上，也不可包扎双层50目的筛网或选用孔目更小的筛网，以免阻力过大。

3. 再生剂分配装置

由旧设备改装的浮床，通常是出水装置和再生剂分配装置为一体。这一点曾被认为是浮床工作交换容量偏低的主要原因。因为浮床的工作流速比再生流速大6～10倍，且由于树脂基本装满，顶部空间很小，利用同一装置很难保证再生剂分配均匀。因此，应另外专设再生剂分配装置为好。再生剂分配装置的结构一般采用环形管开孔外包尼龙网形式。

提高再生剂分配均匀性的另一个有效措施，是在树脂床层上面填充密度小于1 g/cm^{3}且强度好的塑料白球，粒径为1.0～1.5 mm，填装高度一般为300 mm。这样不仅可以提高再生剂分配的均匀性，又可防止破碎树脂堵塞出水装置。

采用填充塑料白球时，可以将出水装置和再生装置合并使用。

4. 管路系统

由于浮床特殊的运行方式，一般在管路系统中装设有U形再生液排出管和树脂捕捉器。

装满树脂的浮床交换器上部空间很小，如有空气进入树脂，则会影响树脂的再生。另外，再生剂由上部进入后直接接触到树脂，由于再生剂分配不均匀而出现死角，运行时影响出水水质，为此，通常在树脂层上部加装200～400 mm塑料白球，或者加装倒U形再生液排出管（见图8-22）。倒U形管的顶部应高于交换器上封头50～100 mm，并在倒U形管的顶端开孔，以防排液时产生虹吸现象。这样就可防止离子交换器在再生和置换过程中抽入空气。

浮床离子交换器运行时，水流自下而上，交换器内的树脂由于水力分层的原因，细小颗粒集中在交换器的顶部，容易穿过滤水网漏出，另外，在运行过程中也有可能由滤水网漏出。为此，需在出水管路上装设树脂捕捉器，以截留漏出的树脂。

（二）浮床离子交换器的运行

浮床离子交换器运行过程如图8-23所示。

运行→落床→再生→再生液排空（或置换）→起床清洗，清洗合格后送水。定期进行体外清洗。

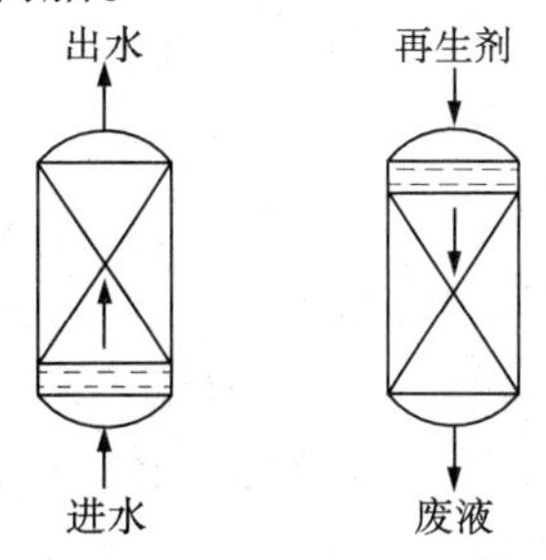

图8-23 浮床离子交换器运行过程示意

1. 落床

离子交换运行到终点（失效时），由于树脂床层被压实及强型树脂因转型而体积变小，树脂床层底部出现200 mm左右水垫层。停止运行后，树脂靠自身的重力作用逐层下落，称为落床。这种落床方式不会引起大量树脂乱层，并可起到疏松树脂层和排出树脂层中气泡的作用。落床后树脂表面平坦，对再生有利。

2. 再生

开启再生剂入口阀门和再生剂排水阀门，再生废液经过倒U形管排出。调整好再生剂的浓度和流速即可进行再生。再生用食盐溶液浓度为2%～3%，再生剂的流速为5～7 m/h，再生剂和树脂的接触时间为30～60 min，再生剂经济比耗为1.1～1.3。因为再生剂的流向是自下而上的，树脂层处于自然压实状态，不需采用特殊措施，床层即可保持稳定。配制再生剂的水要用软化水。

当前传统的浮床再生方法,都是采用进完再生剂后再进行置换和正洗,这种再生操作过程基本上是沿袭顺流再生工艺。顺流再生固定床的运行及再生过程都是自上而下地流过床层,因此必须提防干床,即严禁树脂与大气接触,否则,树脂表面吸附的空气在运行中无法排除,将会影响树脂的工作交换容量。而浮床式逆流运行,再生剂通过床层后就不担心树脂暴露在大气中,因为在起床清洗时即可将树脂层中的空气排出体外,这样,就省去了传统的置换和正洗步骤。进完再生剂后,仍开启排水阀门,让再生剂完全流尽,以便最大限度地利用再生剂。这种方法与传统的浮床再生法相比,具有减少自用水耗、缩短再生时间、充分利用再生剂等优点,能更有效地提高设备的利用率。

3. 起床清洗

再生剂排空后,关闭再生阀门,全开交换器上部阀门,迅速打开交换器底部进水阀门,用高流速水将整个树脂床层平稳托起,称为起床(或称成床)。为了保证不乱层和有较多的树脂随着起床呈压实状态,起床时要用高流速(一般不得低于20 m/h)。起床时间一般为1~2 min。

树脂床层起床后,即可调整至正常流速进行清洗。一般清洗时间为5~15 min。清洗至出水合格后,即可开启出水阀门,关闭进水阀门,投入运行。如果不需立即投入运行,可关闭进水阀门,转入短期备用。

4. 运行

处于备用的交换器开始运行时,操作过程同起床操作。起床后,通常进水流速7 m/h,不会发生落床现象,运行最高流速可达60 m/h。

因浮床交换器内空间小,所以在运行周期之初和中期内停止运行影响不大,但运行末期停止运行,会对周期制水量及出水水质产生一些影响。

交换器床层下部有小部分树脂呈浮动状态是允许的,它不仅不会影响设备的运行,还可以减少树脂层的压力。

5. 树脂的清洗

浮床交换器运行一段时间后,在树脂层内截留了较多的悬浮杂质及破碎树脂,有时在交换器的树脂内还会有微生物繁殖。为此,树脂需要定期清洗。

由于交换器内充满了树脂,没有反洗空间,必须将部分或全部树脂卸入专用的体外清洗罐内清洗。树脂的体外清洗周期应根据进水悬浮物的含量而定。一般每运行15~20个周期清洗一次。当床层受到污染、运行压差明显增加、出力下降或进水质量恶化时,应酌情缩短清洗周期,提前进行清洗作业。

清洗好的树脂要送回交换器内再生。因为树脂的清洗破坏了原来的分层状态,再生时,需要使用通常再生剂用量的1~2倍进行再生或连续两次再生,才能保持原来的出水质量和周期制水量。

(三)浮床离子交换器的操作程序

1. 浮床离子交换器的管、阀系统

浮床离子交换器的管、阀系统如图8-24所示。

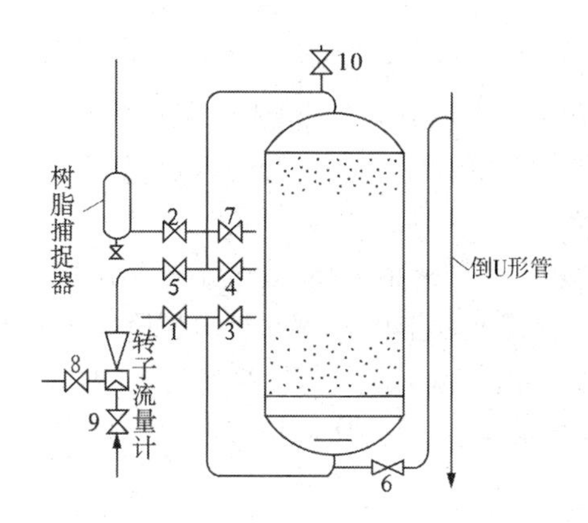

1—运行进水；2—运行出水；3—正洗排水；4—逆洗排水；5—进再生剂；6—置换、再生废液排水；
7—正洗进水；8—浓再生剂进口；9—工作水进口；10—排空气口

图 8-24　浮床离子交换器管、阀系统

2. 浮床离子交换器的操作程序

按图 8-24 所示的阀门编号，将浮床离子交换器的操作程序列于表 8-13 中。

表 8-13　浮床离子交换器操作程序

序号	操作程序	阀门启闭									
		1	2	3	4	5	6	7	8	9	10
1	运行	○	○								
2	落床			○	○						
3	再生					○	○		○	○	
4	起床清洗	○			○						

（四）浮床离子交换器的优缺点

1. 优点

浮床属于逆流再生的一种，它在运行和再生中的离子排代情况与逆流再生完全相同，只不过方向相反而已。因此，与逆流再生一样，可以获得良好的出水水质和低再生比耗。

从浮床工艺的实际应用中可以看出，浮床不仅具有逆流再生的特点，还具有一些独特的优点。主要表现为：

（1）由于浮床离子交换器比顺流再生和逆流再生离子交换器更充分地利用了交换器的容积（前者容积的利用率在 95% 以上，而后者只有 60% 左右），并且树脂床层明显提高。因此，可以允许在更高的流速下运行，这不仅提高了单位时间的制水量（出力），同时也增长了运行周期。

（2）浮床离子交换器由于装填树脂量大、树脂床层高，所以当用于处理水质较差的原水时，可以采取降低流速来保证运行周期的制水量；反之，对于较好的原水水质，可以提高运行流速以减少或缩小设备，降低投资。因而，浮床离子交换器适用的水质范围是比较宽的。

(3)由于水力筛分作用,浮床交换器树脂床层从下至上,树脂的粒径分布由大逐渐减小,即交换层中树脂颗粒分布沿水流方向逐渐减小。这样,不仅对离子交换过程有利,同时也减小了水流的阻力,有利于提高运行流速和出水质量。

(4)浮床没有反洗及置换过程,所以节约了自用水耗。另外,因水垫层空间小,交换器失效时这部分水的损失小。还有树脂层高,清洗水的利用率也高,一般清洗水耗可降低至树脂体积的2倍。因此,浮床交换器的自用水耗可以降至3%以下。

(5)浮床再生方式不会引起树脂的乱层,所以出水的质量和周期制水量稳定。由于省去了容易损坏的中间排水装置,因而操作简单,运行可靠。

2. 缺点

浮床离子交换器存在以下缺点:

(1)因树脂在交换器内不能进行反洗,所以对进水的浊度要求严格。顺流再生工艺一般要求进水浊度小于5 mg/L,而浮床则要求小于2 mg/L。

(2)需要增设专门的体外反洗装置。

(3)出水装置上的滤水网稍有破裂,就会引起树脂流失。

(4)运行周期最后阶段,如果中断运行,将造成树脂乱层,使出水水质变坏和周期制水量降低。

四、流动床离子交换设备

流动床是一种连续床。按运行方式可分为重力式(敞开式)和压力式(封闭式)两种。压力式流动床因树脂落床等问题没有得到很好的解决,所以目前应用不广。按运行系统来分,流动床可分为单塔式、双塔式和三塔式三种。目前,应用最多的是重力双塔式流动床离子交换设备。

(一)流动床设备的结构

重力双塔式流动床离子交换系统如图8-25所示。

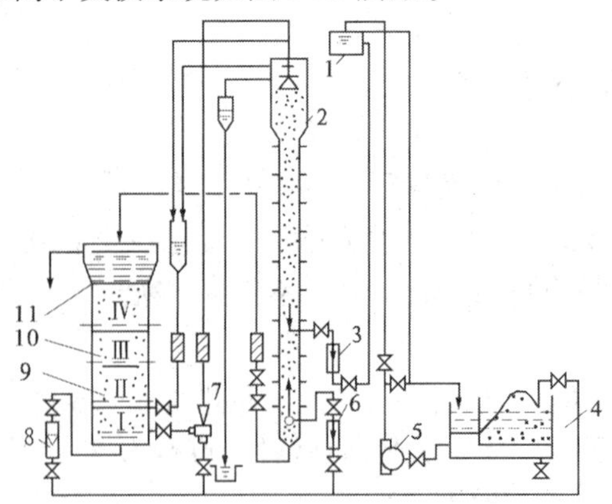

1—盐液高位槽;2—再生—清洗塔;3—盐液流量计;4—盐液制备槽;5—盐液泵;
6—清洗水流量计;7—树脂喷射器;8—原水流量计;
9—过水单元;10—浮球装置;11—交换塔

图8-25 流动床离子交换水处理装置流程

1. 交换塔

塔体是用钢板或硬质塑料板制成的圆柱形筒，塔的顶部设有汇集软水的溢流堰、软水引出管和再生好的树脂引出管。下部设有原水进水管及列管式配水装置、失效树脂输送管、回流水进水管（此管很多单位已取消）等。塔内设置3～5层过水单元，将树脂层分为几个区，各单元用阻流式分层挡板隔开，树脂的分层主要靠挡板的阻流作用，每层挡板的中心设置一个降落树脂用的浮球阀。运行时，浮球被水托起，使阀孔打开，上一交换区的树脂不断地经阀孔落至下一交换区。停止运行时，浮球立即下落，将阀孔关闭，树脂落在各层挡板上，这样使树脂起落不致乱层。在挡板上开有许多过水孔，起到使配水均匀化的作用。

现在有些单位不采用浮球阀，特别是交换塔直径较小的流动床设备中不再采用浮球阀后，其他运行情况也正常，未发现树脂不能下降的现象。

2. 再生—清洗塔

塔体大多数是用硬质塑料或有机玻璃管制成。塔的上部设有树脂预再生漏斗、失效树脂进入管、回流管及废液排出管，下部设有再生好的树脂输出管、清洗水进水管，中部设有再生剂的进液管。塔内也设有数层带孔挡板，整个塔体分为预再生、再生、置换和清洗四部分。

3. 附属设备

流动床系统除上述主体设备外，还有喷射器、进盐液泵、高位再生液箱、盐液制备槽以及流量计和管系。

（二）流动床的运行过程

1. 软化水流程

原水经阀门、水表、配水装置进入交换塔底部，然后自下而上流动，经与塔内多层树脂进行多级交换后成为软化水，至塔顶部，由溢流堰汇集，经出水管送至软水池。

2. 树脂流程

新再生树脂依靠位差压力，自清洗塔底部定量送往交换塔顶部，然后自上向下流动，随着树脂从Ⅳ区、Ⅱ区逐层下降，其饱和程度也逐层增加，失效树脂落入塔底（Ⅰ区），再由喷射泵送往再生—清洗塔顶部。树脂在再生—清洗塔内逐渐下落并与向上流动的再生剂、清洗水进行再生、置换和清洗，然后沉积于塔底。这些新再生的树脂利用连通器原理，由塔的液位差被压入交换塔顶部。如此循环往复，连续不断地进行交换—再生—清洗循环过程。

3. 再生剂流程

再生剂（饱和食盐水或20%的盐酸）经高位液箱、转子流量计、再生剂管进入再生—清洗塔中部，由清洗水稀释成一定浓度的再生剂，在向上流动过程中，与下落树脂接触，进行逆流再生。再生废液经树脂贮存斗从废液管排出塔外。

4. 清洗水流程

清洗水经高位水箱（或经水泵输送）、转子流量计、清洗水管进入再生—清洗塔底部后，分成两股：一股向上流动，对树脂进行清洗，并置换树脂下落时所带来的再生剂，当逆流至再生剂进口处时，则与再生剂混合来完成再生过程；另一股向下流动，借进水压力将再生好的树脂送入交换塔顶部,在此过程中,清洗水也随之被软化,成为软化水的一部分。清洗水量一般为树脂循环体积的1.5~2倍。

再生时树脂的停留时间不少于1.5 h,故树脂在再生—清洗塔内的下落速度不宜过大,一般认为3~4 m/h为宜。为了保证再生剂自下向上流动,要调整好水的托力。但托力也不宜过大,一要避免再生剂过于稀释,二要不影响树脂正常下落。

5. 树脂喷射流程

喷射水来自压力0.2~0.3 MPa的自来水。喷射水经喷射器时,对交换器底部树脂形成抽力,将失效树脂吸入并送至再生—清洗塔顶部。输送用的水部分经回流管回流至交换塔底部,部分经废液管排出塔外。

流动床属于连续运行,开启进水阀门投入运行后,开启喷射器,调整好树脂的喷射量、再生液量、清洗水量三者的关系。三者关系调整的好坏,对运行是否正常、树脂的失效度和再生剂耗量的影响很大。

实践证明,流动床在运行时必须注意以下几个平衡关系:

(1)树脂量的平衡。从交换塔输出的饱和(即失效)树脂量应与从再生—清洗塔送来再生好的树脂量平衡,这样才能保证流动床连续不断地均衡流动。

(2)树脂量与进水量的平衡。从交换塔输出的饱和树脂量应与软化所需的交换容量平衡。如果生水软化所需的交换容量大,而输出的饱和树脂量少,则交换塔内的饱和树脂量愈来愈多,最后使交换塔失去交换能力,出水水质不断恶化乃至不合格;反之,则影响再生效果,浪费盐液。

(3)树脂量与再生剂量的平衡。进入再生塔的饱和树脂量与再生剂量应平衡。如果再生剂量过少,树脂再生不彻底;再生剂量过多,则造成浪费。

(4)再生剂量与清洗水量的平衡。当树脂量、再生剂量确定后,清洗水量也需相应确定。清洗水量过大,使再生剂浓度过低;清洗水量过小,则造成再生好的树脂清洗不完全。

(三)流动床交换工艺存在的问题

(1)适应水质、水量变化的能力差。流动床的树脂循环量、再生剂用量和清洗水量都是按原水水质、出水量及出水水质设计的。因此,这些条件在运行中不能随意改变,不像固定床那样对水质、水量变化有较强的适应性。

(2)树脂磨损大。树脂在循环流动过程中互相碰撞摩擦容易破损,其磨损率较固定床可高15%以上。

(3)厂房高。由于流动床的再生—清洗塔的塔身较高,要求厂房建筑物不能低于8.0 m,所以基建投资大。

(4)交换塔的流速不宜太大,一般不超过30 m/h。因流速太高时,影响树脂下落,并且容易被出水带走。

(5)流动床对操作要求严格,出水质量不易稳定。

五、离子交换器常见故障及处理

固定床离子交换设备的结构比较简单,因此运行中的故障相对就要少一些。现将固定床操作过程中可能出现的故障及其消除方法归纳于表8-14中。

表 8-14　离子交换器常见故障及其消除方法

故障情况	可能产生的原因	处理方法
交换剂工作能力降低，周期制水量减少	原水中 Fe^{2+}、Al^{3+} 含量高，使交换剂"中毒"（这时树脂颜色变深，呈暗红色）	用盐酸清洗复苏交换剂
	反洗不够彻底，交换剂被悬浮物污染	彻底反洗和清洗交换剂层。尽量降低进水的悬浮物含量（可采用过滤方法）
	再生剂用量过大或浓度太低，食盐中（如含碘的钠盐）钠离子含量过低	适当增加再生剂用量，提高再生液浓度，使用含钠量高的工业盐
	交换剂层高度太低或交换剂逐渐减少	适当增加交换剂层高度
	再生流速过快或再生方法不对	严格按正确的再生方法进行操作
	原水水质突然恶化，或运行流速太快	掌握水质变化规律，适当降低运行流速
运行或再生反洗过程中有交换剂流失	排水装置（如水帽）破裂	检修排水装置，更换排水帽
	反洗强度太大	反洗时注意观察树脂膨胀高度，当树脂膨胀接近顶部时，适当降低反洗强度
整个软化过程中，交换器出水总硬度超标	反洗阀门或盐水阀门泄漏，关不严	及时检修阀门
	交换剂层高度不够或运行流速过快	添加交换剂
	交换剂"中毒"变质，已失去交换能力	处理或更换交换剂
	原水硬度太高或钠盐浓度太大	采用二级软化
	化验试剂中有硬度或指示剂失效	检查或更换试剂，正确进行化验操作
软化水氯离子含量增加	再生时错开出水阀门和运行时误开盐阀	谨慎操作，防止差错
	盐水阀或正在再生的交换器出水阀渗漏	及时检修阀门
	再生后正洗不彻底或水源水质变化	正洗至进出水氯根含量基本一致，检测原水氯根含量是否增加

续表 8-14

故障情况	可能产生的原因	处理方法
软化水或再生排废水,有时呈黄色,及交换剂产生溶胶现象	水温过高或 pH 值太大,超出交换剂稳定范围,使交换剂焦化	控制进水或再生液的温度和 pH 值在交换剂稳定范围
	交换剂失水后,遇水突然膨胀,造成破碎	避免交换剂失水,一旦失水后,须先用浓盐水浸泡,使其逐步膨胀
	交换剂未以盐型停备用	交换器停备用时应转化成"出厂型"

六、再生系统

再生系统一般由三部分组成,即再生剂的贮存、再生液的配制和输送。通常钠离子交换器采用食盐作再生剂,其再生系统主要是将固体的食盐配制成一定浓度的再生液,为了防止盐水中的杂质污染交换剂,盐水必须经过滤后再输送至交换器内。而氢型离子交换器和氢氧型离子交换器,通常分别用酸和碱作再生剂,其再生系统主要是将酸或碱由酸碱贮存槽送至计量箱,然后由喷射器稀释后送入交换器。本节主要介绍食盐的再生系统及设备。

(一)压力式盐溶解器

压力式盐溶解器不但可溶解食盐,而且有过滤盐水的作用,其结构如图8-26所示。

食盐由加盐口加入后封闭,然后由进水管进水溶解食盐,使用时盐水在进水压力下通过石英砂层过滤,澄清的盐水由下部出水管引出,送至交换器进行再生。每次用完后应进行反洗,以除去留存在盐溶解器中的杂质。用压力式盐溶解器配制盐水溶液,虽然设备简单,但往往会造成开始时盐水浓度过高,逐渐稀释至后来浓度又过低,这种浓度变化的不均匀,对再生效果并不利。另外,盐溶解器内壁应有防腐层,否则设备易被腐蚀。

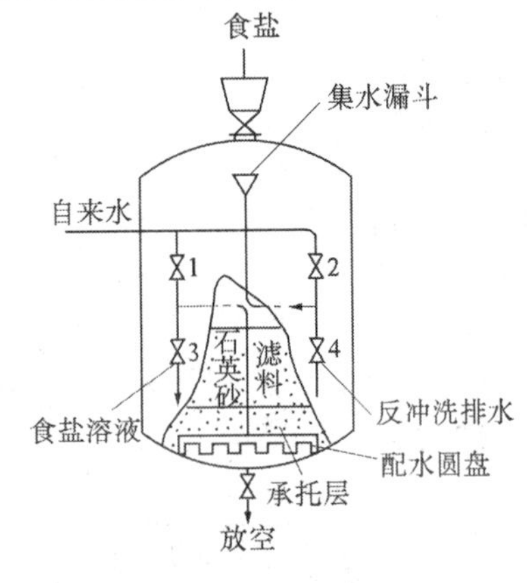

1—反洗进水阀;2—进水阀;
3—盐水出口阀;4—反洗排水阀

图 8-26 压力式盐溶解器

(二)溶盐槽

溶盐槽主要作为食盐湿式贮存容器。由于食盐长时间浸泡在水中,所以溶盐槽中的溶液基本上是 NaCl 饱和溶液。溶盐槽可用钢板、硬聚氯乙烯塑板和水泥构筑物等做成。用钢板或水泥构筑物时,内部需涂防腐材料;用硬质塑料板时,需加固。溶盐槽内设有排水装置和按一定级配铺设的 500 mm 左右高的石英砂层。下部的盐液排出管与盐液计量箱相连通。食盐溶解槽内的水要保持在能将食盐全部浸没为宜。

溶盐槽再生剂系统,通常有喷射器输送盐液再生剂系统和泵输送盐液再生剂系统两种。

1. 喷射器输送盐液再生剂系统

如图 8-27 所示,运来的食盐可贮存在盐槽中并在此槽中溶解。为了使食盐溶液直接在盐槽中得到过滤而不另设过滤器,可在盐槽底部铺设石英砂,这样当溶解的食盐溶液流过尚未溶解的食盐晶体、石英砂时便得到了过滤。经盐槽过滤的饱和溶液流入计量箱,然后再生时通过喷射器稀释并送至交换器。所需的盐水浓度可通过调节计量箱出口阀和喷射器的进水开度来达到。这种系统较简单,操作也方便。

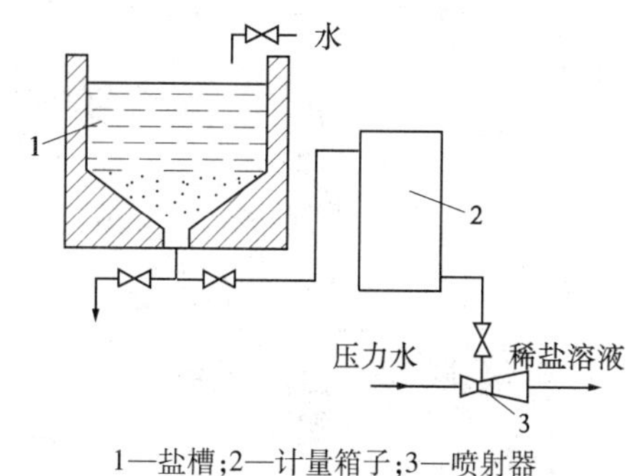

1—盐槽;2—计量箱子;3—喷射器

图 8-27 喷射器输送盐液再生剂系统

2. 泵输送盐液再生剂系统

在场地较宽敞的情况下,也可制作盐溶解箱(其体积应比交换器再生一次所需再生液的体积略大),直接配制所需浓度的盐水溶液,经过滤后,用盐水泵送入交换器,系统如图 8-28 所示。

盐液溶解箱制作时应设置过滤装置,一般可在溶解箱的中间设一隔板,将溶解箱按 2/3 和 1/3 的容积比例分割为两部分。隔板上钻有许多直径为 3 ~ 6 mm 的小孔(小孔数量应能满足盐水流量的需要),并包扎尼龙网布以起过滤作用。盐水配制时,食盐和水加入至 1/3 容积一边,边溶解边通过隔板过滤流至另一边。隔板及加盐一边的溶解箱污物较多时应及时冲洗。溶解箱的底部做成略微倾斜,并在最低处设排污管。另外,隔板应做成插入式,当清洗整个溶解箱时可方便地取出。为了提高交换剂再生效果,还可在溶解箱内接一蒸汽管,以便再生时适当提高盐水温度(一般将盐水加热至 50 ~ 60 ℃),同时也可加速食盐的溶解。

(三)用泵输送酸、碱的系统

泵输送酸、碱的系统如图 8-29 所示。在此系统中,用泵先将酸、碱浓液送至高位酸、碱槽中,然后依靠重力自动流入计量箱,再生时用喷射器送至离子交换器中,这种系统用于氢离子交换器或有化学除盐的水处理系统。

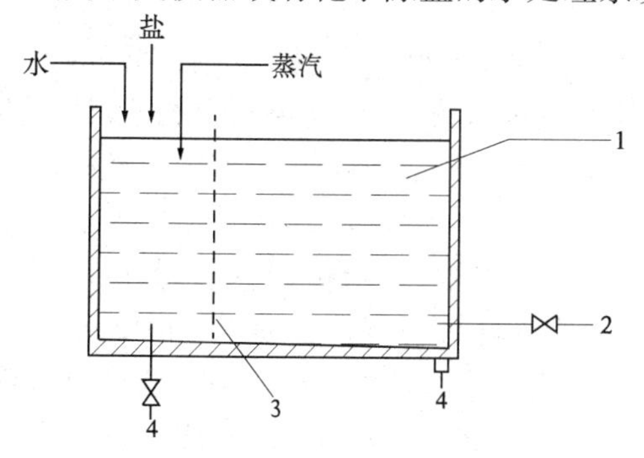

1—盐溶液箱;2—盐水泵;
3—过滤隔板;4—排污管

图 8-28 泵输送盐液再生剂系统

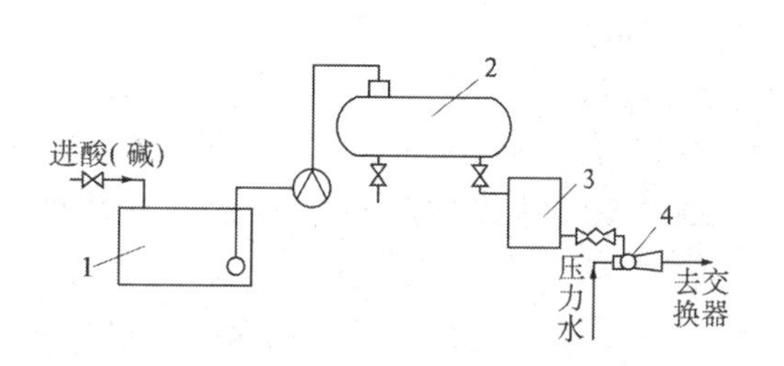

1—贮酸(碱)罐; 2—高位酸(碱)槽;
3—计量箱; 4—喷射器

图 8-29 泵输送酸、碱的系统

第四节　钠离子交换软化系统

常用的钠离子交换系统主要有单级钠离子交换系统和双级钠离子交换系统两种,下面分别介绍。

一、单级钠离子交换系统

(一)单级钠离子交换反应

单级钠离子交换反应如下:

$$2RNa + Ca(HCO_3)_2 \rightarrow R_2Ca + 2NaHCO_3$$

$$2RNa + Mg(HCO_3)_2 \rightarrow R_2Mg + 2NaHCO_3$$

$$2RNa + CaSO_4 \rightarrow R_2Ca + Na_2SO_4$$

$$2RNa + MgSO_4 \rightarrow R_2Mg + Na_2SO_4$$

$$2RNa + CaCl_2 \rightarrow R_2Ca + 2NaCl$$

$$2RNa + MgCl_2 \rightarrow R_2Mg + 2NaCl$$

可将上述各交换反应式作下列综合表示:

$$2RNa + \left.\begin{matrix} Ca \\ \\ Mg \end{matrix}\right\} \left\{\begin{matrix} (HCO_3)_2 \\ SO_4 \\ Cl_2 \end{matrix}\right. \rightarrow R_2\left\{\begin{matrix} Ca \\ \\ Mg \end{matrix}\right. + Na_2\left\{\begin{matrix} (HCO_3)_2 \\ SO_4 \\ Cl_2 \end{matrix}\right.$$

单级钠离子交换软化过程如图8-30所示。

从上述可以看出,在软化过程中硬度可以降低至标准范围内,处理后的水质碱度不变,含盐量略有增加。所以,该系统只适用于碱度较低、硬度不高的原水。

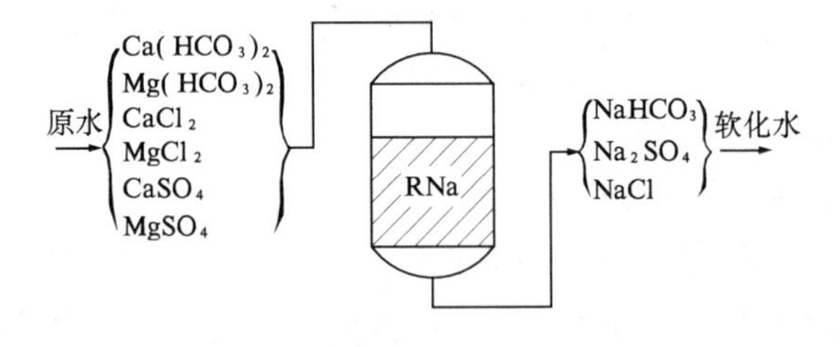

图8-30　单级钠离子交换软化过程示意

(二)单级钠离子交换系统的应用

单级钠离子交换系统是一种简单的软化系统。按设计要求,这种系统配有三套离子交换器,其中两套运行,一套备用。每套按50%设计水量运行,这样可使供水量稳定,便于事故处理和设备检修。如果设置的交换器台数较多,系统布置及运行操作均较复杂,且投资及占地面积增大。

对于补给水量较小的工业锅炉,通常只配备两台交换器,一台运行、一台备用。每台按100%设计水量运行。这种系统布置简单、紧凑,基本上能够保证连续不断地供水。

小型锅炉也可采用一台交换器与软化水箱串联组成连续供水系统。采用这种单台系统时,为了适应出水量的变化,交换器设计的流速选择低些(可取10~15 m/h),软化水箱的容积应达到满足2~4 h的补给水量。为保持水箱经常处于满水状态,水箱内应设置水位自动控制装置。如利用自来水压力作为供水动力时,水箱进水管可采用浮球阀控制。如用水泵为供水动力时,则用电动水位控制器进行控制。

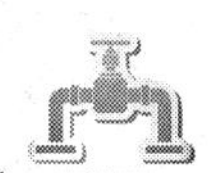

二、双级钠离子交换系统

（一）双级钠离子交换系统的应用

当原水硬度较高（高于 10 mol/L）时，如还采用单级钠离子交换系统，其出水硬度难以达到水质标准，在这种情况下，可以采用双级钠离子交换系统，如图 8-31 所示。

（二）双级钠离子交换系统的特点

采用双级钠离子交换工艺有以下特点：

（1）节省再生剂用量。对于顺流再生离子交换器，通常第一级钠离子交换器的盐耗为 100 ~ 110 g/mol；为了充分提高第二级钠离子交换器的再生度，采用盐耗为 250 ~ 350 g/mol，虽然第二级盐耗较高，但可以利用二级交换器的再生盐液去再生一级交换器，且第二级钠离子交换器的运行周期较长，所以盐耗比单级钠离子交换还要低些。

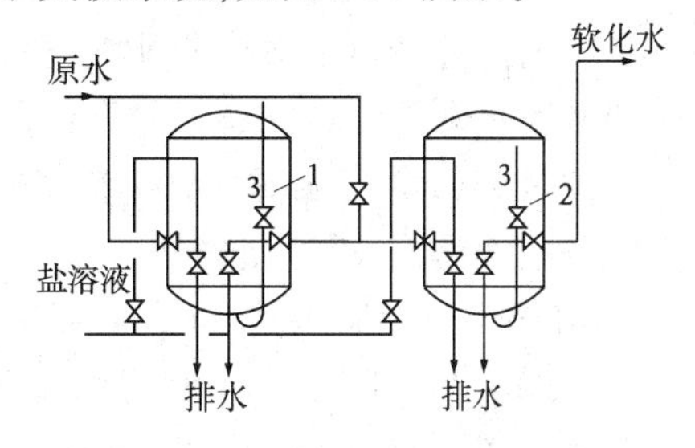

1—钠离子交换器；
2—第二级钠离子交换器；3—反洗水

图 8-31　双级钠离子交换系统

（2）提高了第一级钠离子交换器利用率。由于第二级钠离子交换器的保护作用，所以在运行中可以降低第一级钠离子交换器的出水标准，来充分发挥它的交换能力。双级钠离子交换系统可达到的出水标准如下：第一级出水残留硬度 <0.05 ~0.1 mmol/L，第二级出水残留硬度 <0.03 mmol/L。

（3）提高了出水水质的可靠性。第一级钠离子交换器偶尔有出水硬度超过标准的，第二级钠离子交换器可起到保护作用，所以出水质量稳定可靠。

（4）运行操作较为简单。因为第二级钠离子交换器运行周期长，一般可连续运行几十天乃至几个月才失效而再生一次，所以在运行中也不会增加操作上的麻烦。

（5）第一级钠离子交换器的运行流速一般为 15 ~ 20 m/h，第二级钠离子交换器的运行流速为 40 ~ 60 m/h，所以在双级钠离子交换系统中，可以两台第一级钠离子交换器共用一台第二级钠离子交换器组合运行；如果一台第一级交换器对一台第二级交换器串联，则可以选用直径小的第二级钠离子交换器。

第五节　水的离子交换软化、降碱处理

由于水经钠离子交换处理后，只能除去硬度，碱度不变，所以对于水源水中碱度较高的地区，如果单独采用钠离子交换处理的软水作为锅炉给水，将会使锅水碱度随着锅水的蒸发浓缩而越来越高，不但造成锅炉运行因排污率过高而不经济，而且还会严重影响蒸汽品质，甚至产生锅炉的碱性腐蚀。因此，对于水源水碱度较高地区的锅炉水处理来说，不但要进行软化处理，而且要考虑降碱的问题。下面介绍几种常用的软化、降碱的处理方法。

一、部分钠离子交换法

（一）部分钠离子交换法原理

《工业锅炉水质》（GB/T 1576）标准中规定，锅炉的给水应采用锅外化学处理，但对于额定蒸发量≤4 t/h，且额定蒸汽压力≤1.0 MPa 的自然循环蒸汽锅炉和汽水两用锅炉，对于有锅筒(壳),且额定功率≤4.2 MW的热水锅炉可以采用锅内加药处理。然而,我国有些地区的天然水中硬度和碱度都比较高,如果采用锅内加药处理,不但耗药量大,而且沉渣多不易排尽,仍易结生二次水垢,同时会造成因锅水杂质含量过高而影响蒸汽品质。如果都采用锅外化学处理,则成本较高不经济。因此,对于这类锅炉,当原水碱度较高时,可采用部分钠离子交换软化法。

所谓部分钠离子交换法就是:一部分原水经过钠离子交换器除去硬度,保留碱度;另一部分原水则不经过钠离子交换器,然后将两者混合作为锅炉给水,如图8-32所示。

经过钠离子交换的水,将碳酸盐硬度转变成重碳酸钠,其反应式如下:

$$2RNa + Ca(HCO_3)_2 \rightarrow R_2Ca + 2NaHCO_3$$

$$2RNa + Mg(HCO_3)_2 \rightarrow R_2Mg + 2NaHCO_3$$

含有 $NaHCO_3$ 的给水进入锅炉后受热分解:

$$2NaHCO_3 \rightarrow Na_2CO_3 + CO_2\uparrow + H_2O$$

一部分碳酸钠在高温下发生如下水解反应:

$$Na_2CO_3 + H_2O \rightarrow 2NaOH + CO_2\uparrow$$

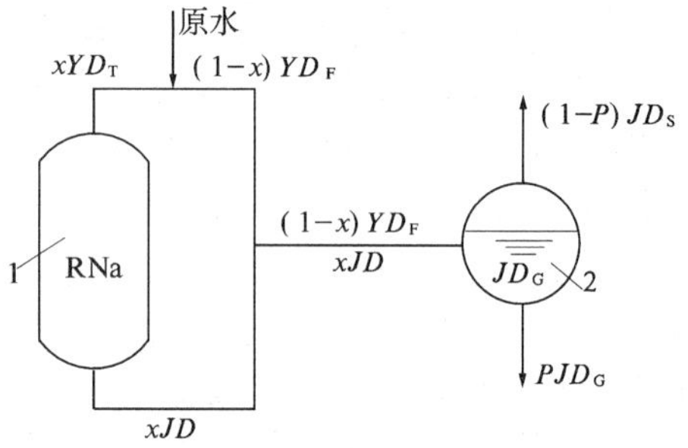

1—钠离子交换器;2—锅炉

图8-32　部分钠离子交换过程示意

在锅水中生成的 Na_2CO_3 和 NaOH 有以下两个作用:一是与未经钠离子交换的原水中的非碳酸盐硬度成分反应:

$$CaSO_4 + Na_2CO_3 \rightarrow CaCO_3\downarrow + Na_2SO_4$$

$$CaCl_2 + Na_2CO_3 \rightarrow CaCO_3\downarrow + 2NaCl$$

$$MgSO_4 + 2NaOH \rightarrow Mg(OH)_2\downarrow + Na_2SO_4$$

$$MgCl_2 + 2NaOH \rightarrow Mg(OH)_2\downarrow + 2NaCl$$

反应后生成的水渣随锅炉排污排出锅外;二是补充锅炉排污及蒸汽带走的碱度。因此,部分钠离子交换法是一种锅外、锅内相结合的水处理方法。

这种方法的优点是:①可将硬度较高的原水降低到硬度符合标准的要求;②降低锅水的碱度,防止锅水碱度过高;③系统简单,安全可靠;④降低锅炉的排污率,可节省再生剂,经济性好;⑤节约锅内加药处理的药剂。

(二)水量配比的计算

采用部分钠离子交换法时,必须注意控制好给水中软化水量与原水量之比,以保证混合水的碱度略大于硬度。两者之比应满足下式的关系:

$$X(JD - YD_C) - JD_G P = (1 - X)(YD - JD)$$

式中　X——软化水量占总给水量的质量分数(%);

$1 - X$——不经过钠离子交换器的原水占总给水量的质量分数(%);

JD——原水的总碱度,mmol/L;

YD——原水的总硬度,mmol/L;

YD_C——软化水中的残留硬度,mmol/L,一般宜小于0.1 mmol/L;

JD_G——锅水需控制的碱度,mmol/L,水质标准规定8~26 mmol/L;

P——锅炉排污率(%),一般控制在5%~10%。

整理上式得

$$X=\frac{YD-JD+JD_GP}{YD-YD_C}\times 100\% \tag{8-9}$$

式(8-9)计算的X只是估算值,在实际运行中当原水的硬度和碱度发生明显变化时,应及时调整。

另外,还应根据实测的锅水碱度加以调整,即在一定的排污率条件下,当实测锅水碱度高于需控制的碱度时,可适当减少X量;当实测锅水碱度高于需控制的碱度时,可适当增加X量。

采用部分钠离子交换法时,不但要保证混合后给水中的碱度略大于硬度,而且应使给水硬度符合水质标准的规定(GB/T 1576标准规定为≤4 mmol/L)。由于式(8-9)只是计算出在一定的排污率时,使锅水碱度符合要求的条件下软水的质量分数,而不能确定该原水是否能适用于部分钠离子交换法,因而还需按式(8-10)验算当两种水混合后,在一定的排污率下,当碱度符合要求时,给水硬度(YD_G)是否在允许范围之内。

$$YD_G=XYD_C+(1-X)YD \tag{8-10}$$

从式(8-10)可以看出,在原水硬度不变的情况下,混合水的给水硬度主要取决于软水在总给水量中所占的比例(X),而X值又与锅水需控制的碱度和排污率大有关系。一般运行中以保持锅水适中的碱度(16 mmol/L),较低的排污率(5%)为宜,但如果验算出的$YD_C>4$ mmol/L,可适当提高锅水碱度和排污率,使X值增大,YD_G就会减小。当锅水碱度和排污率已控制在上限值($JD_G=26$ mmol/L、$P=10\%$代入时),而YD_G值仍大于4 mmol/L时,则说明该原水水质不适宜采用部分钠离子交换法,而需采取另外的处理方法。

【例8-4】 某厂锅炉所用的原水中硬度$YD=6.2$ mmol/L,碱度$JD=4.8$ mmol/L,采用部分钠离子交换法时取$YD_C=0.1$ mmol/L,并控制碱度$JD_G=18$ mmol/L,$P=5\%$,求X值,并判断采用此方法时水质是否符合水质标准。

解:

$$X=\frac{YD-JD+JD_GP}{YD-YD_C}\times 100\%=\frac{6.2-4.8+18\times 5\%}{6.2-0.1}\times 100\%=37.7\%$$

$$YD_G=XYD_C+(1-X)YD=37.7\%\times 0.1+(1-37.7\%)\times 6.2=3.9(\text{mmol/L})$$

计算结果表明,采用此方法时所需控制的指标符合水质标准要求。但在此例题中尚可适当提高锅炉排污率,以使软水的比例增大一些,从而使给水的硬度再小一些,这样有利于防止锅炉结垢。

【例8-5】 如果上例中原水的碱度为5.8 mmol/L,其他条件都不变,试计算该处理方法处理的水质是否符合水质标准。

解:

$$X=\frac{YD-JD+JD_GP}{YD-YD_C}\times 100\%=\frac{6.2-5.8+18\times 5\%}{6.2-0.1}\times 100\%=21.3\%$$

$$YD_G=XYD_C+(1-X)YD=21.3\%\times 0.1+(1-21.3\%)\times 6.2=4.9(\text{mmol/L})$$

计算结果表明,在上述控制条件下,给水硬度将超过水质标准,显然不适用。但如果将锅水的碱度和排污率提高至接近上限值,例如将锅水碱度控制为$JD_G=24$ mmol/L,排污率提高到9%,再来验算给水硬度,若能够达到允许的标准范围,则说明该原水水质还是可以适用于部分钠离子交换法处理的。

$$X=\frac{YD-JD+JD_{G}P}{YD-YD_{C}}\times 100\%=\frac{6.2-5.8+24\times 9\%}{6.2-0.1}\times 100\%=42\%$$

$$YD_{G}=XYD_{C}+(1-X)YD=42\%\times 0.1+(1-42\%)\times 6.2=3.6(\mathrm{mmol/L})$$

验算结果表明,适当提高锅水碱度和排污率时,软化水的比例增大,给水硬度便可符合水质标准的要求。

二、氢—钠离子交换法

当原水硬度和碱度都较高,而锅炉对给水水质要求又比较高,部分钠离子交换法不能满足要求时,可采用氢—钠离子交换法来达到软化降碱的目的。经过氢—钠离子交换法处理,不但可除去硬度,降低碱度,而且不增加给水的含盐量。在这种水处理系统中包括有氢离子交换和钠离子交换两个过程,它有多种运行方式。下面介绍几种常用的方式。

(一)采用强酸型离子交换剂的氢—钠离子交换法

1.氢—钠离子交换软化、降碱的原理

强酸性阳离子交换树脂用酸再生后成为氢型离子交换剂(RH)。原水经氢离子交换器处理后,水中各种阳离子都被 H^+ 所交换,其交换反应可用下式综合表示:

$$2RH+\left.\begin{matrix}Ca\\Mg\\Na_2\end{matrix}\right\}\left\{\begin{matrix}(HCO_3)_2\\SO_4\\Cl_2\end{matrix}\right.\rightarrow R_2\left\{\begin{matrix}Ca\\Mg\\Na_2\end{matrix}\right.+\left\{\begin{matrix}2H_2CO_3\\H_2SO_4\\2HCl\end{matrix}\right.$$

由上述反应式可以看出,经氢离子交换后,原水中各种强酸阴离子变成了强酸,即这时交换器出水中的酸度和其原水中强酸阴离子的量相当。但如果氢离子交换器运行到出现 Na^+(也称漏钠)时并不立即再生,而是运行到出现硬度(也称漏硬度)时才进行再生,则这段时间内,出水中的硬度与原水中非碳酸盐硬度的量相当。

原水经钠离子交换器处理后,水中各种阳离子被 Na^+ 所交换,其交换反应可用下式综合表示:

$$2RNa+\left.\begin{matrix}Ca\\Mg\end{matrix}\right\}\left\{\begin{matrix}(HCO_3)_2\\SO_4\\Cl_2\end{matrix}\right.\rightarrow R_2\left\{\begin{matrix}Ca\\Mg\end{matrix}\right.+Na_2\left\{\begin{matrix}(HCO_3)_2\\SO_4\\Cl_2\end{matrix}\right.$$

由此反应式可知,经钠离子交换后,除去了硬度而碱度不变,即出水成为碱性水。

将氢离子交换器处理后的酸性水与钠离子交换器处理后的碱性水互相混合,发生中和作用,其反应式如下:

$$2NaHCO_3+H_2SO_4\rightarrow Na_2SO_4+2H_2O+2CO_2\uparrow$$

$$NaHCO_3+HCl\rightarrow NaCl+H_2O+CO_2\uparrow$$

中和后产生的 CO_2 可以用除 CO_2 器(简称除碳器)除去。

采用氢—钠离子交换处理时,应根据原水水质来合理调整两种交换器处理水量的比例,以保证中和后的混合水仍保持一定的碱度,这个碱度称为残留碱度。一般工业锅炉给

水的残留碱度宜控制在 0.5 ~ 1.2 mmol/L(HCO_3^-)。

2. 氢—钠离子交换系统常见的形式

(1)并联氢—钠离子交换系统。系统的设置如图 8-33 所示，将进水分为两部分，分别送入氢、钠离子交换器，然后把两者的出水进行混合，再经除碳器除去 CO_2，即可作为锅炉给水。

(2)串联氢—钠离子交换系统。系统的设置如图 8-34 所示，该系统也将进水分为两部分：一部分直接送入氢离子交换器中，另一部分则直接与氢离子交换器的出水混合。这样，经氢离子交换后的水中酸度就和原水中的碱度发生中和作用，中和后产生的 CO_2 由除碳器除去，除碳后的水经过水箱由泵打入钠离子交换器。在这种系统中，除碳器应安置在钠离子交换器之前，否则如含 CO_2 的水先通过钠离子交换器，就会产生$NaHCO_3$，使软水碱度重新增加：

$$H_2CO_3 + RNa \rightarrow RH + NaHCO_3$$

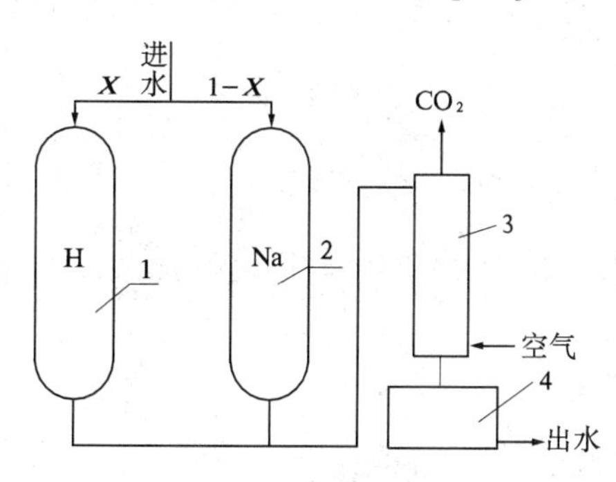

1—氢离子交换器；2—钠离子交换器；
3—除碳器；4—水箱

图 8-33　并联氢—钠离子交换系统

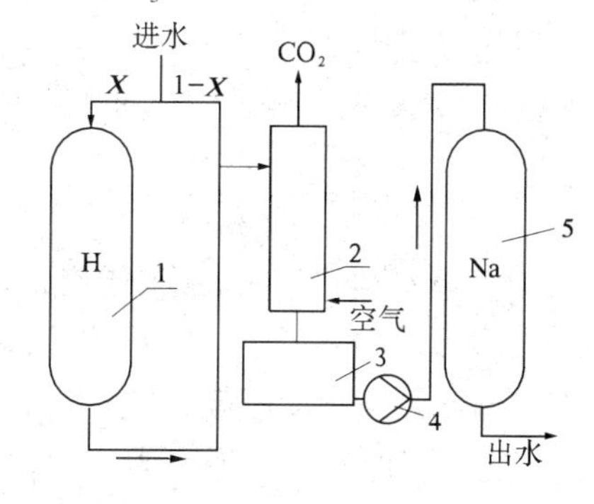

1—氢离子交换器；2—除碳器；
3—水箱；4—泵；5—钠离子交换器

图 8-34　串联氢—钠离子交换系统

3. 氢—钠离子交换的处理水量配比

设 X 为氢离子交换器处理水量占总水量的份额，则 $1-X$ 为并联系统中经钠离子交换器处理水量的份额，或串联系统中不经氢离子交换器处理的那部分水量的份额。

由于氢—钠离子交换处理后，混合软水中必须保留一定的残留硬度，因此无论采用并联还是串联系统，两种水互相中和后，都应满足下式要求

$$(1-X)JD - XSD = JD_C$$

整理该式，得

$$X = \frac{JD - JD_C}{JD + SD} \times 100\% \tag{8-11}$$

式中　JD——原水的碱度，mmol/L(HCO_3^-)；

JD_C——中和后水中应保留的残留碱度，一般为 0.5 ~ 1.2 mmol/L(HCO_3^-)；

SD——氢离子交换器出水酸度，mmol/L(H^+)，当以漏 Na^+ 为交换器运行终点时，相当于原水中强酸阴离子的总含量，当以漏硬度为运行终点时，则相当于原水中非碳酸盐硬度的量。

由此可见，氢离子交换器和钠离子交换器的处理水量配比，因氢离子交换器的终点控

制不同而分为两种情况：

(1)氢离子交换器以漏 Na^+ 为交换器运行终点时，其处理水量配比可直接按式(8-11)进行估算。

(2)如果氢离子交换器在出现 Na^+ 后并不再生，而是以控制漏硬度为终点，这时对于非碱性的原水来说，其碱度也就是碳酸盐硬度，它与非碳酸盐硬度(相当于此时的出水酸度)之和即为原水总硬度(YD)，所以此时式(8-11)可改为

$$X = \frac{JD - JD_C}{YD} \times 100\% \tag{8-12}$$

【例8-6】 某锅炉所用的原水水质为：$YD = 5.6$ mmol/L，$JD = 4.8$ mmol/L，采用氢—钠并联系统处理，要求：中和后的软化水残留硬度为 1.0 mmol/L，总处理水量为 20 t/h。当氢离子交换器以漏 Na^+ 为终点时，出水的平均酸度为 2.3 mmol/L，求：①氢离子交换器以漏 Na^+ 为终点时，②交换器都以漏硬度为终点时，氢离子交换器和钠离子交换器的处理水量配比分别为多少？

解：(1)氢离子交换器以漏 Na^+ 为终点时的水量配比：

$$X = \frac{JD - JD_C}{JD + SD} \times 100\% = \frac{4.8 - 1.0}{4.8 + 2.3} \times 100\% = 53.5\%$$

当以漏 Na^+ 为终点时，氢离子交换器的处理水量为：53.5% ×20 = 10.7(t/h)；钠离子交换器的处理水量为：20 − 10.7 = 9.3(t/h)。

(2)氢离子交换器以漏硬度为终点时的水量配比：

$$X = \frac{JD - JD_C}{YD} \times 100\% = \frac{4.8 - 1.0}{5.6} \times 100\% \approx 68\%$$

此即表明，当氢离子交换器漏 Na^+ 后，由于出水酸度降低，氢离子交换器的处理水量应增至为：68% ×20 = 13.6(t/h)；钠离子交换器的处理水量可减少为：20 − 13.6 = 6.4(t/h)。

另外，需要说明的是，当离子交换器以漏硬度为控制终点时，氢—钠离子交换系统(尤其是并联系统)中的处理水量配比，应在氢离子交换器漏 Na^+ 后进行调整。否则，若仍以式(8-11)计算量进行配比，混合后的软水碱度就会偏高；但若一直以式(8-12)计算量进行配比，则在氢离子交换器漏 Na^+ 之前，混合后的软水不但碱度会过低，有时甚至会成为酸性水，影响锅炉的安全运行。如上例中，若氢离子交换器的处理水量一直以68%配比，则在氢离子交换器漏 Na^+ 之前，混合水的残留碱度为

$$JD_C = (1 - X)JD - XSD = (1 - 68\%) \times 4.8 - 68\% \times 2.3 = -0.028 \text{(mmol/L)}$$

出现负值表明此混合水为酸性水。

4. 并联和串联氢—钠离子交换系统的比较

从设备来说，由于并联系统中只有一部分原水送入钠离子交换器，而在串联系统中，全部原水最后都要通过钠离子交换器。所以，在出力相同时，并联系统中钠离子交换器所需的容量较小，而串联系统的较大。因此，并联系统比较紧凑，投资较少。

从运行来看，串联系统的运行不必严格控制和调整处理水量的配比，因为串联时即使一时出现经氢离子交换水和原水混合后呈酸性，由于还要经过钠离子交换(H^+都将被交

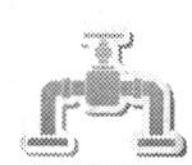

换成 Na^+),所以最终出水不会呈酸性,故串联系统较为安全可靠,且氢离子交换器的交换能力可以得到充分利用。而并联系统中的氢离子交换器若要进行到漏硬度时进行再生,就必须及时调整并严格控制两交换器处理水量的配比,以保证混合后的软水保持一定的碱度。

(二)除碳器

如前所述,原水经氢离子交换处理后,天然水中的碳酸盐硬度便转化成碳酸,可用除碳器除去。由于水中的 H_2CO_3、HCO_3^- 和 CO_2 的转化与水中的 pH 值有关,其平衡关系可由下式表示:

$$H^+ + HCO_3^- \rightleftharpoons H_2CO_3 \rightleftharpoons CO_2\uparrow + H_2O$$

所以,水中的 pH 值降低,即 H^+ 浓度增大时,此平衡就向右移动,当水中 pH 值低于 4.3 时,水中的碳酸化合物几乎全部以游离的 CO_2 形式存在。

水中游离的 CO_2 可以看做是溶解在水中的气体,它在水中的溶解度符合气体溶解定律(即任何气体在水中的溶解度与此气体在水面上的分压成正比)。因此,只要降低水面上的 CO_2 分压就可除去水中游离的 CO_2,除碳器就是根据这一原理设计的。

在各种离子交换水处理系统中,最常见的除碳器是鼓风式除碳器。其结构如图 8-35 所示。鼓风式除碳器的工作原理为:溶解在水中的 CO_2 与逆向鼓入的空气接触,由于空气中的 CO_2 含量很小(约占大气压力的 0.03%),因此根据气体溶解定律,水中的 CO_2 将不断逸出,直至其分压力平衡为止。通过鼓风式除碳器,一般可将水中的 CO_2 含量降至 5 mg/L 以下。

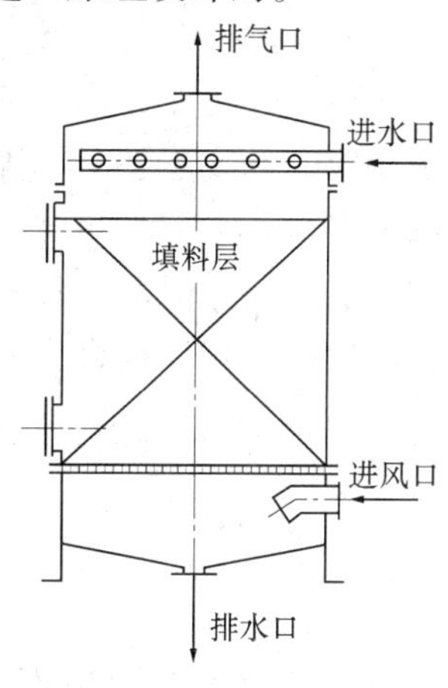

图 8-35 鼓风式除碳器结构示意

鼓风式除碳器是一个圆柱形设备,柱体是用金属或塑料制成的。如用金属制造,其内表面应采取防腐措施。柱内装的填料,一般为堆放的瓷环或蜂窝格。运行时,水从柱体的上部进入,经配水装置淋下,流过填料层后,从下部排入水箱。鼓风机的作用是不断地从下部送入新鲜的空气,同时从上部将含有 CO_2 的空气不断地排出。填料的作用是将水流分散,使鼓入的空气与水有非常大的接触表面积,以便 CO_2 更容易从水中逸出并立即被带走。

影响除碳器除 CO_2 效果的因素主要有以下几点:

(1)pH 值:如上所述,当温度一定时,水中各种碳酸化合物的相对量与 pH 值有关,pH 值越低,对除 CO_2 越有利。

(2)温度:温度越高,CO_2 在水中的溶解度越小,除 CO_2 的效果越好。

(3)设备结构:在鼓风式除碳器中,水和空气接触面积越大、接触时间越长,效果越好。

第六节 水的离子交换除盐处理

当水中含盐量较大,或锅炉对水质要求较高,采用钠离子交换法或氢—钠离子交换法仍不能满足锅炉对给水水质的要求时,可采用化学除盐。它是用氢型离子交换剂将水中各种阳离子都交换成 H^+,用氢氧型阴离子交换剂将水中各种阴离子都交换成 OH^-,经过这样两种交换处理后,水中的各种盐类几乎都可被除尽,所以称为水的离子交换除盐处理或化学除盐处理。化学除盐处理系统中,最简单的是一级复床除盐系统,如图8-36所示。

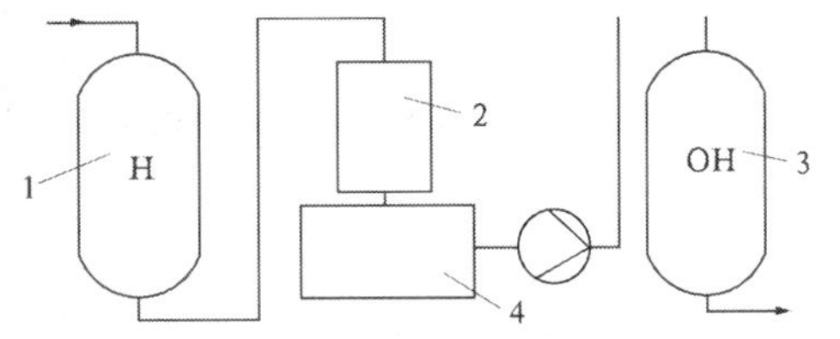

1—强酸性氢型离子交换器;2—除碳器;
3—强碱性氢氧型离子交换器;4—中间水箱

图8-36 一级复床除盐系统

一、离子交换除盐原理

当水通过强酸性氢离子交换树脂时,水中的各种阳离子被树脂中的 H^+ 交换后留在树脂中,而 H^+ 则到了水中,其交换反应可用下式综合表示:

$$R(SO_3H)_2+\left.\begin{matrix}Ca\\Mg\\Na_2\end{matrix}\right\}\left\{\begin{matrix}(HCO_3)_2\\SO_4\\Cl_2\end{matrix}\right.\rightarrow R(SO_3)_2\left\{\begin{matrix}Ca\\Mg\\Na_2\end{matrix}\right.+\quad H_2\left\{\begin{matrix}(HCO_3)_2\\SO_4\\Cl_2\end{matrix}\right.$$

由上述反应式可知,氢型离子交换器(也称阳床)的出水呈酸性,其中含有和进水中阴离子相应的 H_2SO_4 和 HCl 等强酸,以及 H_2CO_3 和 H_2SiO_3 等弱酸。通常 H_2CO_3 在酸性水中成为 CO_2,经除碳器除去(其残留量可达5 mg/L),然后进入强碱性氢氧型离子交换器(也称阴床)。这时水中各种阴离子被氢氧型树脂交换吸附,树脂上的 OH^- 则被置换到水中,并与水中的 H^+ 结合成 H_2O,其交换反应可用下式综合表示:

$$R(\equiv NOH)_2+H_2\left\{\begin{matrix}(HCO_3)_2\\SO_4\\Cl_2\\(HSiO_3)_2\end{matrix}\right.\rightarrow R(\equiv N)_2\left\{\begin{matrix}(HCO_3)_2\\SO_4\\Cl_2\\(HSiO_3)_2\end{matrix}\right.+2H_2O$$

在这种除盐系统中,如不设置除碳器,水中的 H_2CO_3 就会由阴离子交换吸附,不仅需多用部分阴树脂,而且再生时还要多消耗再生剂。

通过一级复床处理后的除盐水,不仅硬度被全部除去,电导率可达5 μS/cm以下,而且二氧化硅(SiO_2)也可达到0.1 mg/L以下。

二、一级复床的运行

在一级复床系统中,阳床和阴床失效后,其操作再生方法与钠离子交换器的再生方法基本相同,只是再生一般阳离子交换树脂用HCl,阴离子交换树脂用NaOH,下面主要介绍一级复床运行时的终点控制。

(一)强酸性氢型离子交换器(阳床)的运行控制

由阳离子交换树脂对离子的选择性顺序可知,当含有 Ca^{2+}、Mg^{2+}、Na^+ 等离子的水通过阳床时,氢离子交换树脂将首先交换吸着 Ca^{2+},其次是 Mg^{2+},而后才交换吸着 Na^+,且进水中的 Ca^{2+}、Mg^{2+} 还会把已被树脂吸附的 Na^+ 置换下来,故当树脂失效时,出水中首先出现的阳离子就是 Na^+(也称漏钠)。所以,为了除去原水中所有的阳离子,阳床必须在

出现漏钠现象时,即停止运行,进行再生。

经强酸性氢离子交换处理后,水质的变化为:硬度被彻底除去,且水中所有的阳离子几乎都被置换成 H^+,故水质呈酸性。在正常运行时,阳床出水的酸度大小与进水的含盐量有关,一般原水的含盐量越高,阳床出水的酸度就越大。如果进水的含盐量稳定,则出水的酸度也将保持平稳,直到阳床开始漏钠,出水酸度随之下降。因此,通常应以测定出水的 Na^+ 含量来控制阳床运行的终点,一般一级复床除盐运行终点宜控制在 $Na^+ < 100 \sim 300$ μg/L。有的除盐处理中,用电导率来监督阳床的出水水质,但实际上用电导法与用 pH 值控制一样,都只能在原水水质稳定的情况下,才能起到监控作用。因为当原水中强酸性阴离子量改变时,不但会影响出水的 pH 值,而且也将显著影响出水的电导率。

强酸性氢型树脂在应用中,往往会因水中有氧化剂(如游离余氯)和重金属离子(如 Fe^{3+})等引起变质及污染。实践证明,当进水中含有 0.5 mg/L 的 Cl_2 时,只要运行 4～6 个月,树脂就显著变质,其表现为:颜色变淡、体积变大、体积交换容量降低,但质量交换容量变化不大。当原水中 Fe^{3+} 含量较高或离子交换系统及管路的防腐措施不良时,易引起树脂"中毒",使工作交换容量急剧下降。这时,即使采用 10% 的 HCl 进行处理,也只能得到暂时好转,运行几个周期后,交换容量又会急剧降低。因此,采用强酸型阳离子交换树脂的阳床,应特别注意设备及管路系统必须有良好的防腐措施。

(二)强碱性氢氧型离子交换器(阴床)的运行控制

由阴离子交换树脂对离子的选择性可知,强碱性氢氧型离子交换剂对强酸性阴离子的吸着能力很强,对弱酸性阴离子(如 HCO_3^-)的吸着能力则较小,而对 $HSiO_3^-$ 的吸着能力最差,尤其当水中有大量的 OH^- 存在时,除硅往往不完全。因此,在一级复床系统中,强碱性氢氧型阴离子交换器通常布置在强酸性氢型阳离子交换器及除碳器的后面,这不仅是因为除去了 HCO_3^- 后,可减少阴床的负担,而且进水中的 H^+ 可立即中和阴离子交换所产生的 OH^-,有利于除硅。

当阴床正常运行时,一般出水的 pH 值大都为 7～9,电导率为 0.5～5 μS/cm,含硅量以 SiO_2 计一般小于 50 μg/L,运行终点一般控制 SiO_2 含量小于 100 μg/L。

在一级复床运行中,当阴床与阳床同时失效时,一般阴床出水 pH 值变化不大,电导率和含硅量则都将很快上升。在实际工作中,有时阴床和阳床并不同时失效,如当阴床失效,而阳床尚未失效时,则 pH 值将下降(有时甚至呈酸性),硅含量上升,而电导率则常常出现先略微下降而后很快上升的情况;反之,如阴床尚未失效,阳床已经失效,则出水的 pH 值、电导率和 Na^+ 含量都将上升,同时由于阴床中 NaOH 含量增加,影响交换剂除硅效果,以致出水中的硅含量也会上升。所以,阳床和阴床应分别进行监督,并在失效时及时进行再生。

在离子交换除盐系统中,如果水的流速过慢(约小于 2 m/h),则会发生出水水质下降、电导率增大的现象。如交换器停用后再开始运行,则其出水水质就会更坏。这时,一般用快速水稍加冲洗就可正常,或者将出水返回阳床进口,进行再次交换处理。

三、一级复床加混床除盐系统

对于水质要求较高的单位,例如,高压以上锅炉的发电厂、电子工业及化验室用水等,通常采用一级复床加混床除盐系统,如图 8-37 所示。

一级复床加混床除盐系统出水水质的主要指标如下：

电导率 < 0.2 μS/cm，SiO_2 含量 < 20 μg/L。混床一般设置在一级复床的后边，其作用是：①提高制水纯度，能较彻底地除掉水中的硅化物；②如果阴、阳床失效且监督又不及时，容易发生短时间出水水质恶化现象，而混床的设置，对出水水质可以起到保护作用。

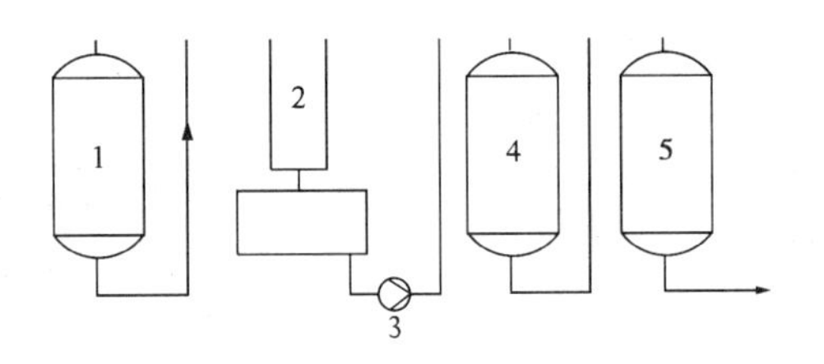

1—阳床；2—除二氧化碳器；3—中间水泵；4—阴床；5—混床

图 8-37　一级复床加混床除盐系统

第七节　离子交换器运行管理及提高经济性措施

一、离子交换系统的选择

前面已经介绍了各种离子交换的特点及常用交换器的操作方法，在实际应用中，应根据原水水质特点和锅炉运行的需要及对水质的要求，选择合适的离子交换系统。下面根据原水的情况，对工业锅炉中常用的离子交换系统做简要归纳，以供参考。

(1)低碱度、低硬度的原水：可单独采用钠离子交换处理。

(2)低碱度、高硬度的原水：当一级钠离子交换的出水硬度达不到标准要求时，宜采用二级钠离子交换处理(即两台交换器串联运行)。

(3)高碱度、低硬度的原水：当锅炉对水质要求不太高时，若原水的溶解固形物含量也较低，可直接采用适当的加酸处理；若原水的溶解固形物含量较高，宜采用部分氢离子交换处理。当锅炉对水质要求较高时，则应采用氢—钠离子交换处理。在原水溶解固形物含量不太高的情况下，也可在钠离子交换后，再做加酸处理。

(4)碱度和硬度都较高的原水：当锅炉对水质要求不太高时，若原水碱度不很高，可采用部分钠离子交换处理；若原水碱度很高，则需采用部分氢离子交换处理。当锅炉对水质的要求较高时，则应采用氢—钠离子交换处理，并宜采用串联运行。

(5)若锅炉对水质的要求很高，则需考虑采用离子交换除盐系统。

二、离子交换器的运行管理

(一)健全有关的规章制度

应根据具体情况，制定离子交换器的操作规程、取样化验制度运行和再生记录等。根据记录，定期进行再生剂比耗、工作交换容量等的经济核算。值得注意的是，虽然离子交换器大致可分为顺流再生和逆流再生两大类，但由于设计上的不同，目前交换器的种类很多，除普通的单柱交换器外，还有如组合式的、回程式的或双程式的、自动再生交换器等。其中，有的设计很合理，但前提是操作必须正确，所以必须制定规范的操作规程。但是也发现，有些生产厂家的产品使用说明书中存在不少问题，有的甚至所写的操作方法本身就是错误的。因此，在制定操作规程时，需注意方法的正确性。

（二）控制进水质量

进水中的游离氯、悬浮物、Fe^{3+}等杂质，当其含量较高时，都会显著影响离子交换剂的交换能力，严重时甚至会使出水质量无法达到合格标准。因此，对交换器的进水质量应加以控制，对于杂质含量过高的原水应进行预处理。

（三）按时化验，及时再生

不管采用什么交换器（包括全自动软水器），运行中都应按时监测出水水质，当交换器接近失效时，应增加化验次数，一旦交换器失效，应及时再生。对于“软化—降碱”处理系统，应根据原水变化情况和化验结果，及时调整处理水量的比例，使处理后的给水保持一定的碱度，严防酸性水进入锅炉。另外应注意的是，由于离子交换反应的可逆性，当交换器停用时，交换剂中的硬度又会返回到水中，所以离子交换器停用一段时间后，重新启动时，刚开始的出水中会含有硬度，须先正洗一下，待出水合格后才能将水送入给水箱。

（四）及时检修交换器

除了交换器内部装置有破损需及时修理外，当锅炉停用时，交换器也应有计划地进行检修。对于有锈蚀的钠离子交换器，内壁应进行除锈，并涂刷防腐材料；对于锈蚀严重的管道，应及时更换，以防止因锈蚀而造成交换剂的铁“中毒”。对有渗漏的阀门也应及时检修或更换，尤其是下部进水阀门和再生液进口阀渗漏，都会直接影响出水质量。

另外，交换剂在运行过程中，会有一定的损耗，当交换剂层高度不够时，应及时补加交换剂。对已受污染的交换剂应及时进行复苏。

三、有关计算实例

（一）实际再生剂比耗的测算

水处理的经济核算，主要是核算实际的再生剂比耗。一般来说，比耗越低越经济。但有时也会出现比耗虽然较低，却由于再生不充分，交换剂未得到充分利用，制水周期较短，再生较频繁，以致自耗水量较大的现象。因此，经济核算应将再生剂比耗与工作交换容量结合起来看，在保持较好的工作交换容量下，尽量降低再生剂比耗。

在本章第二节中，式（8-5）和式（8-6）已给出了盐耗和再生剂比耗的计算方法。对于氢离子交换器，如果以漏硬度为标准，其酸耗也可按式（8-5）计算；如果以漏钠为终点，其酸耗可按下式计算：

$$\text{酸耗}=\frac{m_{cz}\times 1\,000}{Q\times\sum_{\text{阳}}}=\frac{m_{cz}\times 1\,000}{Q(JD+SD)} \tag{8-13}$$

式中　m_{cz}——一次再生所用纯酸量（按100%计），kg；

Q——以漏钠为终点时的周期制水量，m^3；

$\sum_{\text{阳}}$——水中阳离子的总含量，近似等于原水的总碱度（JD）与氢离子交换器出水酸度（SD）之和，mmol/L。

【例8-7】　某锅炉的给水采用氢—钠离子交换处理，配置的逆流再生离子交换器直径都为1 m，内装001×7树脂1.4 m^3。所用原水中：$YD=3.6$ mmol/L，$JD=3.2$ mmol/L；氢离子交换器平均出水酸度为2.8 mmol/L。钠离子交换器每次再生用盐100 kg（NaCl含量约为95%），出水硬度为0，平均周期制水量约280 m^3。氢离子交换器每次再生用30%

的 HCl 220 kg,当以漏钠为终点时,平均周期制水量约为250 m^3。问该氢—钠离子交换系统的再生剂比耗分别为多少?

解:(1)钠离子交换器的再生盐耗和比耗为

$$盐耗 = \frac{m_{cz} \times 1\ 000}{Q \times YD} = \frac{100 \times 95\% \times 1\ 000}{280 \times 3.6} = 94(g/mol)$$

$$比耗 = 94 \div 58.5 \approx 1.6$$

(2)氢离子交换器以漏钠为终点时的再生酸耗和比耗为

$$酸耗 = \frac{m_{cz} \times 1\ 000}{Q \times (JD + SD)} = \frac{220 \times 30\% \times 1\ 000}{250 \times (3.2 + 2.8)} = 44(g/mol)$$

$$比耗 = 44 \div 36.5 \approx 1.2$$

(二)实际工作交换容量的测算

实际工作交换容量,是衡量离子交换剂实际交换能力的一项重要指标。在实际运行中,可按式(8-13)或式(8-14)进行测算。如果测算结果很低,就需分析原因,并采取相应的改进措施。一般来说,交换剂工作交换容量降低的原因可从以下几个方面进行检查:①再生方法是否正确,再生条件是否合适,其中再生剂用量是否足够可按式(8-7)核算;②交换剂是否受污染或"中毒";③交换基层高度是否足够。

(1)钠离子交换剂的实际工作交换容量测算:

$$E = \frac{Q \times (YD - YD_C)}{V_R} \approx \frac{Q \times YD}{V_R} \quad (mol/m^3) \tag{8-14}$$

(2)氢离子交换剂的实际工作交换容量测算:

$$E = \frac{Q \times \sum_{阳}}{V_R} \approx \frac{Q(JD + SD)}{V_R} \quad (mol/m^3) \tag{8-15}$$

式中 YD——交换器进水的平均硬度, mmol/L;

YD_C——钠离子交换器出水硬度(由于该值很小,可忽略不计), mmol/L;

JD——交换器进水的平均碱度, mmol/L;

SD——氢离子交换器出水的平均酸度, mmol/L;

其余符号含义同前。

【例8-8】 根据上例实际情况,分别测算钠离子交换剂和氢离子交换剂的实际工作交换容量。

解:(1)钠离子交换剂的实际工作交换容量为

$$E = \frac{QYD}{V} = \frac{280 \times 3.6}{1.4} = 720(mol/m^3)$$

(2)氢离子交换剂的实际工作交换容量为

$$E = \frac{Q(JD + SD)}{V_R} = \frac{250 \times (3.2 + 2.8)}{1.4} = 1\ 071(mol/m^3)$$

本例计算结果表明,对该氢—钠离子交换系统来说,虽然再生剂比耗都较低,但钠离子交换剂的工作交换容量较差,需分析原因,加以改善。一般在再生剂比耗比较低的情况下,工作交换容量过低,往往是由于再生剂用量不够,使得再生度较低所造成。如果再生剂用量已足够,则工作交换容量过低时,通常再生剂比耗会较高。

(三)周期制水量的估算

根据式(8-13)和式(8-14)可以反过来估算交换器的周期制水量,以便交换器接近失效时加强取样化验 。这对交换器的运行管理很有用处,尤其对于自动离子交换器,周期制水量的估算是设定交换器自动再生的重要参考依据。

【例8-9】 直径为1 m,树脂层高度为1.8 m的逆流再生离子交换器,若树脂的工作交换容量为900 mol/m³,进水的平均硬度为4.8 mmol/L,则周期制水量Q将有多少?

解:该交换器的树脂体积$V_R = 3.14 \times 0.5^2 \times 1.8 = 1.4(m^3)$。

周期制水量为

$$Q = \frac{EV_R}{YD} = \frac{900 \times 1.4}{4.8} = 262.5(m^3)$$

四、提高离子交换器经济运行的一些措施

(1)适当加热再生液。尤其是在冬季,此举可显著提高再生效果。

(2)设置弱型离子交换剂。特别对于氢离子交换器,利用弱型树脂交换容量大、易再生的特点,可大大节省用酸量,并减少废液处理的负担。

(3)设置前置式交换器。把交换器设计成两台,一大一小,大的在前,小的在后;或两台一样大,前后安装。制水时进水先通过前面的交换器,再通过后面的交换器;再生时则再生液的流向与制水时相反,先通过后者,再通过前者。这样相当于延长了交换基层的高度,使交换剂和再生剂得到充分利用。

(4)有两台及两台以上的交换器串联运行,分别再生。不少单位配备了两台或两台以上的交换器,往往是一台运行,另一台备用。如果将两台交换器安装成既可互相串联,又可独立运行,则既可保证出水质量,又可提高再生剂的利用率。其方法是:设两台钠离子交换器分别为1号和2号。运行时,先将1号出水串联至2号一直运行到1号交换器的出水硬度达到0.5~1 mmol/L(这时2号交换器仍可保证出水质量),这时对1号进行再生,2号则单独运行;待1号再生完毕,再将2号出水串联至1号,由1号来保证出水质量;2号失效后进行再生时,1号单独运行,然后将1号串联至2号,就这样循环进行串联、再生。如果原水硬度较大,一级交换不能达到要求,则可以三台交换器循环二级串联,并始终有新再生好的交换器放在后面一级,以保证出水质量。这样可充分发挥设备的利用率,节省投资。

第八节　全自动离子交换软水器

近年来,随着燃油、燃气锅炉的广泛应用,全自动离子交换软水器的品牌和种类也越来越多,但总的来说大致可分为两类:一类是进口或引进国外技术及控制器的全自动钠离子交换器;另一类是我国自行设计生产的浮床式全自动钠离子交换器。

无论是进口或国产的全自动离子交换软水器,其交换和再生的原理及再生步骤与同类型(顺流、逆流、浮床)的普通钠离子交换器相同,只是再生时间通过设定,由控制器自动完成而已。通常全自动软水器都是根据树脂所能除去硬度的交换容量,推算出运行时

间或周期制水量来人为设定再生周期的。到目前为止,全自动软水器都没有自动监测出水硬度的功能。因此,在运行过程中仍需操作人员定期进行取样化验,以确认出水水质是否合格。

对于全自动软水器来说,正确设定并合理调整控制器的再生周期十分重要。如果设定不合适,就有可能当树脂层已失效时却尚未开始再生,造成给水硬度超标;或树脂层尚未失效时却早已进行再生,造成再生用盐和自耗水的浪费。虽然一般制造厂或代理商在新购设备投运前会派人上门调试,设定自动装置,但用户在运行过程中仍需根据原水水质、软水用量等因素的变化随时进行调整。下面就这两类全自动离子交换软水器的一般调整方法和运行中需注意的问题作简要介绍。

一、进口或引进国外技术的全自动离子交换软水器

这类软水器一般都由控制器、交换柱和盐水罐组成,其中交换柱和盐水罐的构造基本上都相似,而控制器则因其品牌和种类不同而构造各异,且软水器的性能主要取决于控制器的特性。按控制器对运行终点及再生的控制不同,常用的全自动软水器又分为时间控制型(简称时间型)和流量控制型(简称流量型)两大类。由于控制器的品牌和种类繁多,设定操作的方法也各不相同,使用前应详细查看软水器的使用说明。下面以典型的控制器为例,做简要介绍。

时间型软水器一般是由单机单柱顺流再生的。它根据交换柱内树脂所能除去的硬度总量设定运行时间,定时进行自动再生,也可以根据需要随时进行手动再生。由于时间型软水器是按日期再生,且在再生期间不产软水,因此较适用于用水量较稳定,并间歇运行的锅炉。时间型软水器的控制器一般装在交换柱的上部,其面板部分通常由定时器钮(或时间控制钮)、日期轮和操作指针钮(或手动再生钮)等组成,如图8-38所示。

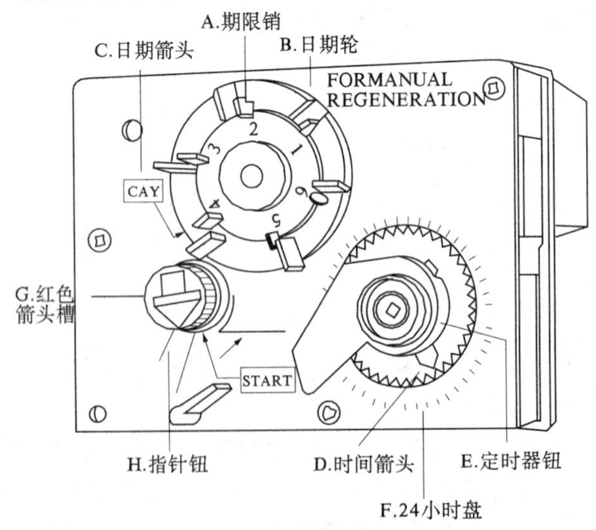

图8-38 时间型控制器

(一)再生时间的设定

通常,时间型控制器在出厂时已将自动再生的时间固定在凌晨2时30分,即当时间

箭头转到2.5 AM时就开始再生(因为这时锅炉一般都暂停运行)。当然也可根据需要,自行设定时间,使再生提前或推迟进行。另外,停电时定时器钮将停止走动,故停电后必须重新校正定时器钮的时间。AUTOTROL控制器的时间校正方法为:把定时器钮拉出(使齿轮脱开)并转动,将时间箭头指向欲定的时刻,然后松手,使定时器钮的齿轮啮合。FLECK控制器则是压下时间控制按钮,使其松开与时间盘的啮合,转动时间盘使时间箭头对准欲定的时刻,然后松开按钮,恢复与时间盘的啮合。

例如,在上午10时校正时间,如果不想改变再生时间,就把时间箭头指向当前时间,即10 AM处;如要推迟2 h再生,可把定时器时间往前移2 h,即把时间箭头指向上午8时(8 AM处),这样再生就将在凌晨4时30分进行;若欲提前3 h再生,则把时间箭头指向下午1时(1 PM)处,那么晚上11时30分就会再生。

(二)再生日期的设定

应根据交换器内树脂的装填量、树脂的工作交换容量、原水的硬度、软水的每日用量等因素而定,可按下式估算:

$$\text{再生后可运行天数} = \frac{V_R E}{YDQ_d T} \quad (\text{再生日期取其整数}) \tag{8-16}$$

式中　V_R——交换柱内树脂的装填体积,m^3;

E——树脂的工作交换容量,mol/m^3,一般进口树脂可按1 000～1 200 mol/m^3,国产树脂按800～1 000 mol/m^3计算,原水硬度较小的可取较大值,原水硬度较大的取较小值;

YD——给水总硬度,mol/m^3;

Q_d——交换器单位时间产水量或锅炉进水量(也可近似按蒸发量算),t/h;

T——交换器或锅炉日运行时间,h/d。

【例8-10】　一台蒸发量为2 t/h的燃油锅炉,所配的全自动离子交换器内装0.15 m^3树脂,锅炉每天实际运行约10 h,如原水的硬度为3.0 mol/L,交换器应设定几天再生一次?

解: $\text{再生后可运行天数} = \frac{0.15 \times 1\,000}{3.0 \times 2 \times 10} = 2.5(d)$

为了确保锅炉安全运行,严防软水硬度超标,根据计算结果取整数,宜定为2 d(即隔天)再生一次。

AUTOTROL控制器再生日期设定时,先将日期轮上的期限销全部拉出,然后转动日期轮使日期箭头指向当天日期或第1号,再在需要再生的日期上按下期限销(如本例2天再生一次,需将2、4、6号即间隔的期限销按下)。FLECK控制器则是将日期轮上数码对应的不锈钢片向外拔出为再生日期。

时间型软水器每天只能再生一次,当原水硬度较高或锅炉运行时间较长,而使得再生后可运行天数小于1 d时,则需手动增加再生次数,或改用流量型软水器,也可选用树脂装载量较多的软水器。

(三)手动再生

AUTOTROL控制器中,再生及运行的程序是由操作指示针钮控制的,一般情况下是自动运转的,但在调试或停电时,可用宽刃螺丝刀插入红色箭头槽内将指针钮压下后进行手动再生。指针按钮的运转程序为:反洗(BACK - WASH)→进盐和慢洗(BRINE & RINSE)→重充盐水和清洗(BRINE REFILL & PURGE) → 运行制软水(SERVICE)。有时当原水水质突然恶化或软水用量暂时增大而造成软水提前出现硬度时,可将操作钮压下转到“启动”(START)位置,过几分钟交换器就会进行一次额外的再生,而不影响原设定的再生时间 。FLECK 控制器手动再生时,只要顺时针转动手动再生旋钮,听见“咔嗒”声,即可自动开始再生程序。

另外,有些控制器(如 FLECK)还可根据用户当地的水质情况调整再生程序的时间。通过增加或减少定时器上的插销和插空数目来调整再生时各步的时间,以便取得最佳的再生效果。

二、流量型全自动软水器

流量型软水器通常配置有两个或两个以上的交换柱,其再生周期是根据交换柱内树脂所能除去的硬度总量来设定的。运行时由控制器内的流量计对流过的水量进行计量,当制水量达到设定的水量时,就自动进行切换再生。因此,流量型软水器不但可连续产软水,而且在用水量不稳定或间断运行的情况下,其再生设定比时间型更为合理。

流量型软水器的组成及控制器有多种系列,如单阀双路(由一套控制器控制两个交换柱)、双阀双路(每个交换柱各有一套控制器,并由一个遥控调节流量计来控制自动切换)及多阀多路(由多组控制阀和交换柱及电脑控制系统组成,可满足制水量大于 50 t/h 的需要)。

流量型软水器大多采用顺流再生,其再生程序及再生各步所需时间的调整与时间型软水器相同。也有一些流量型软水器是采用逆流再生的,不过一般都是采用无顶压低流速逆流再生。因此,其运行和再生程序与顺流再生差不多,基本上都是:运行→反洗 →进盐→置换洗(慢速洗)→正洗(快速洗)→盐罐再注水。其中,逆流再生在进盐和置换时的液流流向与顺流再生时相反,且由于进盐流速慢而使得再生时间较长。全自动软水器进行逆流再生时,需注意水压波动对射流器进盐速度的影响,有的控制器装有进盐稳定装置及压力表,以保证进盐速度的稳定,防止树脂乱层,避免水压波动的影响,这样逆流再生的效果就较好。

常见流量型控制器的面板部分如图 8-39 所示。

流量型软水器的流量设定可按式(8-17)估算,但这仅为参考数,设定后还应定期化验出水硬度,并及时按实际运行终点时的软水流量进行调整,使软水器既保证整个周期的出水符合国家标准,又尽量提高运行的经济性。

$$Q = \frac{V_R E \varepsilon}{YD} \tag{8-17}$$

式中 Q——软水器在整个运行周期制取的软水总流量,t 或 m^3;

ε——为保证运行后期软水硬度不超过所需的保护系数,一般可取 0.5 ~0.9(流速较高或原水硬度较大时,取较小值,反之取较大值);

其余符号含义同式(8-16)。

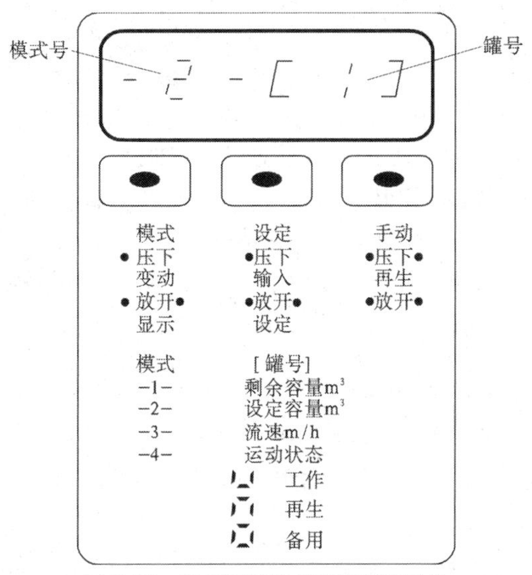

图 8-39　流量型控制器的面板部分

【例 8-11】　某台锅炉配有一台进口的双柱流量型全自动软水器，每个交换柱内各装 200 kg 树脂，测得进水平均硬度为 4.0 mmol/L，若树脂的湿视密度为 0.8 t/m³，工作交换容量为 1 000 mmol/m³，保护系数取 0.8，则交换器流量宜设定为多少？

解：$Q=\dfrac{V_R E\varepsilon}{YD}=\dfrac{(0.2\div 0.8)\times 1\,000\times 0.8}{4.0}=50(m^3)$

所以，该交换器可初步设定周期制水量为 50 m³。

流量型软水器的设定一般较简单，如 BMS 系列 FLECK 控制器，设定方法为：①顺时针转动再生程序轮使轮上的小白点对准面板上的箭头；②将流量外盘上的白点对准面板上的流量白色箭头；③压住流量外盘，提起流量刻度盘，按所要设定的流量值（如本例为 50）对准面板上的流量白色箭头，然后松手，使齿轮啮合。这样当周期制水量达到 50 m³ 时，交换器就会自动进行再生。

流量型软水器可一天再生多次，且当原水硬度发生变化时，可随时调整流量的设定并进行手动切换再生。

三、需注意的几个问题

虽然同类型的全自动离子交换软水器，其构造和再生原理基本相似，但各国各厂的产品在具体操作方法上都会因所配置的控制器不同而有所不同，因此在使用时应严格按产品说明书的要求进行操作。另外，还需注意以下几个问题：

（1）软水器出口验水阀应设在出水控制阀之前，以便化验合格后再开出水阀，以确保给水箱内软水硬度合格。有些说明书上将验水阀设在出水阀之后，或没有验水阀，都易造成硬度不合格的水进入软水箱内，应予以改进。

（2）不少时间型全自动软水器的出水并没有自动开关装置，再生时硬水将从控制器内部的旁通出水。这类交换器在自动再生时一般是软水箱满水位状态下由浮球阀关闭来阻止硬水进入软水箱(这也是自动再生常设在半夜锅炉暂停时进行的原因)。如果再生时软水箱未满或水位下降,浮球阀开启着,则硬水及再生后期的部分排出液就会进入软水箱,造成给水不合格。在这种情况下应先手动将出水阀关闭,再进行再生。建议安装时加装电磁阀,以便在设定的时刻,出水可自动关闭和开启。有的控制器(如FLECK等控制器)配有无硬水旁通活塞,再生时硬水能自动阻断,就无须外配电磁阀。

(3)交换器自动再生时需用电来工作,因此安装时交换器的电源须和锅炉用电分开,以便锅炉停用切断电源时,交换器可继续工作。

(4)盐水罐溶盐的水,第一次使用时是人工加入的,以后每次再生后期交换器会自动充水,不必另加。使用中应注意,盐水罐内水位不可太高,否则会造成再生时吸盐过多,甚至将盐水带入再生后的软水中。如发现盐水罐溢流,有可能连接部位泄漏或盐水阀等被脏物卡住,须及时检修或清洗。

(5)盐水罐的盐水须保持过饱和状态。每次再生时实际用盐量和加入的盐量无关,但加盐也不可太多或太少,盐量不足会造成再生不彻底;而盐太多易引起结块并会因形成盐桥而无法吸取盐水(这时应小心地将盐块捣碎)。每次加盐量应最好不超过6次再生所需的盐量。另外,最好用颗粒状工业粗盐,不宜用精细盐或加碘盐。

(6)全自动软水器的进、出水及软水池水也需经常化验(每天至少一次),除化验硬度外,也应定期化验氯离子含量,以防盐水带入软水中。当发现原水硬度发生变化或出水硬度超标时,应及时调整再生的设定日期或流量。

(7)目前应用的全自动离子交换器,基本上都只是除去硬度制取软水,对于原水碱度较高的地区仍需考虑降碱问题。

(8)有些进口类的全自动软水器是由进水向盐罐自动注水,这在原水硬度较高的情况下将会明显影响再生效果,因此对于原水硬度高的地区宜选配采用软水向盐罐注水的全自动软水器。

(9)有些进口的全自动软水器所用的单位并非国际标准单位,设定计算时需进行计算,其常见单位的换算有:

1 mmol/L(1/2 Ca^{2+}、1/2 Mg^{2+}) = 50 ppm(以 $CaCO_3$ 计)

1 mmol/L(1/2 Ca^{2+}、1/2 Mg^{2+}) = 2.92 grain/gallon(格令/加仑)

1 grain/gallon(格令/加仑) = 17.1 ppm(以 $CaCO_3$ 计)

1 m^3 = 264 gallon(US)(美加仑) = 220 gallon(UK)(英加仑)

1 kg = 2.2 pounds(英镑)

1 ppm = 1 mg/L

四、进口全自动离子交换软化器常见故障排除

进口全自动离子交换软化器常见故障的排除见表8-15。

表 8-15　进口全自动离子交换软化器常见故障排除

序号	问题	原因	处理方法
1	软水器不能自动再生	1. 电源系统故障 2. 定时器有故障 3. 再生插销未设置	1. 保证电路完好(检查保险丝、插头及开关) 2. 检修或更换定时器 3. 按操作说明设置再生日期对应的插销
2	自动再生时刻有误	1. 定时器时间设定有误 2. 停电后未校正时间	1. 按说明书正确设定时间 2. 停电后及时校正时间
3	出水硬度超标	1. 旁通阀开启或渗漏 2. 盐液罐中没有盐 3. 盐液罐中水量不足 4. 进水过滤器或射流器堵塞 5. 不正确地再生设定或原水水质恶化 6. 升降管周围的 O 形密封圈损坏,内部阀门漏水 7. 树脂量不够	1. 关闭或检修旁通阀 2. 向盐罐中加盐 3. 检查并调整盐罐充注水时间,若吸盐管控制阀堵塞,则清洗它 4. 清洗进水过滤器或射流器 5. 正确设定及调整再生时间或运行流量 6. 检修并更换 O 形密封圈 7. 加树脂至适量,并找出树脂流失的原因
4	系统用盐过多	1. 用盐量设定不当 2. 盐罐中水量过多	1. 设定合适的一次再生用盐量 2. 参看问题 7 中的处理方法
5	溢水管流出树脂	1. 系统中有空气 2. 反洗时排水流量控制过大	1. 系统中应设排空气装置,检查操作条件 2. 检查并调整合适的排水流量
6	水空间有铁锈	1. 树脂层受污染 2. 原水中铁含量过高	1. 检查反洗和进盐水过程,加大再生频率,增长反洗时间 2. 在过滤器或系统中增设除铁措施
7	盐液罐中水过量或溢流	1. 盐水重注流量不受控制 2. 进水阀在进盐时未闭合 3. 定时器不循环 4. 盐液阀中有异物 5. 程序设定有误(如重注水时间过长)	1. 清洗注盐水控制阀 2. 清洗进水阀及管路,清除阀中的夹杂物 3. 更换定时器 4. 换一下盐液控制阀的位置,并清洗此阀,除去异物 5. 检查再生程序,必要时重新设定
8	控制器不能吸盐水	1. 控制阀或盐水过滤网有异物堵塞 2. 进水压力过低 3. 射流器堵塞或故障 4. 盐液管中有空气进入(有气泡产生) 5. 内部控制阀漏水 6. 定时器出故障	1. 清洗控制阀或过滤网,清除异物 2. 将水压调整到交换器所要求的压力 3. 清洗或更换射流器 4. 排除盐液管内气泡,检查并密封盐液管接头处 5. 更换密封垫、环及活塞 6. 检修或更换定时器

续表 8-15

序号	问题	原因	处理方法
9	控制阀不停地循环	1. 定时器或微机出故障 2. 循环凸轮出故障	1. 检修或更换 2. 更换或重新启动一次
10	再生后排水管或盐水管仍有水流和水滴	1. 控制阀因有夹杂物而不能闭合 2. 控制阀不能按程序闭合 3. 内部控制阀漏水 4. 阀杆复位弹簧弹性变弱 5. 定时器马达出故障或被异物卡住	1. 用手操作阀杆冲洗掉夹杂物 2. 检查定时器及控制器的位置,或更换动力头 3. 更换密封垫及活塞 4. 更换弹簧 5. 检查所有的传动装置齿轮是否啮合,必要时更换
11	微电脑控制器显示屏不能正确地进行显示	1. 未接电源或有故障 2. 电路板或测量器损坏 3. 流量计插头与外壳接触不良 4. 流量计中涡轮被卡住	1. 接通电源或维修电源插头等 2. 更换电路板或测量器 3. 将插头完全插入流量计外壳中 4. 拆下流量计,用水冲洗(注意:不可拆卸涡轮),若仍不能转动则更换流量计
12	周期制水量减少	1. 再生操作不正确 2. 树脂受污染或变质 3. 用盐量设置不正确 4. 硬度或交换容量设置不正确 5. 原水水质恶化 6. 流量计中涡轮被卡住	1. 按正确的操作要求重新再生 2. 适当增加反洗流量和时间,使用树脂清洗剂或更换新树脂 3. 重新设定合适的用盐量 4. 根据化验结果,重新计算和设定 5. 临时手动再生,并重新设定再生周期 6. 拆下流量计,用水冲洗(注意:不可拆卸涡轮),若仍不能转动则更换流量计
13	间断或不规则吸盐	1. 水压不稳或水压低 2. 射流器堵塞或故障	1. 将水压提高到要求的压力 2. 清洗或更换射流器
14	出水管中含盐水	1. 射流器有夹杂物或故障 2. 盐水控制阀不能闭合 3. 正洗时间设定过短	1. 清洗或检修射流器 2. 检修控制阀或清洗夹杂物 3. 增加正洗时间

第九节　水处理系统的防腐

在水处理系统中,酸和酸性水以及其他侵蚀性介质对水处理设备与管道的腐蚀是相当严重的。因此,为保证水处理系统的安全运行,做好水处理系统的防腐工作是很重

要的。

在我国水处理设备的定型产品中，除盐系统的阴、阳离子交换器本体、管道、阀门、贮酸箱、计量箱，以及压力式溶盐器等大都采用橡胶衬里进行防腐。钠离子交换器的本体有的采用橡胶衬里或涂刷环氧树脂来防腐，也有的（如全自动交换器的交换柱）采用不锈钢或玻璃钢材料来制造。交换器内部的进、出水装置及逆流再生设备的中排装置等，通常采用聚氯乙烯塑料或不锈钢制造，也有的用碳钢制造，以衬胶来防腐蚀。

再生系统中，输送盐酸、碱、食盐溶液的管道和喷射器等常用碳钢制造，以内部衬胶来防腐，也有的用质量好的工程塑料制造来防腐。由于水与浓硫酸混合时要放热，故稀释硫酸的喷射器，不宜用上述材料制作，可用耐酸的陶瓷或玻璃钢制作。食盐溶解槽有的用硬质聚氯乙烯制作，有的用钢筋水泥整体浇制。由于氯离子对不锈钢有腐蚀作用，故酸系统和食盐溶解槽一般不宜用不锈钢材料制作。

除碳器、混凝剂溶解槽等，常用碳钢衬胶结构或用硬聚氯乙烯塑料制作。除碳器下面的中间水箱常采用衬玻璃钢和软质聚氯乙烯来防腐。给水箱如用钢板来制作，也必须进行防腐处理，一般可在内部涂刷环氧树脂或衬玻璃钢，但如有凝结水回收且温度较高时，应注意防腐材料的耐热性。

地沟有的用软聚氯乙烯塑料，有的涂沥青漆，有的衬环氧玻璃钢来防腐。

下面对各种防腐材料的使用条件简单地加以介绍。

一、橡胶衬里

橡胶分天然橡胶和合成橡胶两大类，水处理设备衬胶所用的一般是天然橡胶。衬胶就是把橡胶按一定的工艺要求敷设在水处理设备和管道的内壁上，以隔绝侵蚀性介质对金属表面的接触，使金属免受腐蚀。

橡胶衬里长期使用的温度适用范围与所采用的橡胶种类有关。一般硬橡胶衬里的使用温度为 0 ~ 65 ℃，软橡胶、半硬橡胶及软硬橡胶复合衬里的使用温度为 - 25 ~ 75 ℃。温度越高，衬胶的使用年限越短。橡胶衬里的使用年限一般可达 10 年左右。橡胶衬里的使用压力一般不大于 0.6 MPa，真空不大于 80 kPa。

橡胶衬里所用的胶片应符合下列质量要求：

（1）胶片应柔软光滑，表面平整，无孔洞、刀伤等缺陷。用电火花检查器检查无漏电现象，并不得有深度在 0.5 mm 以上的裂纹、坑洼等。

（2）胶片表面和断面无硫磺分布不均匀现象。

（3）胶片表面和断面仅允许直径小于 2 mm 的气泡，2 ~ 5 mm 直径的气泡每平方米不得多于 5 处。

（4）胶片厚薄应均匀，其误差不应超过规定的标准值。

橡胶衬里完成后应对衬胶质量进行检查，要求如下：

（1）橡胶与金属表面应黏附牢固，无空气泡，无脱开和裂缝现象。用电火花检查器检查无漏电现象。

（2）衬里表面不允许有深度超过 0.5 mm 以上的外伤和夹杂物。

(3)不承压的管件,允许有不破的凸起气泡,但每个凸起气泡的面积不得大于1 cm^2,高度不得大于3 mm,脱开总面积不得大于管件总面积的2%。

(4)法兰边缘胶板的脱开不多于2处,总面积不大于衬里总面积的2%。

二、防腐涂料

用于钢制钠离子交换器的防腐涂料有过氯乙烯漆、防锈漆和环氧树脂,其中一般防锈漆用作底漆。目前,使用较多的是环氧树脂涂料,它是由环氧树脂、有机溶剂、增韧剂、填料等配制而成的,使用时加入一定量的固化剂。常用的固化剂有冷固型固化剂(常温下就能固化)和热固型固化剂(须在较高温度下进行固化)。

防腐材料在涂刷前应将金属表面的焊瘤、锈蚀等铲除打磨干净,然后均匀地涂刷。涂层必须完整、细密、均匀,不应有流淌、龟裂或脱落现象。涂料与底漆应能牢固结合。涂刷层数和厚度应符合设计要求,一般至少涂刷2~3层,后一层须等前一层干燥后才可涂刷。

环氧树脂涂料的最高使用温度为90 ℃左右。其优点是:耐腐蚀性比一般的防腐漆好;有较强的耐磨性;对金属和非金属(除聚氯乙烯和聚乙烯外)有极好的附着力;涂层有良好的弹性和硬度,收缩率小。若在其中加入适量的呋喃树脂,还可以提高其使用温度。

三、玻璃钢

用玻璃纤维增强的塑料俗称玻璃钢,它用合成树脂作黏结材料,以玻璃纤维及其制品(如玻璃布等)为增强材料,按照各种成型方法制成。

水处理设备的玻璃钢衬里常用的是环氧玻璃钢,就是把环氧树脂涂料配好以后,在设备内壁涂一层涂料,铺一层玻璃布,这样连续铺涂数层经干燥后而成。

环氧玻璃钢的最高使用温度应小于90 ℃,其优点是:机械强度高,收缩率小,耐腐蚀性强,黏结力强。缺点是:成本较高,耐温性较差。

四、塑料

(一)硬聚氯乙烯塑料

硬聚氯乙烯塑料是目前水处理设备中应用最广泛的一种塑料,它可在真空度较高的条件下使用。一般使用温度为-10~50 ℃。

硬聚氯乙烯设备及管道如安装在室外,应采取防止阳光直接照射的措施,尤其在炎热的夏天。必要时,可在外层涂反光性较强的涂料(如银粉漆、过氯乙烯磁漆等),以延长其使用寿命。

硬聚氯乙烯塑料的优点是:耐腐蚀性能好,除了强氧化剂(如浓硝酸、发烟硫酸等)外,能耐大部分的酸、碱、盐类溶液的腐蚀;有一定的机械强度,以及加工成型方便,焊接性能优良等。

(二)软聚氯乙烯塑料

软聚氯乙烯具有较好的耐热性、耐冲击性、一定的机械强度及良好的弹性、施工方便等优点。缺点是:容易老化,故不宜用于直接受阳光照射的场所。目前在除盐系统中,多

用于地沟衬里，以防腐蚀。

（三）工程塑料

工程塑料一般是具有某些金属性能，能承受一定的外力作用，并具有良好的机械性能，不易变形，而且在高、低温下仍能保持其优良性能的塑料。工程塑料的优点很多，如具有良好的抗腐蚀性、耐磨性、润滑性和柔曲性，工作温度范围较宽等。因此，近年来应用较广，在水处理设备和系统中的应用发展也很快。常用的有ABS、PVC等工程塑料。

五、不锈钢

不锈钢一般可分为两大类：一类是铬钢，一般在空气中能耐腐蚀，常用的有1Cr13、2Cr13、3Cr13、4Cr13等；另一类是铬镍钢，可在强碱性介质中不受腐蚀，常用的有1Cr18Ni9、1Cr18Ni9Ti等，都是奥氏体钢，是非磁性材料。在水处理设备中采用的不锈钢通常为铬镍钢。

（一）铬钢

铬钢在各种浓度的硝酸、浓硫酸、过氧化氢及其他氧化性介质中，都是十分稳定的。但在盐酸、稀硫酸、氯化物水溶液中却不耐腐蚀，也不能耐沸腾温度下的磷酸及高浓度磷酸的腐蚀。

铬钢在碱性溶液中，只有当温度不高时才能耐腐蚀。亚硫酸能破坏铬钢。

（二）铬镍钢

一般铬镍钢在浓度≤95%的硝酸中，当温度低于70 ℃时是稳定的，在磷酸中，只有当温度低于100 ℃，且浓度小于60%时才能耐腐蚀；而在盐酸和硫酸中则不耐腐蚀。在苛性碱中，除熔融状态外，一般都是稳定的。碱金属及碱土金属的氯化物溶液中，即使在沸腾状态下也是稳定的。有机酸在室温时对铬镍钢不起作用；在其他有机介质中，铬镍钢大都是稳定的。

含钼成分的铬镍钢，如Cr18Ni12Mo2Ti和Cr18Ni12Mo3Ti，在浓度小于50%的硝酸中、浓度小于50%的硫酸中、浓度小于20%的盐酸中（室温）及苛性碱中，耐腐蚀性均高，并能有效地抑制Cl^-的点蚀。

由于不锈钢在不同条件下对酸碱及氯化物的耐蚀性能不一样，故在水处理设备和系统中，选用不锈钢作为防腐材料时，要慎重考虑介质对其的影响。

第九章 水的膜处理

第一节 概 述

膜分离技术起步于20世纪60年代,它具有分离过程无相态变化的特点,基本在常温下进行,分离范围从小分子到大分子、从细菌到病毒、从蛋白质、胶体到多糖等,特别适用于热敏性物质的分离。具有易自控、占地面积小等特点,与其他分离方法(蒸馏、冷冻、萃取)相比,节能效果显著,因而受到各国的高度重视,不少国家把膜分离技术纳入国家计划和关键技术。

膜分离技术是利用膜对混合物各组分选择渗透性能的差异,来实现分离、提纯或浓缩的新型分离技术。组分通过膜的渗透能力取决于组分分子本身的大小与形状、分子的物理化学性质、分离膜的物理化学性质以及渗透组分与分离膜的相互作用关系。由于渗透速率取决于体系的诸多性质,因此在分离具有较小物性差别的混合物时,与其他分离方法相比,膜分离技术具有极好的分离能力。

膜分离技术与传统的分离技术不同,它是基于材料科学发展而形成的分离技术,是对传统分离过程或方法加以变革后的分离技术,具有过程简单、在常温下进行、无相态变化、无化学变化、操作方便、分离效率高、节能、适应能力强、无污染等优点。

一、分类

膜分离技术在海水淡化、工业和生活废水处理、气体分离及生物物质提纯与分离方面的应用日益增加。目前,主要利用反渗透过滤及超滤过滤技术进行海水、苦咸水的脱盐淡化,低盐度水、自来水的脱盐、纯化、无菌化,以及制备微电子工业所需的纯水、高纯水,医药工业的精制无菌水、注射用水,食品工业用的无菌水、软化水,锅炉用软化水,化学工业及分析化验室所需纯水、高纯水等。

对于锅炉给水处理,由于水中所含杂质的粒径不同,采用的处理方法也不相同。经过预处理后的水,仍然含有各种离子而不能直接进入锅炉,必须进行深度处理,表9-1列出了水处理工艺中常用的几种膜分离技术。

二、膜材料

1748年,Abble Nelkt发现水能自然地扩散到装有酒精溶液的猪膀胱内,首次揭示了膜分离现象。人们发现动植物体的细胞膜是一种理想的半透膜,即对不同物质的通过具有选择性,生物体正是通过它进行新陈代谢的生命过程。1950年,W. Juda首次合成高分子离子交换膜,膜现象的研究才由生物膜转入到工业应用领域。

表 9-1　常见膜分离的基本特征

膜种类	膜功能	分离驱动力	透过物质	被截流物质
微滤	多孔膜、溶液的微滤、脱微粒子	压力差	水、溶剂和溶解物	悬浮物、细菌类、微粒子、大分子有机物
超滤	脱除溶液中的胶体、各类大分子	压力差	溶剂、离子和小分子	蛋白质、各类酶、细菌、病毒、胶体、微粒子
反渗透和纳滤	脱除溶液中的盐类及低分子物质	压力差	水和溶剂	无机盐、糖类、氨基酸、有机物等
电除盐	脱除溶液中的离子	电位差	离子	无机、有机离子
电渗析	脱除溶液中的离子	电位差	离子	无机、有机离子
气体分离	气体、气体与蒸汽分离	浓度差	易透过气体	不易透过液体

（一）膜的定义

膜从广义上可以定义为两相之间的一个不连续区间，这个区间的三维量度中的一度和其余两度相比要小得多。膜一般很薄，厚度从几微米、几十微米至几百微米，而长度和宽度要以米来计量。定义中“区间”用以区别通常的界面，即两种互不相容液体之间的相界面，一种气体和一种液体之间的相界面，或一种固体和一种固体之间的相界面，它们均不属于这里所指的膜。

膜可以是固体、液体，甚至是气体，常用的膜为多孔的或非多孔的固相聚合膜，近年来发明了液膜。无论从产量、产值、品种、功能或应用对象来讲，固体膜都占 99% 以上，以有机高分子聚合物材料制成的膜为主。

（二）膜的分类

膜的种类繁多，可厚可薄，其结构可能是均质的，也可能是非均质的。大致可以按以下几方面对膜进行分类：

（1）根据膜的材质，从相态上可分为固体膜和液体膜。

（2）根据材料来源，可分为天然膜和合成膜，合成膜又分为无机材料膜和有机高分子膜。

（3）根据膜的结构，可分为多孔膜和致密膜。

（4）根据膜断面的物理形态，固体膜又可分为对称膜、不对称膜和复合膜。

（三）膜材料

膜是膜分离技术的核心，膜材料的化学性质和膜的结构对膜分离的性能起着决定性作用。膜可以是天然存在的，也可以是合成的；可以是中性的，也可能带电。合成膜可以进一步分成有机（聚合物）膜和无机膜，最主要的膜材料是有机物即聚合物或大分子。通常根据聚合物化学性能、热性能及机械性质进行膜材料的筛选，对膜材料的要求是：具有良好的成膜性、热稳定性、化学稳定性、耐酸碱性、耐微生物侵蚀和耐氧化性能。

三、膜组件

目前,膜组件主要为板式膜、卷式膜、管式膜和中空纤维膜。膜组件的选择主要是从经济上考虑,这并不意味着最便宜的构型就是最佳选择,还必须考虑到具体的应用场合。管式膜组件适用于高污染的体系,因为这种膜组件便于控制和清洗。中空纤维膜器很容易污染且清洗困难,其分离原料的预处理非常关键。

实际用户通常要在两种或多种不同膜组件中作出选择,如对于海水淡化、气体分离,可以选用中空纤维膜组件,也可选择卷式膜组件;在乳品工业中主要选用板框式膜组件或管式膜组件。

(一)板框式膜组件

板框式膜组件使用平板式膜,由间隔板、膜、支撑板交替重叠组成,如图9-1所示。其中,支撑板相当于过滤板,它的两侧表面有窄缝。其内有供渗透物通过的通道,支撑板的表面与膜相贴,对膜起支撑作用。间隔板相当于滤框,料液由间隔板导流流过膜面,渗透物通过膜,经支撑板面上的窄缝流入支撑板的内部,然后从支撑板外侧的出口流出。料液沿间隔板上的流道与孔道一层层往上流,从膜上部的出口流出,即为过滤的浓缩物。间隔板面上设有不同形状的流道,以使料液在膜面上流动时保持一定的流速与湍动,没有死角,减少浓差极化和防止微粒、胶体等沉积。

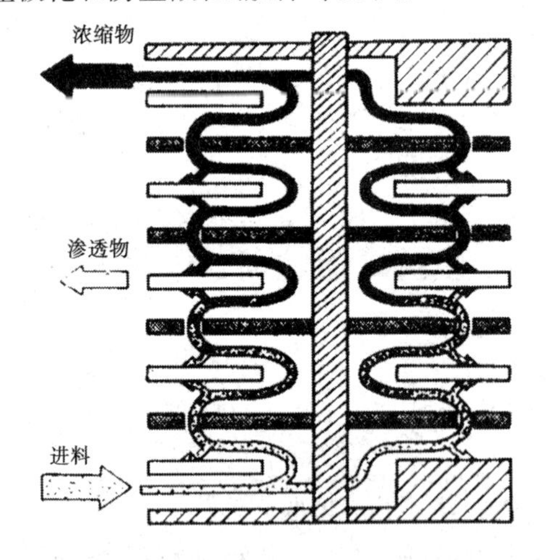

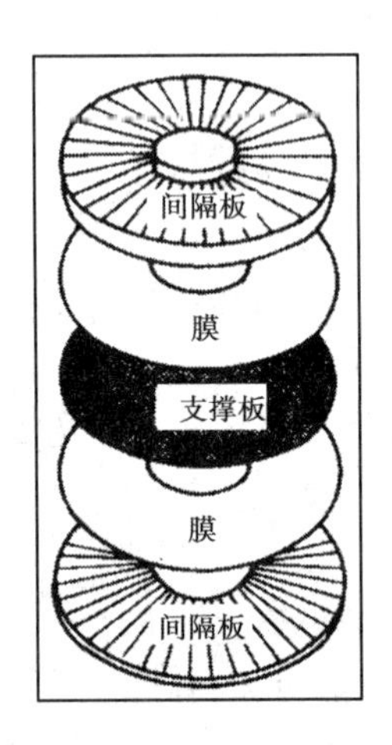

图9-1 板框式膜组件示意图

板框式膜组件的优点是组装方便,膜的清洗、更换比较容易,料液流通截面较大,不易堵塞,同一设备可视生产需要而组装不同数量的膜。但其缺点是需密封的边界线长,为保证膜两侧的密封,对板框及其起密封作用的部件加工精度要求高。每块板上料液的流程短,通过板面一次的渗透物相对较少,所以为了使料液达到一定的浓缩度,需多次经过板面,或者料液需多次循环。板与板间易发生泄漏,成本高。

(二)卷式膜组件

卷式膜组件也是用平板膜制成的,如图9-2所示。支撑材料插入三边密封的信封状膜袋,袋口与中心集水管相接,然后衬上起导流作用的料液隔网,两者一起在中心管外缠

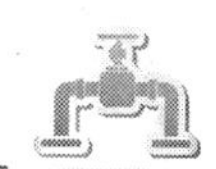

绕成筒，装入耐压的圆筒中即构成膜组件。使用时料液沿隔网流动，与膜接触，渗透物透过膜，沿膜袋内的多孔支撑流向中心管，然后由中心管导出。

螺旋卷式膜组件的优点：由于具有相对敞开的进水流道，抗污染性好，易现场置换，适用于各种膜材料。与板框式膜组件相比，卷式膜组件的设备比较紧凑、单位体积内的膜面积大。其缺点是清洗不方便，膜损坏后不易更换，尤其是膜易堵塞。

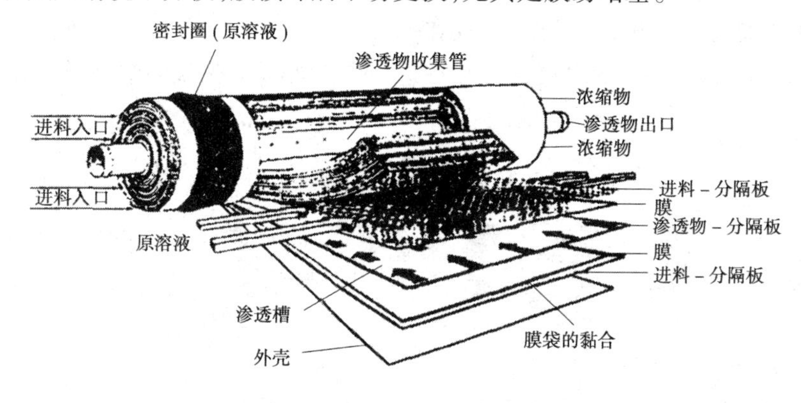

图 9-2　卷式膜组件示意图

（三）管式膜组件

管式膜组件由管式膜制成，它的结构与管式换热器类似，管内与管外分别走料液与渗透物，如图 9-3 所示。管式膜的排列形式有列管、排管或盘管等。管式膜分为外压和内压两种。外压即为膜在支撑管的外侧，因外压管需有耐高压的外壳，应用较少；膜在管内侧的则为内压管式膜。亦有内、外压结合的套管式管式膜组件。

操作时单个单元操作回收率为 8% ~10%。4 ~7 个单元串联在一个压力容器中，长度达 6 ~7 m，回收率可达 50%。在此容器中，一个单元流出的已浓缩的出料液供作下一个单元的进料液。各个单元的渗透物管是相互连接的，排出的渗透物是所有单元渗透物的混合物。系统所需的生产能力及回收率采用将压力容器并联及逐级截留的办法而达到。

管式膜组件优点是：大而轮廓分明的流道，可达高流速，污染趋势低，易清洗，膜可移除及重制，可在高压下操作。缺点是：单位体积膜组件的膜面积小，一般仅为 33 ~330 m^2，成本高，膜材料的选择余地很窄。

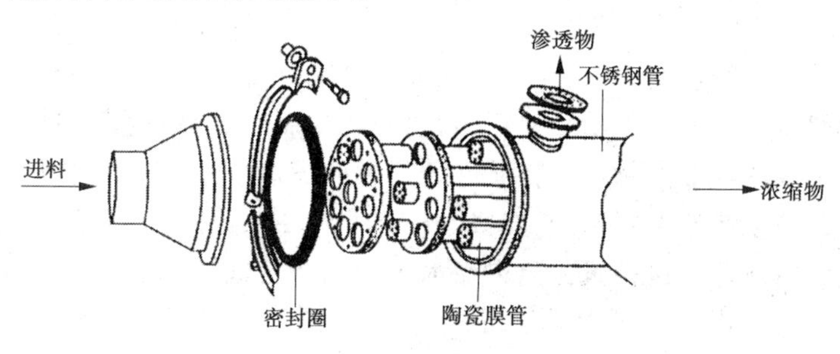

图 9-3　管式膜组件示意图

(四)中空纤维膜组件

中空纤维膜组件的结构与管式膜类似,即将管式膜由中空纤维膜代替,如图9-4所示。它由很多根纤维(几十万至数百万根)组成,众多中空纤维与中心进料管捆在一起,一端用环氧树脂密封固定,另一端用环氧树脂固定,料液进入中心管,并经中心管左端均匀地流入管内,渗透物沿纤维管内从下部流出,浓缩液从中空纤维间隙流出后,沿纤维束与外壳间的环隙从右端流出。浓缩液流出时只发生了很小的压力降,它可供作后续级的进料液,以增加回收率与加大系统的容量。单个用于苦咸水脱盐的中空纤维透过器在约50%的回收率下操作。

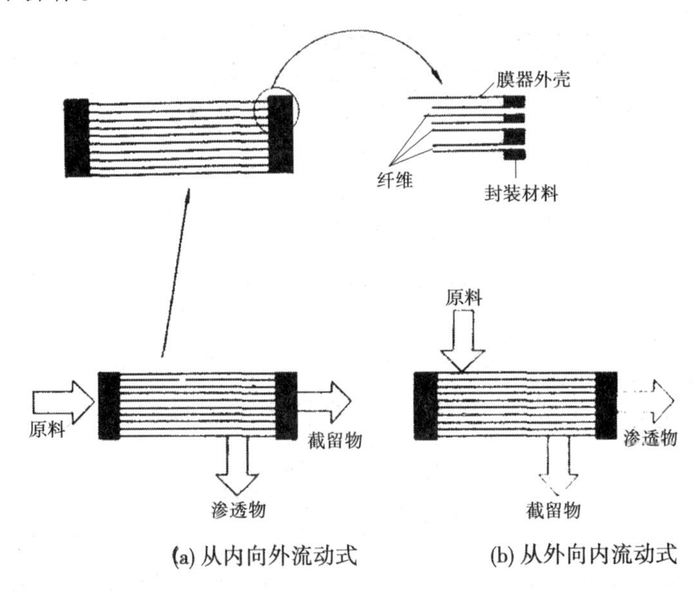

图9-4 中空纤维膜组件示意图

中空纤维膜组件的优点是:单位设备体积内的膜面积大,单个透过器的回收率高,易检修。缺点是:因中空纤维内径小,阻力大,易堵塞,膜污染难除去,因此对料液处理要求高,对胶体与悬浮物的污染敏感。

第二节 反渗透

反渗透(RO)是通过动物细胞的渗透现象中得到启发而开发出来的一种水处理技术,渗透是动植物普遍具有的生理功能。例如,动物通过细胞膜的渗透作用从外界吸收养分,同时向外界排出新陈代谢产物。植物通过细胞膜的渗透作用从土壤中吸收水分及养料。很多膜对渗透的物质是有选择性的,如聚酰胺膜中允许水分子通过而不允许盐通过等。

反渗透过程是利用半透性膜分离去除水中的可溶性固体、有机物、金属氧化物、胶体物质及微生物。原水以一定压力通过反渗透膜,水透过膜的微小孔径,经收集后得到淡水,而水中的杂质在浓溶液中浓缩被排出。经上述过程,反渗透膜可除去原水中98%以上的溶解性固体,99%以上的有机物及胶体,以及几乎100%的细菌。当原水中含盐量大于400 mg/L时,用反渗透工艺进行预脱盐比较经济合理。可以提高整个除盐水系统的制

水量。

一、反渗透原理

(一)渗透

半透膜只允许水通过,而阻止溶解固形物(盐)的通过。渗透是稀溶液(水)一侧通过半透膜向浓溶液一侧自发流动的过程,因此膜浓溶液一侧的液位将高于另一侧。

(二)渗透压

当在浓溶液一侧施加一定的压力时,就可以阻止溶剂(水)通过半透膜流向浓溶液,此压力即为渗透压。

范特霍夫用热力学的方法导出了溶液的渗透压 Π(MPa)与溶质的种类、浓度、温度之间的关系式为

$$\Pi = icRT$$

式中　R——理想气体常数,0.008 MPa · L/(mol · K);

T——绝对温度,K;

c——溶液的浓度,mol/L;

i——范特霍夫系数,其值等于或大于1。

例如,海水的盐浓度按0.3 mol/L和水中盐类全部按NaCl计,则25 ℃时,海水的渗透压为

$$\Pi = icRT = 2 \times 0.3 \times 0.008 \times (273 + 25) = 1.43(\text{MPa})$$

(三)反渗透

当在浓溶液一侧施加的压力(P)大于渗透压(Π)时,浓溶液一侧的溶剂(水)会向相反的方向透过半透膜流向稀溶液一侧,稀溶液侧的液位升高,此种现象即为反渗透,如图9-5所示。

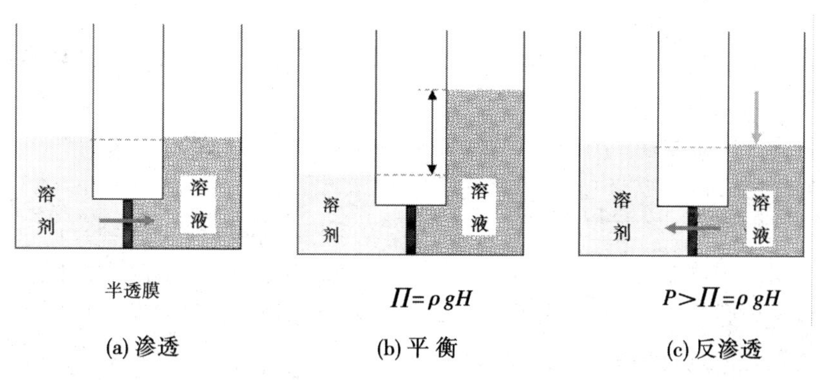

图9-5　渗透与反渗透

二、膜材料

作为反渗透的膜材料应具有以下性能:高水通量、高盐截留率、耐氯及其他氧化性物质、抗生物侵蚀、抗胶体与悬浮物的污染、价格便宜、机械强度高、化学稳定性好及能经受高温等。

目前,用得比较多的是:醋酸纤维素、芳香聚酰胺、薄膜复合膜等。

三、反渗透装置的主要性能参数

反渗透装置的主要性能有水通量、产水量、回收率、溶质透过率、脱盐率和浓缩倍率等。

(一)水通量

水通量是指单位面积的反渗透膜在恒定的压力下单位时间内透过的水量。

(二)产水量

产水量是指水通量和反渗透装置总的有效膜面积的乘积。

(三)回收率(Y)

淡化水(即成品水)量占进水流量的分数称为回收率。

(四)溶质透过率(SP)

$$\text{溶质透过率} = \text{成品水中溶质浓度}/\text{进水溶质浓度} \times 100\%$$

(五)脱盐率(R)

$$\text{脱盐率} = (1 - \text{成品水中溶质浓度}/\text{进水溶质浓度}) \times 100\%$$

(六)浓缩倍率(CF)

浓缩倍率是指进水流量与浓盐水流量之比。

四、反渗透装置的组合方式

每个膜元件的产水量和回收率是有限的,为了满足对产水量和水质的要求,需采用多个膜组件分级或分段。

分段是指上一组膜元件的浓水不经泵而自动流入下一组的膜元件作为给水的处理方式,流经 n 组膜元件称为 n 段;

分级是指上一组膜元件的产水经泵到下一组的膜元件作为给水的处理方式,流经 n 组膜元件称为 n 级。

分段是为了增加系统的产水量,而分级是为了提高产水的水质。

五、反渗透装置的运行控制条件

运行工况的正确制订和实施是保证反渗透装置正常安全运行的基本条件,运行工况的基本条件主要是操作压力、进水的 pH 值、温度和反渗透膜的清洁程度。

反渗透装置的运行控制条件有以下几种。

(一)操作压力

为实现溶液的反渗透,必须从外界施加一个大于进水原液的渗透压。这一外界压力,即操作压力,通常应比渗透压大几十倍。操作压力的大小取决于反渗透装置的水通量和溶质透过率。加大操作压力能提高水通量,同时由于膜被压实,溶质透过率会减小。经验表明,当将压力从 2.75 MPa 提高到 4.22 MPa 时,水的回收率提高 40%,但膜的寿命缩短一年。因此,应根据进水原液的浓度、膜性能等来确定操作压力的大小。

（二）进水的 pH 值

一般根据膜材料合理确定给水的 pH 值，例如对于 CA 膜，pH 值宜控制在 4～7。这是因为在此范围之外，CA 膜将易水解与老化。膜的水解与高分子材料的化学结构密切相关。当高分子链中具有易水解的化学基团 -CONH、-COOR、-CN 等时，这些基团在酸或碱的作用下会产生水解降解反应。CA 膜高分子链中 -COOR 较 -CONH 基团易在酸碱作用下水解。为控制 CA 膜的水解速度，最佳 pH 值应控制在 4.8 左右。

（三）温度

温度升高，水的黏度下降，导致水的透过速度增加，与此同时溶质透过率也略有增加。温度升高，膜高压侧传质系数增大，使膜表面溶质浓度降低，也使膜的浓差极化现象有所减弱。试验表明，在温度 15～30 ℃的范围内，温度每升高 1 ℃，膜的透水能力增加 2.7%～3.5%。

在反渗透装置的运行过程中，进水温度宜控制在 20～30 ℃，低温控制在 5～8 ℃，因为温度过低，膜的透水能力明显下降；上限控制在不大于 30 ℃，因为温度高于 30 ℃时，大多数膜的耐热稳定性明显下降，这主要是因为膜的高分子材料发生了化学变化和物理变化。通常，CA 膜和聚酰胺膜的最高允许温度为 35 ℃，复合膜为 40～45 ℃，目前开发了一种高温膜，其最高温度可达 80 ℃。

六、反渗透的处理系统及防垢杀菌处理运行

（一）反渗透的处理系统基本流程

预处理系统→反渗透处理装置→后处理系统。

预处理系统可采取加氯/除氯、软化/絮凝、细砂过滤、活性炭过滤、微滤/超滤、pH 值调节/阻垢剂等工艺。后处理系统可采取脱除二氧化碳、离子交换（阴阳床、混床）、EDI 等工艺。

根据原水水质及其特点确定预处理方案，使进水达到反渗透膜元件对给水的水质要求。

（二）防垢处理

为了防止浓水端出现 $CaCO_3$、$MgCO_3$、$CaSO_4$、$BaSO_4$、$SrSO_4$、SiO_2 的无机盐垢及水中有机物的新陈代谢而产生的黏泥导致膜元件的损坏，常用的方法就是在水中加入反渗透膜阻垢剂及杀菌剂来阻止和减缓这些物质在膜面沉积。

常用的防治无机盐垢的方法有：

（1）加酸。由于在进水中存在以下的平衡：

$$Ca^{2+} + HCO_3^- = H^+ + CaCO_3$$

加酸处理时，酸中的 H^+ 使以上化学反应的平衡向左移动，使碳酸盐维持溶解状态，进而防止了碳酸钙垢的生成。

（2）加阻垢剂。常用的阻垢剂是一些有机物，如有机磷酸盐和聚丙烯酸共聚物等。这些阻垢剂能有效控制碳酸钙、硫酸钙、硫酸钡、硫酸锶结垢等，可使 LSI 高达 3.0 尚不结垢。

但是，有机阻垢剂遇到阳离子聚电解质或多价阳离子时（通常存在于絮凝剂中），可能会发生沉淀反应，例如铝与铁，所产生的胶体反应物非常难以从膜的表面除去。阻垢剂加入避免过量，否则过量的阻垢剂对膜而言也是污染物。

有机物污染的防治方法主要是加入杀菌剂,如亚硫酸钠、季铵盐等。杀菌方法可以采用冲击式杀菌处理与周期性消毒处理。冲击式杀菌处理可按固定时间间隔周期性地进行,例如每隔24 h或出现生物滋生时处理一次。周期性消毒处理是除了连续地向原水中加入杀菌剂外,也可以定期对系统消毒以控制生物污染,在高度生物污染的系统中,消毒仅是进行连续杀菌处理的辅助方法。进行预防性的消毒比进行纠正性杀菌更为有效,因为孤立附着的细菌比厚实、老化的细菌更容易被杀死。

(3)脱氯。如果是以城市自来水作为水源的,水中会存在游离的氯,氯具有氧化性,它会对膜产生不利影响,在反渗透膜的入口,进水中应该进行脱氯处理以防止膜被氧化。一般可以采用加活性炭及化学还原剂的方法将余氯还原成无害的氯离子。

$$C + 2Cl_2 + 2H_2O = 4HCl + CO_2$$

焦亚硫酸钠($Na_2S_2O_5$)是最常用的去除余氯以及抑制微生物活性的化学品,当它溶于水时,焦亚硫酸钠($Na_2S_2O_5$)形成亚硫酸氢钠($NaHSO_3$)

$$Na_2S_2O_5 + H_2O = 2NaHSO_3$$

$$NaHSO_3 + HClO = HCl + NaHSO_4$$

在理论上,计算1.34 mg的焦亚硫酸钠($Na_2S_2O_5$)可以去除1.0 mg的余氯,但在实际工程中,需要3.0 mg的焦亚硫酸钠($Na_2S_2O_5$)才可以去除1.0 mg的余氯。

(三)杀菌处理

用于反渗透的杀菌剂,常用的有氧化性杀菌剂如Cl_2、$NaClO$、O_3等,其他非氧化性杀菌剂如异噻唑啉酮、季铵盐等,有的系统还采用紫外线杀菌。

七、反渗透膜组件的清洗

反渗透膜在长期使用过程中,由于膜的前处理工艺运行不良使反渗透膜进水中含有有机物、微生物、胶体和其他的物质,使膜受到污染,受到污染的反渗透膜会使产水水质恶化、水通量下降、系统压降增大、能耗增加,如不及时清洗,恢复膜的性能,还会对膜造成不可逆的损伤,缩短膜的使用寿命,严重时必须提前更换。

(一)常见反渗透膜的污染现象

(1)膜降解。由于膜元件的水解(对醋酸纤维素膜元件由过低或过高pH值造成)、氧化(例如各种氧化剂Cl_2、H_2O_2、$KMnO_4$)以及机械损坏(产水背压、膜卷突出、过热、由于细碳料或砂料造成的磨损)均可以造成反渗透膜元件的降解。

(2)沉淀物沉积。如果未采取阻垢措施或者采取的阻垢措施不当,均会造成沉淀物沉积,常见的沉积物包括碳酸垢($CaCO_3$、$MgCO_3$)、硫酸垢($CaSO_4$、$BaSO_4$、$SrSO_4$)、硅垢(SiO_2)。

(3)胶体沉积。胶体沉积一般由金属氧化物(Fe、Zn、Al、Cr)和其他各种胶体造成。

(4)有机物沉积。天然有机物(腐殖物和灰黄素)、油类(泵密封泄漏、新换管道)、过量的阻垢剂或铁沉淀、过量的阳离子聚合物(来源于预处理的过滤器)均是造成有机物沉积的根源。

(5)生物污染。微生物会在复合膜表面形成生物黏泥,同时细菌会对醋酸纤维素膜造成侵蚀,这些微生物包括藻类、真菌等。

（二）清洗条件

当出现下列情况时，需要对膜元件进行清洗：

（1）产品水量（膜通量）比正常时下降5%～10%，对于系统的清洗应选择合适的时间，如产水量衰减最好控制在10%内，这样可以使系统处于比较好的状况下进行有效恢复；否则由于衰减太多，可能造成系统无法恢复等缺陷。

（2）为保证产品水量，修正后的供水压力增加10%～15%。

（3）透过水质电导率（含盐量增加）增加5%～10%。

（4）多段反渗透系统，通过不同段的压力明显下降。

（三）清洗方法

膜运行到一定时间后，在膜的浓水侧会积累胶体、金属氧化物、含钙沉淀物、细菌、有机物、水垢等物质，造成膜污染，引起系统脱盐率下降、出水量降低、压差增大等问题。为了使膜能正常运行，必须及时地对膜进行清洗，以去除污染物，恢复膜的性能。

1. 膜元件需要清洗的条件

（1）标准化产水量降低10%以上。

（2）进水和浓水之间的标准化压差上升了15%。

（3）标准化透盐率增加5%以上。

2. 清洗方法分类

（1）在线清洗。反渗透膜污染不是非常严重时，可采用专用清洗剂，制订清洗方案，对反渗透系统进行的清洗称为在线清洗。

（2）离线清洗。反渗透膜污染严重，通过在线清洗不能有效地恢复膜的通量。此时，将污染严重的膜元件从系统中取出，结合系统进水水质分析和膜污染物的化验结果，选定清洗药剂与清洗方式，对反渗透膜进行的清洗称为离线清洗。

3. 常用清洗方法

（1）反冲。是一种广泛采用的清洗方法，可以有效地去除颗粒状、胶体物质的污染。采用气体、液体等作为反冲洗介质，给膜管施加反向作用力，使膜表面及膜孔内所吸附的易脱洗污染物脱离膜表面，从而使通量得以恢复。反冲可用于反渗透膜的在线清洗与离线清洗。

（2）负压清洗。清洗时通过一定的真空抽吸，在膜的功能侧形成负压，以去除膜表面和膜内部的污染物质。

（3）化学清洗。是较为常用的清洗方法，可用于反渗透膜的在线清洗与离线清洗。采用化学清洗时应根据污染物的种类、数量、性质及膜本身的材料来选择合适的清洗液配方。

八、反渗透系统的操作及注意事项

（一）反渗透系统的操作

1. 反渗透设备的手动运行

（1）手动运行，先把控制柜上的预处理拨至手动。

（2）检查原水泵进出口阀门是否开启，软化器进出口阀门是否开启，打开进水阀、浓水出水阀,检查进水电动蝶阀是否开启。

(3)启动原水泵,再启动反渗透高压泵。

(4)运行时调节高压泵的出口手动蝶阀和排浓阀,使高压泵的入口压力大于0.1 MPa,避免高压泵入口压力小于0.1 MPa时反复启动,调节排浓阀使排浓水控制在17 m^3/h左右。

2.反渗透设备的自动运行

(1)检查原水泵进出口阀门是否开启,多介质过滤罐和活性炭罐的所有阀门是否关闭,反渗透高压泵的手动进出口阀门和排浓阀的手动阀门是否开启,然后把预处理拨至自动,启动预处理自动按钮。

(2)当保安过滤器的进出口压力差大于0.1 MPa时,必须更换滤袋。系统停机时间超过5天,每天必须运行30 min,以防止细菌等微生物繁殖生长。

(3)做好反渗透系统的各项记录,每2小时记录一次。

(二)注意事项

(1)避免反渗透设备在低温(低于0 ℃)或高温(高于45 ℃)环境下运行。

(2)严禁以任何方式堵住清水管。

(3)不要在高于设计运行参数规定的回收率下运行设备。

(4)严禁在带报警信号的情况下运行设备。

(5)反渗透膜进水必须通过保安过滤器进行过滤处理。

(6)预处理系统和低压管路的最大操作压力值为5.4 MPa,不得在压力高于此值情况下运行。

(7)严禁无水运行设备。

(8)严禁在关闭排污口的情况下操作。

(9)反渗透设备设有自动操作,非专业人士不得对其进行手动操作。

(10)启动反渗透高压泵前,请检查高压泵进出口手动蝶阀是否到位。严禁在手动蝶阀关闭的情况下启动高压泵,在反渗透系统进水电动蝶阀发生故障的情况下,严禁启动高压泵。

(11)严禁反渗透装置在清水出口手动蝶阀关闭的状态下运行,否则会损坏反渗透膜。

(12)严禁反渗透系统在入口压力小于0.10 MPa和高压泵出口压力大于2.0 MPa的情况下运行。

(13)严禁反渗透装置在每段膜压差大于0.42 MPa的情况下运行。

(14)严禁反渗透系统在入口pH值超出4~11的情况下运行。

第三节 电除盐技术

电除盐技术(EDI)是在电渗析的基础上与离子交换有机结合形成的新水处理技术,是一种高效无污染的清洁生产新技术,发展前景很好。

一、EDI 的概念和装置模块

EDI 是以直流电为推动力利用离子交换树脂的离子交换作用和离子交换膜的选择透过性，使水体中的离子通过膜迁移到另一水体中得到纯化的物质分离过程。EDI 装置模块结构有板式和卷式两种。图 9-6 是板式 EDI 原理图。

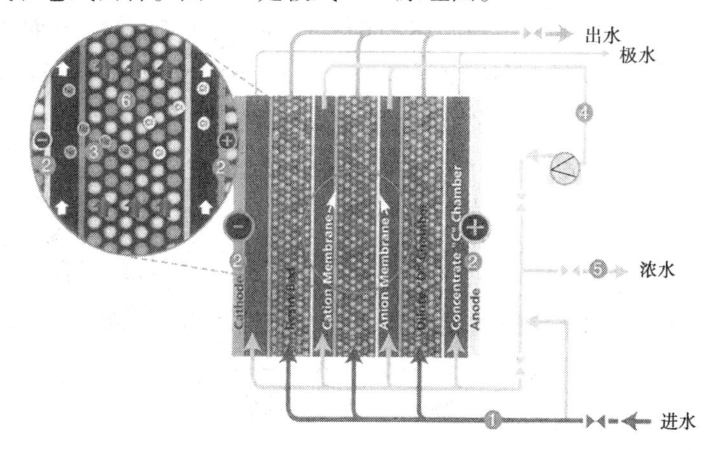

图 9-6 板式 EDI 原理图

Cation Membrane 阳离子交换膜（阳膜）；Anion Membrane 阴离子交换膜（阴膜）；Anode（正电极）；Cathode（负电极）；出水—产品水；极水—电解水；浓水—排出口；进水—原水入口。

板式 EDI 的内部部件为板框式结构（与板式电渗析器的结构类似），主要由阳、阴电极板，极框，离子交换膜，淡水隔板，浓水隔板及端压板等部件按一定的顺序组装而成，设备的外形一般为方形。板式 EDI 模块按其组装形式又可以分为两种：一种是按一定的产水量进行定型生产的模块；另一种是根据不同的产水量对产品进行定型生产的模块。

螺旋卷式 EDI 模块简称卷式 EDI 模块，它主要由电极、阳膜、阴膜、淡水隔板、浓水隔板、浓水配集管和淡水配集管等组成。它的组装方式与卷式 RO 相似，即按"浓水隔板—阴膜—淡水隔板—阳膜—浓水隔板—阴膜—淡水隔板—阳膜……"的顺序叠放后，以浓水配集管为中心卷制成型，其中浓水配集管兼作 EDI 的负极，膜卷包覆的一层外壳作为阳极。卷式 EDI 的工作状况是进水（淡水）从底部进入到 EDI 元件，经进水分布器后进入垂直的淡水室，并流经填充于淡水室的离子交换树脂层。浓水流动设计不同于板式 EDI 的流动设计。

EDI 膜堆是 EDI 工作的核心。膜堆是由阴、阳离子交换膜，淡、浓水室隔板，离子交换树脂和正、负电极等按一定规则排列组合并夹紧所构成的单元。膜堆中淡水室相当于一个混床，使用的离子交换树脂是磺酸型阳树脂和季铵型阴树脂，淡水室中的树脂必须装填紧密，使树脂紧密接触以减少树脂表面水层和防止树脂乱层，颗粒采用直径 100 μm 的均粒树脂比常规 40～60 μm 树脂要好，优点是装填密度大、脱盐率高、产水量大，阴树脂与阳树脂的比例采用 3∶2。浓水室由一个阳离子交换膜和一个阴离子交换膜组成，离子交换膜采用异相离子交换膜。电极材料通常阴极采用锌涂层，阳极采用不锈钢。EDI 模块

包含多个膜单元对,它的工作原理有以下几个过程:

(1)电渗析过程。在外电场作用下,水中电解质通过离子交换膜进行选择性迁移,从而达到去除离子的目的。

(2)离子交换过程。由淡水室中阳、阴离子交换树脂对水中的电解质的交换作用,从而达到去除水中离子的目的。在直流电场作用下,阴、阳离子分别做定向迁移,分别透过阴膜和阳膜,使淡水室离子得到分离。在流道内,电流的传导不再单靠阴、阳离子在溶液中的运动,也包括了离子的交换和离子通过离子交换树脂的运动,因而提高了离子在流道内的迁移速度,加快了离子的分离。

(3)电化学再生过程。利用电渗析的极化过程产生的 H^+ 和 OH^- 及树脂本身的水解作用对树脂进行电化学再生。在EDI电去离子过程中,水中离子首先因交换作用吸附于树脂颗粒上,再在电场作用下经由树脂颗粒构成的"离子传输通道"迁移到离子交换膜表面,并透过离子交换膜进入浓室,在树脂、膜与水相接触的介面扩散层中极化,使水解离为 H^+ 和 OH^-,它们除部分参与负载电流外,大多数又对树脂起到再生作用,在淡水室流道内,阴、阳离子交换树脂因可交换离子不同,有多种存在形态,如 R_2Ca、R_2Mg、RNa、RH、R_2SO_4、RC1、$RHCO_3$、ROH 等,离子交换树脂的再生是在电场作用下离子迁移及进水中离子共同完成的,从而使离子交换、离子迁移、电再生三个过程相伴发生、相互促进,完成连续的去离子过程。高纯度的淡水连续从淡水室流出,从而实现水的深度脱盐。

二、EDI装置的特点

(1)可连续运行,产品水水质稳定。

(2)容易实现全自动控制。

(3)除清洗用药剂外,无须用大量酸、碱运送、存储、再生设施。

(4)不会因离子交换树脂再生而停机,节省了再生用水及再生排水处理设施。

(5)产水率高(可达95%)。

(6)占地面积小。

(7)设备单元模块化,可灵活地组合以达到需要的产品水流量。

(8)安装简单,运行维护成本低。

(9)EDI设备初期投资大,维修也较困难,对细菌的抗污染能力较低,当有细菌在其内部繁殖时,将会大幅度降低膜堆的性能,所以一般要求停机超过3天就必须注入5%的NaCl溶液进行保护,或者是不间断运行,防止细菌生长。

EDI设备工作年限约5年,EDI系统正常工作时,需要以下四个条件:合适的进水水质(总交换阴离子TEA、CO_2、硬度、硅)、足够的电流、合理的流量和操作压力。如果其中任一个条件欠缺,则系统无法制备高质量的纯水。

三、系统流程

一个完整的EDI系统包括EDI装置本体系统、装置清洗系统、整流器、控制系统、管道、阀门和浓水再循环泵。这些部件安装在一个底座上,但整流器除外,它通过把一个三相的交流电转变成直流电来为EDI系统提供能量。EDI的每个模块具有一个标准流量,

系统产水量可以根据模块的规格、数量来改变。水处理的典型流程是:原水→预处理→多介质过滤器→活性炭处理→单级 RO/两级 RO→EDI。在高硬度的水处理中,需要增设软化器,其流程是:多介质过滤器→活性炭处理→软化器→单级 RO/两级 RO→EDI。

(一)淡水水流

在 EDI 中,90% ~95% 的水流过淡水室,水流并联通过多个膜堆,每个膜堆都并联很多个淡水室,水流一次性地通过淡水室,流出来的就是高纯水。在低于设备最小产水量情况下工作时,模块内会发生局部过热现象,导致外部损伤及裂痕。

(二)浓水水流

进水中另外的 5% ~10% 被送到浓水室,其中 3% ~8% 流出 EDI 后作为 RO 系统补充水回收利用;通常 EDI 排放的浓水质量高于反渗透装置的进水,所以浓水回流到反渗透装置的进水中可使整个 EDI 系统回收率提升至 98% 。回收率由进水硬度水平决定,即回收率 = 淡水产水量/(淡水产水量 + 浓水排放量 + 极水出口流量) ×100% 。

(三)极水水流(新型板式 EDI 已无单独极水)

极水水流由淡水水流进口的分支形成,一般电极水的流量是进水的 1% 左右。送到浓水室的淡水用来冲洗电极。极水水流流经电极用以冷却电极并带走在极水室内产生的所有气体(氢气、氧气及可能存在的氯气),所以极水水流必须排入通风的排水管中,在排放时需要放气,要确保通风良好以使氢气含量低于 4% 。由于氯气溶入极水中,当电极水过小时,不能及时带走电极表面的气体,会影响整个模块的运行,极水流量很小并处于通风的自流排水管中,因此极水不再循环使用。

四、EDI 工艺参数

(一)水质要求

电除盐系统的进水水质要求必须是一级反渗透的出水(电导率为 4 ~20 μS/cm)或与之相当的水质(最佳电导率为 1 ~2 μS/cm)。

1. 系统中 CO_2 问题

CO_2 是一个关键因素。因为分子的 CO_2 可以透过 RO 膜进入后续系统中的混床或者 EDI 中的阴离子交换树脂,加重阴离子的交换负荷。因此,在一些情况下,系统中通过加 NaOH 来增加 OH^- 值,把 CO_2 转化成碳酸盐和碳酸氢盐,有效地在 RO 膜中去除。

2. 两级 RO 出水问题

一般认为,RO Ⅰ→RO Ⅱ→EDI 对 EDI 的出水质量并不一定比 RO Ⅰ→EDI 的出水质量好。因为两级 RO 出水的电导率在 1 ~2 μS/cm,进入到浓水、极水的导电特性不够,导致模块电阻上升,电流下降,模块就不能将离子从主进水流(穿过膜)中迁移到浓水中,产品水的水质会受影响。

如果 RO 出水的电导率小于 2 μS/cm,EDI 浓水的进水电导率应设计在 10 ~100 μS/cm 范围内,使浓水出水电导率达到 40 ~100 μS/cm 的理想值。浓水出水电导率可根据浓水进出口浓度和回收率进行平衡计算,然后确定设计方案。为了优化带有两级 RO→EDI 的系统,一般采用的措施如下:

(1)从第一级 RO 出水(电导率大于 20 μS/cm)供给 EDI 的浓水、极水或从第二级 RO

进水(电导率大于20 μS/cm)供给EDI的浓水、极水。

(2)在EDI浓水、极水中加优质NaCl,质量要求为:

氯化钠(以固体中含量计算)> 99.80%;

钙和镁(以Ca计算)< 0.05%;

铜 $<0.5\times10^{-6}$;

铁 $< 5.0 \times 10^{-6}$;

重金属(以Pb计算)$< 2.0\times10^{-6}$。

维持电导率在10~100 μS/cm,以达到出口水电导率为40~100 μS/cm。加盐装置包括:计量泵、盐液计量箱和低液位开关。加盐泵应采用变频计量泵,以便在系统运行时由PLC控制剂量。为避免浓水中离子过度积累,需要排放少量浓水。排放掉的浓水由进水补充,控制浓水的电导率为150~600 μS/cm(或按照EDI产品要求而定)。

3. 进水的pH值

进水的pH值表示了进水中H^+的含量,一般进水控制在5~9.5。通常情况下,pH值偏低是由于CO_2的溶解引起的。由于是弱电离物质,CO_2也是导致水质恶化的因素之一,所以在进EDI系统之前,一般可以安装一个脱碳装置,使得水中的CO_2控制在5 mg/L以下。水中pH值和CO_2存在一定溶解关系,理论上当pH值>10时,去除效率最佳。高pH值有助于去除弱电离子,但前提是必须在进EDI系统前除去Ca^{2+}、Mg^{2+}等离子。

(二)工作压力

淡水进水压力最高不能超过0.6 MPa,最佳运行压力在0.4~0.5 MPa。由于离子交换膜的爆破强度为0.7 MPa,因此应避免由于进水流量过大、压力过高造成离子交换膜破损,导致EDI膜堆的损坏。淡水出水压力必须比浓水出水压力高,以避免内部泄漏而影响淡水出水质量。

(三)工作电源

EDI电源必须为可以调节的直流电源(DC),考虑到功率损耗,交流电(AC)输入电源应比额定的电源供给高出15%~20%。电压是使离子迁移的动力,它使得离子从进水中迁移到浓水中,同时电压也是电解水用于再生树脂的关键。在规定范围内,如果电压过低,会导致电解水减小,产生的H^+和OH^-不足以再生填充树脂,同时电压太低使得离子的迁移动力减弱,不能使淡水室中的离子完全穿过离子交换膜进入浓水室,最终使模块的工作区间产品水水质变差。电压过高,会使水电解出过剩的H^+和OH^-,使电流升高的同时,也使离子极化和产生反扩散,导致产品水水质变差。电压是否过高可以根据电极出水中的气泡多少加以判断,最佳电压范围的确定主要由进水电导率和浓水的流量决定。比如,在进水电导率变大、浓水的浓度也变大的情况下,由于系统的电阻减小,系统的电压也应当相应地下调。

最佳的电压范围取决于模块内部单元的数目,正常的工作电压范围为5~8 V/单元,它同时与温度、浓水电导率、回收率(浓水流量比例)有关。

长期高电流运行会缩短膜堆寿命,合理的运行电流会提高产品水水质、降低浓室结垢的可能性,并会延长膜堆寿命。合理的运行电流为该条件下极化电流+0.5 A,过低的运行电流将会导致膜堆的树脂逐渐饱和,产品水水质下降。

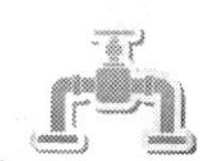

第十章　水质分析基本知识

第一节　水样的采集

从被测溶液中，抽取一定量有代表性的样品供分析用的操作称为采样。采集水样，是水质分析工作的第一个重要步骤。采样的基本要求是：采集的样品要有代表性，样品不被污染，样品在分析测定前不发生变化。假如这些基本要求做不到，即便使用精密仪器和最科学的方法，也不会得出正确的结果，甚至会由于对水质的不正确评价，而导致对锅炉运行的错误指导。

锅炉是连续工作的设备，水、汽品质经常发生变化，因而采集能及时反映系统中真实情况的、有代表性的样品是极为重要的。为此，必须注意以下事项：

(1)根据锅炉的炉型和参数，合理选择采样点，使采集的样品有充分的代表性。如给水的采样点一般应在给水管的出口处；锅水的采样点一般应在连续排污管上，当无连续排污管时，可在锅炉的下联箱或定期排污管处取样；测定溶解氧的采样点应在除氧器水箱出口处；回水的采样点应设在水箱底以下 30 cm 处；井水在抽水泵出口；江河水应在水面下 50 cm 处。采样点的位置应尽量在远离阀门、弯头和垂直管段上。

(2)锅水和有除氧器的给水温度较高，采样管必须安装取样冷却器。

通过调节冷却水的流量，使水样温度降到 35 ℃以下，最高不超过 40 ℃。取样冷却器通常用蛇管式表面热交换器构成，如图 10-1 所示。取样冷却器应定期检修和除垢，使其既严密不漏，又有足够的冷却效果。

(3)采样管应定期进行冲洗。每次采样前，都要放水清洗数分钟，把其中积存的杂质和死水冲出去，然后保持稳定的流速(每分钟约 700 mL)，可能时，锅水和给水最好保持长流水。

(4)采样瓶应事先用水、洗涤液、铬酸洗液等清洗干净。采样时用水样刷洗三次以上，采样后立即将瓶塞盖严。采样瓶可用硬质玻璃瓶或聚乙烯塑料瓶，但含油水样不能用塑料瓶，测二氧化硅的水样不能用玻璃瓶。

(5)水样的量应能满足试验和复核的需要。单项分析的水样不少于 500 mL，全分析的水样不少于 5 L。若水样浑浊时，应分装两瓶，以便

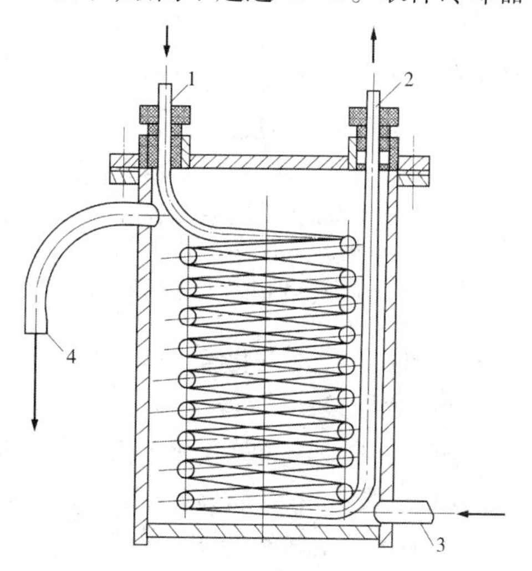

1—水样进口管；2—水样出口管；
3—冷却水进口管；4—冷却水出口管

图 10-1　取样冷却器

进行不同项目的测定。采样瓶上应贴好标签,注明水样名称、采集时间、地点以及其他需要记载的事项。

(6)采样后,应及时进行分析,存放及运输时间应尽量缩短。水中二氧化碳、酚酞碱度、溶解氧和 pH 值等容易变化的指标的测定最好在取样现场进行。其他分析项目应在实验室内尽快进行,需存放或运往远处的样品必须密封好。存放的时间最好不超过72 h。

水样运送与存放时,应注意检查水样瓶是否封闭严密,并应防冻、防晒。经过存放或运送的水样,应在报告中注明存放时间或温度等条件。

第二节　化学试剂的性质及等级标志

为了保证分析结果有足够的准确性,避免盲目地选购药品而造成浪费,就必须了解有关化学试剂的性质、用途和使用常识,并根据试验的不同要求,选择不同等级的试剂。

一、化学试剂的包装和使用

(一)固体试剂

固体试剂一般都装在广口玻璃瓶内,也有装在塑料瓶和塑料袋内的。常见的包装是每瓶 500 g,指示剂一般每瓶是 25 g,贵重药品的包装要更小一些。

取用固体试剂,要用干净的塑料勺或不锈钢勺,取出立即将瓶盖紧。称量固体试剂可用表面皿。无氧化性、无腐蚀性、不易潮解的固体试剂,也可以用干净而光滑的纸来称量(如光电纸、描图纸)。

(二)液体试剂

液体试剂一般都装在细口的玻璃瓶内,也有装在细口的塑料瓶内的。常见的包装是每瓶 500 mL。常用的浓硫酸、浓盐酸和浓硝酸的包装是每瓶 2 500 mL。

取用液体试剂时,先将瓶塞反放在桌子上,手握有标签的一面倾斜试剂瓶,沿干净的玻璃棒把液体注入烧杯内,再把瓶塞盖好。定量取用时,可用量筒、量杯和移液管。

无论是固体试剂还是液体试剂,当需要避光保存时,都要装在棕色的玻璃瓶内。

试剂瓶上均贴有标签,标明试剂名称、分子式、分子量、密度、纯度、杂质含量及使用保管的注意事项等。无标签的试剂不能使用。

二、化学试剂的等级与标志

我国各厂生产的化学试剂,都有统一规定的质量标准,通常的标志及其含义如下:

GB:表明该产品符合化学试剂国家标准。

HG:表明该产品符合化工部部颁化学试剂标准。

HGB:表明该产品符合化工部部颁化学试剂暂行标准。

我国化学试剂的等级与标志见表 10-1。

优级纯主成分含量高,杂质含量低,主要用于精密的科学研究和测定工作,分析纯主成分含量略低于优级纯,杂质含量略高,用于一般的科学研究和重要的测定。化学纯品质较分析纯差,但高于实验室。用于工厂、教学实验的一般分析工作。实验试剂杂质含量更

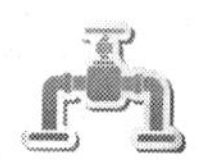

多,但比工业品纯度高,主要用于普通的实验和研究。

表 10-1　我国化学试剂的等级与标志

级　别	一级品	二级品	三级品
中文标志	保证试剂　优级纯	分析试剂　分析纯	化学纯
代号	G. R	A. R	C. P
瓶签颜色	深绿色	金光红色	中蓝色

三、化学试剂的保管与贮存

化学试剂中,很多是易燃、易爆、有腐蚀性、有毒性的,在保管与贮存时,一定要注意安全,防止事故发生。

一般化学试剂要按照酸类、碱类、盐类和有机试剂类分别存放在专门的橱柜内,摆放方法要使查找和取用方便。室内要干燥、阴凉、通风,防止阳光直射。要随时注意观察试剂挥发、凝固、潮解、风化、变色、氧化、结块、稀释等变质现象,以便采取相应的措施,妥善处理。

对于以下危险试剂及药品,应分别贮藏在铁橱内,并要求有专人保管。例如,乙醇、乙醚、丙酮、汽油等易燃试剂,苦味酸等易爆试剂,高锰酸钾、重铬酸钾和双氧水等氧化剂;浓硫酸、浓硝酸、浓盐酸、氨水和其他强酸、强碱性试剂。要注意远离明火和电源,千万不能混合存放。

化验室人员,要有一定的急救常识。化验室内应准备一些简单的急救药品。

第三节　常用的玻璃仪器

在化验工作中需大量使用玻璃仪器。玻璃仪器按玻璃性质的不同可以简单地分为软质玻璃仪器和硬质玻璃仪器两类。软质玻璃的耐热性能、硬度和耐蚀性都比较差,但透明度比较好,如试剂瓶、漏斗、量筒、吸管等通常用软质玻璃制作。硬质玻璃仪器可以直接用灯火加热,这类仪器耐腐蚀性强,耐热性能和耐冲击性能都比较好,如常见的烧杯、烧瓶、试管、蒸馏器和冷凝管等通常使用硬质玻璃制作。

一、玻璃仪器的洗涤

玻璃仪器是否干净,对试验所得结果的准确性和精密度有直接影响。因此,玻璃仪器的洗涤,应视为化验工作的一项重要操作。

洗涤的方法很多,应根据化验的要求、污物的性质和沾污的程度来选用适当的洗涤方法。洗干净的玻璃仪器以挂不住水珠为度。常用的洗涤剂有肥皂、去污粉、合成洗涤剂和特殊的洗涤液。特殊洗涤液中最常用的是铬酸洗涤液和氢氧化钠乙醇洗液。它们的配制方法见表 10-2。

洗涤玻璃仪器前,首先用肥皂将手洗干净。贮存较久和新用的玻璃仪器可以先用水冲洗一遍,然后进行洗涤。

常用的洗涤方法有:

(1)用水洗涤。用毛刷就水刷洗,既可使水溶性物质溶解,也可以洗去附在仪器上的灰尘和促使不溶物的脱落,这是一种最简单而又经常使用的洗涤方法。

表10-2　常用洗涤液的配制和使用

洗涤液及其配制	使用方法
铬酸洗涤液 1. 将20 g $K_2Cr_2O_7$ 溶于20 mL水中,再慢慢地加入400 mL浓硫酸(密度为1.84)。千万不能将 $K_2Cr_2O_7$ 溶液加到浓硫酸中 2. 在35 mL饱和 $K_2Cr_2O_7$ 溶液中,慢慢加入1 L浓硫酸	清洗玻璃仪器。浸润或浸泡片刻,倒回洗涤瓶中,再用水冲洗。如洗液变成墨绿色,即不能再用 注意不要与皮肤和衣物接触
氢氧化钠的乙醇溶液 溶解120 g NaOH固体于120 mL水中,用95%乙醇稀释至1 L	在用铬酸洗涤无效时,用于清洗各种油污,但由于碱对玻璃的腐蚀,此洗液不得与玻璃长期接触
硫酸亚铁的酸性溶液 2 g的 $FeSO_4$ 溶于500 mL 4 mol/L的 $c_{1/2H_2SO_4}$ 溶液中	洗涤由于贮存 $KMnO_4$ 溶液而残留在玻璃皿上的污斑

(2)用去污粉、肥皂、合成洗涤剂洗刷。洗刷时先将仪器湿润,再用毛刷蘸取少许洗涤剂,将仪器内外刷洗一遍,然后用水边冲边刷洗,直至洗净。

(3)用洗涤液洗涤。对于用以上方法尚不能洗净的仪器或用于滴定的仪器,可用洗涤液洗涤。铬酸洗涤液有强氧化性,使用时要十分小心,不要溅到皮肤或衣服上,以免灼伤皮肤或"烧"破衣服。铬酸洗涤液对于有机物和油污等去除能力较强,而对仪器却很少浸蚀,所以在遇到一些口小、管细和有些部位难以用刷子洗刷的仪器时,常用它来洗涤。洗涤时,先将仪器内的水倒掉,然后往仪器内加入少量洗液,再倾斜仪器并慢慢转动,使仪器的内壁全部被洗液湿润,来回转动几次后,将洗液倒回原瓶。然后,用自来水把仪器内残留的洗液完全洗掉。如果用洗液将仪器浸泡一段时间和用热的洗液进行洗涤,则去污效果更好。

经过洗涤的仪器应该用蒸馏水再冲洗三次,冲洗时要顺器壁冲洗并充分振荡。已经冲洗干净的仪器不要用毛巾、布、纸或其他东西擦拭,以免造成再污染。

二、玻璃仪器的干燥

洗涤干净的仪器还有一个干燥和保存的问题。如果这个问题解决得不好,已经洗干净的仪器还有可能重新被污染。常用的干燥方法有以下几种。

(一)倒置法

把洗涤干净的仪器倒置在干净的架子上或专用的橱内,任其自然滴水、晾干。倒置还有防尘作用。烧杯、三角瓶、量筒、容量瓶、滴定管等仪器可用此法干燥。

(二)加热法

通常放在105~110 ℃的烘箱内烘干。但精密分析工作中使用的量器,如容量瓶、吸管等不能在烘箱中烘烤。此外,也可以用酒精灯火直接将仪器烤干,一些急用的仪器或不能用高温加热的仪器,例如比色管、称量瓶、移液管、滴定管、研钵等,可以用理发用的吹风机,将仪器用冷风或热风快速吹干。

（三）有机溶剂法

对急需干燥的仪器，可以用一些易挥发的有机溶剂来干燥。最常用的是酒精或等体积酒精和丙酮的混合液，也可先用酒精再用乙醚。将有机溶剂注入已洗干净的仪器中，使器壁上残留的水分和这些有机溶剂相互溶解，然后将它们倾出。这样在仪器内残留的混合物会很快挥发，从而达到干燥的目的。如果用电吹风机吹风则干燥得更快。但有机溶剂较贵，必要时才采用。

三、玻璃仪器的保存

洗净的仪器通常采用如下几种方法保存：

（1）一般仪器，经洗净干燥后倒置在专用橱内。橱内隔板上衬垫干净的白纸，也可以在隔板上钻很多的孔洞，便于倒置插放仪器。橱门要严密防尘。

（2）移液管除要贴上专用标签外，还应在用完后（洗净的或正用的），用干净的滤纸将两端卷起包好，放在专用架上。

（3）滴定管要放置在滴定管架上，也可装满蒸馏水，上口加盖指形管。正在使用的装有试剂的滴定管也要加盖指形管或纸筒防尘。

（4）称量瓶一旦用完，就应该及时洗干净、烘干并放在干燥器内保存。

（5）比色杯、比色管洗净干燥后，放置在专用盒内或倒置在专用架上。

（6）带有磨口塞子的仪器，洗净干燥后，要用衬纸夹衬和裹住塞子保存。

第四节　分析天平的构造及操作

一、分析天平的构造

水质分析中，通常使用半自动电光分析天平，其构造如图 10-2 所示。

（一）天平横梁

横梁是天平的关键部件。天平横梁上镶嵌三把三角棱柱状玛瑙刀。横梁中间的玛瑙刀，刀口向下，落在天平柱顶的玛瑙平板上，起着天平支点的作用，所以称为支点刀。横梁两端的玛瑙刀，刀口向上，起着承重作用。在这两个刀口上各悬有一个镶有玛瑙平板的蹬，天平盘就挂在这两个蹬上。横梁的两边有两个调整天平零点用的调节螺丝。横梁中间是长形指针，指针延伸至投影屏内。

（二）空气阻尼器

通常由铝制圆筒形套盒组成。外盒固定在天平的支柱上，内盒比外盒略小些，悬挂在蹬下，恰好能套在外盒中，两盒之间间隙均匀，没有摩擦。当天平启动时，内盒随天平梁的摆动而在外盒内上下移动，由于盒内空气阻力作用，能使天平梁较快地停止摆动而达到平衡，因此能较快地读出天平称量的数值。

（三）光学读数装置

光学读数装置由一系列光电系统组成。当放下升降旋钮时，电源就接通，在投影屏上就有刻度显示出来。投影可以左右移动，以使天平空载时，中间的黑线与标牌刻度的“0”

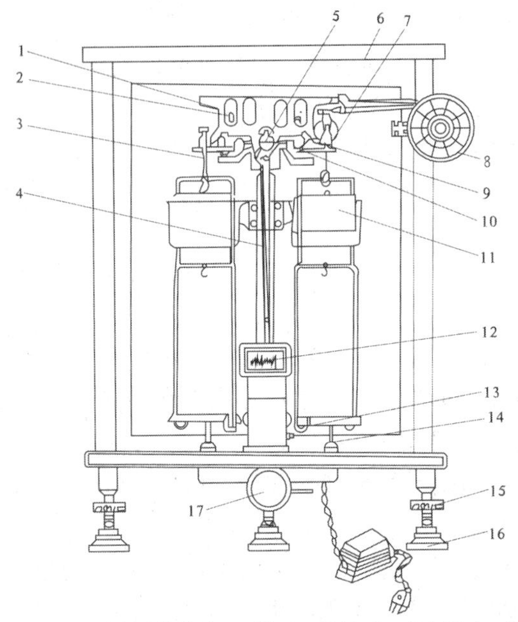

1—横梁;2—零点调节螺丝;3—蹬;4—指针;5—支点刀;6—框罩;
7—环状砝码;8—读数盘;9—支力销;10—折页;11—阻尼器;12—投影屏;
13—天平盘;14—盘托;15—螺旋脚;16—脚垫;17—升降旋钮

图10-2 半自动电光分析天平

点重合。标牌偏转一大格,相当于1 mg,偏转一小格,相当于0.1 mg。因此,这种天平常称为万分之一天平。

(四)机械加码装置

天平在出厂时,机械加码装置已经安装调整好了,只要按砝码的质量,分别小心地挂在各自的位置上就可以了。1 g以下的全部毫克砝码常制成环状挂式的;1 g以上的砝码摆放在砝码盒内,用时用镊子夹取放在天平盘上。悬挂的砝码,应仔细检查砝码的位置是否挂放准确,砝码和挂钩之间是否有摩擦情况。利用读数盘的旋转,可以将挂有砝码的钩放下和升起,根据读数盘所指示的数值,可以算出添加砝码的数值。

二、天平的性能

(一)零点

天平在不载重的情况下,处于平衡状态时指针的位置称为天平的零点。零点常有变动,所以每次称量前,都必须先测定天平的零点。

零点的测定及调整方法如下:天平两边都不加负载时开启天平,指针左右摆动,即投影屏上数字左右移动几次后停下来时,投影屏上的中线对准的刻度即为零点。该刻度直接指示出“毫克”数。零点可以用投影屏下的把手调节其左右位置,使中线正好对准标尺上的零点。如果零点偏离太大(±0.1 mg以上),则要调整平衡砣。

(二)平衡点

平衡点也叫“停点”。天平在载重的情况下,处于平衡状态时指针的位置称为平衡

点。平衡点的测定方法与零点的测定方法完全一样，只不过是在载重情况下进行的。

（三）天平的感量

在天平的任一盘上增加 1 mg 载重时，指针偏转的格数称为天平的灵敏度。显然，指针偏转的格数越多，则表示天平越灵敏。一般的阻尼天平，其灵敏度约为 2.5 格/mg。灵敏度太高，达到平衡时所需的时间较长，也容易受外界因素干扰，不便于称量；灵敏度太低，则 0.1～0.2 mg 的重物不容易称量准确。

灵敏度也常用感量（也称分度值）来表示：

$$感量=\frac{1}{灵敏度}$$

例如，分析天平的灵敏度为 2.5 格/mg，则其感量就是 0.4 mg/格，这类天平通常称为"万分之四"天平。"万分之一"天平的感量则是 0.1 mg/格。感量愈小，说明天平愈灵敏。天平的感量可因载重而略有降低，但不应降低太多，电光天平的感量应达到左盘加 10 mg 砝码时，投影屏微分标牌上的读数在 0.9～10.1 内。如果不在分度内就需要调修。在此范围内可直接读取投影屏微分标牌上的毫克数值。

（四）天平的不等臂性

不等臂性是指天平梁的左右两臂（中间玛瑙刀至两边玛瑙刀之间的距离）不相等的情况。天平梁的左右两臂应当恰好相等，但是在天平的装配过程中，由于种种原因，造成天平两臂的长度有一定的误差而影响称量结果的准确性。由于在实际工作过程中，经常使用同一台天平进行称量，所以这种误差有时可以相互抵消。

（五）天平的示值变动性

示值变动性是指在不改变天平状态的情况下，多次开关天平，每次天平达到平衡时指针所指位置（零点和/或停点）的重复性。重复性愈好，称量结果可靠程度愈高。

天平的感量、不等臂性和示值变动性是衡量天平质量好坏的三个重要指标。

三、天平的称量方法

（一）直接法

直接法就是将欲称量的物体直接放在天平上进行称量。例如称表面皿、称量瓶等器皿的质量，再把药品放入器皿后称量，两次称量之差即为药品的质量。

现以称一坩埚为例来说明称量方法。先测天平的零点得 10.8。把坩埚放在天平左盘的正中，右盘放砝码，微微旋动升降旋钮，当看到天平横梁明显向一边倾斜时，应立即将天平梁托住，增减砝码后再试。

砝码先从大的加起，例如用 20 g 的砝码，指针向左偏，表示砝码过重。托住天平横梁后，换 10 g 砝码。若太轻，可选中间值，即 15 g 再试。一直试到 15 g 嫌轻，16 g 时又过重，这时就转动机械加码装置读数盘，试毫克组砝码，同样以由大到小、中间截断的方法试之。转动读数盘时动作要轻，并且指示刻度数值的指针，不能指在两个数之间。还要检查加上的砝码与数字是否相符。在天平两边质量相差较大时不可将升降旋钮一下子全打开，否则容易使吊耳脱落，且易损坏玛瑙刀口，只要看出指针偏向哪一边就可以关上升降旋钮。每一次转动读数盘也要关上天平。当加减砝码到接近平衡，其差值在 10 mg 以内，指针摆动比较缓慢时,才可以轻轻地将升降旋钮全部打开。天平上的砝码为15 g,读数盘上加上砝码为320 mg,投影屏微分标牌上偏转4大格2小格,即4.2 mg,所以坩埚的质量为15.324 2 g(零点与停点重合)。

对于初学者或对被称物体质量心中无数时,应先在台式天平上进行粗称,然后在分析天平上进行称量,这样可以加快称量的速度,也减少了天平受损的机会。

(二)减量法

对于一些易吸湿或者易与空气作用而变质的物质,可以利用称量瓶来装试样,在天平上称其质量,然后取出称量瓶,打开瓶盖,用瓶盖轻轻敲打称量瓶,把所需的试样倒入容器,然后盖上称量瓶盖,再称其质量,两次质量之差即为样品质量。

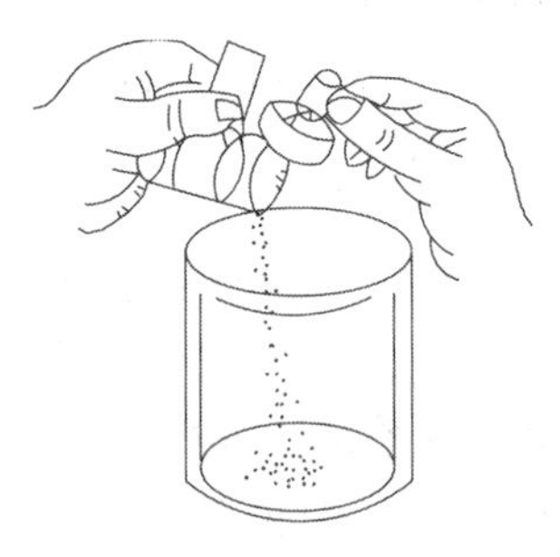
图10-3 减量法的操作

拿取称量瓶和瓶盖时,应用洁净的纸条围住(见图10-3),避免手指接触沾污称量瓶而造成误差。液体试样可装在小滴瓶内称量。

用减量法称量,在倒出试样时,尽量要一两次成功,避免多次反复或倒出过多。若倒出过多,只能弃去。用减量法称取多份样品较为方便。

四、天平的使用规则

(1)称量前应先做清洁工作,用小毛刷拂去天平盘上和天平箱内的灰尘。检查和调节天平状态,并检查和调节天平的零点。

(2)旋动升降旋钮要缓慢,不能使天平剧烈振动。取放物体、加减砝码或其他原因接触天平时,应先把天平梁托住,否则容易损坏刀口。这是天平使用规则中最重要的一条。称量时,应将天平门关好。

(3)热的或过冷的物体,在称量前应先在干燥器内放置至室温。具有腐蚀性或潮湿的物体应放在称量瓶或其他密封容器中进行称量。

(4)读数时,眼睛的位置应固定,使眼睛和升降旋钮的中央以及标尺的中间保持在一条直线上时,读数才容易准确。

(5)砝码只允许用专用镊子(带骨尖)夹取,绝不允许直接用手接触砝码,砝码只能放在砝码盒的固定位置里和称盘上,不允许放在其他任何地方。

每一架天平,只能使用本天平专用砝码。一套砝码,在合理工作时,一定够用。如发现不够用,应立即停止工作,仔细检查自己工作中的错误。

(6)进行同一项化验工作的所有称量工作,自始至终应使用同一架天平,如用两架或更多的天平,可能带来不必要的误差。

(7)所测得的称量数据,要立即记在专用化验记录本上,不允许用草稿纸或零星纸片随便记录,否则易丢失,数据无法补上,导致试验结果前功尽弃。

(8)称量完毕后,关闭天平。电光天平用完后,要将读数盘拨到“0”,并拔下电源插头。检查天平和砝码是否就绪,并用软毛刷(笔)将秤盘、天平内打扫干净,清理好天平台,罩上天平罩,填写天平使用记录本。

第五节　标准溶液的配制及滴定度

一、标准溶液的配制

标准溶液是已知准确浓度的溶液，它的浓度要求准确到四位有效数字。例如0.207 4 mol/L 的盐酸标准溶液，0.112 5 mol/L 的 $c_{1/2EDTA}$ 标准溶液。也可用滴定度来表示标准溶液的浓度。标准溶液的配制方法有直接法和标定法两种。

（一）直接法

准确称取一定量的纯物质，直接配制成准确体积的溶液，这样得到标准溶液的方法，称为直接法。能直接配制成标准溶液的物质称为基准物质。

基准物质应满足下列条件：

（1）纯度高，杂质的量少到可以忽略。

（2）易干燥，便于准确称量。

（3）稳定，不易吸水，不易被空气氧化。

（4）使用时合乎化学反应要求（便于计算），其摩尔质量尽量大些（可少称量些）。

一些常用的基准物质列于表10-3中。

表10-3　几种常用基准物质

基准物质		干燥后的组成	干燥温度（℃）	应用
名称	分子式			
碳酸氢钠	$NaHCO_3$	Na_2CO_3	270～300	标定酸
十水碳酸钠	$Na_2CO_3 \cdot 10H_2O$	Na_2CO_3	270～300	标定酸
邻苯二甲酸氢钾			110～120	标定碱
重铬酸钾	K_2CrO_7	K_2CrO_7	140～150	标定还原剂
草酸钠	$Na_2C_2O_4$	$Na_2C_2O_4$	130	标定氧化剂
氧化锌	ZnO	ZnO	900～1 000	标定 EDTA

（二）标定法

用来配制标准溶液的很多试剂并不符合基准物质的要求。例如，纯盐酸中的氯化氢易挥发，因此浓盐酸的浓度并不准确，又如氢氧化钠易吸收空气中的水分和二氧化碳，因此称得的质量不能代表纯净NaOH的质量。再如高锰酸钾不易提纯而易分解。因此，它们都不满足基准物质的条件，不能直接配制标准溶液。一般是先配制近似浓度的溶液，然后用基准物质或用另一种标准溶液来确定其准确浓度，这一操作称为标定。标定的方法有两种：

（1）用已有的标准溶液和待标定的溶液相互滴定，对它们的浓度加以比较。例如用已有的氢氧化钠标准溶液，滴定待标定的盐酸溶液，到达滴定终点时，两者物质的量相等，即 $c_A \cdot V_A = c_B \cdot V_B$，从两种溶液所用的体积和氢氧化钠标准溶液的浓度即可求出盐酸的准确浓度。

(2)用基准物质标定。准确称取一定量的基准物质,用待标定的溶液滴定它,到达滴定终点时,两者的物质的量相等,从而计算出待标定溶液的浓度。

二、滴定度

在水质分析中,用"滴定度"(T)来表示标准溶液的浓度比较简便实用。滴定度通常有两种方法:

(1)以配制标准溶液的物质表示滴定度,即每毫升标准溶液中所含标准物质的克数(或毫克数),以 T_S 表示。如 T_{HCl} = 0.010 00 g/mL,表示 1 mL 盐酸溶液中含 HCl 0.010 00 g。

(2)以被测物质表示的滴定度,即每毫升标准溶液相当于被测物质的克数(或毫克数),以 $T_{S/X}$ 表示,其中 S 表示标准溶液,X 表示被测物质。如 $T_{KMnO_4/Fe}$ = 0.005 834 g/mL,表示 1 mL $KMnO_4$ 标准溶液相当于 0.005 834 g 铁。

第六节　分析数据的处理

在水质分析工作中,分析结果是否准确可靠是至关重要的问题,错误的分析结果往往会造成严重的后果。因此,在测定时要实事求是地记录原始数据,在测定工作结束后,还要对测得的各项数据进行整理。如发现分析所得结论与实际情况不符,要以这些原始数据为根据仔细检查,找出错误的原因,而决不允许用改动原始数据的方法达到所谓的一致。

一、误差

(一)准确度与精密度

分析结果的准确度通常用误差来表示,它反映综合的误差大小的程度,误差愈小,表示分析结果愈接近真(实)数值。误差有两种表示方法,一种叫绝对误差,另一种叫相对误差。

$$绝对误差 = 测定值 - 真实值$$

例如,用天平称得某物质质量为 3.418 0 g,已知它的真实质量为 3.418 1 g,则其绝对误差 = 3.418 0 − 3.418 1 = −0.000 1(g)。绝对误差不能反映出这个差值在测定结果中所占的比例(严重性)。因此,在化验工作中,常用相对误差来表示分析结果的准确度。

绝对误差与真实值之比叫作相对误差。

$$相对误差 = \frac{绝对误差}{真实值} \times 100\%$$

在上述例子中,它的相对误差为

$$\frac{-0.000\,1}{3.418\,1} \times 100\% = -0.002\,9\%$$

又如某药剂称得其质量为 0.341 7 g,而已知它的真实值为 0.341 8 g,则它的绝对误差是 0.341 7 − 0.341 8 = −0.000 1(g)。

而它的相对误差为

$$\frac{-0.000\,1}{0.341\,8} \times 100\% = -0.029\%$$

本例称量的相对误差比上例足足大了9倍。所以，虽然两例称量的绝对误差相同，但从相对误差来看，上例的称量要比本例准确得多。因此，在计量时，通常多是对相对误差提出一定的要求。

因为测得的值可能大于或小于真实值，所以无论是绝对误差还是相对误差都有正负之分。

在化验中，真值是不知道的，一般是在同一条件下，平行测定几次，然后把几次分析结果的算术平均值当作真值。几次平行测定结果相互接近的程度，称为分析结果的精密度。精密度的高低用偏差来表示。偏差小就是精密度高，偏差也分绝对偏差和相对偏差。绝对偏差是某个分析结果与真值之差，相对偏差是绝对偏差在真值中所占的百分比。

（二）误差的来源

误差分为系统误差和偶然误差两大类。

1. 系统误差

系统误差是由于测定过程中某些经常性的原因所造成的，它对分析结果的影响比较固定。系统误差的来源主要有以下几个方面：

（1）方法误差。分析方法不够完善引起的误差。例如，质量分析中，沉淀有一定的溶解度；容量分析中，滴定时滴定终点不十分相符等引起的误差。

（2）仪器误差。仪器本身的缺陷或使用未经校正的仪器等引起的误差。例如，天平两臂不等长，滴定管等量器的真实值和标示值不完全一致等产生的误差。

（3）试剂误差。使用的试剂或蒸馏水含有杂质等造成的误差。

（4）人为误差。操作者个人的生理特点等引起的观测不准确性。例如，在滴定分析中，对指示剂颜色的变化反应迟钝等。

2. 偶然误差

偶然误差是在测定过程中，由于一些不固定的偶然性因素所造成的误差。

偶然误差产生的原因常常难以把握。它可能由气压、温度、湿度等因素的偶然波动引起，也可能由没有意识到的错误操作所引起。对于初学者来说，常因粗枝大叶不遵守操作规程所引起，时间长了养成习惯，会对分析结果带来严重影响。所以，严格按照操作规程认真操作是每一个化验员必须遵守的起码的工作纪律。

从误差产生原因来看，偶然误差影响分析结果的精密度，系统误差影响分析结果的正确性。而准确度是这两种误差的综合反映。工作中如能尽量减少偶然误差，则分析结果的偏差就小，精密度就高；如果系统误差较大，则分析结果的误差仍然较大。但系统误差是比较固定的，可以采取一些校正的办法加以消除。因此，化验员应该首先注意提高精密度，必要时采取一些校正办法找出系统误差的大小和正负，对测定的数据进行校正，使系统误差接近消除。

（三）误差的消除

消除系统误差的方法有以下几种：

（1）按规程正确使用仪器或对仪器进行校正。例如，对于同一个试验的所有称量工作，要使用同一台天平和同一盒砝码中尽可能相同的砝码（例如不要用2 g、2 g、1 g三只砝码代替5 g砝码，只用一个2 g砝码时用不带星号的那一种砝码等），则天平和砝码的误差可以大部分被消除。再如在标定标准溶液和滴定被测溶液时,尽量使用同一滴定管的相同起始间隔,这样,由滴定管刻度不准确所引起的误差也可以前后抵消。

(2)按规程正确进行化验工作。例如,标定标准溶液和滴定被测溶液时,使用同一指示剂,则指示剂的变色点与滴定终点不完全一致的误差就可以消除。条件可能的话,标定和测定应由同一化验员操作,这时,个人对终点掌握不同所引起的误差也可以消除。

(3)进行空白试验。所谓空白试验,就是在不加试样或用蒸馏水代替试样的情况下,按照与试样分析同样的操作手续和条件进行分析操作。这样得到的结果称为空白值,可以校正由于试剂或水的不纯等原因所引起的误差。

(4)进行对照试验。选用与试样成分相近的标准样品与试样在相同的条件下进行平行的分析操作,把标准样品的分析结果与它的真值加以比较,可以测出方法不准、试剂不纯等引起的系统误差,从而对试样的分析结果加以校正。标准样品可在试剂商店购买,也可向科研单位洽购。

对于偶然误差,可以用增加平行测定的次数,严格遵守操作规程,认真做好原始记录,细心审核计算等办法使它接近消除。

二、有效数字及运算规则

在化验工作中,需要记取很多读数,例如,滴定管读数 21.30 mL,阻尼天平指针的平衡点的读数 10.8……这些测量得到的数据,一般允许最后一位是估计的、不准确的,但也不是任意的。例如上面讲的滴定管的读数,化验员是在认为它比 21.29 mL 多些,比 21.31 mL少些,最接近 21.30 mL 的情况下记录的。这几个数字中,虽然最后一位数字是估计的,但是,它们都是有效的,所以称为有效数字。

仪器读数的有效数字位数由仪器的性能决定。例如分析天平可称准至 0.000 2 g,滴定管刻度准确至 0.01 mL 等。

从一个数左边的第一个非零数字开始,直到最后的数字,都称为这个数的有效数字。我们在书写不带误差的任意数字时,应保证由左起的第一个不为零的数起一直到最后一个数为止,都是有效数字。

例如:

1.000 8	43 181	为五位有效数字
0.100 0	10.98%	为四位有效数字
0.038 2	1.98×10^{-10}	为三位有效数字
54	0.004 0	为两位有效数字
0.05	2×10^{-5}	为一位有效数字
3 600	100	有效数字位数不定

由此可知,在左边第一个非零数字之前的所有零都不是有效数字,这些零仅仅是为了算出小数点的位置。但是,位于最后一个非零数字后面的那些零都是有效数字。

对于一个数来说,含有有效数字的个数称为这个数的准确度;而一个数的最后一个可靠数字相对于零的位置称为这个数的精确度。例如:

	0.023	230.40
有效数字	两位	五位
准确度	二位数字	五位数字
精确度	三位小数	两位小数

在数的运算中，一般地说两数相加或相减，应使它们有相等的准确度，即每一个数都保留相等位数的有效数字，计算结果也是如此。

近似运算中应注意以下几点：

(1)几个数相加或相减时，它们的和或差的有效数字保留的位数，应以小数点后位数最少的那个数字为依据。例如：

$$0.031\,2+23.34+2.503\,81$$

以精确度位数最少的23.34为依据，将其他数字按四舍五入的原则取到小数点后第二位，然后相加：

$$0.03+23.34+2.50=25.87$$

(2)在做乘除运算的时候，有效数字的位数取决于相对误差最大的那个数，或者有效数字位数最少的那个数。例如：

$$\frac{0.023\,4\times4.303\times71.07}{127.5}=0.056\,125\,9$$

计算结果应取0.056 1，即与0.023 4(有效数字位数最少的数)的位数相等。

但在运算过程中，每步运算的结果可比有效数字位数最少的那个数多保留一位。例如：

$$0.023\,4\times4.303=0.100\,690\,2$$

这时可取0.100 7(比0.023 4多一位有效数字)继续运算：

$$0.100\,7\times71.07=7.156\,749$$

这时可取7.157进行下一步运算：

$$7.157\div127.5=0.056\,133\cdots$$

结果应取(有效数字三位)0.056 1。

(3)在化验计算中，常常会碰到一些分数，例如某物质的量等于其分子量的1/2，或从250 mL试液中吸取25 mL，即吸出1/10。这里的“2”和“10”都可视为足够有效，即不能把它们是一位数或两位数作为判断计算结果的有效数字位数的依据。这一类数称为准确数。准确数可以在它的小数部分右边增添“0”，以增加它的有效数字的个数。

(4)若某一个数字的第一位有效数字大于或等于8，则有效数字的位数可多算一位，如8.37可看作四位有效数字。

第七节　水质分析方法介绍

水质分析属于分析化学的内容之一。分析化学的任务是，确定物质的化学成分、结构及其含量。分析化学包括结构分析、定性分析和定量分析等三方面的内容。对于锅炉用水的水质监督来说，水中杂质成分是已知的，只要求确定水中某些杂质的含量。

按照分析时所用的方法及原理的不同，定量分析可分类如下：

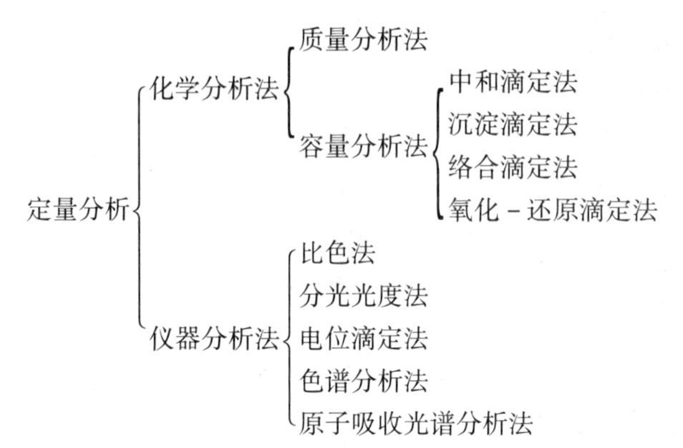

化学分析法是利用被测物质的某种化学性能,通过一定的化学反应来进行测定的方法。以沉淀反应为基础的质量法和以溶液反应为基础的容量法,都属于化学分析法。

仪器分析法是根据被测物质的某种物理或物理化学性质(如光学性质和电化学性质等),借助于专门的仪器来进行测定的方法。

在下面的章节中,将着重对常用的化学分析法中的重量分析法和容量分析法做详细介绍。

第八节　重量分析法

一、分析方法介绍

重量分析法,是使被测成分在一定条件下与试样中的其他成分分离,然后以某种固体物质形式进行称量,根据测得的重量来计算试样中被测组分的含量。

重量分析常用于试样中高含量或中等含量组分的测定,一般相对误差为0.1%~0.2%,测定的含量组分误差较大。此分析法手续繁杂,费时较长,所以只有在找不到合适的、快速的、简便的方法时才采用。

在重量分析中,使被测组分与其他组分分离时,一般采用气化法或沉淀法。

(一)气化法

气化法是借助于加热或蒸馏等方法,使被测成分气化或固化,然后根据挥发失去的重量或蒸馏残留固体的重量,来计算被测组分的含量。例如,水质分析中全固形物和溶解固形物等的测定属于此法。

(二)沉淀法

沉淀法在重量分析中用的比较广泛。它是在一定的试样溶液中,加入稍过量的沉淀剂,使试样中被测组分形成难溶化合物沉淀析出,经过过滤、洗涤、烘干(或灼烧)和称量等步骤,然后根据称得的重量来计算试样中该组分的含量。例如,水质分析中的悬浮物、硫酸盐和含油量的测定。

二、重量分析的基本操作

(一)沉淀的生成

沉淀的生成是重量分析中的关键一步,沉淀不好,后面的操作就失去意义,分析结果也没有保证。

为使沉淀反应进行完全,沉淀剂的用量通常比理论计算量要过量20% ~50%,这是由于同离子效应,被测组分可以沉淀得更完全些。但是不能过量太多,否则会使沉淀物的溶解度增大,这种现象称为盐效应。

沉淀剂应沿着清洁的玻璃棒缓缓加入试样溶液中,并且根据不同的要求进行搅拌、加热。对于晶形沉淀,沉淀剂要缓慢加入,沉淀生成后要放置一段时间(称为陈化),这样能生成颗粒粗大的晶体,沉淀既纯净,又易于过滤和洗涤;对于非晶形沉淀,沉淀剂要加得快些,沉淀生成后立即进行过滤。

沉淀反应是否进行完全,可用下法检查:将溶液放置片刻,待沉淀下沉后用洁净的滴管滴加1 ~2滴沉淀剂于上层溶液中,如果在沉淀剂滴落处不再出现浑浊,就表示沉淀已经完全,于是可以进行下一步操作。

(二)沉淀的过滤和洗涤

过滤是将溶液中的沉淀分离出来的一种操作。在过滤操作中,滤纸和漏斗是经常用的物品。滤纸分为定性滤纸和定量滤纸。在重量分析中使用的是定量滤纸。定量滤纸由于经过盐酸和氢氟酸处理,灼烧后灰分极少,其重量一般可忽略不计,所以也叫无灰滤纸。在滤纸盒的封面上都注有每张滤纸灰分的平均重量。滤纸因紧密程度不同,分为快速、中速和慢速三种。使用时,要根据沉淀性质的不同来选用合适的滤纸。

沉淀的过滤常用60°的长颈漏斗,滤纸直径应和漏斗相配,一般将滤纸放入漏斗后,滤纸的边缘要比漏斗的边缘低5 ~10 mm。

折叠滤纸时,先将滤纸沿直径对折,注意不要过分按压滤纸的中心。以防几次折叠后形成小孔穿漏。在第二次对折时,应先用漏斗试一下,使滤纸锥形恰好和漏斗贴合。滤纸折好后,应在三层厚的滤纸侧的折角处撕去一只小角(此小块滤纸可留作擦拭烧杯中残留的沉淀用),使滤纸和漏斗贴合紧密(见图10-4)。

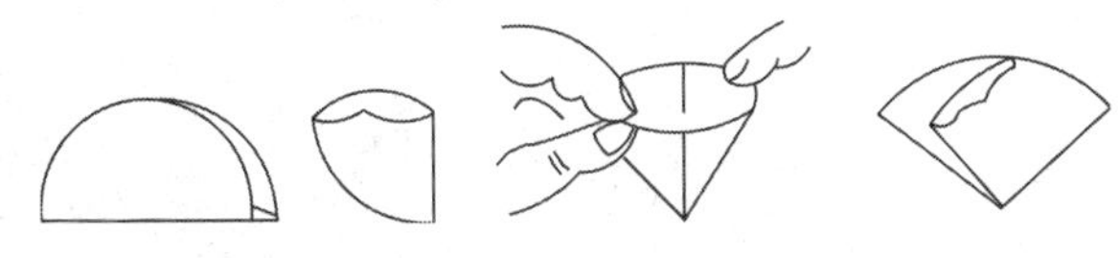

图10-4 滤纸的折叠方法

折好的滤纸放入漏斗后,可用手指向漏斗颈部轻轻地压紧,然后放入少许蒸馏水湿润滤纸,并用洁净的玻璃棒赶出滤纸和漏斗壁之间的气泡,使滤纸紧贴在漏斗上,这时如加水到漏斗中,漏斗颈内全部充满水而形成水柱。只有这样,在进行过滤时才能利用漏斗颈内液柱下坠的重力作用,来加速过滤。若不能形成水柱,可以用手堵住漏斗下口,稍稍掀起滤纸一边,用洗瓶向滤纸和漏斗之间的空隙处加水,至漏斗颈内充满水后,再压紧滤纸边,这时松开手指看是否能形成水柱,如还不能形成水柱,则可能是漏斗颈太大,应考虑更换漏斗。

进行过滤时,漏斗应放在漏斗架上。盛接滤液的烧杯,其内壁应与漏斗颈末段较长的一侧相贴。玻璃棒的下端应尽量靠近滤纸折成三层的一边。为了避免沉淀物堵塞滤纸的空隙而影响过滤速度,通常采用倾泻法来进行过滤操作。倾泻法就是待烧杯中的沉淀下沉后,首先将沉淀上部的液体(上清液)沿着玻璃棒小心地倾入漏斗,尽可能使沉淀留在烧杯内,直至清液倾注完毕后,开始洗涤沉淀,而不是一开始就将沉淀和溶液搅混后进行过滤(见图10-5)。

在过滤过程中,玻璃棒应随着漏斗中的液面的升高而逐渐升高,不要触及液面。当液面到达滤纸边缘下面5 mm左右时,应该暂停倾泻,决不允许溶液充满滤纸,甚至超过滤纸的边缘,而造成沉淀流失。停止倾泻时,应把烧杯嘴沿玻璃棒上提,然后扶正烧杯,将玻璃棒放入烧杯内,防止清液和其中的沉淀以及玻璃棒上的沉淀散失。

用倾泻法过滤,在开始时应认真观察滤液是否澄清,若发现带有沉淀微粒或浑浊时,应认真分析其产生的原因,并重新进行过滤,直到滤液澄清为止。倾泻清液的工作最好一次完成,如果暂停,要待烧杯中沉淀下沉后,再继续进行。

为了防止沉淀穿透滤纸并增加滤速,有时可取一小块清洁滤纸,加少量水,捣碎成滤纸浆加在沉淀里,搅拌均匀,沉淀被滤纸纤维吸附,并变得疏松一些,过滤效果就好些。

对于不需高温灼烧的沉淀或在高温时能被由滤纸分解而生成的碳还原的沉淀,不能用滤纸过滤,要用玻璃过滤器或用铺有酸洗石棉层作为过滤材料的布氏漏斗进行过滤。过滤时,可以将洗涤干净的过滤器安装在具有橡皮孔塞的抽滤瓶上,连接抽气装置(如水力抽力器或电动真空泵等),进行减压过滤(见图10-6)。

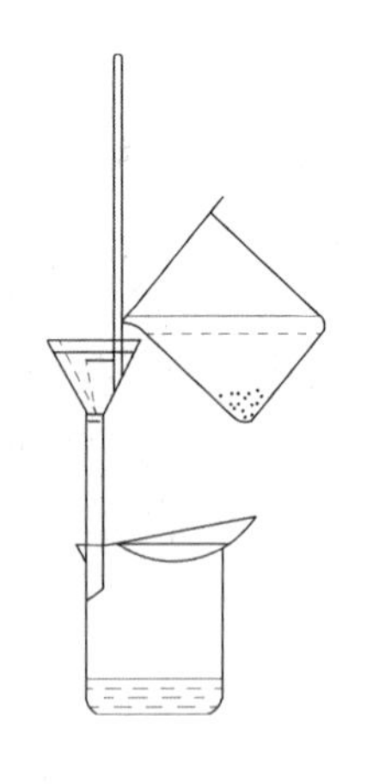

图10-5 倾泻法过滤

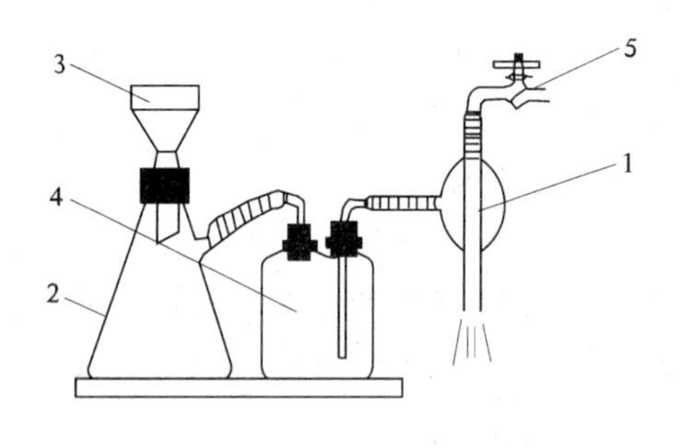

1—水力抽气器;2—吸滤瓶;3—玻璃过滤器或古氏坩埚;4—安全瓶;5—自来水阀门

图10-6 减压过滤装置倾泻法过滤

过滤和洗涤的操作是同步进行的。用纯水洗涤沉淀,沉淀的损失太大,所以常用加有少量沉淀剂的水作洗涤液。

洗涤沉淀时,先用适量的洗涤液将附着在烧杯内壁的沉淀冲至烧杯的底部,充分搅和,洗涤,放置澄清后,用倾泻法进行过滤,每次将清液尽量倾出。然后加洗涤液至烧杯中,如此洗涤3~4次后,加入少量的洗涤液,将沉淀搅拌并立即将沉淀和洗涤液一起沿着玻璃棒倾入漏斗中,对于烧杯中剩余的沉淀,可以将烧杯口倾斜向下抵住玻璃棒,用洗瓶中的洗涤液多次冲洗,使残留的沉淀全部转移到滤纸上(见图10-7)。假如还有少量牢固

黏着的沉淀,则可用折叠滤纸时撕下的小角来将黏附的沉淀擦下,一并放入漏斗中。必要时还可用沉淀帚来擦洗烧杯上的沉淀,然后洗净沉淀帚。沉淀帚是用玻璃棒套上扫帚形的橡皮帽制成的(见图 10-8)。

沉淀全部转移到滤纸上之后,应该进一步对沉淀进行洗涤。这时,要从滤纸边缘开始,旋转着往下洗涤(见图 10-9)。这样做既有利于沉淀的洗涤,也可以使沉淀集中到滤纸中心,有利于沉淀的包裹。

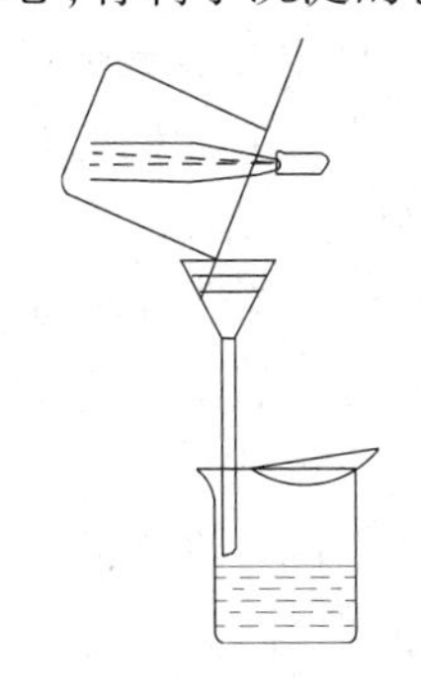

图 10-7　转移沉淀的操作

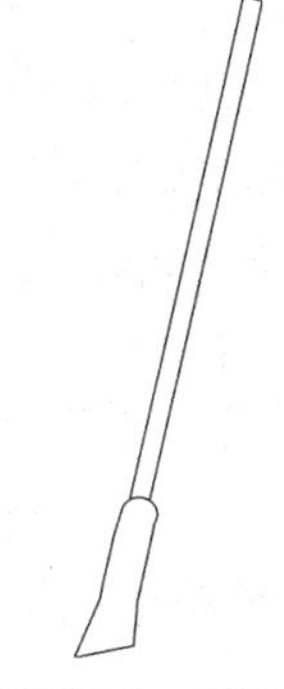

图 10-8　沉淀帚

图 10-9　在滤纸上洗涤沉淀的操作

洗涤沉淀必须遵循“少量多次”的原则,即每次用少量的洗涤液,多洗几次,每次洗涤后尽量沥干。一般情况下,洗涤 8 ~ 10 次就可洗涤干净。沉淀的洗净与否,通过检查最后流出的滤液中是否还有母液中的某种离子便可以断定。

(三)沉淀的烘干和灼烧

烘干和灼烧的目的都是去除沉淀中的水分与挥发分,使沉淀成为组成固定的称量形式。

1. 沉淀的烘干

利用玻璃过滤器或布氏漏斗过滤得到的沉淀,通常只需要烘干。

烘干的方法是将玻璃过滤器的外面用滤纸擦干,放在洁净的表面皿上,然后放入电热鼓风干燥箱内烘干。水质分析采用 101 型电热鼓风干燥箱即可。

干燥的温度通常控制在 200 ℃以下,具体温度应该根据沉淀的性质来确定。第一次烘干的时间约为 2 h,移入干燥器冷至室温后称量。第二次再烘干时间为 45 min 至1 h,再冷却称量。沉淀必须反复烘干至恒重,即连续两次称量。称得质量相差不超过 0.000 2 g,就可以认为沉淀中水分和挥发分确已除尽。

2. 沉淀的灼烧

需要灼烧的沉淀一般在超过 800 ℃的温度下灼烧,常用瓷坩埚来盛放沉淀。因为样品的测定往往是平行进行的,所以坩埚可用蓝墨水编上记号,并在灼烧沉淀的温度下灼烧至恒重。

灼烧的操作过程:将洗涤干净的沉淀连同滤纸从漏斗中取出,折叠成纸包放入坩埚内。然后在火焰下或电炉中进行干燥或当加热至不冒烟时,焦化即为完全。之后,可以在高温炉中灼烧沉淀。沉淀应该灼烧两次,第一次灼烧 30 ~ 45 min,第二次灼烧 15 ~ 20 min,直至恒重。

第九节　容量分析法

容量分析法是将标准溶液滴加到被测物质溶液中去(这个过程称为滴定),让标准溶液与被测物质恰好反应完全(称为理论终点),然后根据试剂的浓度和耗用体积的量来计算被测物质的量。容量分析也称为滴定分析。

在容量分析中,理论终点是根据指示剂的颜色变化来确定的,另外也可以根据溶液的物理化学性质的变化用仪器仪表来指示。在滴定过程中,指示剂颜色发生变化的转折点称为滴定终点。滴定终点与理论终点不一定恰好相符合,由此引起的误差,称为滴定误差。滴定误差不超过半滴(0.02 mL)的指示剂才可以选用。容量分析法常用于测定试样中高含量及中含量的组分,及被测组分含量大于1%的物质。在一般情况下,测定的相对误差在0.2%左右。

根据所利用的反应的不同,容量分析法可以分为酸碱滴定、沉淀滴定、络合滴定和氧化-还原滴定等方法。用于容量分析的化学反应必须能定量地迅速完成,并由简便方法可以确定反应的理论终点。

容量分析法与重量分析法相比,方法简便、快速,它不仅应用范围广,分析结果准确,而且使用仪器比较简单。在容量分析中经常使用的仪器有滴定管、移液管和容量瓶。

一、滴定管的使用

滴定管是准确测量流出液体积的仪器,它有碱式和酸式之分。

(一)碱式滴定管

碱式滴定管的下端有一小段橡皮管把滴头与管身连接起来,橡皮管内放一粒稍大于橡皮管内径的玻璃球,其大小以刚好堵住管中的液体不漏出为度。当有漏水现象时,可以调换橡皮管和玻璃球。凡能与橡皮管作用的物质(如高锰酸钾、碘、硝酸银等溶液),不能使用碱式滴定管。

(二)酸式滴定管

酸式滴定管下端带有旋塞。酸式滴定管使用较为广泛,但不能用来盛放碱性溶液,因为碱性溶液会腐蚀玻璃旋塞而造成黏结,使滴定管无法使用。旋塞不许相互调换,使用前应洗涤干净,将旋塞和塞体内壁擦干,然后用手指蘸少许凡士林,分别在塞体内壁和旋塞表面薄薄地涂一层。

为了避免旋塞小孔被凡士林堵塞,凡士林只需涂在塞体小口一段内壁及旋塞大头一段的表面。凡士林不能涂得过多,也不要涂在旋塞中段,以免堵住旋塞孔。把涂好凡士林的旋塞插入塞体内后,向一个方向转动旋塞,注意观察旋塞和塞体接触处是否呈透明状态。如发现转动不灵活或旋塞上出现纹路,表示凡士林涂得不够;假如凡士林从旋塞内挤出或旋塞被堵,表示凡士林涂得过多。遇到上述情况应将旋塞拔出,将旋塞和塞体擦干净以后,重新涂抹凡士林,再按上法试验,符合要求后,用橡皮圈将旋塞缠好,与塞体相连,以防旋塞脱落打碎。接着检查是否漏水,先将旋塞关闭,在滴定管内充满水,擦干管外壁的水珠,然后夹在滴定管架上,放置数分钟,观察管下口及旋塞两端是否有水漏出。无漏水

现象出现的话，再将旋塞旋转 180°，再放置数分钟，观察是否有渗漏现象。若亦无漏水现象，且旋塞转动灵活，则表示即可使用。否则，应重新处理，直至符合要求。

（三）滴定管的注药

滴定管在使用前，应洗涤干净，并用待装的标准溶液洗涤 2 ~ 3 次，以免装入的标准溶液被稀释。每次用 5 ~ 10 mL 的溶液，洗涤时双手横持滴定管并缓慢转动，使标准溶液洗遍全管内壁，然后从滴定管下端放出，冲洗出口。

装标准溶液时，应从盛标准溶液的容器内把标准溶液直接倒入滴定管中，尽量不用小烧杯或漏斗等其他容器转移，以免浓度改变或被沾污。

装好标准溶液后，要将滴定管下段出口处的气泡赶出。对酸式滴定管可以迅速转动旋塞，使溶液很快冲出，将气泡赶走。对碱式滴定管，应一手持滴定管呈倾斜状态，另一手捏住玻璃球上部附近的橡皮管，并使出口向上翘，在溶液冲出管时，将气泡带出。

气泡赶尽后，调整液面至 0.00 mL 或一定的刻度处。

（四）滴定管的读数

滴定管的读数是否正确，对于分析的准确性有很大关系，读数不准确往往是容量分析误差的重要来源。读数时应将滴定管垂直地夹在滴定管台架上，或用两手指拿住滴定管的上端，使其与地面垂直，待管内液面稳定后进行。眼睛的视线应与液面处于同一水平线上，读数时应读取与弯月面下圆相切之点的数值，眼睛位置的高低对于读数有一定的影响。

对于有色溶液，由于弯月面不太清晰，读数时可取液面两侧最高点的数值。带蓝线的滴定管，装盛无色或浅色溶液时，可见到有两个弯月面相交于滴定管蓝线上的某一点（见图 10-10），读数时，视线应与此点在同一水平线上。如为有色溶液，则应该读取视线与液面两侧最高处相切那一点的数值。

滴定管的读数，应读准至小数点后面两位小数。对于初学者，可以用一小条白纸围在滴定管外，距弯月面下缘一小格的地方，来帮助校正眼睛的位置。当看到的纸条前面与后面的边缘相重合时，表示眼睛与弯月面处于水平位置。也可以在滴定管后放一张白纸或涂有黑色块的白纸，以利观察（见图 10-11）。

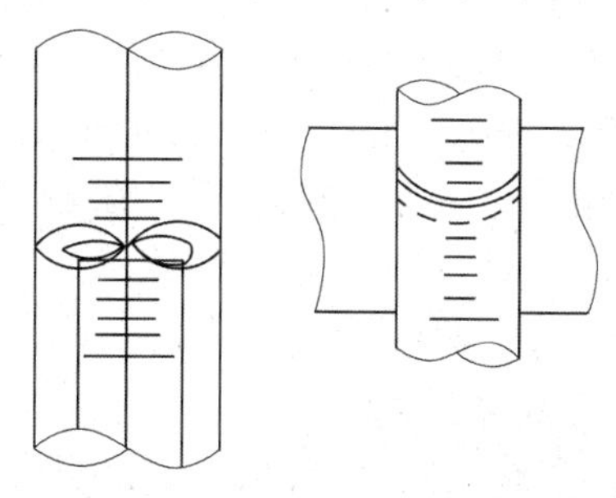

图 10-10　蓝线滴定管读数示意

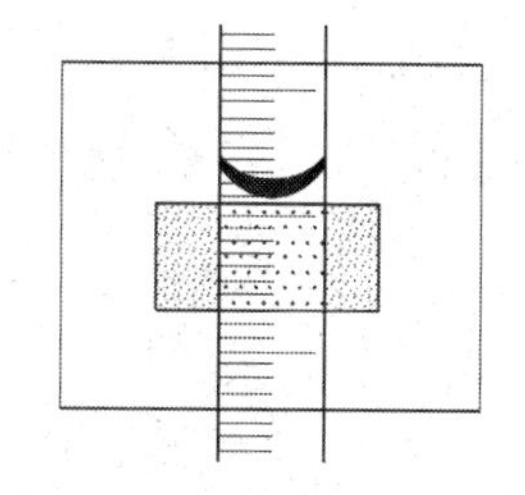

图 10-11　用纸帮助读数的方法

二、移液管的使用

移液管使用前应洗净，用滤纸将管口尖端内外的水吸净并用待移取的溶液洗涤三次，以除去残留在管壁上的水分。

吸取溶液最好用橡皮洗耳球。用嘴吸取时,操作不熟练的化验员,容易将溶液吸入口中,口中的唾液也易流入移液管内,既不安全,也影响溶液的纯度。

在进行移液操作时,用右手拇指和中指拿住移液管的上端,将移液管插入待吸溶液的液面下约1 cm处(在吸取的过程中,勿使移液管下端离开液面),左手拿洗耳球,排出球中空气,将洗耳球口对准移液管上口,按紧勿使漏气,然后轻轻地逐渐放松洗耳球,使溶液从移液管下端徐徐上升,待吸入的溶液超过移液管标线2~3 cm时,迅速移去移液管,用右手食指按紧移液管上口(食指上不宜沾上水,否则难以调整液面),将移液管提离液面,使出口尖端靠容量瓶的内壁,轻轻转动拇指和中指,减轻食指的压力,使溶液缓缓降至液面与刻度线相切的位置时,立即以食指按紧移液管上口,使液体不再流出,必要时,用滤纸吸去移液管外沾附的溶液。将移液管垂直放入接受溶液的容器中,管尖与容器壁接触,容器稍倾斜,松开食指,让溶液自由顺壁流下(见图10-12)。流完后,再等15 s左右,取出移液管,留在管口的少量液体除了在移液管上注有最后一滴吹出的标记外,一般都不能吹入容器内,因为移液管的容积是根据自由流出液体的量而定的。

三、容量瓶的使用

容量瓶在使用前应检查是否漏水。方法是加水至标线附近,塞紧瓶塞,一手按住瓶塞,另一只手指尖推住瓶底边缘,将瓶倒立2 min,检查是否渗漏。经过检查的容量瓶用细绳将瓶塞系在瓶颈上,以免日久搞错。现在市售的容量瓶有用塑料瓶塞的,一般不漏水。

固体物质一般不能直接在容量瓶中溶解,而是使固体物质先在烧杯中用少量水溶解,必要时可加热使其溶解。液体物质也可以放在烧杯中加少量水混合均匀,然后移入容量瓶。只有溶解时没有明显放热现象的物质,才可以在容量瓶中溶解。将溶液移入容量瓶时,应用一根洁净的玻璃棒插入容量瓶内,玻璃棒的下端靠近瓶颈内壁,不宜太近瓶口,以免有溶液移出。烧杯嘴紧靠玻璃棒,使溶液沿着玻璃棒缓缓流入容量瓶中(见图10-13)。

烧杯中溶液流完后,可将烧杯沿玻璃棒稍向上提,同时将烧杯直立,使附着在烧杯嘴上的一滴溶液流回烧杯中,然后用少量蒸馏水冲洗烧杯2~3次。洗涤液用同样方法移入容量瓶中。溶液和洗涤液的总量不要超过容量瓶体积的2/3。然后加蒸馏水至接近标线处,盖好瓶塞,如图10-14所示,一手按住瓶塞,另一只手指尖顶住瓶底边缘,将容量瓶轻轻振荡,过1~2 min,待附着在颈壁上的水流下,液面上的小气泡消失后,再用滴管逐渐加水,直至液面恰好与标线相切。然后按上法反复倒置,并用力摇数次,使溶液充分混合均匀。

四、滴定操作技术

滴定操作中,应将滴定管夹在滴定管架上。使用酸式滴定管时,用左手控制旋塞,拇指在前,中指和食指在后,轻轻捏住旋塞柄,无名指和小拇指向手心弯曲,形成握空拳的样子。

切忌用右手转动旋塞,这样既不易控制溶液流出的速度,不慎时还容易将旋塞拉出而影响测定。用左手转动旋塞的过程中,可用拇指和食指将旋塞向手心轻轻用力压,并注意勿使手心顶着旋塞,以防旋塞被顶松而造成渗漏。

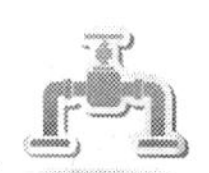

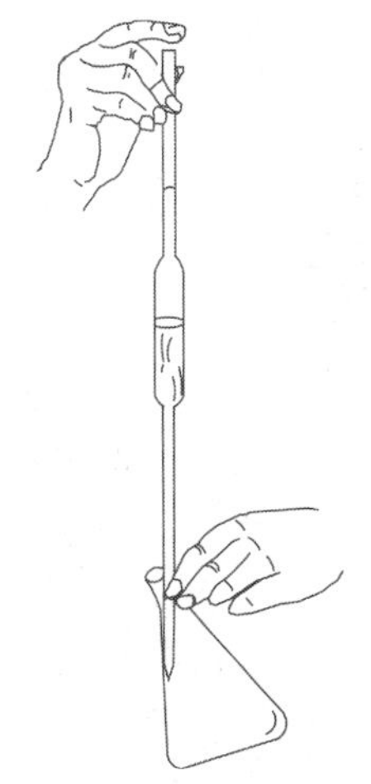

图 10-12　移取溶液操作

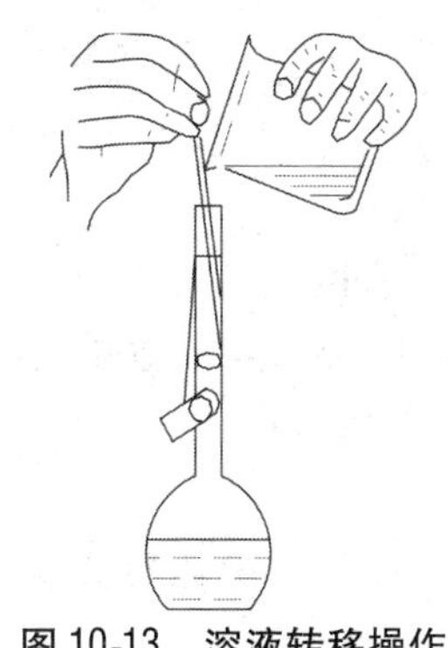

图 10-13　溶液转移操作

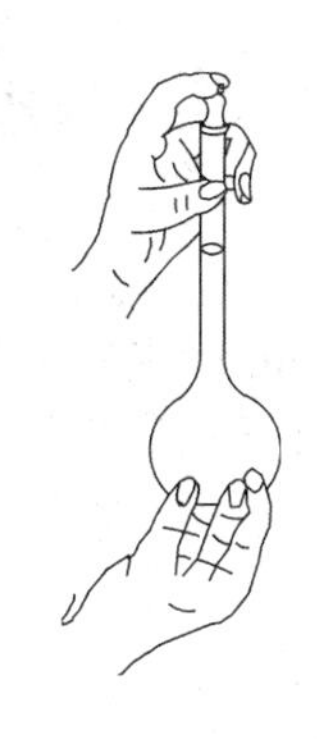

图 10-14　溶液混匀操作

使用碱式滴定管时，应用左手拇指和食指捏玻璃珠中上部近旁的橡皮管来控制流速，如果手指捏的位置不当(例如挤捏玻璃珠的下方)，这样在松手后，会在玻璃珠的下面形成气泡，而影响滴定的准确度。

滴定中，被滴定的溶液通常置于三角瓶中，用右手握住三角烧瓶的颈部，随滴随摇荡，让溶液顺着同一方向作圆周运动，使用烧杯盛被滴定溶液时，可用右手握玻璃杯，并不时搅拌，使烧杯内溶液混合均匀。

滴定中，滴定管的出口尖端可以置于三角烧瓶的瓶口内，但不要与瓶壁接触，也可以使其尖端与三角烧瓶的瓶口间保持 2 ~ 3 mm 的距离。但这个距离不宜太大，否则，标准溶液容易滴出瓶外。

滴定开始时，滴定速度以每分钟 10 mL 左右为宜(一滴接一滴但不成流水状)。在离滴定终点较远时，滴落点颜色无显著变化。随着滴定的进行，滴落点的颜色会出现短暂的变化，但旋即消失。在临近终点时，颜色可扩散至大部分溶液，不过经过摇荡，还会消失。从这时开始，就应该滴一滴，摇几下，并用洗瓶射出的少量蒸馏水冲洗三角烧瓶内壁，以洗下因摇动而溅附的溶液。然后半滴半滴地滴加，直至终点。半滴的加法是将滴定管旋塞稍稍转动，使有半滴溶液悬于管口，用三角烧瓶的内壁轻触管口(使用烧杯的滴定操作中，可用玻璃棒与管口相接触)，然后用蒸馏水冲下。

为了获得准确的结果，滴定每份试样耗用标准溶液的量不应超过所用滴定管的最大容量，但也不应太少。因为在前一种情况下，滴定一个样品须装两次标准溶液，既费时、费事，又增加引起误差的机会；在后一种情况下，读数误差所占的百分比将大为增加。例如一般读数误差为 0.02 mL，当滴定用于 20 mL 标准溶液时，读数误差所占的百分比为

$$\frac{0.02}{20}\times 100\% = 0.1\%$$

若用标准溶液为 10 mL，则读数误差所占的百分比为 0.2%。因此，每次滴定所耗用的标准溶液以 20 ~ 30 mL 为宜。每次滴定前，都应将液面调节至刻度“0”处或稍下一些位置，这样可以使每次滴定所用的体积差不多在滴定管刻度的同一间隔内，从而减小由于滴定管刻度不均匀、不准确而引起的误差。

第十一章 水质分析方法

锅炉用水的水质监督,就是按照水质标准的要求,用化学分析的方法,对锅炉用水及蒸汽质量进行化学监督。水质分析是衡量水处理效果,保证锅炉安全运行的重要手段。本章主要介绍锅炉水处理常用的水质分析方法。

第一节 一般规定

(1)本方法供工业锅炉房进行水质分析时使用。各单位可根据本方法和化学分析的具体要求,结合具体条件选用。

(2)对使用试剂的要求。本方法若无特殊指明均用试剂级别在分析纯(含化学纯)以上,当试剂级别不合要求时,应采用较高级别的试剂。

试剂的加入:本方法中,试剂的加入量如以滴数来表示,均应按每20滴相当于1 mL计算。

(3)仪器的校正。为了保证分析结果的准确性,应对分析天平、砝码及其他精密仪器定期(1~2年)进行校正,分光光度计等分析仪器应根据说明书进行校正,对滴定管、移液管、容量瓶等可根据试验的要求进行校正。

(4)空白试验。空白试验有下列两种:

在一般测定中,为提高分析结果的准确性,以试剂水代替水样,用测定水样的方法和步骤进行测定,其测定值称为空白值,然后对水样测定结果进行空白值校正。

在痕量成分比色分析中,为校正试剂水中待测成分含量,需要进行单倍试剂和双倍试剂的空白试验。单倍试剂的空白试验与一般空白试验相同。双倍试剂的空白试验的试剂加入量为测定水样所用试剂量的2倍。测定方法和步骤均与测定水样相同。根据单、双倍试剂的空白试验结果,求出试剂水中待测成分含量,对水样测定结果进行空白值校正。

(5)对试剂水的要求。本方法中的试剂水是指用来配制试剂和做空白试验用的水,如蒸馏水、除盐水、高纯水等。对试剂水的质量要求规定如下:

蒸馏水的电导率小于0.000 05~0.000 2 S/cm(25 ℃)。

除盐水的电导率小于0.000 01~0.000 1 S/cm(25 ℃)。

(6)蒸发浓缩。当溶液的浓度较低时,可先取一定量的溶液在低温电炉上或加热板上进行蒸发,浓缩至体积较小后,再移于水浴锅上进行蒸发。在蒸发过程中应注意防尘和爆沸。

(7)干燥器。干燥器内一般用氯化钙或变色硅胶做干燥剂。当氯化钙干燥剂表面有潮湿现象或变色硅胶颜色变红时,表明干燥剂失效,应进行更换。

(8)恒重。水质标准中规定的恒重是指在灼烧(烘干)和冷却条件相同的情况下,连续两次称量之差不大于0.4 mg,如方法中另有规定者不在此限。

（9）表示测定结果的单位。表示测定结果的单位应根据法定计量单位的规定。

（10）有效数字。分析工作中的有效数字是指该分析方法实际能精确测定的数字，因此分析结果应正确地使用有效数字来表示。

（11）本方法主要参照的分析项目、代表符号以及使用单位汇于表 11-1 中。

表 11-1　水质分析项目、代表符号及使用单位

项目	符号	中文单位	单位符号
浊度	TUTB		FTU
溶解固形物	*RG*	毫克/升	mg/L
电导率	*S*	西/厘米	S/cm
电导	*DD*	西	S
pH 值	pH	—	—
钙	Ca^{2+}	毫克/升	mg/L
硬度	*YD*	毫摩尔/升[1]	mmol/L
镁	Mg^{2+}	毫克/升	mg/L
氯化物	Cl^-	毫克/升	mg/L
碱度	*JD*	毫摩尔/升[2]	mmol/L
亚硫酸盐	SO_3^{2-}	毫克/升	mg/L
磷酸盐	PO_4^{3-}	毫克/升	mg/L
溶解氧	O_2	毫克/升	mg/L
化学耗氧量	COD	毫克/升	mg/L
油	*Y*	毫克/升	mg/L

注：1. *YD* mmol/L（1/2 Ca^{2+}，1/2 Mg^{2+}）。

2. *JD* mmol/L（HCO_3^-，1/2 CO_3^{2-}，OH^-）。

第二节　浊度的测定（浊度仪法）

一、概要

本测定方法是根据光透过被测水样的强度，以福马肼标准悬浊液作标准溶液，采用浊度仪来测定。

二、仪器

（1）浊度仪。

（2）滤膜过滤器，装配孔径为 0.15 μm 的微孔滤膜。

三、试剂及配制

（一）无浊度水的制备

将分析实验室用水二级水（符合 GB/T 6682 的规定）以 3 mL/min 流速，经孔径为

0.15 μm的微孔滤膜过滤,弃去最初滤出的200 mL滤液,必要时重复过滤一次。此过滤水即为无浊度水,需贮存于清洁的、用无浊度水冲洗过的玻璃瓶中。

(二)浊度为400 FTU福马肼贮备标准溶液的制备

(1)硫酸联氨溶液:称取1.000 g硫酸联氨[$N_2H_4 \cdot H_2SO_4$],用少量无浊度水溶解,移入100 mL容量瓶中,再用无浊度水稀释至刻度,摇匀。

(2)六次甲基四胺溶液:称取10.000 g六次甲基四胺[$(CH_2)_6N_4$],用少量无浊度水溶解,移入100 mL容量瓶中,再用无浊度水稀释至刻度,摇匀。

(3)浊度为400 FTU的福马肼贮备标准溶液:用移液管分别准确吸取硫酸联氨溶液和六次甲基四胺溶液各5 mL,注入100 mL容量瓶中,摇匀后在25 ℃ ±3 ℃下静置24 h,然后用无浊度水稀释至刻度,并充分摇匀。此福马肼贮备标准溶液在30 ℃下保存,1周内使用有效。

(三)浊度为200 FTU福马肼工作液的制备

用移液管准确吸取浊度为400 FTU的福马肼贮备标准溶液50 mL移入100 mL容量瓶中,用无浊度水稀释至刻度,摇匀备用。此浊度福马肼工作液有效期不超过48 h。

四、测定方法

(一)仪器校正

1.调零

用无浊度水冲洗试样瓶3次,再将无浊度水倒入试样瓶内至刻度线,然后擦净瓶外壁的水迹和指印,置于仪器试样座内。旋转试样瓶的位置,使试样瓶的记号线对准试样座上的定位线,然后盖上遮光盖,待仪器显示稳定后,调节"零位"旋钮,使浊度显示为零。

2.校正

(1)福马肼标准浊度溶液的配制:按表11-2用移液管准确吸取浊度为200 FTU的福马肼工作液(吸取量按被测水样浊度选取),注入100 mL容量瓶中,用无浊度水稀释至刻度,充分摇匀后使用。福马肼标准浊度溶液不稳定,应使用时配制,有效期不应超过2 h。

表11-2 配制福马肼标准浊度溶液吸取200 FTU福马肼工作液的量

200 FTU福马肼工作液吸取量(mL)	0	2.5	5.0	10.0	20.0	35.0	50.0
被测水样浊度(FTU)	0	5.0	10.0	20.0	40.0	70.0	100.0

(2)校正:用上述配制的福马肼标准浊度溶液,冲洗试样瓶3次后,再将标准浊度溶液倒入试样瓶内,擦净瓶外壁的水迹和指印后置于试样座内,并使试样瓶的记号线对准试样座上的定位线,盖上遮光盖,待仪器显示稳定后,调节"校正"旋钮,使浊度显示为标准浊度溶液的浊度值。

(二)水样的测定

取充分摇匀的水样冲洗试样瓶3次,再将水样倒入试样瓶内至刻度线,擦净瓶外壁的水迹和指印后置于试样座内,旋转试样瓶的位置,使试样瓶的记号线对准试样座上的定位线,然后盖上遮光盖,待仪器显示稳定后,直接在浊度仪上读数。

五、注意事项

(1)试样瓶表面清洁度和水样中的气泡对测定结果影响较大。测定时将水样倒入试样瓶后,可先用滤纸小心地吸去瓶体外表面水滴,再用擦镜纸或擦镜软布将试样瓶外表面擦拭干净,避免试样瓶表面产生划痕。仔细观察试样瓶中的水样,待气泡完全消失后方可进行测定。

(2)不同的水样,如果浊度相差较大,测定时应当重新进行校正。

六、允许差

浊度测定的允许差见表 11-3。

表 11-3　浊度测定的允许差

浊度范围(FTU)	允许差(FTU)
1 ~ 10	1
10 ~ 100	5

第三节　溶解固形物的测定(质量法)

一、概要

(1)溶解固形物是指已被分离悬浮固形物后的滤液经蒸发干燥所得的残渣。

(2)测定溶解固形物有三种方法:第一种方法适用于碱度较低的一般水样;第二种方法适用于全碱度≥4 mmol/L 的水样;第三种方法适用于含有大量吸湿性很强的固体物质(如氯化钙、氯化镁、硝酸钙、硝酸镁等)的水样。

二、仪器

(1)水浴锅或 400 mL 烧杯。

(2)100 ~ 200 mL 瓷蒸发皿。

(3)分辨率为 0.1 mg 的分析天平。

三、试剂

(1)碳酸钠溶液(1 mL 含 10 mg Na_2CO_3),配制和标定方法见 GB/T 601。

(2)$c(\frac{1}{2}H_2SO_4) = 0.1$ mol/L 硫酸标准溶液,配制和标定的方法见 GB/T 601。

四、测定方法

(一)第一种方法测定步骤

(1)取一定量已过滤充分摇匀的澄清水样(水样体积应使蒸干残留物的称量在 100 mg 左右),逐次注入经烘干至恒重的蒸发皿中,在水浴锅上蒸干。

(2)将已蒸干的样品连同蒸发皿移入105~110 ℃的烘箱中烘2 h。

(3)取出蒸发皿放在干燥器内冷却至室温,迅速称量。

(4)在相同条件下再烘0.5 h,冷却后再次称量,如此反复操作直至恒重。

(5)溶解固形物含量(*RG*)按下式计算:

$$RG = \frac{m_1 - m_2}{V} \times 1\ 000 \tag{11-1}$$

式中 *RG*——溶解固形物含量,mg/L;

m_1——蒸干的残留物与蒸发皿的总质量,mg;

m_2——空蒸发皿的质量,mg;

V——水样的体积,mL。

(二)第二种方法测定步骤

(1)按第一种方法(1)~(4)的测定步骤进行操作。

(2)另取100 mL已过滤充分摇匀的澄清锅炉水样注于250 mL锥形瓶中,加入2~3滴酚酞指示剂(10 g/L),此时溶液若显红色,则用$c(\frac{1}{2}H_2SO_4)=0.1$ mol/L硫酸标准溶液滴定至恰好无色,记录耗酸体积V_1,然后加入2滴甲基橙指示剂(1 g/L),继续用硫酸标准溶液滴定至橙红色,记录第二次耗酸体积V_2(不包括V_1)。

(3)溶解固形物含量(*RG*)按下式计算:

$$RG = \frac{m_1 - m_2}{V} \times 1\ 000 + 0.59cV_T \times 44 \tag{11-2}$$

式中 *c*——硫酸标准溶液准确浓度,mol/L;

V_T——滴定时碳酸盐所消耗的硫酸标准溶液体积,mL,当$V_1 > V_2$时$V_T = V_2$,当$V_1 \leq V_2$时,$V_T = V_1 + V_2$;

0.59——碳酸钠水解成CO_2后在蒸发过程中损失质量的换算系数;

44——CO_2摩尔质量,g/mol;

其他符号意义同前。

(三)第三种方法测定步骤

(1)取一定量充分摇匀的水样(水样体积应使蒸干残留物的称量在100 mg左右),加入20 mL碳酸钠溶液,逐次注入经烘干至恒重的蒸发皿中,在水浴锅上蒸干。

(2)按第一种方法(2)~(4)的测定步骤进行操作。

(3)溶解固形物含量(*RG*)按下式计算:

$$RG = \frac{m_1 - m_2 - 10 \times 20}{V} \times 1\ 000 \tag{11-3}$$

式中 10——碳酸钠溶液的浓度,mg/mL;

20——加入碳酸钠溶液的体积,mL;

其他符号意义同前。

五、注意事项

(1)为防止蒸干、烘干过程中落入杂物而影响试验结果,必须在蒸发皿上放置玻璃三

角架并加盖表面皿。

(2)测定溶解固形物使用的瓷蒸发皿,可用石英蒸发皿代替。如果不测定灼烧减量,也可以用玻璃蒸发皿代替瓷蒸发皿。

六、精密度和准确度

分别取溶解固形物为 2 482 mg/L 和 3 644 mg/L 的同一水样,由 5 个实验室分别进行溶解固形物的重复性测定和加标回收率试验。

(一)重复性

实验室内最大相对标准偏差分别为 2.7% 和 2.1% 。

(二)再现性

实验室间最大相对标准偏差分别为 3.9% 和 2.6% 。

(三)准确度

加标回收率范围分别为 93.3% ~102% 和 92.7% ~101% 。

第四节　电导率的测定

一、概要

溶解于水的酸、碱、盐电解质,在溶液中解离成正、负离子,使电解质溶液具有导电能力,其导电能力大小可用电导率来表示。

电解质溶液的电导率,通常使用两个金属片(电极)插入溶液中,通过测定电极间电阻率的大小来确定。电导率是电阻率的倒数,其定义是电极截面积为 1 cm^2,极间距离为 1 cm 时,该溶液的电导。

电导率的单位为西/厘米(S/cm)。在水质分析中常用它的百万分之一即微西/厘米(μS/cm)来表示水的电导率。

溶液的电导率与电解质的性质、浓度、溶液的温度有关。一般情况下,溶液的电导率是指 25 ℃时的电导率。

二、仪器

(1)电导仪(或电导率仪):测量范围为常规范围,可选用 DDS - 11 型。

(2)电导电极(简称电极):实验室常用的电导电极为白金电极或铂黑电极。每一电极有各自的电导池常数,它可分为下列三类,即 $<0.1\ cm^{-1}$、$0.1\sim1.0\ cm^{-1}$ 及 $1.0\sim10\ cm^{-1}$。

(3)温度计:精度应高于 0.5 ℃。

三、试剂

(1)1 mol/L 氯化钾标准溶液:称取在 105 ℃干燥 2 h 的优级纯氯化钾(或基准试剂)74.551 3 g,用新制备的Ⅱ级试剂水(20 ℃ ±2 ℃)溶解后移入 1 L 容量瓶中,并稀释至刻度,混匀。

(2)0.1 mol/L氯化钾标准溶液:称取在105 ℃干燥2 h的优级纯氯化钾(或基准试剂)7.455 1 g,用新制备的Ⅱ级试剂水(20 ℃ ±2 ℃)溶解后移入1 L容量瓶中,并稀释至刻度,混匀。

(3)0.01 mol/L氯化钾标准溶液:称取在105 ℃干燥2 h的优级纯氯化钾(或基准试剂)0.745 5 g,用新制备的Ⅱ级试剂水(20 ℃ ±2 ℃)溶解后移入1 L容量瓶中,并稀释至刻度,混匀。

(4)0.001 mol/L氯化钾标准溶液:于使用前准确吸取0.01 mol/L氯化钾标准溶液100 mL,移入1 L容量瓶中,用新制备的Ⅰ级试剂水(20 ℃ ±2 ℃)稀释至刻度,混匀。

以上氯化钾标准溶液,应放入聚乙烯塑料瓶(或硬质玻璃瓶)中,密封保存。这些氯化钾标准溶液在不同温度下的电导率见表11-4。

表11-4 氯化钾标准溶液的电导率

溶液浓度(mol/L)	温度(℃)	电导率(μS/cm)
1	0	65 176
	18	97 838
	25	111 342
0.1	0	7 138
	18	11 167
	25	12 856
0.01	0	773.6
	18	1 220.5
	25	1 408.8
0.001	25	146.93

四、操作步骤

(1)电导率仪的操作应按使用说明书的要求进行。

(2)水样的电导率大小不同,应使用电导池常数不同的电极,不同电导率的水样可参照表11-5选用不同电导池常数的电极。

表11-5 不同电导池常数的电极的选用

电导池常数(cm^{-1})	电导率(μS/cm)
<0.1	3~100
0.1~1.0	100~200
1.0~10	>200

将选择好的电极用Ⅱ级试剂水洗净,再用Ⅰ级试剂水冲洗2~3次浸泡在Ⅰ级试剂水中备用。

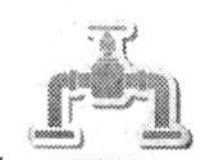

(3)取50～100 mL水样(温度25 ℃ ±5 ℃)放入塑料杯或硬质玻璃杯中,将电极用被测水样冲洗2～3次后,浸入水样中进行电导率测定,重复取样测定2～3次,测定结果读数相对误差在±3%以内,即为所测的电导率值(采用电导仪时读数为电导值),同时记录水样温度。

(4)若水样温度不是25 ℃,测定数值应按下式换算为25 ℃的电导率值:

$$S(25\ ℃)=\frac{DDK}{1+\beta(t-25)} \tag{11-4}$$

式中　$S(25\ ℃)$——换算成25 ℃时水样的电导率,μS/cm;

DD——水温为t(℃)时测得的电导,μS;

K——电导池常数,cm^{-1};

β——温度校正系数(通常情况下β近似等于0.02);

t——测定时水样温度,℃。

(5)对未知电导池常数的电极或者需要校正电导池常数时,可用该电极测定已知电导率的氯化钾标准溶液(温度25 ℃ ±5 ℃)的电导(见表11-4),然后按所测结果算出该电极的电导池常数。为了减小误差,应当选用电导率与待测水样相近似的氯化钾标准溶液来进行标定。电极的电导池常数按下式计算:

$$K=\frac{S_1}{S_2} \tag{11-5}$$

式中　K——电极的电导池常数,cm^{-1};

S_1——氯化钾标准溶液的电导率,μS/cm;

S_2——用未知电导池常数的电极测定氯化钾标准溶液的电导,μS。

(6)若氯化钾标准溶液不是25 ℃,测定数值应按式(11-4)换算为25 ℃时的电导率值,代入式(11-5)计算电导池常数。

五、电导率与含盐量的关系

对于同一类天然淡水,以温度25 ℃时为准,电导率与含盐量大致成比例关系,其比例约为:1 μS/cm相当于0.55～0.90 mg/L。在其他温度下须加以校正,即每变化1 ℃含盐量大约变化2%,温度高于25 ℃时用负值,反之用正值。

【例11-1】　在20 ℃时,测定某天然水的电导率为244 μS/cm,试计算这种水的近似含盐量。

解:设电导率1 μS/cm时,含盐量相当于0.75 mg/L,则

$$含盐量=244\times0.75+244\times0.75\times2\%\times5=2.0\times10^2\ (mg/L)$$

根据实际经验,通常pH值在5～9范围内,天然水的电导率与水溶液中溶解物质之比为1:(0.6～0.8)。一般锅水,如将电导率最大的OH^-中和成中性盐,则锅水的电导率与溶解固形物之比为1:(0.5～0.6)(1 μS/cm相当于0.5～0.6 mg/L)。不同水质的电导率见表11-6。

表11-6　不同水质的电导率

水质名称	电导率(μS/cm)
新鲜蒸馏水	0.5~2
天然淡水	50~500
高含盐量水	500~1 000

第五节　pH值的测定

一、概要

水样中含有氧化剂、还原剂、高含盐量、色素,水样浑浊以及蒸馏水、除盐水等无缓冲性的水样宜用此电极法。当氢离子选择性电极pH电极与甘汞参比电极同时浸入溶液后,即组成测量电池对,其中pH电极的电极电位随溶液中氢离子的活度而变化。用一台高阻抗输入的毫伏计测量,即可获得同水溶液中氢离子活度相对应的电极电位,以pH值表示,即:

$$pH = -\lg\alpha_{H^+} \tag{11-6}$$

pH电极的电位与被测溶液中氢离子活度的关系符合能斯特公式,即:

$$E = E_0 + 2.306\frac{RT}{nF}\lg\alpha_{H^+} \tag{11-7}$$

根据上式可得:

$$0.058\lg\frac{\alpha_{H^+}}{\alpha'_{H^+}} = \Delta E$$

$$0.058(pH - pH') = \Delta E$$

$$pH = pH' + \frac{\Delta E}{0.058} \tag{11-8}$$

式中　E——pH电极所产生的电位,V;

E_0——当氢离子活度为1时,pH电极所产生的电位,V;

R——气体常数;

F——法拉第常数;

T——绝对温度,K;

n——被测离子的电荷价数;

α_{H^+}——水溶液中氢离子的活度,mol/L;

α'_{H^+}——定位溶液的氢离子活度,mol/L;

$pH' = -\lg\alpha'_{H^+}$;

ΔE——被测溶液与定位溶液的氢离子浓度相对应的电极电位差值。在20 ℃时,当$pH - pH' = 1$时,$\Delta E = 58$ mV。

二、仪器

(1)实验室用 pH 计,附电极支架及测试烧杯。

(2)pH 电极、饱和或 3 mol/L 氯化钾甘汞电极。

三、试剂及配制

(1)pH 值等于 4.00 的标准缓冲溶液:准确称取预先在 115 ℃ ±5 ℃干燥并冷却至室温的优级纯邻苯二甲酸氢钾($KHC_8H_4O_4$)10.12 g,溶解于少量除盐水中,并稀释至 1 000 mL。

(2)pH 值等于 6.86 的标准缓冲溶液:准确称取经 115 ℃ ±5 ℃干燥并冷却至室温的优级纯磷酸二氢钾(KH_2PO_4)3.390 g 及优级纯无水磷酸氢二钠(Na_2HPO_4)3.55 g 溶于少量除盐水中,并稀释至 1 000 mL。

(3)pH 值等于 9.20 的标准缓冲溶液:准确称取优级纯硼砂($Na_2B_4O_7 \cdot 10H_2O$)3.81 g,溶于少量除盐水中,并稀释至 1 000 mL,此溶液贮存时,应用充填有烧碱石棉的二氧化碳吸收管,防止受二氧化碳影响。

上述标准缓冲溶液在不同温度下,其 pH 值的变化列在表 11-7 中。

表 11-7　标准缓冲溶液在不同温度下的 pH 值

温度(℃)	邻苯二甲酸氢钾	中性磷酸盐	硼砂
5	4.01	6.95	9.39
10	4.00	6.92	9.33
15	4.00	6.90	9.27
20	4.00	6.88	9.22
25	4.01	6.86	9.18
30	4.01	6.85	9.14
35	4.02	6.84	9.10
40	4.03	6.84	9.07
45	4.04	6.83	9.04
50	4.06	6.83	9.01
55	4.08	6.84	8.99
60	4.10	6.84	8.96

四、测定方法

(1)新电极和长时间干燥保存的电极在使用前应将电极在蒸馏水中浸泡过夜,使其不对称电位趋于稳定。如有急用,则可将上述电极浸泡在 0.1 mol/L 盐酸中至少 1 h,然后用蒸馏水反复冲洗干净后才能使用。

对污染的电极,可用沾有四氯化碳或乙醚的棉花轻轻擦净电极的头部,如发现敏感膜有微锈,可将电极浸泡在5%~10%的盐酸中,待锈消失后再用,但决不可浸泡在浓酸中,以防敏感膜严重脱水报废。

(2)仪器校正:仪器开启0.5 h后,按仪器说明书的规定,进行调零、温度补偿以及满刻度校正等手续。

(3)pH定位:定位用的标准缓冲溶液应选用一种其pH值与被测溶液相近的缓冲溶液,在定位前,先用蒸馏水冲洗电极及测试烧杯2次以上,然后用干净滤纸将电极底部残留的水滴轻轻拭去,将定位溶液倒入测试烧杯内,浸入电极,调整仪器的零点、温度补偿以及满刻度校正,最后根据所用定位缓冲液的pH值将pH定位,重复定位1~2次,直至复定位后误差在允许范围内。定位溶液可保留下次再用,如有污染或使用数次后,应根据需要随时再更换新鲜缓冲溶液。

为了减少测定误差,定位用的pH标准缓冲溶液的pH值应与被测水样相接近。当水样pH值小于7.0时,应使用邻苯二甲酸氢钾溶液定位,以硼砂或磷酸盐混合液复定位。当水样pH值大于7.0时,则应用硼砂缓冲液定位,以邻苯二甲酸氢钾或磷酸盐混合液进行复定位。

进行pH值测定时,还必须考虑到玻璃电极的“钠差”问题,即被测水溶液中钠离子的浓度对氢离子测试的干扰,特别在进行pH值大于10.5的高pH值测定时,必须选用优质的高碱pH电极,以减少误差。

根据不同的测量要求,可选用不同精度的仪器。

(4)复定位:将电极和测试烧杯反复用蒸馏水冲洗2~3次以上,最后一次冲洗完毕后用干净的滤纸将电极底部残留的水滴轻轻拭去,然后倒入复定位缓冲溶液,按上述定位的手续进行pH值测定,如所测结果同复定位缓冲溶液的pH值相差在±0.05以内时,即可认为仪器和电极均属正常,可以进行pH值测定。复定位溶液的处理应按定位溶液的规定进行。

(5)水样的测定:将复定位后的电极和测试烧杯,反复用蒸馏水冲洗2次以上,再用被测水样冲洗2次以上,最后一次冲洗完毕后,应用干净的滤纸轻轻将电极底部残留的水滴吸去,然后将电极浸入被测溶液,按上述定位的手续进行pH值测定。测定完毕后,应将电极用蒸馏水反复冲洗干净,最后将pH电极浸泡在蒸馏水中备用。

(6)测定pH值时,水样温度与定位温度之差不能超过5 ℃,否则,将会直接影响pH值的准确性。

第六节 氯化物的测定(硫氰酸铵滴定法)

一、概要

(1)适用于测定氯化物含量为5~100 mg/L的水样,高于此范围的水样经稀释后可以扩大其测定范围。

(2)在酸性条件(pH≤1)下,溶液中碳酸盐、亚硫酸盐、正磷酸盐、聚磷酸盐、聚羧酸

盐和有机磷酸盐等干扰物质不能与 Ag^+ 发生反应，而 Cl^- 仍能与 Ag^+ 生成沉淀。

被测水样用硝酸酸化后，再加入过量的硝酸银（$AgNO_3$）标准溶液，使 Cl^- 全部与 Ag^+ 生成氯化银（AgCl）沉淀，过量的 Ag^+ 用硫氰酸铵（NH_4SCN）标准溶液返滴定，选择铁铵矾 [$NH_4Fe(SO_4)_2$] 作指示剂，当到达滴定终点时，SCN^- 与 Fe^{3+} 生成红色络合物，使溶液变色，即为滴定终点。

$$Cl^- + Ag^+ \longrightarrow AgCl\downarrow \text{（白色）}$$

$$SCN^- + Ag^+ \longrightarrow AgSCN\downarrow \text{（白色）}$$

$$SCN^- + Fe^{3+} \longrightarrow FeSCN^{2+} \text{（红色络合物）}$$

在过量的硝酸银（$AgNO_3$）标准溶液体积中，扣除等量消耗的 SCN^- 的量，即可计算出水中 Cl^- 的含量。

（3）适用于含有碳酸盐、亚硫酸盐、正磷酸盐、聚磷酸盐、聚羧酸盐和有机膦酸盐等干扰物质的锅水氯化物的测定。

二、试剂

（1）铬酸钾指示剂（100 g/L）：称取 10 g 铬酸钾，溶于二级水，并稀释至 100 mL。

（2）氯化钠标准溶液（1 mL 含 1.0 mg Cl^-）：准确称取于 500 ~ 600 ℃ 高温炉中灼烧至恒重的基准氯化钠试剂 1.648 g，先溶于少量二级水中，然后稀释至 1 000 mL。

（3）硝酸银标准溶液（1 mL 相当于 1.0 mg Cl^-）。

①硝酸银标准溶液的配制。称取 5.0 g 硝酸银溶于 1 000 mL 二级水，贮存于棕色瓶中。

②硝酸银标准溶液的标定。于 3 个锥形瓶中，用移液管分别注入 10.00 mL 氯化钠标准溶液，再各加入 90 mL 二级水及 1.0 mL 铬酸钾指示剂，均用硝酸银标准溶液（盛于棕色滴定管中）滴定至橙色，分别记录硝酸银标准溶液的消耗量 V，以平均值计算，但 3 个平行试验数值间的相对误差应小于 0.25%。另取 100 mL 二级水做空白试验，除不加氯化钠标准溶液外，其他步骤同上，记录硝酸银标准溶液的消耗量 V_1。

硝酸银标准溶液的滴定度（T）按下式计算：

$$T = \frac{10 \times 1.0}{V - V_1} \tag{11-9}$$

式中　T——硝酸银标准溶液滴定度，mg/mL；

V_1——空白试验消耗硝酸银标准溶液的体积，mL；

V——氯化钠标准溶液消耗硝酸银标准溶液的平均体积，mL；

10——氯化钠标准溶液的体积，mL；

1.0——氯化钠标准溶液的浓度，mg/mL。

③硝酸银标准溶液浓度的调整。将硝酸银溶液浓度调整为 1 mL 相当于 1.0 mg Cl^- 的标准溶液。二级水加入量按下式计算：

$$\Delta L = L\left(\frac{T - 1.0}{1.0}\right) = L \times (T - 1.0) \tag{11-10}$$

式中　ΔL——调整硝酸银溶液浓度所需二级水加入量，mL；

L——配制的硝酸银溶液经标定后剩余的体积,mL;

T——硝酸银溶液标定的滴定度,mg/mL;

1.0——硝酸银溶液调整后的滴定度,1 mL 相当于 1.0 mg Cl^-。

(4)分析纯浓硝酸溶液。

(5)铁铵矾指示剂(100 g/L):称取 10 g 铁铵矾,溶于二级水,并稀释至 100 mL。

(6)硫氰酸铵标准溶液(1 mL 相当于 1.0 mg Cl^-)的配制与标定。

①硫氰酸铵溶液的配制。称取 2.3 g 硫氰酸铵(NH_4SCN)溶于 1 000 mL 二级水中。

②硫氰酸铵溶液的标定。在 3 个锥形瓶中,用移液管分别注入 10.00 mL $AgNO_3$ 标准溶液,再各加 90 mL 二级水及 1.0 mL 铁铵矾指示剂(100 g/L),均用硫氰酸铵溶液(NH_4SCN)滴定至红色,记录硫氰酸铵溶液消耗体积 V_1。同时另取 100 mL 二级水做空白试验,记录空白试验硫氰酸铵溶液消耗体积 V_0。硫氰酸铵溶液滴定度(T_1)按下式计算:

$$T_1 = \frac{10 \times 1.0}{V_1 - V_0} \tag{11-11}$$

式中 T_1——硫氰酸铵溶液滴定度,mg/mL;

V_1——硝酸银标准溶液消耗硫氰酸铵标准溶液的体积,mL;

V_0——空白试验消耗硫氰酸铵标准溶液的体积,mL;

10——硝酸银标准溶液的体积为 10 mL;

1.0——硝酸银标准溶液的滴定度,1 mL 相当于 1.0 mg Cl^-。

③硫氰酸铵溶液浓度的调整。硫氰酸铵标准溶液的浓度一定要与硝酸银标准溶液浓度相同,若标定结果 T_1 大于 1.0 mg/mL,可按式(11-12)计算添加二级水,使硫氰酸铵溶液的滴定度调整为 1 mL 相当于 1.0 mg Cl^- 的标准溶液:

$$\Delta V = V\left(\frac{T_1 - 1.0}{1.0}\right) = V(T_1 - 1.0) \tag{11-12}$$

式中 ΔV——调整硫氰酸铵溶液浓度所需二级水添加量,mL;

V——配制的硫氰酸铵溶液经标定后剩余的体积,mL;

T_1——硫氰酸铵溶液标定的滴定度,mg/mL;

1.0——硫氰酸铵溶液调整后的滴定度,1 mL 相当于 1.0 mg Cl^-。

三、测定方法

(1)准确吸取 100 mL 水样置于 250 mL 锥形瓶中,加 1 mL 分析纯浓硝酸溶液,使水样 pH≤1。加入硝酸银标准溶液 15.0 mL,摇匀,加入 1.0 mL 铁铵矾指示剂(100 g/L),用硫氰酸铵标准溶液快速滴定至红色,记录硫氰酸铵标准溶液消耗体积 a。同时做空白试验,记录空白试验硫氰酸铵标准溶液消耗体积 b。

(2)水样中氯化物(以 Cl^- 计)含量按下式计算:

$$[Cl^-] = \frac{(2V_{Ag^+} - a - b) \times T_1}{V_s} \times 1\,000 \tag{11-13}$$

式中 $[Cl^-]$——水样中氯离子含量,mg/L;

V_{Ag^+}——硝酸银标准溶液加入的体积,mL;

a——滴定水样时消耗硫氰酸铵标准溶液的体积，mL；

b——空白试验时消耗硫氰酸铵标准溶液的体积，mL；

T_1——硫氰酸铵标准溶液的滴定度，mg/mL；

V_s——水样体积，mL。

四、测定水样时注意事项

（1）水样体积的控制。由于铁铵矾指示剂法测定 Cl^- 采用的是返滴定法，溶液被酸化后，加入 $AgNO_3$ 的量应比被测溶液中 Cl^- 的含量要略高，否则就无法进行返滴定。当水样中氯离子含量大于 100 mg/L 时，应当按表 11-8 中规定的体积吸取水样，用二级水稀释至 100 mL 后测定。

表 11-8　氯化物的含量和取水样体积

水样中 Cl^- 含量（mg/L）	101～200	201～400	401～1 000
取水样体积（mL）	50	25	10

（2）被测溶液 pH 值的控制。被测溶液 pH≤1 时，溶液中碳酸盐、亚硫酸盐、正磷酸盐、聚磷酸盐、聚羧酸盐和有机膦酸盐等干扰物质不与 Ag^+ 发生反应。不同的水样碱度，pH 值差别较大，因此测定前加 HNO_3 酸化时，HNO_3 的加入量应以被测溶液 pH≤1 为准。

（3）标准溶液浓度的控制。当水样中氯离子含量小于 5 mg/L 时，可将硝酸银和硫氰酸铵标准溶液稀释使用，但稀释后的这两种标准溶液的滴定度一定要相同。

（4）对于浑浊水样，应当事先进行过滤。

（5）防止沉淀吸附的影响。加入过量的 $AgNO_3$ 标准溶液后，产生的 AgCl 沉淀容易吸附溶液中的 Cl^-，应充分摇动，使 Ag^+ 与 Cl^- 进行定量反应，防止测定结果产生负误差。

（6）防止 AgCl 沉淀转化成 AgSCN 产生的误差。由于 AgCl 的溶度积比 AgSCN 的大，在滴定接近化学计量点时，SCN^- 可能与 AgCl 发生反应，从而引进误差，其反应式如下：

$$SCN^- + AgCl \longrightarrow AgSCN\downarrow + Cl^-$$

但因这种沉淀转化缓慢，影响不大，如果分析要求不是太高，可在接近终点时，快速滴定，摇动不要太剧烈来消除影响，即可基本消除其造成的负误差。

若分析要求很高，则可通过先将 AgCl 沉淀进行过滤，然后用 SCN^- 返滴定，或者加入硝基苯在 AgCl 沉淀表面覆盖一层有机溶剂，阻止 SCN^- 与 AgCl 发生沉淀转化反应。

五、准确度

4 个实验室分别测定含氯化物 398.3 mg/L 的标准混合水样结果如下。

（一）重复性

实验室内最大相对标准偏差为 0.3%。

（二）再现性

实验室间最大相对标准偏差为 1.5%。

（三）准确度

相对误差为 -0.75%。

加标回收率为99.25% ±0.5%。

第七节　锅水溶解固形物的间接测定

一、固导比法

(一)概要

(1)溶解固形物的主要成分是可溶解于水的盐类物质。由于溶解于水的盐类物质属于强电解质,在水溶液中基本上都电离成阴、阳离子而具有导电性,而且电导率的大小与其浓度成一定比例关系。根据溶解固形物与电导率的比值(以下简称固导比),只要测定电导率就可近似地间接测定溶解固形物的含量,这种测定方法简称固导比法。

(2)由于各种离子在溶液中的迁移速度不一样,其中以 H^+ 最大,OH^- 次之,K^+、Na^+、Cl^-、NO_3^- 离子相近,HCO_3^-、$HSiO_3^-$ 等离子半径较大的一价阴离子为最小。因此,同样浓度的酸、碱、盐溶液电导率相差很大。采用固导比法时,对于酸性或碱性水样,为了消除 H^+ 和 OH^- 的影响,测定电导率时应当预先中和水样。

(3)本方法适用于离子组成相对稳定的锅水溶解固形物的测定。对于采用不同水源的锅炉,或者采用除盐水做补给水的锅炉,如果离子组成差异较大,应当分别测定其固导比。

(二)固导比的测定

(1)取一系列不同浓度的锅水,分别用本章第二节溶解固形物的测定(重量法)第二种方法测定溶解固形物的含量。

(2)取50~100 mL与(1)对应的不同浓度的锅水,分别加入2~3滴酚酞指示剂(10 g/L),若显红色,$c(\frac{1}{2}H_2SO_4)=0.1$ mol/L硫酸标准溶液滴定至恰好无色。再按GB/T 6908的方法测定其电导率。

(3)用回归方程计算固导比 K_D。

(三)溶解固形物的测定

(1)取50~100 mL的锅水,加入2~3滴酚酞指示剂(10 g/L),若显红色,用 $c(\frac{1}{2}H_2SO_4)=0.1$ mol/L硫酸标准溶液滴定至恰好无色。按GB/T 6908的方法测定其电导率 S。

(2)按式(11-14)计算锅水溶解固形物的含量:

$$RG = S \times K_D \tag{11-14}$$

式中　RG——溶解固形物含量,mg/L;

S——水样在中和酚酞碱度后的电导率,μS/cm;

K_D——固导比,(mg/L)/(μS/cm)。

(四)注意事项

(1)由于水源中各种离子浓度的比例在不同季节时变化较大,固导比也会随之发生

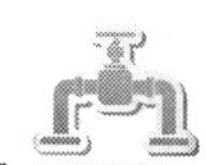

改变。因此,应当根据水源水质的变化情况定期校正锅水的固导比。

(2)对于同一类天然淡水,以温度25 ℃时为准,电导率与含盐量大致成比例关系,其比例约为1 μS/cm相当于0.55～0.90 mg/L。在其他温度下测定需加以校正,每变化1 ℃含盐量大约变化2%。

(3)当电解质溶液的浓度不超过20%时,电解质溶液的电导率与溶液的浓度成正比,当浓度过高时,电导率反而下降,这是因为电解质溶液的表观离解度下降。因此,一般用各种电解质在无限稀释时的等量电导来计算该溶液的电导率与溶解固形物的关系。

(五)精密度和准确度

分别取溶解固形物含量为2 482 mg/L和3 644 mg/L的同一水样,5个实验室分别用第三节第二种方法和本节的方法测定溶解固形物,进行比对试验。

1. 重复性

实验室内最大相对标准偏差分别为2.4%和1.6%。

2. 再现性

实验室间最大相对标准偏差分别为3.7%和2.8%。

3. 准确度

本节与第三节第二种方法的测定结果相比对,相对误差范围为-4.3%～5.7%。

二、固氯比法

(一)概要

(1)在高温锅水中,氯化物具有不易分解、挥发、沉淀等特性,因此锅水中氯化物的浓度变化往往能够反映出锅水的浓缩倍率。在一定的水质条件下,锅水中的溶解固形物含量与氯离子的含量之比(以下简称固氯比)接近于常数。所以,在水源水质变化不大和水处理稳定的情况下,根据溶解固形物与氯离子的比值关系,只要测出氯离子的含量就可近似地间接测得溶解固形物的含量,这个方法简称为固氯比法。该方法适用于锅炉使用单位在水源水和水处理方法及水处理药剂不变、加药量稳定的情况。

(2)本方法适用于氯离子与溶解固形物含量的比值相对稳定的锅水溶解固形物的测定。本方法不适用于以除盐水作补给水的锅炉水溶解固形物的测定。

(二)固氯比的测定

(1)取一系列不同浓度的锅水,分别用第三节第二种方法测定溶解固形物的含量。

(2)取一定体积的与(1)对应的不同浓度的锅水,按GB/T 15453或GB/T 29340的方法分别测定其氯离子(mg/L)。

(3)用回归方程计算固氯比K_L。

(三)溶解固形物的测定

(1)取一定体积的锅水按GB/T 15453或GB/T 29340的方法测定其氯离子含量。

(2)按式(11-15)计算锅水溶解固形物的含量:

$$RG = [Cl^-] \times K_L \tag{11-15}$$

式中　RG——溶解固形物含量,mg/L;

$[Cl^-]$——水样氯离子含量,mg/L;

K_L——固氯比。

(四)注意事项

(1)由于水源水中各种离子浓度的比例在不同季节时变化较大,固氯比也会随之发生改变。因此,应当根据水源水质的变化情况定期校正锅水的固氯比。

(2)离子交换器(软水器)再生后,应当将残余的再生剂清洗干净(洗至交换器出水的 Cl^- 与进水 Cl^- 含量基本相同),否则残留的 Cl^- 进入锅内,将会改变锅水的固氯比,影响测定的准确性。

(3)采用无机阻垢剂进行加药处理的锅炉,加药量应当尽量均匀,避免加药间隔时间过长或一次性加药量过大而造成固氯比波动大,影响溶解固形物测定的准确性。

(五)精密度和准确度

分别取溶解固形物含量为2 482 mg/L和3 644 mg/L的同一水样,由5个实验室分别用第三节第二种方法和本节的方法测定溶解固形物,进行比对试验。

1. 重复性

实验室内最大相对标准偏差分别为5.3%和4.6%。

2. 再现性

实验室间最大相对标准偏差分别为6.2%和5.8%。

3. 准确度

本节与第三节第二种方法的测定结果相比对,相对误差范围为7.3%~8.4%。

第八节　碱度的测定(酸碱滴定法)

一、概要

(1)水的碱度是指水中含有能接受氢离子的物质的量,例如氢氧根、碳酸盐、碳酸氢盐、磷酸盐、磷酸氢盐、硅酸盐、硅酸氢盐、亚硫酸盐、腐殖酸盐和氨等,都是水中常见的碱性物质,它们都能与酸进行反应。因此,选用适宜的指示剂,以酸的标准溶液对它们进行滴定,便可测出水中碱度的含量。

(2)碱度可分为酚酞碱度和全碱度两种。酚酞碱度是以酚酞做指示剂时所测出的量,滴定终点的pH值为8.3。全碱度是以甲基橙做指示剂时测出的量,滴定终点的pH值为4.2。若碱度很小时,全碱度宜以甲基红-亚甲基蓝作指示剂,滴定终点的pH值为5.0。

(3)本试验方法有两种:第一种方法适用于测定碱度较大的水样,如锅水、澄清水、冷却水、生水等,单位用毫摩尔每升(mmol/L)表示;第二种方法适用于测定碱度小于0.5 mmol/L的水样,如凝结水、除盐水等,单位用微摩尔每升(μmol/L)表示。

二、试剂

(1)酚酞指示剂(10 g/L,以乙醇为溶剂),按GB/T 603规定配制。

(2)甲基橙指示剂(1 g/L),按GB/T 603规定配制。

(3)甲基红-亚甲基蓝指示剂,按GB/T 603规定配制。

(4)$c(\frac{1}{2}H_2SO_4)=0.1000$ mol/L 硫酸标准溶液，按 GB/T 601 规定方法配制和标定。

$c(\frac{1}{2}H_2SO_4)=0.1000$ mol/L 硫酸标准溶液，分别用二级水稀释至 2 倍和 10 倍即可制得 $c(\frac{1}{2}H_2SO_4)=0.0500$ mol/L 和 $c(\frac{1}{2}H_2SO_4)=0.010$ mol/L 的硫酸标准溶液，不必再标定。

三、仪器

(1)25 mL 酸式滴定管。
(2)5 mL 或 10 mL 微量滴定管。
(3)250 mL 锥形瓶。
(4)140 mL 移液管。

四、测定方法

(一)碱度大于或等于 0.5 mmol/L 水样的测定方法(如锅水、化学净水、冷却水、生水等)

取 100 mL 被测透明水样注入 250 mL 锥形瓶中，加入 2～3 滴酚酞指示剂，此时溶液若显红色，则用 $c(\frac{1}{2}H_2SO_4)=0.0500$ mol/L 或 0.1000 mol/L 硫酸标准溶液滴定至恰好无色，记录消耗酸体积 V_1，然后加入 2 滴甲基橙指示剂，继续用硫酸标准溶液滴定至橙红色，记录第二次消耗酸体积 V_2(不包括 V_1)。

(二)碱度小于 0.5 mmol/L 水样的测定方法(如凝结水、除盐水等)

取 100 mL 透明水样，置于 250 mL 锥形瓶中，加入 2～3 滴酚酞指示剂，此时溶液若显红色，则用微量滴定管用 $c(\frac{1}{2}H_2SO_4)=0.0100$ mol/L 标准溶液滴定至恰好无色，记录消耗酸体积 V_1，然后加入 2 滴甲基红－亚甲基蓝指示剂，再用硫酸标准溶液滴定，溶液由绿色变为紫色，记录消耗酸体积 V_2(不包括 V_1)。

(三)无酚酞碱度时的测定方法

上述两种方法，若加酚酞指示剂后溶液不显红色，可直接加甲基橙或甲基红－亚甲基蓝指示剂，用硫酸标准溶液滴定，记录消耗酸体积 V_2。

(四)碱度的计算

上述被测定水样的酚酞碱度 JD_P、全碱度 JD 按式(11-16)、式(11-17)计算：

$$JD_P=\frac{c(\frac{1}{2}H_2SO_4)\times V_1}{V_s}\times 10^3 \tag{11-16}$$

$$JD=\frac{c(\frac{1}{2}H_2SO_4)\times(V_1+V_2)}{V_s}\times 10^3 \tag{11-17}$$

式中　JD_P——酚酞碱度，mmol/L；
　　JD——全碱度，mmol/L；

$c(\frac{1}{2}H_2SO_4)$——硫酸标准溶液浓度,mol/L;

V_1——第一次终点硫酸标准溶液消耗的体积,mL;

V_2——第二次终点硫酸标准溶液消耗的体积,mL;

V_s——水样体积,mL。

五、注意事项

(1)碱度的计量单位(mmol/L)以等一价离子为基本单元。

(2)若水样残余氯大于1 mg/L时,会影响指示剂的颜色,可加入0.1 mol/L硫代硫酸钠溶液1~2滴,以消除残余氯(Cl_2)的影响。

第九节　硬度的测定

一、概要

在pH值为10.0±0.1的被测溶液中,用铬黑T做指示剂,以乙二胺四乙酸二钠盐(简称EDTA)标准溶液滴定至蓝色为终点,根据消耗的EDTA标准溶液的体积,即可计算出水中的硬度。

二、试剂及配制

(1)$c_{1/2EDTA}$=0.04 mol/L标准溶液。

(2)$c_{1/2EDTA}$=0.002 mol/L标准溶液。

(3)氨-氯化铵缓冲溶液:称取54 g氯化铵溶于500 mL除盐水中,加入350 mL浓氨水(密度0.90 g/mL)以及1 g乙二胺四乙酸镁二钠盐(简写为Na_2MgY),用除盐水稀释至1 000 mL,混匀,取50 mL,按本节中三(2)(不加缓冲溶液)的方法测定其硬度,根据测定结果,往其余950 mL缓冲溶液中加所需EDTA标准溶液,以抵消其硬度。

注:测定前必须对所用Na_2MgY进行鉴定,以免对分析结果产生误差。鉴定方法:取一定量的Na_2MgY溶于高纯水中,按硬度测定法测定其Mg^{2+}或EDTA是否有过量,根据分析结果精确地加入EDTA或Mg^{2+},使溶液中EDTA和Mg^{2+}均无过剩量。如无Na_2MgY或Na_2MgY质量不符合要求,可用4.716 gEDTA二钠盐和3.120 g $MgSO_4 \cdot 7H_2O$来代替5.0 g Na_2MgY,配制好的缓冲溶液,按上述手续进行鉴定,并使EDTA和Mg^{2+}均无过剩量。

(4)硼砂缓冲溶液:称取硼砂($Na_2B_4O_7 \cdot 10H_2O$)40 g溶于80 mL高纯水中,加入氢氧化钠10 g,溶解后用高纯水稀释至1 000 mL,混匀,取50 mL,加0.1 mol/L盐酸溶液40 mL。然后按本节三(2)的方法测定其硬度,并按上法往其余950 mL缓冲溶液中加入所需EDTA标准溶液,以抵消其硬度。

(5)0.5%铬黑T指示剂:称取0.5 g铬黑T($C_{20}H_{12}N_3SNa$)与2 g盐酸羟胺,在研钵中磨匀,混合后溶于100 mL 95%乙醇中,将此溶液转入棕色瓶中备用。

三、测定方法

(一)水样硬度大于0.5 mol/L的测定

按表11-9的规定取适量透明水样注于250 mL锥形瓶中,用除盐水稀释至100 mL。

表11-9　不同硬度取水样体积

水样硬度(mmol/L)	需取水样体积(mL)
0.5～5.0	100
5.0～10.0	50
10.0～20.0	25

加入5 mL氨－氯化铵缓冲溶液和2滴0.5%铬黑T指示剂,在不断摇动下,用$c_{1/2EDTA}=0.020$ mol/L标准溶液滴定至溶液由酒红色变为蓝色即为终点,记录EDTA标准溶液所消耗的体积V。

硬度(YD)按式(11-18)计算:

$$YD=\frac{c_{1/2EDTA}\times V_{1/2EDTA}}{V_s}\times 10^3 \quad (mmol/L) \tag{11-18}$$

$$或\ YD=\frac{c_{1/2EDTA}\times V_{1/2EDTA}}{V_s}\times 10^6 \quad (\mu mol/L) \tag{11-19}$$

式中　$c_{1/2EDTA}$——EDTA标准溶液浓度,mmol/L;

$V_{1/2EDTA}$——滴定时所消耗EDTA标准溶液的体积,mL;

V_s——水样体积,mL。

(二)水样硬度在0.001～0.5 mol/L的测定

取100 mL透明水样注于250 mL锥形瓶中,加3 mL氨－氯化铵缓冲溶液(或1 mL硼砂缓冲溶液)及2滴0.5%铬黑T指示剂,在不断摇动下,用$c_{1/2EDTA}=0.0010$ mmol/L标准溶液滴定至蓝色即为终点,记录上述标准溶液所消耗的体积。

四、测定水样时注意事项

(1)当水样的酸性或碱性较高时,应先用0.1 mol/L氢氧化钠溶液或0.1 mol/L盐酸中和后再加缓冲溶液,水样才能使pH值维持在(10±0.1)。

(2)对碳酸盐硬度较高的水样,在加入缓冲溶液前,应先稀释或加入所需EDTA标准溶液量的80%～90%(计入所消耗的体积内),否则有可能析出碳酸盐沉淀,使滴定终点延长。

(3)冬季水温较低时,络合反应速度较慢,容易造成滴定过量而产生误差。因此,当温度较低时应将水样预先加温至30～40 ℃后进行测定。

(4)如果滴定过程中发现滴定不到终点或指示剂加入后颜色呈灰紫色,可能是Fe、Al、Cu或Mn等离子的干扰。遇此情况,可在加指示剂前,用2 mL 1%的L－半胱胺酸盐和2 mL三乙醇胺(1:4)进行联合掩蔽,或先加入所需EDTA标准溶液80%～90%(计入所消耗的体积内),即可消除干扰。

(5)pH=10.0±0.1的缓冲溶液,除使用氨-氯化铵缓冲溶液外,还可用氨基乙醇配制的缓冲溶液(无味缓冲液)。此缓冲溶液的优点是:无味,pH值稳定,不受室温变化的影响。配制方法:取400 mL除盐水,加入55 mL浓盐酸,然后将此溶液慢慢加入310 mL氨基乙醇中,并同时搅拌,最后加入5.0 g分析纯Na_2MgY,用除盐水稀释至1 000 mL,在100 mL水样中加入此缓冲溶液1.0 mL,即可使pH值维持在10±0.1的范围内。

(6)指示剂除用铬黑T外,还可选用表11-10所列的指示剂。由于用酸性铬蓝K做指示剂时滴定终点为蓝紫色,为了便于观察终点颜色变化,可加入适量的萘酚绿B,称为KB指示剂。它以固体形式存放较好,也可以分别配制成酸性铬蓝K和萘酚绿B溶液,使用时按试验确定的比例加入。KB指示剂的终点颜色为蓝色。

表11-10 指示剂名称和配制方法

指示剂名称	分子式	配制方法
酸性铬蓝K	$C_{16}H_9O_{12}N_2S_3Na_3$	0.5 g酸性铬蓝K与4.5 g盐酸羟胺混合,加10 mL氨-氯化铵缓冲溶液和40 mL高纯水,溶解后用95%乙醇稀释至10 mL
酸性铬深蓝	$C_{16}H_{10}N_2O_9S_2$	0.5 g酸性铬深蓝加10 mL氨-氯化铵缓冲溶液,加入40 mL高纯水,用95%乙醇稀释至100 mL
酸性铬蓝K+萘酚绿B(简称KB)	$C_{16}H_9O_{12}N_2S_3Na_3$ + $C_{30}H_{15}FeN_3Na_3O_{15}S_3$	0.1 g酸性铬蓝K和0.15 g萘酚绿B与10 g干燥的氯化钾混合研细
铬蓝SE	$C_{16}H_9O_9S_2N_2ClNa_2$	0.5 g铬蓝SE加10 mL氨-氯化铵缓冲溶液,用除盐水稀释至100 L
依来铬蓝黑R	$C_{20}H_{13}N_2O_5SNa$	0.5 g依来铬蓝黑R加10 mL氨-氯化铵缓冲溶液,用无水乙醇稀释至10 mL

(7)硼砂缓冲溶液和氨-氯化铵缓冲溶液,在玻璃瓶中贮存会腐蚀玻璃,增加硬度,所以宜贮存在塑料瓶中。

第十节 磷酸盐的测定(磷钼蓝比色法)

一、概要

(1)在$c(H^+)=0.6$ mol/L的酸度下,磷酸盐与钼酸铵生成磷钼黄,用氯化亚锡还原成磷钼蓝后,与同时配制的标准色进行比色测定。其反应为:

磷酸盐与钼酸铵反应生成磷钼黄

$$PO_4^{3-}+12MoO_4^{2-}+27H^+ \longrightarrow H_3[P(Mo_3O_{10})_4]+12H_2O \quad (磷钼黄)$$

磷钼黄被氯化亚锡还原成磷钼蓝

$$[P(Mo_3O_{10})_4]^{3-}+4Sn^{2+}+11H^+ \longrightarrow H_3[P(Mo_3O_9)_4]+4Sn^{4+}+4H_2O \quad (磷钼蓝)$$

(2)磷钼蓝比色法仅供现场测定,适用于磷酸盐含量为2~50 mg/L的水样。

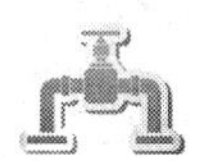

二、仪器

具有磨口塞的 25 mL 比色管。

三、试剂及其配制

(1)磷酸盐标准溶液(1 mL 含 1.0 mg PO_4^{3-}):称取在 105 ℃干燥过的磷酸二氢钾(KH_2PO_4)1.433 g,溶于少量除盐水中后,稀释至 1 000 mL。

(2)磷酸盐工作溶液(1 mL 含 0.1 mg PO_4^{3-}):取磷酸盐标准溶液,用二级水准确稀释 10 倍。

(3)钼酸铵－硫酸混合溶液:于 600 mL 二级水中缓慢加入 167 mL 浓硫酸(密度 1.84 g/cm³),冷却至室温。称取 20 g 钼酸铵[$(NH_4)_6Mo_7O_{24}\cdot 4H_2O$],研磨后溶于上述硫酸溶液中,用二级水稀释至 1 000 mL。

(4)氯化亚锡甘油溶液(15 g/L):称取 1.5 g 优级纯氯化亚锡于烧杯中,加 20 mL 浓盐酸(密度为 1.19 g/cm³),加热溶解后,再加 80 mL 纯甘油(丙三醇),搅匀后将溶液转入塑料瓶中备用(此溶液易被氧化,需密封保存,室温下使用期限不应超过 20 天)。

四、测定方法

(1)量取 0 mL、0.10 mL、0.20 mL、0.40 mL、0.60 mL、0.80 mL、1.00 mL、1.50 mL、2.00 mL、2.50 mL 磷酸盐工作溶液(1 mL 含 0.1 mg PO_4^{3-})以及 5 mL 水样,分别注入一组比色管中,用二级水稀释至约 20 mL,摇匀。

(2)在上述比色管中各加入 2.5 mL 钼酸铵－硫酸混合溶液,用二级水稀释至刻度,摇匀。

(3)在每支比色管中加入 2～3 滴氯化亚锡甘油(15 g/L)溶液,摇匀,待 2 min 后进行比色。

(4)水样中磷酸根(PO_4^{3-})的含量按式(11-20)计算:

$$[PO_4^{3-}] = \frac{0.1 \times V_1}{V_s} \times 1\ 000 = \frac{V_1}{V_s} \times 100 \qquad (11\text{-}20)$$

式中　$[PO_4^{3-}]$——磷酸根含量,mg/L;

0.1——磷酸盐工作溶液的浓度,1 mL 含 0.1 mg PO_4^{3-};

V_1——与水样颜色相当的标准色溶液中加入的磷酸盐工作溶液的体积,mL;

V_s——水样的体积,mL。

五、测定水样时注意事项

(1)水样与标准色应当同时配制显色。

(2)为加快水样显色速度,以及避免硅酸盐干扰,显色时水样的酸度(H^+)应维持在 0.6 mol/L。

(3)水样浑浊时应过滤后测定,磷酸盐的含量不在 2～50 mg/L 时,应当酌情增加或减少水样量。

六、精密度

磷酸盐测定的精密度见表11-11。

表11-11　磷酸盐测定的精密度

磷酸盐范围(mg/L)	重复性(mg/L)	再现性(mg/L)
0~10	0.6	1.4
10~20	1.0	2.6
20~40	1.8	3.8

第十一节　溶解氧的测定(氧电极法)

一、概要

溶解氧测定仪的氧敏感薄膜电极由两个与电解质相接触的金属电极(阴极/阳极)及选择性薄膜组成。选择性薄膜只能透过氧气和其他气体,水和可溶解性物质不能透过。当水样流过允许氧透过的选择性薄膜时,水样中的氧将透过膜扩散,其扩散速率取决于通过选择性薄膜的氧分子浓度和温度梯度。透过膜的氧气在阴极上还原,产生微弱的电流,在一定温度下,其大小和水样溶解氧含量成正比。

在阴极上的反应是氧分子被还原成氢氧化物:

$$O_2 + 2H_2O + 4e \longrightarrow 4OH^-$$

在阳极上的反应是金属阳极被氧化成金属离子:

$$Me \longrightarrow Me^{2+} + 2e$$

二、仪器

(一)溶解氧测定仪

溶解氧测定仪一般分为原电池式和极谱式(外加电压)两种类型,根据其测量范围和精确度的不同,又有多种型号。测定时应当根据被测水样中的溶解氧含量和测量要求,选择合适的仪器型号。测定一般水样和测定溶解氧含量小于或等于0.1 mg/L工业锅炉给水时,可选用不同量程的常规溶解氧测定仪;当测定溶解氧含量小于或等于20 μg/L水样时,应选用高灵敏度溶解氧测定仪。

(二)温度计

温度计精确至0.5 ℃。

三、试剂

(1)亚硫酸钠。

(2)二价钴盐($CoCl_2 \cdot H_2O$)。

四、测定方法

（一）仪器的校正

（1）按仪器使用说明书装配电极和流动测量池。

（2）调节：按仪器说明书进行调节和温度补偿。

（3）零点校正：将电极浸入新配置的每升含 100 g 亚硫酸钠和 100 mg 二价钴盐的二级水中，进行校零。

（4）校准：按仪器说明书进行校准。一般溶解氧测定仪可在空气中校准。

（二）水样测定

（1）调整被测水样的温度在 5 ~ 40 ℃，水样流速在 100 mL/min 左右，水样压力小于 0.4 MPa。

（2）将测量池与被测水样的取样管用乳胶管或橡皮管连接好，测量水温，进行温度补偿。

（3）根据被测水样溶解氧的含量，选择合适的测定量程，启动测量开关进行测定。

五、注意事项

（1）原电池式溶解氧测定仪接触氧可自发进行反应，因此不测定时，电极应保存在每升含 100 g 亚硫酸钠和 100 mg 二价钴盐的二级水中并使其短路，以免消耗电极材料，影响测定。极谱式溶解氧测定仪不使用时，应用加有适量二级水的保护套保护电极，防止电极薄膜干燥及电极内的电解质溶液蒸发。

（2）电极薄膜表面要保持清洁，不要触碰器皿壁，也不要用手触摸。

（3）当仪器难以调节至校正值，或者仪器响应慢、数值显示不稳定时，应当及时更换电极中的电解质和电极薄膜（原电池式仪器需更换电池）。电极薄膜在更换后和使用中应当始终保持表面平整，没有气泡，否则需要重新更换安装。

（4）更换电解质和电极薄膜后，或者氧敏感薄膜电极干燥时，应将电极浸入到二级水中，使电极薄膜表面湿润，待读数稳定后再进行校准。

（5）如水样中含有藻类、硫化物、碳酸盐等物质，长期与电极接触可能使电极薄膜表面污染或损坏。

（6）溶解氧测定仪应当定期进行校准。

第十二节　溶解氧的测定（靛蓝二磺酸钠比色法）

一、概要

在 pH 值为 8.5 左右时，氨性靛蓝二磺酸钠被锌汞齐还原成浅黄色化合物，当其与水中溶解氧相遇时，又被氧化成蓝色，根据其色泽深浅程度确定水中含氧量。它适合测定溶解氧含量为 0.002 ~0.1 mg/L 的除氧水、凝结水，精确度为 0.002 mg/L。

二、仪器

(1)锌还原滴定管:取50 mL酸式滴定管一支,先在其底部垫一层厚约1 cm的玻璃棉并注满除盐水,然后装入制备好的粒径为2~3 mm的锌汞齐约30 mL,在装填过程中应不断振动,消除滴定管中的气泡。

(2)专用容氧瓶:具有严密磨口塞的无色玻璃瓶,其容积为200~300 mL。

(3)取样桶。

三、试剂及配制

(1)氨-氯化铵溶液:称取20 g氯化铵溶于200 mL水中,加入50 mL浓氨水(密度0.9 g/cm^3)稀释至1 000 mL,取20 mL缓冲溶液与20 mL酸性靛蓝二磺酸钠溶液混合,测定其pH值。若pH值大于8.5可用浓硫酸(1:3)调节至8.5,反之若pH值小于8.5可用10%氨水调节至8.5。根据加酸或氨水的体积,往其余980 mL缓冲溶液中加入所需的酸或氨水,以保证氨缓冲靛蓝二磺酸钠的pH值为8.5。

(2)0.01 mol/L高锰酸钾($\frac{1}{5}KMnO_4$)标准溶液。

(3)硫酸溶液(1:3)。

(4)酸性靛蓝二磺酸钠储备液:称取0.8~0.9 g靛蓝二磺酸钠于烧杯中,加1 mL除盐水,使其润湿后加入7 mL浓硫酸,在水浴上加热30 min并不断搅拌,待其全部溶解后移入500 mL容量瓶中,用除盐水稀释至刻度,混匀。若有不溶物需要过滤,标定后用除盐水计算量稀释,使$T=0.04$ mg O_2/mL(此处T应按1 mol靛蓝二磺酸钠与1 mol氧作用计算)。

(5)氨性靛蓝二磺酸钠缓冲液:取$T=0.04$ mg O_2/mL酸性二磺酸钠储备液50 mL于100 mL容量瓶中,加入50 mL氨-氯化铵缓冲溶液(按1:1的比例混合)混匀,此溶液pH值为8.5。缓冲液存放时间不得超过8 h,否则应重新配制。

(6)还原型二磺酸钠溶液:向已装好锌汞齐的还原剂滴定管中注入少量氨性靛蓝二磺酸钠缓冲液以洗涤锌汞齐,然后以氨型二磺酸钠缓冲液注满原滴定管(勿使锌汞齐间有气泡),静置数分钟,待溶液由蓝色完全转成黄色后方可使用。此液还原速度随着温度升高而加快,但不得超过40 ℃。

(7)苦味酸溶液:称取0.74 g已干燥过的苦味酸溶于1 000 mL除盐水中,此溶液的黄色色度相当于0.02 mg O_2/mL还原型靛蓝二磺酸钠浅黄色化合物的色度。

注:苦味酸是一种炸药,不能将固体苦味酸研磨、锤击或加热,以免引起爆炸。为安全起见,一般苦味酸中含有35%的水分,使用时可以将湿苦味酸用滤纸吸去大部分水分,然后移入氯化钙干燥器中干燥至恒重,并在干燥器内存放。

(8)锌汞齐:它有下列两种配制方法:

①预先用乙酸溶液(1:4)洗涤粒径为2~3 mm的锌粒或锌片进行处理,使其表面呈金属光泽,将酸沥尽,用除盐水冲洗数次,然后浸入10%饱和硝酸亚汞溶液中,并不断搅拌,使锌表面覆盖一层均匀汞齐,取出用除盐水冲洗至呈中性。

②锌粒处理同①,然后按锌比汞为1.5∶1的比例加入汞,并不断搅拌使锌表面形成汞齐取出,用除盐水冲洗至中性(锌表面若不形成汞齐,可加些浓乙酸)。

四、测定方法

(1)酸性靛蓝二磺酸钠储备液的标定:取10 mL酸性靛蓝二磺酸钠储备液注入100 mL锥形瓶中,加10 mL除盐水和10 mL硫酸溶液(1∶3),用$c_{1/5KMnO_4}=0.01$ mol/L标准溶液滴定至溶液恰变成黄色为止,其滴定度(T)按式(11-21)计算:

$$T=\frac{0.5\times V_{1(1/5KMnO_4)}\times c_{1/5KMnO_4}\times 8}{V} \tag{11-21}$$

式中 $V_{1(1/5KMnO_4)}$——滴定时所消耗高锰酸钾标准溶液的体积,mL;

$c_{1/5KMnO_4}$——高锰酸钾标准溶液浓度,mol/L;

V——所取酸性靛蓝二磺酸钠储备液的体积,mL;

8——1/4 氧气的摩尔质量,g/mol;

0.5——把靛蓝二磺酸钠和高锰酸钾反应式滴定度换算成和溶解氧反应时的滴定度的系数。

(2)标准色的配制:此法测定O_2的范围为0.002~0.1 mg/L,故标准色阶中最大标准色阶所相当的溶解氧含量(ρ_{max})为0.1 mgO_2/L。为了使测定时有过量的还原型靛蓝二磺酸钠同氧反应,所以采用还原型靛蓝二磺酸钠的加入量为ρ_{max}的1.3倍。据此,在配制标准色阶时,先配制酸性靛蓝二磺酸钠稀溶液($T=0.02$ mgO_2/L),按式(11-22)、式(11-23)计算酸性靛蓝二磺酸钠稀溶液和苦味酸溶液($T=0.02$ mgO_2/L)的加入量($V_{靛}$和$V_{苦}$):

$$V_{靛}=\frac{\rho_{标}\times V_1}{1\,000\times 0.02}\quad(\text{mL}) \tag{11-22}$$

$$V_{苦}=\frac{V_1(1.3\rho_{max}-\rho_{标})}{1\,000\times 0.02}\quad(\text{mL}) \tag{11-23}$$

式中 $\rho_{标}$——此标准色所相当的溶解氧的含量;

V_1——配成标准色溶液的体积,mL;

ρ_{max}——最大标准色所相当的溶解氧含量,0.1 mg/L。

表11-12为按式(11-22)、式(11-23)计算配制500 mL标准色,所需T均为0.02 mg O_2/L时酸性靛蓝二磺酸钠和苦味酸溶液的需要量。

把配制好的标准色溶液注入专用溶氧瓶中,注满后用蜡密封,此标准色使用期限为一周。

(3)测定水样时所需还原型靛蓝二磺酸钠溶液的加入量D可按下式计算:

$$D=\frac{1.3\rho_{max}\times V}{1\,000\times 0.02}\quad(\text{mL}) \tag{11-24}$$

式中 ρ_{max}——最大标准色相当的溶解氧的含量,mg/L;

V——水样的体积,mL。

注:此法中的ρ_{max}一般为0.05~0.1 mg/L。

如取样瓶体积V为280 mL,则

$$D=\frac{1.3\times0.1\times280}{1\ 000\times0.02}=1.82(\mathrm{mL})$$

表11-12 溶解氧标准色的配制

瓶号	相当溶解氧含量(mg/L)	配制标准色时所取体积(mL)	
		$V_{靛}$	$V_{苦}$
1	0	0	3.250
2	0.005	0.125	3.125
3	0.010	0.250	3.000
4	0.015	0.375	2.875
5	0.020	0.500	2.750
6	0.030	0.750	2.500
7	0.040	1.000	2.250
8	0.050	1.250	2.000
9	0.060	1.500	1.750
10	0.070	1.750	1.500
11	0.080	2.000	1.250
12	0.090	2.250	1.000
13	0.100	2.500	0.750

(4)水样的测定:

①取样桶和取样瓶应先洗干净,然后将取样瓶放在取样桶内,将取样管(厚壁胶管)插入取样瓶底部,以水样流量约500~600 mL/min的速度使水样充满取样瓶,并溢流不少于3 min,控制水的温度不超过35 ℃。

②将锌还原滴定管慢慢插入取样瓶内,并轻轻抽出取样管,立即按式(11-24)计算量加入还原型靛蓝二磺酸钠溶液。

③轻轻抽出滴定管并立即塞紧瓶塞,在水面下混匀,放置2 min,以保证反应完全。

五、测定水样时注意事项

(1)铜的存在使测定结果偏高,当水样中铜小于0.01 mg/L时,对测定结果影响不大。

(2)每次测定完毕,在锌还原滴定管锌汞齐层之上,保持稍高的氨性靛蓝二磺酸钠溶液液位,待下次测定水样时注入新配制的溶液。

(3)锌还原滴定管在使用过程中会放出氢气,应及时排除,以免影响还原效率。若发现锌汞齐表面颜色变暗,应重新处理。

(4)取样与配标准色用的溶解氧瓶规格必须一致,瓶塞要严密。取样瓶使用一段时间后,应定期用酸清洗干净。

第十三节　亚硫酸盐的测定(碘量法)

一、概要

(1)在酸性溶液中,碘酸钾 - 碘化钾作用后析出的游离碘,将水中的亚硫酸盐氧化成为硫酸盐,过量的碘与淀粉作用呈现蓝色即为终点。其反应为

$$KIO_3 + 5KI + 6HCl \longrightarrow 6KCl + 3I_2 + 3H_2O$$

$$SO_3^{2-} + I_2 + H_2O \longrightarrow SO_4^{2-} + 2HI$$

(2)此法适用于亚硫酸盐含量大于 1 mg/L 的水样。

二、试剂及配制

(1)碘酸钾 - 碘化钾标准溶液(1 mL 相当于 1.0 mg SO_3^{2-});依次精确称取优级纯碘酸钾(KIO_3)0.891 8 g、碘化钾 7 g,碳酸氢钠 0.5 g,用二级水溶解后移入 1 000 mL 容量瓶中并稀释至刻度。

(2)淀粉指示液(10 g/L),配制方法见 GB/T 603。

(3)盐酸溶液(1 + 1)。

三、测定方法

(1)取 100 mL 水样注入锥形瓶中,加 1 mL 淀粉指示剂和 1 mL 盐酸溶液(1 + 1)。

(2)摇匀后,用碘酸钾 - 碘化钾标准溶液滴定至微蓝色,即为滴定终点。记录消耗碘酸钾 - 碘化钾标准溶液的体积(V_1)。

(3)在测定水样的同时,进行空白试验,做空白试验时记录消耗碘酸钾 - 碘化钾标准溶液的体积(V_2)。水样中亚硫酸盐含量按下式计算:

$$[SO_3^{2-}] = \frac{(V_1 - V_2) \times 1.0}{V_s} \times 1\,000 \qquad (11\text{-}25)$$

式中　$[SO_3^{2-}]$——亚硫酸盐含量,mg/L;

V_1——水样消耗碘酸钾 - 碘化钾标准溶液的体积,mL;

V_2——空白试验消耗碘酸钾 - 碘化钾标准溶液的体积,mL;

1.0——碘酸钾 - 碘化钾标准溶液的滴定度,1 mL 相当于 1.0 mg SO_3^{2-};

V_s——水样的体积,mL。

四、注意事项

(1)在取样和进行滴定时均应迅速,以减少亚硫酸盐的氧化。

(2)水样温度不可过高,以免影响淀粉指示剂的灵敏度而使结果偏高。

(3)为了保证水样不受污染,取样瓶、烧杯等玻璃器皿,使用前均应用盐酸(1 + 1)煮洗。

第十四节　油的测定(质量法)

一、概要

当水样中加入凝聚剂——硫酸铝时,扩散在水中的油微粒会被形成的氢氧化铝凝聚。随着氢氧化铝的沉淀,便将水中微量的油也聚集沉淀,经加酸酸化,可将沉淀溶解,再通过有机溶剂的萃取,将分离出来的油质转入有机溶剂中,将有机溶剂蒸发至干,残留的是水中的油,通过称量即可求出水中的油含量。

此法采用四氯化碳(CCl_4)作有机溶剂,这样可以避免在蒸发过程中发生燃烧或爆炸等事故。

二、仪器

(1)5 000 ~ 10 000 mL 具有磨口塞的取样瓶。

(2)500 mL 分液漏斗。

(3)100 ~ 200 mL 瓷蒸发皿。

三、试剂及其配制

(1)硫酸铝溶液(430 g/L):称取 43 g 硫酸铝[$Al_2(SO_4)_3 \cdot 18H_2O$],加 100 mL 二级水溶解。

(2)无水碳酸钠溶液(250 g/L):称取 25 g 无水碳酸钠溶液(Na_2CO_3),加 100 mL 二级水溶解。

(3)浓硫酸(密度 1.84 g/cm^3)。

(4)四氯化碳(CCl_4)。

四、测定方法

(1)加大被测水样流量,取 5 000 ~ 10 000 mL 水样。取完后立即加入 5 ~ 10 mL 硫酸铝溶液(按每 1 L 试样加 1 mL 计算),摇匀,立即加入 5 ~ 10 mL 碳酸钠溶液(按每 1 L 试样加 1 mL 计算),充分摇匀,将水中分散的油粒凝聚沉淀,静置 12 h 以上,待充分沉淀至瓶底,然后用虹吸管将上层澄清液吸走。虹吸时应小心移动胶皮管,尽量使大部分澄清水被吸走,但又不至于将沉淀物带走。在剩下的沉淀物中加入若干滴浓硫酸使沉淀溶解,并将此酸化的溶液移入 500 mL 的分液漏斗中。

(2)取 100 mL 四氯化碳倒入取样瓶内,充分清洗取样瓶内壁上沾有的油渍,将此四氯化碳洗液也移入分液漏斗内。

(3)充分摇匀并萃取酸化溶液中所含的油,静置。待分层完毕后,将底层四氯化碳用一张干的无灰滤纸过滤,将过滤后的四氯化碳溶液移入一个 100 ~ 200 mL 已恒重的蒸发皿内,再用 10 mL 四氯化碳淋洗分液漏斗及过滤滤纸,将清洗液一齐加入已恒重的蒸发皿内。

(4)将蒸发皿放在水浴锅上,在通风橱内将四氯化碳蒸发至干,然后将蒸发皿放在 110 ℃ ±5 ℃的恒温箱内,烘干 2 h 后在干燥器内冷却,称量至恒重。

(5)另取 100 mL 四氯化碳于另一个恒重的蒸发皿中,按(4)做空白试验。

水样中含油量(Y)按下式计算:

$$Y = \frac{(m_2 - m_1) - (m_4 - m_3)}{V_s} \times 1\,000 \tag{11-26}$$

式中　Y——水样中含油量,mg/L;

m_1——测定水样所用空蒸发皿的质量,g;

m_2——蒸发皿与蒸发后油的总质量,g;

m_3——空白试验前蒸发皿的称量,g;

m_4——空白试验后蒸发皿的称量,g;

V_s——水样体积,L。

五、注意事项

(1)为了节约有机溶剂,所用四氯化碳应回收利用,回收的方法是将分液漏斗分出的四氯化碳先放在一个 200 mL 的蒸馏烧瓶内,然后将蒸馏烧瓶放在水浴锅上蒸发并用冷凝器收集被蒸发的四氯化碳,待烧瓶内剩下 20 mL 左右时,即停止蒸发,将烧瓶内残留的四氯化碳移入已称至恒重的蒸发皿内,再用 10 mL 四氯化碳清洗烧瓶,然后将洗液一齐加入蒸发皿内,继续进行油质测定。

(2)如果所取水样内混有较多的微粒杂质,则在四氯化碳萃取后,水和有机溶剂分层处不会出现明显的分液层,但仍可用干的滤纸过滤,因为干滤纸会很快吸干混杂层中的水珠,而使四氯化碳通过滤纸时并不影响测试结果。

(3)四氯化碳蒸气对人体有毒害,在操作时应尽量避免吸入,蒸发烘干时必须在通风橱内进行。

六、精密度

由 3 个实验室测定含量 2.0 mg/L 油的同一水样。

(一)重复性

实验室内最大相对标准偏差为 2.3%。

(二)再现性

实验室间最大测定相对标准偏差为 4.1%。

(三)相对误差

实验室间最大相对误差为 -1.2%。

第十五节　铁的测定(磺基水杨酸分光光度法)

一、概要

(1)先将水样中亚铁用过硫酸铵氧化成高价铁,在 pH 值为 9 ~ 11 的条件下,Fe^{3+} 与

磺基水杨酸生成黄色络合物,其反应为

$$3HO_3S-C_6H_3(OH)COOH + Fe^{3+} \longrightarrow [HO_3S-C_6H_3(OH)COO]_3Fe + 3H^+$$

此络合物最大吸收波长为425 nm。

(2)本法的测定范围为50～500 μg/L,测定结果为水样中的全铁。

(3)磷酸盐对本法测定无干扰,故本法也适用于测定锅水中的含铁量。

二、仪器

(1)分光光度计。

(2)50 mL比色管。

三、试剂

(1)优级纯浓盐酸(密度1.19 g/cm^3)。

(2)1 mol/L盐酸溶液。

(3)10%磺基水杨酸溶液。

(4)铁标准溶液:

①储备溶液(1 mL含0.1 mg Fe)。称取0.100 0 g纯铁丝,加入50 mL 1 mol/L的盐酸溶液,加热溶解后,加少量过硫酸铵,煮沸数分钟,移入1 L容量瓶中,用除盐水稀释至刻度,或称取0.863 4 g硫酸高铁铵($FeNH_4(SO_4)_2 \cdot 12II_2O$)溶丁50 mL(1 mol/L)盐酸溶液中,待全溶后转入容量瓶中,用除盐水稀释至刻度,以重量法标定其浓度。

②工作溶液(1 mL含10 μg Fe)。取上述储备液100 mL注入1 L容量瓶中,加入50 mL(1 mol/L)盐酸溶液,用除盐水稀释至刻度(此溶液不宜存放,应在使用时配制)。

四、测定方法

(一)工作曲线的绘制

(1)按表11-13取一组铁工作液注入一组50 mL比色管中,分别加入1 mL浓盐酸,用除盐水稀释至约40 mL。

表11-13 铁标准溶液的配制

编号	1	2	3	4	5	6	7	8	9
铁标准溶液(mL)	0	0.25	0.5	0.75	1.25	1.75	2.00	2.25	2.50
相当水样含铁量(μg/L)	0	50	100	150	250	350	400	450	500

(2)加4 mL磺基水杨酸,摇匀;加浓氨水约4 mL,摇匀,使pH值达9～11;用除盐水稀释至刻度。混匀后用分光光度计,波长为425 nm和30 nm比色皿,以除盐水作参比测定吸收度。将所测吸收度和相应的铁含量绘制工作曲线。

(二)水样测定

(1)将取样瓶用盐酸(1∶1)洗涤后,再用除盐水清洗三次,然后于取样瓶中加入浓盐

酸(每 500 mL 水样加浓盐酸 2 mL)直接取样。

(2)量取 50 mL 水样于 100 ~ 500 mL 的烧杯内,加入 1 mL 浓盐酸和约 10 mg 过硫酸铵,煮沸浓缩至约 20 mL,冷却后移至比色管中,并用少量除盐水清洗烧杯 2 ~ 3 次,洗液一并注入比色管中,但应使其总体积不大于 40 mL,按绘制工作曲线的手续进行发色,并在分光光度计上测定吸收度。根据测得的吸收度,查工作曲线即得水样中的含铁量。

五、本方法注释

(1)对有颜色的水样应增加过硫酸铵的加入量,并通过空白试验,扣除过硫酸铵的含铁量。过硫酸铵也可配成溶液使用,但由于其溶液不稳定,应在使用时配制。

(2)为了保证显色正常,应注意氨水浓度是否可靠。

(3)为了保证水样不受污染,取样瓶、烧杯、比色管等玻璃器皿,使用前均应用盐酸(1∶1)煮洗。

第十六节　酸碱标准溶液的配制与标定

一、试剂

(1)浓硫酸(密度 1.84 g/cm^3)。

(2)氢氧化钠饱和溶液:取上层澄清液使用。

(3)邻苯二甲酸氢钾(基准试剂)。

(4)无水碳酸钠(基准试剂)。

(5)10 g/L 酚酞指示剂(以乙醇为溶剂)。

(6)甲基红 - 亚甲基蓝指示剂。

(7)$c_{NaOH}=0.100\,0$ mol/L 的标准溶液。

二、标准溶液的配制与标定

(一)$c_{1/2H_2SO_4}=0.1$ mol/L 标准溶液的配制与标定

(1)配制。量取 3 mL 浓硫酸(密度 1.84 g/cm^3)缓缓注入 1 000 mL 蒸馏水(或除盐水)中,冷却、摇匀。

(2)标定。可用两种方法进行。

方法一:用无水碳酸钠方法标定。称取 0.2 g 于 270 ~ 300 ℃灼烧至恒重(精确到 0.000 2 g)的基准试剂无水碳酸钠,溶于 50 mL 水中,加 10 滴溴甲酚绿 - 甲基红指示液,用待标定的 $c_{1/2H_2SO_4}=0.1$ mol/L 标准溶液滴定至溶液由绿色变为暗红色,煮沸 2 min,加盖具钠石灰管的橡胶塞,冷却,继续滴定至溶液再呈暗红色。同时应做空白试验。

硫酸标准溶液的浓度按下式计算:

$$c_{1/2H_2SO_4}=\frac{m}{(V_1-V_2)\times 0.052\,99}\quad (\text{mol/L}) \tag{11-27}$$

式中 m——无水碳酸钠的质量,g;

V_1——滴定碳酸钠消耗硫酸标准溶液的体积,mL;

V_2——空白试验消耗硫酸标准溶液的体积,mL。

方法二:用 $c_{NaOH}=0.1000$ mol/L 标准溶液标定。量取20.00 mL待标定的0.1 mol/L硫酸($1/2H_2SO_4$)标准溶液,加60 mL不含二氧化碳的蒸馏水(或除盐水),加2滴10 g/L酚酞指示剂,用 $c_{NaOH}=0.1000$ mol/L 氢氧化钠标准溶液滴定,至溶液呈粉红色。

硫酸标准溶液的浓度按下式计算:

$$c_{H^+}=\frac{V_{1(OH^-)}\times c_{OH^-}}{V_{H^+}}\quad (mol/L) \tag{11-28}$$

式中 V_{H^+}——硫酸标准溶液的体积,mL;

c_{OH^-}——氢氧化钠标准溶液的浓度,mol/L;

$V_{1(OH^-)}$——消耗氢氧化钠标准溶液的体积,mL。

(二)$c_{1/2H_2SO_4}=0.05$ mol/L、0.01 mol/L 硫酸标准溶液的配制与标定

(1)配制 $c_{1/2H_2SO_4}=0.05$ mol/L 硫酸标准溶液,用 $c_{1/2H_2SO_4}=0.1$ mol/L 硫酸标准溶液准确地稀释至2倍制得;配制 $c_{1/2H_2SO_4}=0.01$ mol/L 硫酸标准溶液,用 $c_{1/2H_2SO_4}=0.1$ mol/L 硫酸标准溶液稀释至10倍制得。

(2)用 $c_{1/2H_2SO_4}=0.1$ mol/L 硫酸标准溶液配制的 $c_{1/2H_2SO_4}=0.05$ mol/L、$c_{1/2H_2SO_4}=0.01$ mol/L 硫酸标准溶液,其浓度可不标定(如要标定,可用相近浓度的氢氧化钠标准溶液进行标定),用计算得出。

(三)$c_{OH^-}=0.1$ mol/L 氢氧化钠标准溶液的配制与标定

(1)配制。取5 mL氢氧化钠饱和溶液,注入1 000 mL不含二氧化碳的蒸馏水(或除盐水)中,摇匀。

(2)标定。可用两种方法进行。

方法一:称取0.6 g于105~110 ℃烘干至恒重(精确到0.000 2 g)的基准邻苯二甲酸氢钾,溶于50 mL不含二氧化碳的蒸馏水(或除盐水)中,加2滴10 g/L的酚酞指示液,用待标定的 $c_{OH^-}=0.1$ mol/L 氢氧化钠溶液滴定至溶液呈粉红色并保持30 s,同时做空白试验。

注:标准色的配制:量取80 mL pH值为8.5的缓冲溶液,加2滴10 g/L的酚酞指示剂,摇匀。

氢氧化钠标准溶液的浓度按下式计算:

$$c_{NaOH}=\frac{m}{(V_1-V_2)\times 0.2042} \tag{11-29}$$

式中 V_1——滴定邻苯二甲酸氢钾消耗氢氧化钠溶液的体积,mL;

V_2——空白试验消耗氢氧化钠溶液的体积,mL;

m——邻苯二甲酸氢钾的质量,g;

0.204 2——1 mmol $KHC_8H_4O_4$ 的质量,g/mol。

方法二:取20.00 mL $c_{H^+}=0.1000$ mol/L 硫酸溶液,加60 mL不含二氧化碳的蒸馏

水(或除盐水),加2滴10 g/L的酚酞指示剂,用待标定的$c_{OH^-}=0.1$ mol/L氢氧化钠标准溶液滴定,近终点时加热至80 ℃继续滴定至溶液呈粉红色。

氢氧化钠标准溶液的浓度按下式计算:

$$c\,\mathrm{NaOH}=\frac{V_1\times c}{V} \tag{11-30}$$

式中　c——硫酸标准溶液的浓度,mol/L;

V_1——硫酸标准溶液的体积,mL;

V——消耗氢氧化钠溶液的体积,mL。

注:碱标准溶液放置时间不宜过长,最好每周标定一次。如发现已吸入二氧化碳时,需重新配制。检验有无二氧化碳进入碱标准溶液,可取一支清洁试管,加入其1/5体积的0.25 mol/L氯化钡溶液,加热至沸腾。将碱液注入其上部,盖上塞子,混匀,待10 min后观察,溶液呈浑浊或有沉淀时,则说明碱液中已进入二氧化碳。二氧化碳吸收管中的苏打石灰应定期更换。

(四)$c_{OH^-}=0.050$ mol/L氢氧化钠标准溶液的配制与标定

(1)配制。用$c_{NaOH}=0.100\ 0$ mol/L氢氧化钠标准溶液稀释至2倍制得。

(2)标定。用$c_{NaOH}=0.100\ 0$ mol/L氢氧化钠标准溶液配制的$c_{NaOH}=0.050$ mol/L氢氧化钠标准溶液,其浓度可不标定,而由计算得出。如需要标定,可用相近浓度的硫酸标准溶液进行标定。

(五)酸碱溶液浓度的调整

所配制的$c_{H^+}=0.1$ mol/L的酸标准溶液和$c_{OH^-}=0.1$ mol/L的碱标准溶液,其浓度经标定后,若不是0.100 0 mol/L,应根据使用要求,用加水或加浓酸、浓碱的方法进行浓度调整。其他酸、碱的调整也可参考此法。

(1)当已配标准溶液的浓度c大于0.1 mol/L时,需添加除盐水量按下式计算:

$$\Delta V_1=V\left(\frac{c}{0.1}-1\right) \tag{11-31}$$

式中　V——已配酸、碱标准溶液的体积,mL;

c——已配酸、碱标准溶液的浓度,mol/L;

0.1——需配酸、碱标准溶液的浓度,mol/L。

(2)当已配标准溶液的浓度c小于0.1 mol/L时,需添加浓酸和浓碱溶液量,可按下式计算:

$$\Delta V_2=\frac{V(0.1-c)}{c'-0.1} \tag{11-32}$$

式中　V——已配酸、碱标准溶液的体积,mL;

c'——浓碱或浓酸的浓度,mol/L。

调整浓度后的浓酸或浓碱标准溶液,其浓度还需按上述手续进行标定直到符合要求。

第十七节　乙二胺四乙酸二钠(1/2EDTA)标准溶液的配制与标定

一、试剂及配制

(1)乙二胺四乙酸二钠。

(2)氧化锌(基准试剂)。

(3)盐酸溶液(1+1)。

(4)氨水(1+9)。

(5)氨-氯化铵缓冲溶液。

二、标准溶液配制方法

(一)$c_{1/2EDTA}$=0.10 mol/L、0.02 mol/L 乙二胺四乙酸二钠标准溶液的配制与标定

(1)配制。$c_{1/2EDTA}$=0.10 mol/L 乙二胺四乙酸二钠标准溶液:称取20 g乙二胺四乙酸二钠溶于1 000 mL高纯水中,摇匀。

$c_{1/2EDTA}$=0.02 mol/L 乙二胺四乙酸二钠标准溶液:称取4 g乙二胺四乙酸二钠溶于1 000 mL高纯水中,摇匀。

(2)标定。$c_{1/2EDTA}$=0.10 mol/L 乙二胺四乙酸二钠标准溶液:称取在800 ℃±50 ℃灼烧至恒重的基准试剂氧化锌2 g(精确到0.000 2 g),用少许水湿润,加盐酸溶液(1+1)使氧化锌溶解,移入500 mL容量瓶中,稀释至刻度,摇匀。取20 mL,加80 mL除盐水,用氨水中和至pH值为7~8,加5 mL氨-氯化铵缓冲溶液(pH=10),加5滴5 g/L铬黑T指示剂,用0.10 mol/L乙二胺四乙酸二钠(1/2EDTA)溶液滴定至溶液由紫色变为蓝色,同时做空白试验。

$c_{1/2EDTA}$=0.02 mol/L 乙二胺四乙酸二钠标准溶液:称取0.4 g于800 ℃灼烧至恒重的基准氧化锌(精确到0.000 2 g),用少许水湿润,加盐酸溶液(1+1)使氧化锌溶解,移入500 mL容量瓶中,稀释至刻度,摇匀。取20 mL,加80 mL除盐水,用氨水中和至pH值为7~8,加5 mL氨-氯化铵缓冲溶液(pH=10),加5滴5 g/L铬黑T指示剂,用0.02 mol/L乙二胺四乙酸二钠(1/2EDTA)溶液滴定至溶液由紫色变为纯蓝色,同时做空白试验。

上述各乙二胺四乙酸二钠标准溶液的浓度按式(11-33)计算:

$$c_{1/2EDTA}=\frac{m}{(V_1-V_2)\times 40.698\,7} \tag{11-33}$$

式中　$c_{1/2EDTA}$——标定的乙二胺四乙酸二钠标准溶液的浓度,mol/L;

m——氧化锌的质量,g;

40.698 7——1/2 ZnO的摩尔质量,g/mol;

V_2——空白试验消耗所配EDTA标准溶液的体积,L。

(二)$c_{1/2EDTA}$=0.010 0 mol/L 乙二胺四乙酸二钠标准溶液的配制与标定

(1)配制。取$c_{1/2EDTA}$=0.100 0 mol/L 乙二胺四乙酸二钠标准溶液,准确地稀释10倍

制得。

(2)标定。用 $c_{1/2EDTA}=0.1000$ mol/L 乙二胺四乙酸二钠标准溶液配制的 $c_{1/2EDTA}=0.0100$ mol/L乙二胺四乙酸二钠标准溶液,其浓度可不标定,用计算得出。

(三)$c_{1/2EDTA}=0.0010$ mol/L 乙二胺四乙酸二钠标准溶液的配制与标定

(1)配制。取 $c_{1/2EDTA}=0.1000$ mol/L 乙二胺四乙酸二钠标准溶液,准确地稀释 100 倍制得。

(2)标定。用 $c_{1/2EDTA}=0.1000$ mol/L 乙二胺四乙酸二钠标准溶液配制的 $c_{1/2EDTA}=0.0010$ mol/L乙二胺四乙酸二钠标准溶液,其浓度可不标定,用计算得出。

第十二章　工业锅炉能效测试

第一节　能效测试的目的和方法

锅炉能效测试是对锅炉在稳定(正常燃烧状态下)工况下,测定其各种热工性能参数,从而对锅炉能效状况做出判断。

一、锅炉能效测试的目的

(1)锅炉制造厂对锅炉产品的技术性能鉴定测试,或用户对新安装锅炉的验收,校核实际性能是否符合设计指标。

(2)燃用不同品种燃料的热效率专题测试,以确定锅炉的燃料适应范围。

(3)查明各项损失的分配,以明确改进的锅炉设计及运行方面的措施。

(4)锅炉使用单位通过不同运行方式的热效率测试,总结经验,以确定最佳运行方式,为编制运行操作规程提供合理的依据。

(5)锅炉大修前后或技术改造前后的运行热效率对比测试,以查明技术改造的效果。

(6)锅炉节能产品及创优产品的热工性能复测。

(7)锅炉实际运行效率的测试。

二、锅炉能效测试的方法及定义

锅炉能效测试方法分为锅炉定型产品热效率测试、锅炉运行工况热效率详细测试、锅炉运行工况热效率简单测试三种。

锅炉定型产品热效率测试是为评价工业锅炉产品在额定工况下能效状况而进行的热效率测试。

锅炉运行工况热效率详细测试是为评价工业锅炉在实际运行参数下能效状况或者进行节能诊断而进行的热效率测试。

锅炉运行工况热效率简单测试是对在用工业锅炉进行主要参数的简单测试,用于快速判定锅炉实际运行能效状况。

第二节　能效测试的基本要求

一、能效测试工作程序

能效测试工作程序一般包括编制测试大纲、现场测试、测试数据计算与分析。

（一）编制测试大纲

测试大纲是按照测试任务和制造单位提供的相关资料，结合测试现场查看的情况，根据检测单位所具有的测试仪表和测试人员配置情况编制测试大纲。测试大纲至少应包括的内容：

（1）测试任务、目的与要求。

（2）根据测试任务确定测量项目。

（3）测点布置与所需仪表。

（4）人员组织与分工。

（5）测试工作程序。

（二）学习测试大纲

在测试工作开展前，测试机构应组织测试人员学习测试大纲，让每个测试人员了解自己的工作岗位和测试要求。测试人员应根据测试大纲的要求开设测点，配齐测试仪表并对仪表进行测试前的核查。

（三）对被测锅炉及其系统进行检查

在测试现场，测试前需对锅炉及系统进行检查，其目的是确定被测锅炉及系统运行是否正常，是否符合测试条件，以保证测试结果的正确性。

（四）预备性试验

为了全面检查测试仪表是否正常工作，熟悉操作程序及测试人员的相互配合程度等。其中，人员的配合尤其重要，因为测试时可能有多方人员在场，如测试机构人员、制造商、用户等，大家相互不了解，没有一起工作的经验，因此进行预备性试验可以消除这些测试工作中的隐患。

（五）现场测试

现场测试是整个测试工作中的最重要部分，其工作的好坏决定了测试工作成功与否，因此测试时应严格按照测试大纲和测试标准的要求进行，根据测试标准做好数据记录和样品的采样工作。

（六）测试完成后的检查

测试完成后需对整个测试现场做一个全面检查，其目的是检查测试过程中及完成后设备和仪表工作是否都处于正常状态，数据是否有效。检查包括锅炉本体、锅炉汽水系统、锅炉烟风系统、配套辅机，以及所有的测试仪表。

（七）编写测试报告

根据现场的测试数据和化验数据，按照测试标准要求进行计算与分析，编写测试报告。

二、测试人员

测试工作负责人员应当由具有测试经验的专业人员担任。测试过程中的具体工作人员不宜变动。

三、测试仪器、仪表

（1）测试使用的仪器、仪表均应符合测试标准所规定的精度要求，在检定或校准的有

效期内,并有具备法定计量部门出具的检定合格证或检定印记;

(2)按照测试大纲中测点布置的要求进行安装。

第三节　工业锅炉能效测试分类

锅炉能效测试主要执行《锅炉节能环保技术规程》(TSG 91—2021)、《工业锅炉热工性能试验规程》(GB/T 10180—2017)等法规标准。

下面先介绍锅炉热平衡和锅炉热效率的基本概念。

一、锅炉热平衡和锅炉热效率

锅炉热平衡是指输入锅炉的热量等于锅炉的有效利用热加各项热损失。

(一)锅炉热平衡的组成

在1 kg固体、液体燃料或1 m^3气体燃料为单位的条件下,燃料带入炉内的热量及锅炉有效利用热量和热损失量之间的关系式称为热平衡方程式。热平衡方程可以写成

$$Q_r = Q_1 + Q_2 + Q_3 + Q_4 + Q_5 + Q_6 \tag{12-1}$$

式中　Q_r——1 kg(或1 m^3)燃料带入锅炉的热量或输入热量,kJ/kg(或kJ/m^3);

Q_1——锅炉有效利用热量或输出热量,kJ/kg;

Q_2——排烟热损失,kJ/kg;

Q_3——气体未完全燃烧热损失,kJ/kg;

Q_4——固体未完全燃烧热损失,kJ/kg;

Q_5——锅炉的散热损失,kJ/kg;

Q_6——灰渣的物理热损失及冷却水热损失,kJ/kg。

若以锅炉输入热量的百分率来表示,则可得下式:

$$q_1 + q_2 + q_3 + q_4 + q_5 + q_6 = 100\% \tag{12-2}$$

式中　q_1——锅炉有效利用热百分数,$\frac{Q_1}{Q_r}$;

q_2——排烟热损失百分数,$\frac{Q_2}{Q_r}$;

q_3——气体未完全燃烧热损失百分数,$\frac{Q_3}{Q_r}$;

q_4——固体未完全燃烧热损失百分数,$\frac{Q_4}{Q_r}$;

q_5——锅炉的散热损失百分数,$\frac{Q_5}{Q_r}$;

q_6——灰渣的物理热损失百分数,$\frac{Q_6}{Q_r}$。

(二)锅炉热效率

锅炉热效率是指同一时间内锅炉有效利用热量与输入热量的百分比。根据热平衡原

理,锅炉的热效率可以通过正、反平衡两种测量方法得出。

(1)正平衡法:直接测量输入热量和输出热量来确定效率的方法。

(2)反平衡法:通过测定各种燃烧产物热损失和锅炉散热损失来确定效率的方法。

二、锅炉热效率测试方法

本节重点介绍锅炉定型产品热效率测试和锅炉运行工况热效率简单测试两种测试方法。

(一)锅炉定型产品热效率测试

锅炉定型产品热效率测试是指为评价工业锅炉产品在额定工况下能效状况而进行的热效率测试,测试方法如下:

(1)对手烧锅炉、下饲式锅炉、电加热锅炉,可采用正平衡法测量锅炉热效率。

(2)对额定蒸发量(额定热功率)大于或等于 10 t/h(7 MW)的燃烧固体燃料锅炉和垃圾焚烧锅炉,可采用反平衡法测量锅炉热效率。

(3)对锅炉热平衡系统边界内发生烟气冷凝且热量回收利用的锅炉试验时,锅炉本体部分应采用正反平衡测量法,冷凝段部分可仅采用正平衡测量法,然后计算锅炉热效率。

(4)其余锅炉均应当同时采用正平衡法与反平衡法进行测试。

(二)锅炉运行工况热效率简单测试

锅炉运行工况热效率简单测试是在锅炉实际运行工况下,通过对基本参数的测试,并查表运用相关经验数据,对锅炉的实际运行效率做快速的判定。

1. 测试条件

进行锅炉运行工况热效率简单测试应具备以下条件:

(1)锅炉能够在设计工况范围内处于安全、热工况稳定的运行状态。

(2)辅机运行正常,系统不存在跑、冒、滴、漏现象。

(3)测试期间应使用同一品种和质量的燃料。

(4)锅炉及辅机系统各测点布置应满足测试大纲的要求。

2. 测试项目

锅炉运行工况热效率简单测试包括以下项目:

(1)排烟温度;

(2)排烟处过量空气系数;

(3)排烟处含量;

(4)入炉冷空气温度;

(5)飞灰可燃物含量;

(6)漏煤可燃物含量;

(7)炉渣可燃物含量;

(8)燃料收到基低位发热量和收到基灰分;

(9)测试开始和结束的时间。

附　录

附录1　锅炉水处理作业人员(G3)考核大纲

第一条　为了规范锅炉水处理作业人员(G3)考核工作，根据《中华人民共和国特种设备安全法》《特种设备安全监察条例》《锅炉水处理作业人员监督管理办法》,制定本大纲。

第二条　本大纲适用于国家市场监督管理总局制定发布的《特种设备作业人员资格认定分类与项目》范围内锅炉水处理作业人员(G3)资格的考核工作。

第三条　锅炉水处理作业人员(G3)应当按照本大纲的要求，取得《特种设备作业人员证》后,方可从事锅炉水处理作业活动。

第四条　锅炉水处理作业人员(G3)申请人应当符合下列条件:

(一)年龄18周岁以上且不超过60周岁,并且具有完全民事行为能力;

(二)无妨碍从事作业的疾病和生理缺陷(视力无色盲);

(三)具有中专或者高中以上(含中专或者高中)学历;

(四)具有相应的锅炉基础知识、专业知识、法规标准知识，具备相应的实际操作技能。

第五条　锅炉水处理作业人员(G3)申请人应当向工作所在地或者户籍(户口或者居住证)所在地的发证机关提交下列申请资料:

(一)《特种设备作业人员资格申请表》(1份);

(二)近期2寸正面免冠白底彩色照片(2张);

(三)身份证明(复印件1份);

(四)学历证明(复印件1份);

(五)体检报告(1份)。

锅炉水处理作业人员(G3)申请人也可通过发证机关指定的网上报名系统填报申请，并且附前款要求提交的资料的扫描文件(PDF或者JPG格式)。

第六条　锅炉水处理作业人员(G3)的考试包括理论知识考试和实际操作技能考试，理论知识考试应当采用“机考化”考试,实际操作技能考试采用实际操作的方式(具体考试内容见本大纲附件A、附件B)。

考试实行百分制,单科成绩达到70分为合格;每科均合格,评定为考试合格。

第七条　锅炉水处理作业人员(G3)理论知识考试各部分内容所占比例如下:

(一)基础知识占20%;

(二)专业知识占75%(其中,水处理专业知识占50%,安全管理知识占15%,节能与环保知识占 10%）；

（三）法规标准知识占 5%。

理论知识考试，考试题型包含判断题、选择题，考试题目数量为 100 题，考试时间为 60 分钟。

第八条　锅炉水处理作业人员（G3）实际操作技能考试各部分内容所占比例如下：

（一）水质分析操作占 50%；

（二）水处理设备操作占 40%；

（三）水处理设备故障排除占 10%。

第九条　本大纲由国家市场监督管理总局负责解释。

第十条　本大纲自 2019 年 6 月 1 日起施行。

附件 A

锅炉水处理作业人员(G3)理论知识考试内容

A1 基础知识

A1.1 锅炉基础知识

(1)锅炉的分类、结构及工作原理;

(2)锅炉燃烧、传热知识及与锅炉水处理的关系;

(3)锅炉水、汽取样装置及取样要求,取样冷却器的设置要求;

(4)锅炉排污的目的、方式、要求和排污量的计算。

A1.2 化学基础知识

(1)物质的量、酸、碱、盐、氧化物、络合物、浓度、溶解度、电解与电离、氧化与还原等基本概念;

(2)化学反应与化学方程式、化学平衡与平衡常数;

(3)缓冲溶液、溶度积原理;

(4)水的离子积常数、pH 的概念;

(5)浓度的基本计算。

A1.3 分析化验基础知识

(1)化验室建设与化验室管理;

(2)化验分析的一般知识及其基本操作;

(3)化验室常用仪器、仪表、设备;

(4)化验室用水要求;

(5)溶液配制与浓度计算;

(6)分析计算与数据处理;

(7)容量分析法;

(8)重量分析法;

(9)仪器分析法;

(10)光度法;

(11)电化学分析方法。

A2 水处理专业知识

A2.1 专业基础知识

(1)天然水中的杂质及其特点;

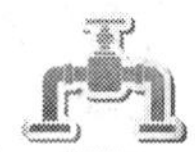

(2)锅炉水处理工作的目的及其意义；
(3)锅炉用水的主要指标及其各项指标控制的意义；
(4)锅炉水处理方法的选择原则及其对水质的要求。

A2.2　锅内水处理

(1)锅内水质处理的原理、特点及其适用范围；
(2)加碱性药剂进行水处理的原理及其加药量的计算；
(3)加磷酸盐进行处理的原理及其加药量的计算；
(4)锅内加药常用方法、设备类型及其使用操作。

A2.3　锅外水处理

A2.3.1　原水预处理的目的及其常用方法
A2.3.2　水的沉淀(澄清)处理(注 E－3)
(1)胶体化学基础；
(2)水的混凝处理；
(3)水的沉淀软化；
(4)沉降原理；
(5)沉淀(澄清)处理系统及其设备。
A2.3.3　水的过滤处理(注 E－3)
(1)水的过滤过程；
(2)滤池、过滤器；
(3)滤料；
(4)其他过滤方式。
A2.3.4　离子交换处理
(1)离子交换剂的分类；
(2)离子交换树脂的命名(注 E－3)；
(3)离子交换树脂的性能及选用原则；
(4)新离子交换树脂的处理和贮存(注 E－3)；
(5)树脂的变质、污染、复苏和报废；
(6)离子交换树脂装填量、再生剂用量、周期制水量、盐耗等计算；
(7)离子交换原理(注 E－3)；
(8)离子交换平衡(注 E－3)；
(9)离子交换速度(注 E－3)；
(10)钠离子交换软化处理基本原理(注 E－4)；
(11)离子交换软化和降碱处理的方法、原理及要求(注 E－4)；
(12)一级复床除盐；
(13)一级除盐＋混合床除盐(注 E－3)；
(14)提高离子交换除盐经济性的措施(注 E－3)；

(15)固定床离子交换设备;
(16)连续床离子交换设备(注 E-3);
(17)除碳器(注 E-3);
(18)混合离子交换器(注 E-3);
(19)离子交换的辅助设备(注 E-3);
(20)常用离子交换器的运行操作(注 E-3);
(21)离子交换器常见的故障及其消除方法;
(22)自动控制钠离子交换器的设置方法及故障处理(注 E-4);
(23)离子交换系统以及设备的防腐(注 E-3)。

A2.3.5 膜处理(注 E-3)

(1)膜的预处理;
(2)反渗透(RO);
(3)电除盐(EDI);
(4)水的其他除盐方法。

A2.3.6 凝结水的处理(注 E-3)

(1)凝结水的污染;
(2)凝结水的过滤;
(3)凝结水的混床精处理;
(4)凝结水处理的主要设备和系统。

A2.4 化学废水处理系统和设备(注 E-3)

A2.5 汽水系统金属的腐蚀及其防止

(1)腐蚀的定义、分类以及原理;
(2)影响金属腐蚀的因素及防止措施;
(3)物理除氧、化学除氧方法及设备;
(4)直流锅炉给水加氧处理(注 E-3);
(5)锅炉水侧金属的腐蚀及其防止(注 E-3);
(6)蒸汽系统的腐蚀(注 E-3)。

A2.6 锅炉的结垢及其防止

(1)水垢和水渣;
(2)水垢的种类、性质以及鉴别方法;
(3)水垢的危害;
(4)水垢的形成及其防止;
(5)常用的除垢方法及其适用条件和要求;
(6)易溶盐"隐藏"现象(注 E-3);
(7)锅炉水的磷酸盐处理(注 E-3);

(8)锅炉水的氢氧化钠处理(注 E－3)。

A2.7 锅炉的蒸汽污染、积盐及其防止(注 E－3)

(1)蒸汽的污染;
(2)蒸汽流程中的盐类沉积物;
(3)获得清洁蒸汽的方法;
(4)过热器反冲洗。

A2.8 锅炉的水汽质量监督(注 E－3)

(1)热力系统水汽理化过程;
(2)水汽质量劣化时的处理;
(3)锅炉的热化学试验和热力系统汽水查定;
(4)凝汽器漏水率的测定方法;
(5)锅炉割管检查结垢、腐蚀状况的方法。

A2.9 锅炉的化学清洗和停用保护

(1)锅炉化学清洗的条件、一般工艺过程、清洗质量的要求;
(2)锅炉停用保护常用方法及选择;
(3)锅炉启动时水处理操作和化学监督(注 E－3)。

A2.10 大型仪器分析方法(注 E－3)

A3 安全管理知识

A3.1 锅炉使用安全管理

(1)锅炉注册登记时对水处理的要求;
(2)水处理人员持证上岗要求;
(3)日常运行化验记录的要求;
(4)锅炉水质定期检验的要求;
(5)事故应急处置措施和预案。

A3.2 自身安全管理

(1)防止触电;
(2)防止烫伤;
(3)避免误操作;
(4)消防安全。

A3.3 化学试剂安全管理

(1)有毒、有害、易制毒化学试剂的使用及安全管理;

(2)易挥发、易燃、易爆试剂的使用及安全管理;
(3)避免化学伤害及应急处置措施(吸入、入眼、灼伤、中毒等)。

A4 节能与环保知识

(1)锅炉水处理节能减排的主要措施;
(2)锅炉结垢和除垢对锅炉传热及能耗的影响;
(3)锅炉冷凝水回用的优点、方法、注意事项;
(4)锅炉排污率对能耗的影响,降低排污率的措施;
(5)水处理系统运行废液及锅炉化学清洗废液对环保的影响及其处理。

A5 法规标准知识

(1)《中华人民共和国特种设备安全法》;
(2)《特种设备安全监察条例》;
(3)《特种设备作业人员监督管理办法》;
(4)《特种设备使用管理规则》;
(5)《锅炉安全技术监察规程》;
(6)《锅炉节能技术监督管理规程》;
(7)《锅炉水处理监督管理规则》;
(8)《锅炉水处理检验规则》;
(9)《锅炉化学清洗规则》;
(10)其他相关法律、法规、技术标准。

附件 B

锅炉水处理作业人员(G3)实际操作技能考试内容

B1 水质分析操作

(1)化学试剂标准滴定溶液的制备，包括 H_2SO_4、EDTA、$Na_2S_2O_3 \cdot 5H_2O$、NaOH、$KMnO_4$、碘标准溶液等；
(2)水样的采集；
(3)pH 的测定；
(4)氯化物的测定；
(5)电导率的测定；
(6)硬度的测定；
(7)酸度、碱度的测定；
(8)浊度的测定；
(9)油的测定；
(10)溶解氧的测定；
(11)磷酸盐的测定；
(12)亚硫酸盐的测定；
(13)铜、铁、钠、二氧化硅、联氨等的测定。

B2 水处理设备操作

(1)各种离子交换设备的反洗、置换、正洗、运行制水操作,膜装置的运行及其反洗操作；
(2)锅内加药操作；
(3)除碳器的运行操作；
(4)除氧器的运行操作。

B3 水处理设备故障排除

(1)离子交换设备出力降低，周期制水量减少；
(2)运行或反洗过程交换剂流失；
(3)软化或除盐过程中,出水达不到要求；
(4)软化水氯离子含量增加。
注 E－3:仅适用于电站锅炉。
注 E－4:仅适用于工业锅炉。

附录2　工业锅炉水质

(GB/T 1576—2018　　2018年12月1日起实施)

1　范围

本标准规定了工业锅炉运行时给水、锅水、蒸汽回水以及补给水的水质要求。

本标准适用于额定出口蒸汽压力小于3.8 MPa,且以水为介质的固定式蒸汽锅炉、汽水两用锅炉和热水锅炉。

本标准不适用于铝材制造的锅炉。

2　规范性引用文件

下列文件对于本文件的应用是必不可少的。凡是注日期的引用文件,仅注日期的版本适用于本文件。凡是不注日期的引用文件,其最新版本(包括所有的修改单)适用于本文件。

GB/T 601　化学试剂　标准滴定溶液的制备

GB/T 603　化学试剂　试验方法中所用制剂及制品的制备

GB/T 6682　分析实验室用水规格和试验方法

GB/T 6903　锅炉用水和冷却水分析方法　通则

GB/T 6904　工业循环冷却水及锅炉用水中pH的测定

GB/T 6907　锅炉用水和冷却水分析方法　水样的采集方法

GB/T 6908　锅炉用水和冷却水分析方法　电导率的测定

GB/T 6909　锅炉用水和冷却水分析方法　硬度的测定

GB/T 6913　锅炉用水和冷却水分析方法　磷酸盐的测定

GB/T 12145　火力发电机组及蒸汽动力设备水汽质量

GB/T 12151　锅炉用水和冷却水分析方法　浊度的测定(福马麟浊度)

GB/T 12152　锅炉用水和冷却水中油含量的测定

GB/T 12157　工业循环冷却水和锅炉用水中溶解氧的测定

GB/T 13689　工业循环冷却水和锅炉用水中铜的测定

GB/T 14415　工业循环冷却水和锅炉用水中固体物质的测定

GB/T 14427　锅炉用水和冷却水分析方法　铁的测定

GB/T 15453　工业循环冷却水和锅炉用水中氯离子的测定

GB/T 15893.1　工业循环冷却水中浊度的测定　散射光法

GB/T 29340　锅炉用水和冷却水分析方法　氯化物的测定　硫氰化铵滴定法

DL/T 502.1　火力发电厂水汽分析方法　第1部分:总则

DL/T 502.25　火力发电厂水汽分析方法　第25部分:全铁的测定

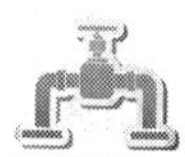

3　术语和定义

下列术语和定义适用于本文件。

3.1　原水 raw water

锅炉补给水的水源水。

3.2　软化水 softened water

除掉全部或大部分钙、镁离子后的水。

3.3　除盐水 desalted water

利用各种水处理工艺,除去悬浮物、胶体和阴、阳离子等水中杂质后,所得到的成品水。

注:本标准中的除盐水主要指经反渗透或反渗透加离子交换处理的水。

3.4　补给水 make – up water

用来补充锅炉及供热系统汽、水损耗的水。

3.5　给水 boiler feed water

直接进入锅炉的水,通常由补给水、回水和疏水等组成。

3.6　锅水 boiler water

锅炉运行时,存在于锅炉中并吸收热量产生蒸汽或热水的水。

3.7　蒸汽锅炉回水 back water

蒸汽锅炉产生的蒸汽做功或热交换冷凝后返回到锅炉给水中的水。

3.8　天然碱度法 water treatment by natural occurring alkalinity in raw water

当原水中碱度大于硬度 1 mmol/L 以上,仅靠原水中的碱度及合理的排污就能够有效避免或减缓锅炉结垢、腐蚀的水处理方法。

3.9　锅内水处理 internal treatment

通过投加药剂、部分软化或天然碱度法等处理,并结合合理排污,防止或减缓锅炉结垢、腐蚀等的水处理方法。

3.10　锅外水处理 external treatment

原水在进入锅炉前,将其中对锅炉运行有害的杂质经过必要的工艺进行处理的水处理方法。

4 水质标准

4.1 通则

4.1.1 水质指标中硬度和碱度计量单位均以一价离子为基本单元。

4.1.2 溶解氧指标均为经过除氧处理后的控制指标。

4.1.3 锅水中的电导率和溶解固形物可选其中之一作为锅水浓度的控制指标。

4.1.4 锅水中的亚硫酸根指标适用于加亚硫酸盐作除氧剂的锅炉,磷酸根指标适用于以磷酸盐作阻垢剂的锅炉。

4.1.5 停(备)用锅炉启动时,8 h 内或者锅水浓缩 10 倍后锅水的水质应达到本标准的要求。

4.2 采用锅外水处理的自然循环蒸汽锅炉和汽水两用锅炉水质

4.2.1 采用锅外水处理的自然循环蒸汽锅炉和汽水两用锅炉的给水和锅水水质应符合附表 2-1 的规定。

4.2.2 对于供汽轮机用汽的锅炉,蒸汽质量按照 GB/T 12145 中额定蒸汽压力 3.8 ~5.8 MPa 锅筒炉标准执行。

4.2.3 额定蒸发量大于或等于 10 t/h 的锅炉,给水应除氧;额定蒸发量小于 10 t/h 的锅炉如果发现局部氧腐蚀,也应采取除氧措施。

4.3 采用锅内水处理的自然循环蒸汽锅炉和汽水两用锅炉水质

4.3.1 额定蒸发量小于或等于 4 t/h,并且额定蒸汽压力小于或等于 1.0 MPa 的自然循环蒸汽锅炉和汽水两用锅炉可以采用单纯锅内加药、部分软化或天然碱度法等水处理方式,但应保证受热面平均结垢速率不大于 0.5 mm/a,其给水和锅水水质应符合附表 2-2 的规定。

4.3.2 采用加药处理的锅炉,其加药后的汽、水质量不得影响生产和生活。

4.4 贯流和直流蒸汽锅炉水质

4.4.1 贯流和直流蒸汽锅炉给水和锅水水质应符合附表 2-3 的规定。

4.4.2 贯流蒸汽锅炉汽水分离器中返回到下集箱的疏水量,应保证锅水符合本标准;直流蒸汽锅炉汽水分离器中返回到除氧热水箱的疏水量,应保证给水符合本标准。

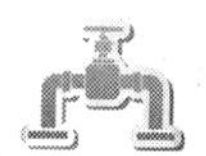

附表 2-1　采用锅外水处理的自然循环蒸汽锅炉和汽水两用锅炉水质

水样	额定蒸汽压力(MPa)		$p\leq1.0$		$1.0<p\leq1.6$		$1.0<p\leq2.5$		$2.5<p\leq3.8$	
	补给水类型		软化水	除盐水	软化水	除盐水	软化水	除盐水	软化水	除盐水
给水	浊度 FTU		≤5.0							
	硬度(mmol/L)		≤0.03							$\leq5\times10^{-3}$
	pH(25 ℃)		7.0~10.5	8.5~10.5	7.0~10.5	8.5~10.5	7.0~10.5	8.5~10.5	7.5~10.5	8.5~10.5
	电导率(25 ℃)(μS/cm)		—		$\leq5.5\times10^2$	$\leq1.1\times10^2$	$\leq5.0\times10^2$	$\leq1.0\times10^2$	$\leq3.5\times10^2$	≤80.0
	溶解氧[a](mg/L)		≤0.10		≤0.050					
	油(mg/L)		≤2.0							
	铁(mg/L)		≤0.30					≤0.10		
锅水	全碱度[b](mmol/L)	无过热器	4.0~26.0	≤26.0	4.0~24.0	≤24.0	4.0~16.0	≤16.0	≤12.0	
		有过热器	—		≤14.0		≤12.0			
	酚酞碱度(mmol/L)	无过热器	2.0~18.0	≤18.0	2.0~16.0	≤16.0	2.0~12.0	≤12.0	≤10.0	
		有过热器	—		≤10.0					
	pH(25 ℃)		10.0~12.0						9.0~12.0	9.0~11.0
	电导率(25 ℃)(μS/cm)	无过热器	$\leq6.4\times10^3$		$\leq5.6\times10^3$		$\leq4.8\times10^3$		$\leq4.0\times10^3$	
		有过热器	—	—	$\leq4.8\times10^3$		$\leq4.0\times10^3$		$\leq3.2\times10^3$	
	溶解固形物(mg/L)	无过热器	$\leq4.0\times10^3$		$\leq3.5\times10^3$		$\leq3.0\times10^3$		$\leq2.5\times10^3$	
		有过热器	—		$\leq3.0\times10^3$		$\leq2.5\times10^3$		$\leq2.0\times10^3$	
	磷酸根(mg/L)		—	10~30					5~20	
	亚硫酸根(mg/L)		—		10~30				5~10	
	相对碱度		<0.2							

注：1. 对于额定蒸发量小于或等于 4 t/h，且额定蒸汽压力小于或等于 1.0 MPa 的锅炉，电导率和溶解固形物指标可执行附表 2-2。

2. 额定蒸汽压力小于或等于 2.5 MPa 的蒸汽锅炉，补给水采用除盐处理，且给水电导率小于 10 μS/cm 的，可控制锅水 pH 值(25 ℃)下限不低于 9.0、磷酸根下限不低于 5 mg/L。

a. 对于供汽轮机用汽的锅炉给水溶解氧应小于或等于 0.05 mg/L。

b. 对蒸汽质量要求不高，并且无过热器的锅炉，锅水全碱度上限值可适当放宽，但放宽后锅水的 pH(25 ℃)不应超过上限。

附表 2-2　采用锅内水处理的自然循环蒸汽锅炉和汽水两用锅炉水质

水样	项目	标准值
给水	浊度 FTU	≤20.0
	硬度(mmol/L)	≤4
	pH(25 ℃)	7.0～10.5
	油(mg/L)	≤2.0
	铁(mg/L)	≤0.30
锅水	全碱度(mmol/L)	8.0～26.0
	酚酞碱度(mmol/L)	6.0～18.0
	pH(25 ℃)	10.0～12.0
	电导率(25 ℃)(μS/cm)	$\leq 8.0\times10^{3}$
	溶解固形物(mg/L)	$\leq 5.0\times10^{3}$
	磷酸根(mg/L)	10～50

附表 2-3　贯流和直流蒸汽锅炉水质

水样	锅炉类型	贯流蒸汽锅炉			直流蒸汽锅炉		
	额定蒸汽压力(MPa)	$p\leq1.0$	$1.0<p\leq2.5$	$2.5<p<3.8$	$p\leq1.0$	$1.0<p\leq2.5$	$2.5<p<3.8$
	补给水类型	软化或除盐水			软化或除盐水		
给水	浊度 FTU	≤5.0			—		
	硬度(mmol/L)	≤0.03		$\leq5\times10^{-3}$	≤0.03		$\leq5\times10^{-3}$
	pH(25 ℃)	7.0～9.0			10.0～12.0		9.0～12.0
	溶解氧(mg/L)	≤0.50			≤0.50		
	油(mg/L)	≤2.0			≤2.0		
	铁(mg/L)	≤0.30		≤0.10	—		
	全碱度(mmol/L)	—			4.0～16.0	4.0～12.0	≤12.0
	酚酞碱度(mmol/L)	—			2.0～12.0	2.0～10.0	≤10.0
	电导率(25 ℃)(μS/cm)	$\leq4.5\times10^{2}$	$\leq4.0\times10^{2}$	$\leq3.0\times10^{2}$	$\leq5.6\times10^{3}$	$\leq4.8\times10^{3}$	$\leq4.0\times10^{3}$
	溶解固形物(mg/L)	—			$\leq3.5\times10^{3}$	$\leq3.0\times10^{3}$	$\leq2.5\times10^{3}$
	磷酸根(mg/L)	—			10～50		5～30
	亚硫酸根(mg/L)	—			10～50	10～30	10～20

续附表 2-3

水样	锅炉类型	贯流蒸汽锅炉			直流蒸汽锅炉		
	额定蒸汽压力(MPa)	$p\leq1.0$	$1.0<p\leq2.5$	$2.5<p<3.8$	$p\leq1.0$	$1.0<p\leq2.5$	$2.5<p<3.8$
	补给水类型	软化或除盐水			软化或除盐水		
锅水	全碱度(mmol/L)	2.0~16.0	2.0~12.0	≤12.0	—		
	酚酞碱度(mmol/L)	1.6~12.0	1.6~10.0	≤10.0	—		
	pH(25 ℃)	10.0~12.0			—		
	电导率(25 ℃)(μS/cm)	$\leq4.8\times10^3$	$\leq4.0\times10^3$	$\leq3.2\times10^3$	—		
	溶解固形物(mg/L)	$\leq3.0\times10^3$	$\leq2.5\times10^3$	$\leq2.0\times10^3$	—		
	磷酸根(mg/L)	10~50		10~20	—		
	亚硫酸根(mg/L)	10~50	10~30	10~20	—		

注:1. 直流锅炉给水取样点可设定在除氧热水箱出口处。
2. 直流蒸汽锅炉给水溶解氧≤0.05 mg/L 的,给水 pH 下限可放宽至9.0。
3. 补给水采用除盐处理,且电导率小于10 μS/cm 时,贯流锅炉的锅水和额定蒸汽压力不大于2.5 MPa 的直流锅炉给水也可控制 pH(25 ℃)下限不低于9.0、磷酸根下限不低于5 mg/L。

4.5　蒸汽锅炉回水

4.5.1　蒸汽锅炉回水水质宜符合附表 2-4 的规定。

4.5.2　回水用作锅炉给水应当保证给水质量符合本标准相应的规定。

4.5.3　应根据回水可能受到的污染介质,增加必要的检测项目。

附表 2-4　蒸汽锅炉回水水质

硬度(mmol/L)	铁(mg/L)		铜(mg/L)		油(mg/L)	
标准值	期望值	标准值	期望值	标准值	期望值	标准值
≤0.06	≤0.03	≤0.60	≤0.30	≤0.10	≤0.050	≤2.0

注:回水系统中不含铜材质的,可以不测铜。

4.6　热水锅炉水质

4.6.1　热水锅炉补给水和锅水水质应符合附表 2-5 的规定。

4.6.2　对于有锅筒(壳),且额定功率小于或等于4.2 MW 承压热水锅炉和常压热水锅炉,可采用单纯锅内加药、部分软化或天然碱度法等水处理,但应保证受热面平均结垢速率不大于0.5 mm/a。

4.6.3　额定功率大于或等于7.0 MW 的承压热水锅炉应除氧,额定功率小于7.0 MW 的承压热水锅炉,如果发现氧腐蚀,需采用除氧、提高 pH 或加缓蚀剂等防腐措施。

4.6.4　采用加药处理的锅炉,加药后的水质不得影响生产和生活。

附表 2-5 热水锅炉水质

<table>
<tr><td colspan="2" rowspan="3">水样</td><td colspan="2">额定功率(MW)</td></tr>
<tr><td>≤4.2</td><td>不限</td></tr>
<tr><td>锅内水处理</td><td>锅外水处理</td></tr>
<tr><td rowspan="5">补给水</td><td>硬度(mmol/L)</td><td>≤6[a]</td><td>≤0.6</td></tr>
<tr><td>pH(25 ℃)</td><td colspan="2">7.0~11.0</td></tr>
<tr><td>浊度 FTU</td><td>≤20.0</td><td>≤5.0</td></tr>
<tr><td>铁(mg/L)</td><td colspan="2">≤0.30</td></tr>
<tr><td>溶解氧(mg/L)</td><td colspan="2">≤0.10</td></tr>
<tr><td rowspan="6">锅水</td><td>pH(25 ℃)</td><td colspan="2">9.0~12.0</td></tr>
<tr><td>磷酸根(mg/L)</td><td>10~50</td><td>5~50</td></tr>
<tr><td>铁(mg/L)</td><td colspan="2">≤0.50</td></tr>
<tr><td>油(mg/L)</td><td colspan="2">≤2.0</td></tr>
<tr><td>酚酞碱度(mmol/L)</td><td colspan="2">≥2.0</td></tr>
<tr><td>溶解氧(mg/L)</td><td colspan="2">≤0.50</td></tr>
</table>

注:[a]使用与结垢物质作用后不生成固体不溶物的阻垢剂,补给水硬度可放宽至小于或等于8.0 mmol/L。

4.7 余热锅炉水质

余热锅炉的水质指标应符合同类型、同参数锅炉的要求。

4.8 补给水水质

4.8.1 应根据锅炉的类型、参数、回水利用率、排污率、原水水质,选择补给水处理方式。

4.8.2 补给水处理方式应保证给水水质符合本标准。

4.8.3 软水器再生后出水氯离子含量不得大于进水氯离子含量的1.1倍。

5 水质分析方法

5.1 试剂的纯度应符合GB/T 6903的规定;分析实验室用水应符合GB/T 6682二级水的规定。

5.2 标准溶液配制和标定的方法应符合GB/T 601的规定。

5.3 水样的采集方法应符合GB/T 6907的规定。

5.4 水质分析的工作步骤按DL/T 502.1规定的次序进行。平行试验的测定次数符合GB/T 6903的规定。

5.5 浊度的测定应根据具体条件选择GB/T 12151或GB/T 15893.1规定的方法进行,测定结果有争议时,以GB/T 12151为仲裁方法。

5.6 硬度的测定应根据水质范围选择GB/T 6909规定的方法进行。

5.7　pH 的测定应根据水的性质选择 GB/T 6904 规定的方法进行。

5.8　溶解氧的测定根据具体情况选择合适的方法，一般锅炉使用单位可按 GB/T 12157 规定的方法进行粗略测定，检验机构应按 GB/T 1576—2018 附录 A 规定的方法进行准确测定。

5.9　油的测定应根据具体条件选择 GB/T 12152 规定的方法进行。

5.10　铁的测定根据水中含铁量选择合适的方法，一般含铁量较高的水样可按 DL/T 502.25 规定的方法进行，含铁量较低的水样应按 GB/T 14427 规定的方法进行。

5.11　铜的测定按 GB/T 13689 规定的方法进行。

5.12　电导率的测定按 GB/T 6908 规定的方法进行。

5.13　溶解固形物的测定按 GB/T 14415 或 GB/T 1576—2018 附录 B 的分析方法进行测定。溶解固形物也可以采用 GB/T 1576—2018 附录 C 的方法来间接测定，但溶解固形物与电导率或氯离子的比值关系应根据试验确定，并定期进行复测和修正；当测定结果有争议时，以 GB/T 1576—2018 附录 B 为仲裁方法。

5.14　磷酸根的测定应根据具体情况选择合适的方法，一般锅炉使用单位可按 GB/T 1576—2018 附录 D 规定的方法进行粗略测定，检验机构应按 GB/T 6913 规定的方法进行准确测定。

5.15　氯离子的测定应根据水中干扰物质的成分选择合适的方法，一般水样按 GB/T 15453 规定的方法进行，当水样中存在影响氯离子测定的阻垢剂等物质时，按 GB/T 29340 规定的方法进行。

5.16　全碱度和酚酞碱度的测定按 GB/T 1576—2018 附录 E 规定的方法进行。

5.17　亚硫酸盐的测定按 GB/T 1576—2018 附录 F 规定的方法进行。

5.18　锅水相对碱度的测定按 GB/T 1576—2018 附录 E 分别测定酚酞碱度（JD_p）和全碱度（JD），再按 GB/T 1576—2018 附录 B 或 GB/T 1576—2018 附录 C 测定溶解固形物。锅水相对碱度按下式计算：

$$JD_{XD} = \frac{(2 \times JD_P - JD) \times 40}{RG}$$

式中　JD_{XD}——锅水相对碱度；

JD_P——锅水酚酞碱度，mmol/L；

JD——锅水全碱度，mmol/L；

RG——锅水溶解固形物，mg/L；

40——氢氧化钠（NaOH）的摩尔质量，40 g/mol。

参考文献

[1] 张栓成,张兆杰. 锅炉水处理技术[M]. 2版. 郑州:黄河水利出版社,2010.
[2] 许兴炜. 工业锅炉水处理技术[M]. 北京:中国劳动出版社,2008.
[3] 姚继贤,等. 工业锅炉除垢防垢技术[M]. 北京:原子能出版社,1993.
[4] 沈贞珉,等. 司炉读本[M]. 北京:中国劳动社会保障出版社,2008.
[5] 姚继贤. 工业锅炉水处理及水质分析[M]. 北京:劳动人事出版社,1987.
[6] 彭延明. 锅炉水处理[M]. 长沙:湖南省科学技术出版社,1988.
[7] 叶婴齐. 工业用水处理技术[M]. 北京:科学普及出版社,2004.
[8] 梁建勋,等. 低压锅炉水处理基本知识[M]. 北京:中国建筑出版社,1994.
[9] 马昌华. 锅炉事故防范与安全运行[M]. 北京:地质出版社,2000.
[10] 张兆杰,等. 锅炉操作安全技术[M]. 郑州:黄河水利出版社,2002.
[11] 余经海. 工业水处理技术[M]. 北京:化学工业出版社,2010.
[12] 王增河,等. 锅炉水处理作业人员读本[M]. 郑州:大象出版社,2015.
[13] 金熙,等. 工业水处理技术问答及常用数据[M]. 北京:化学工业出版社,2001.
[14] 钱达中. 发电厂水处理工程[M]. 北京:中国电力出版社,1998.
[15] 李晓光,等. 锅炉给水处理技术[M]. 大连:大连理工大学出版社,1994.
[16] 鹿道智. 工业锅炉司炉教程[M]. 北京:航空工业出版社,2005.
[17] 国家市场监督管理总局. 锅炉安全技术规程:TSG 11—2020[S]. 北京:新华出版社,2020.
[18] 国家市场监督管理总局. 特种设备作业人员考核规则:TSG Z6001—2019[S]. 北京:新华出版社,2019.
[19] 国家市场监督管理总局. 工业锅炉水质:GB/T 1576—2018[S]. 北京:中国标准出版社,2018.